VORLESUNGEN ÜBER TECHNISCHE MECHANIK

VON

AUGUST FÖPPL

ERSTER BAND

EINFÜHRUNG IN DIE MECHANIK

14. AUFLAGE. MIT 104 ABBILDUNGEN

1948

LEIBNIZ VERLAG MÜNCHEN

BISHER R. OLDENBOURG VERLAG

Prof. Dr. August Föppl, geb. am 25. 1. 1854 in Groß Umstadt (Hessen), Professor an der Technischen Hochschule München, gest. am 12. 8. 1924.

Copyright 1921 by B. C. Teubner, Leipzig. Veröffentlicht 1948 im Leibniz Verlag (bisher R. Oldenbourg Verlag) München unter der Zulassungsnummer US-E-179 der Nachrichtenkontrolle der Militärregierung (Dr. Manfred Schröter und Dr. Rudolf C. Oldenbourg). Aufl. 5000. Druck und Buchbinder: R. Oldenbourg, Graph. Betriebe GmbH., München.

AUS DEM VORWORT ZUR ERSTEN AUFLAGE

Der in diesem Bande behandelte Stoff ist zur Einführung der im zweiten Studiensemester stehenden Hörer in das Gebiet der technischen Mechanik bestimmt. Er erstreckt sich auf die wichtigsten grundlegenden Begriffe, auf die sich an diese unmittelbar anschließenden Sätze und auf eine Reihe der einfacheren Anwendungen, darunter auch auf solche, die in den späteren Bänden ausführlicher behandelt werden sollen.

Es mag vielleicht sein, daß ich ängstlicher, als gerade nötig gewesen wäre, in diesem ersten Teile auf die Vermeidung aller verwickelteren Betrachtungen bedacht gewesen bin. Gelegentliche Äußerungen meiner Hörer lassen wenigstens darauf schließen, daß ich nach deren Ansicht bei der Einführung in die Mechanik eher zu langsam als zu schnell vorangehe. Man muß aber bedenken, wie wichtig es ist, den Lehren, mit denen die Mechanik beginnt, eine eingehende und sorgfältige Besprechung zuteil werden zu lassen, um dadurch eine nach allen Seiten hin gefestigte Grundlage für den weiteren Aufbau zu gewinnen. Diese Rücksicht verbietet es, über manche Dinge, von denen sich freilich annehmen läßt, daß sie den Hörern der Vorlesung schon ziemlich gut bekannt sind, allzuschnell hinwegzugehen. Auch dem Leser dieses Buches, der sich in die Mechanik einzuarbeiten wünscht, möchte ich daher sehr empfehlen, auch solche Ausführungen, die ihm auf den ersten Blick vielleicht entbehrlich erscheinen, weil er über den Gegenstand bereits hinreichend unterrichtet zu sein glaubt, immerhin mit aller Aufmerksamkeit durchzulesen. In der Regel dürfte er sich dabei noch über manchen Umstand klar werden, der hier in Erwägung gezogen ist, während er ihm bis dahin entgangen war. Später wird sich diese Mühe reichlich lohnen, denn von den Schwierigkeiten, die sich dem Eindringen in die höheren Teile der Mechanik entgegenzustellen pflegen, sind wohl die meisten darauf zurückzuführen, daß der Leser an den Gegenstand herantritt, bevor er die Elemente genügend beherrscht. Je genauer man sich mit diesen bekannt macht, um so besser ist man auf das Studium der schwierigeren Probleme vorbereitet. Es schadet auch jedenfalls nicht gar zu viel, wenn man wirklich einmal einer zur vollständigen Darstellung des ganzen Systems gehörigen Auseinandersetzung gefolgt ist, ohne dabei irgend etwas Neues erfahren zu haben. Viel größer wäre dagegen der Schaden, wenn man im trügerischen Vertrauen auf vermeintlich ausreichende Vorkenntnisse flüchtig über einen wichtigen Gegenstand hinwegeilte und darüber einer Bemerkung verlustig ginge, die für das Verständnis späterer Untersuchungen von Bedeutung ist.

Die Mechanik macht ausgiebigen Gebrauch von den Hilfsmitteln der Mathematik. Bei aller Anerkennung dieser schätzenswerten Dienste darf man aber darum die Rolle, die die Mathematik in der Mechanik spielt, auch nicht überschätzen oder gar das mathematische Gewand, in das die Lehren der Mechanik gekleidet sind, als die Hauptsache betrachten. Je weniger Rechnung für die Lösung einer Aufgabe der Mechanik aufgewendet zu werden braucht, desto besser ist diese Lösung vielmehr. Durch die Vermeidung von entbehrlichem Rechenbeiwerk erreicht man nämlich, daß die Aufmerksamkeit vorwiegend den konkreten Vorgängen, auf deren Untersuchung es ankommt, zugewendet bleibt und daß sie nicht durch die formalen Rechenoperationen abgelenkt wird.

Jedenfalls muß der Mechanik die Freiheit gewahrt werden, sich nach Möglichkeit der ihren Zwecken am besten angepaßten Ausdrucksweisen zu bedienen. In der Tat tritt auch bei den neueren Bearbeitungen der Mechanik der Begriff der gerichteten Größe oder des Vektors allmählich immer mehr in den Vordergrund, und zwar auch in solchen Arbeiten, die bei den Ausrechnungen den Vektor noch überall in seine Komponenten zerlegen. Ich selbst habe mich schon seit langer Zeit dazu entschlossen, soweit es angesichts der mathematischen Vorkenntnisse, die man voraussetzen darf, zulässig ist, überall mit den Vektoren selbst zu rechnen. Vor allem kann die Mechanik ohne erhebliche Einbuße an Klarheit und Übersichtlichkeit nicht auf den Begriff der geometrischen Summe zweier gerichteter Größen verzichten. Das ist heute wohl allgemein anerkannt. Man darf aber dabei nicht stehen bleiben: auch die beiden Arten des geometrischen Produktes sind in so enger Weise mit den Hauptbegriffen der Mechanik verbunden, daß ihre Einführung dringend geboten erscheint. Mit diesen drei Begriffen der Vektor-Algebra rechne ich in meinen Vorlesungen, und ich kann es, ohne voraussetzen zu müssen, daß der Hörer oder der Leser auf ihren Gebrauch schon vorbereitet sei. Die Mechanik führt vielmehr von selbst mit Notwendigkeit auf sie hin, und es bleibt nur übrig, für das, was ohnehin erörtert werden muß, eine bestimmte einfache Bezeichnung einzuführen. So führt die Zusammensetzung der Kräfte von selbst zum Begriffe der geometrischen Summe, die Arbeit und das statische Moment führen zu den beiden geometrischen Produkten und das Prinzip der virtuellen Geschwindigkeiten und der Momentensatz stellen sich von selbst als Multiplikationssätze heraus.

Wie in den anderen Bänden habe ich auch in diesem zur weiteren Ergänzung einiges zugefügt, was in der Vorlesung selbst aus Mangel an Zeit nicht besprochen werden kann.

Der mit der Mechanik vorher schon gut vertraute Leser darf in diesem ersten Bande, der sich mit den einfachsten und seit langer Zeit untersuchten Erscheinungen beschäftigt, natürlich sachlich nicht viel Neues erwarten. Ich hoffe aber, daß sich die Art der Darstellung meiner Arbeit eine freundliche Beachtung auch bei ihm sichern wird.

München, im Juni 1898.   A. Föppl.

AUS DEN VORWORTEN
ZUR DRITTEN UND SIEBENTEN AUFLAGE

Wie schon in der ersten Auflage beginnt das Buch auch diesmal wieder mit dem Satze: ,,Die Mechanik ist ein Teil der Physik." Damit ist die Richtschnur bezeichnet, die ich bei der Abfassung des ganzen Werkes als maßgebend betrachtet habe. Ich will damit niemand das Recht bestreiten, die Mechanik, im Gegensatze zu mir, als einen Teil der Mathematik zu betrachten und sie so vorzutragen, wie es diesem anderen Leitgedanken angemessen ist. Dagegen muß ich es freilich als einen Mißgriff betrachten, wenn sich ein Vortrag, der von dieser Anschauung durchdrungen ist, an Hörer oder Leser wendet, die zum praktischen Handeln berufen sind und dafür Belehrung und Unterweisung suchen. Die Erfahrung hat dies stets eindringlich genug bestätigt und wird es immer wieder von neuem lehren.

Dieser Band hat wie das ganze Werk, zu dem er gehört, in den älteren Auflagen manche recht abfällige Urteile über sich ergehen lassen müssen. Später ist der Widerspruch verstummt. Ich bin aber weit davon entfernt, hierin einen Beweis dafür zu erblicken, daß jetzt nichts mehr gegen meine Arbeit einzuwenden wäre: so wenig wie ich mich früher durch alle absprechenden Urteile darin irremachen ließ, trotzdem an allen wichtigeren Grundlinien auch weiterhin festzuhalten. Aber ich weiß wohl, daß jedes Menschenwerk, und wenn es selbst ein Meisterwerk wäre, mit mancherlei Schwächen behaftet ist, sobald man nur etwas genauer hinsieht.

Auf jeden Fall aber darf ich mit Befriedigung feststellen, daß es mir gelungen ist, den Hauptfehler zu vermeiden, mit dem die meisten Lehrbücher behaftet sind, die schon viele Auflagen hinter sich haben, nämlich den, daß sie zu dickleibig geworden sind. Um dies zu verhindern, war ich stets darauf bedacht, sobald ich neuen Stoff zufügen mußte, dafür an anderen Stellen nach Möglichkeit zu streichen und zu kürzen. Für den Hochschulunterricht ist ein solches Verfahren überhaupt sehr wichtig, um die Überfüllung der Lehrpläne zu vermeiden, über die jetzt oft mit Recht geklagt wird.

Diese neueste Auflage unterscheidet sich von der unmittelbar vorhergehenden hauptsächlich durch einige kleinere Zusätze, die sich auf die Relativitätstheorie beziehen. Im letzten Jahre ging der Name von Einstein durch alle Zeitungen und seine große Schöpfung wurde zum Modewort der ganzen gebildeten Welt und aller, die sich dazu zählen. Es konnte nicht ausbleiben, daß dadurch vielfach der Eindruck erweckt wurde, als wenn die alte Mechanik überhaupt nichts mehr zu sagen hätte und alle ihre Lehren berichtigt oder neu aufgebaut werden müßten. Auch in manchen technischen Kreisen hat es nicht an einer weitgehenden Überschätzung der Tragweite der neuen Lehre für die Lösung von praktisch wichtigen Aufgaben gefehlt.

Demgegenüber war eine Klarstellung des Sachverhalts erforderlich. Sie soll dem Leser zeigen, daß und warum sich für das ganze Gebiet der technischen

Mechanik durch die Relativitätstheorie bisher überhaupt nichts ändern konnte. Dagegen habe ich es nicht für zweckmäßig gehalten, die Transformationsformeln abzuleiten oder auch nur anzuführen, die den Eingang zur Relativitätstheorie bilden. Meiner Meinung nach beschäftigt man sich mit diesen Fragen am besten erst später, nachdem man sich mit der klassischen Mechanik vollständig vertraut gemacht hat.

München, im April 1921.   A. Föppl.

VORWORT ZUR ACHTEN AUFLAGE

August Föppl ist im August 1924 einem Herzschlag erlegen. Seinem Wunsche gemäß sollen die Neuauflagen seiner Werke von seinen beiden Söhnen und seinen beiden Schwiegersöhnen (L. Prandtl, Göttingen und H. Thoma, Karlsruhe) bearbeitet werden.

Gegenüber der vorausgehenden Auflage enthält die vorliegende nur geringfügige Abänderungen, die vor allem stilistische Verbesserungen betreffen. Die Abänderungen sind noch von A. Föppl selbst, kurz vor seinem Tode, verfaßt worden.

Braunschweig, im August 1925.   O. Föppl.

VORWORT ZUR ZEHNTEN, ELFTEN UND ZWÖLFTEN AUFLAGE

Die ersten vier Bände der „Vorlesungen" sind vom Jahre 1938 ab in den Verlag R. Oldenbourg, München, übergegangen, der schon früher den Verlag des zweibändigen Werkes „Drang und Zwang" von A. und L. Föppl übernommen hatte. Die damals erschienene 9. Auflage des 1. Bandes ist überraschend schnell ausverkauft worden, so daß schon $2\frac{1}{2}$ Jahre später die 10. Auflage und weitere 2 Jahre später die 11. Auflage folgen mußte.

Braunschweig, im November 1940 und im November 1942.

O. Föppl.

VORWORT ZUR VIERZEHNTEN AUFLAGE

Die 13. Auflage des Bandes 1 ist dem Bombenhagel in München zum Opfer gefallen. Da dabei die Filme, mit denen die vorausgehenden Auflagen hergestellt worden sind, verbrannt sind, müssen sämtliche Bände neu gesetzt werden. Es sollen bei dieser Gelegenheit durch das ganze Werk gehende Veränderungen vorgenommen werden. Insbesondere wird das Flächenträgheitsmoment in Übereinstimmung mit den DINormen durch das Zeichen J dargestellt werden. Für das Massenträgheitsmoment wird aber wie bisher der Buchstabe Θ verwendet werden.

Bei der Herausgabe des 1. Bandes bin ich durch Herrn Dipl.-Ing. Fr. Landwehr und seine Frau Irene, eine Enkelin von A. Föppl, unterstützt worden.

Braunschweig, den 15. 3. 48   O. Föppl.

INHALTSÜBERSICHT

EINLEITUNG

Ursprung und Ziel der Mechanik

Die Mechanik ist ein Teil der Physik. Ihre Lehren beruhen wie die aller anderen Naturwissenschaften in letzter Linie auf der Erfahrung. Unsere Aufgabe besteht aber jetzt nicht darin, alle Beobachtungen hier im einzelnen durchzusprechen, die durch die planmäßige Anstellung von Versuchen gewonnen werden können und die ursprünglich zum Aufbau der Mechanik verwendet wurden. Das ist vielmehr die Aufgabe der Experimentalphysik, und vom Hörer dieser Vorlesungen oder vom Leser dieses Buches wird vorausgesetzt, daß er mit den einschlägigen Lehren der Experimentalphysik bereits vertraut sei.

Um recht zu verstehen, was die Mechanik will und welche Stellung sie den Erfahrungstatsachen gegenüber einnimmt, wollen wir uns zunächst überlegen, auf welche Weise das überhaupt gewonnen wird, was man in der Umgangssprache als „Erfahrung" bezeichnet. Mancher sieht viel in seinem Leben und weiß daraus doch keine Erfahrungen im eigentlichen Sinne des Wortes, nämlich keine nutzbaren Erfahrungen zu sammeln. Dazu gehört, daß man sich nicht damit begnüge, sich die Erscheinungen, die man gewahr wird, im einzelnen zu merken, sondern daß man den Umständen nachforsche, unter denen diese Erscheinungen eintreten, und daß man unterscheiden lerne, welche dieser Umstände wesentlich für den Erfolg und welche nur zufällig sind. Wer jahraus jahrein in einem engbegrenzten Wirkungskreise tätig ist, vermag wohl auch ohne besondere Schulung mit der Zeit nutzbare und geordnete Erfahrungen zu sammeln, die ihn befähigen, den Erfolg seiner Tätigkeit mit hinreichender Sicherheit vorauszusehen. Dies wird aber um so schwieriger, je vielgestaltiger die Aufgaben sind, die an ihn herantreten, und je verwickelter die Bedingungen sind, denen diese Aufgaben unterworfen werden.

Ein tüchtiger Praktiker ohne ausreichende wissenschaftliche Vorbildung, der in diese Lage versetzt wird und sich seiner Aufgabe gewachsen zeigt, schlägt dann regelmäßig ganz von selbst denselben Weg ein, auf dem auch unsere heutige Mechanik zur Entwicklung gelangt ist. Aus den ihm vorliegenden Beobachtungen und Erfahrungen, die er nach Möglichkeit durch geeignete Versuche zu ergänzen sucht, schließt er vor allem darauf, welche Umstände von ausschlaggebender Bedeutung sind, er überzeugt sich davon, ob diese Umstände den Erfolg immer in derselben Weise bedingen, und nennt sie, wenn dies zutrifft, die Ursachen der Erscheinung. Sobald er zu dieser Stufe gelangt ist, befindet er sich im Besitze einer Theorie des Vorgangs. Nur selten wird es ihm freilich möglich sein, bloß aus eigenen Kräften ohne fremde Beihilfe zu einer wohlgeordneten Darstellung des ganzen ihn angehenden Beobachtungsstoffes zu gelangen, er wird in seine Auffassung zum mindesten das verflechten, was er von Mitarbeitern oder Fachgenossen über denselben Gegenstand erfuhr. Immer wird er freilich von seinem Wissen das am höchsten schätzen und ihm am meisten vertrauen, was sich bei seinen eigenen Arbeiten schon augenscheinlich bewährt hat. So mag er zunächst vielleicht nur vermuten, daß ein gewisser Zusammenhang bestehen könne, und daraus den Schluß ziehen, daß unter geeigneten Bedingungen ein bestimmter Erfolg zu erwarten sei, wenn die Vermutung richtig war. Falls aber nachher die Probe, zu der er sich dadurch ermutigt fühlt, seine Erwartung bestätigt, wird er die vorher zweifelhafte Vermutung in den Schatz seines theoretischen Wissens aufnehmen.

Wenn derselbe Praktiker nachher erklärt, daß Probieren über Studieren gehe, darf man ihm dies nicht übelnehmen. Er sagt es nur, weil er nicht weiß, daß ein Probieren solcher Art die vornehmste Art des Studierens, daß es nämlich echtes Forschen nach wissenschaftlicher Methode ist. Er weiß auch kaum, daß die Grundsätze, von denen er sich leiten läßt, in ihrem Zusammenhang eine zum Teil selbst geschaffene, zum Teil von anderen übernommene Theorie bilden, die sich von den Theorien der Gelehrten nicht dem Wesen, sondern nur dem Grad nach unterscheidet.

Ein einzelner Mensch, der auf sich selbst gestellt wäre, müßte den zahllosen Rätseln, die ihm das Geschehen in der Natur aufgibt, ohnmächtig gegenüberstehen. Auch der Begabteste, selbst ein Galilei oder Newton vermöchte nur gar wenig auszurichten, wenn er ausschließlich auf die Verarbeitung seiner eigenen Beobachtungen angewiesen wäre und sich nicht zugleich auch den Erfahrungsschatz anderer und namentlich den von vergangenen Geschlechtern her ererbten in bereits geordnet vorliegender Form nutzbar machen könnte. Und darin besteht namentlich der Gradunterschied zwischen den Theorien der Wissenschaft und den theoretischen Anschauungen, die sich der reine Praktiker bewußt oder unbewußt zurechtlegt, daß jene den Wissensschatz, den wir den Arbeiten der Forscher aller Zeit verdanken, in möglichst wohlgeordneter Form zusammenzufassen suchen. Je mehr sich der Stoff im ganzen durch die unablässige Arbeit häuft, desto mehr wird es nötig, nach leitenden Gedanken zu suchen, durch die die Übersichtlichkeit erhöht wird, und die es uns ersparen, viele Einzelheiten gesondert im Gedächtnis festzuhalten.

Freilich besteht bei dieser Art des Studiums, wenn es sich ausschließlich auf die uns überkommenen Erfahrungen richtet, leicht die Gefahr, daß der unmittelbare Vergleich der theoretischen Anschauungen mit den Tatsachen der Wirklichkeit ungebührlich vernachlässigt wird. Es ist gewiß nicht nötig und auch nicht möglich, daß jeder Einzelne alle Erfahrungen, die uns überliefert sind, durch eigene Beobachtungen nachprüft. Aber immer dann, wenn ihm zweifelhaft wird, ob gewisse Sätze richtig sind, oder wenn er selbst neue Schlüsse zog — sei es auch auf dem besterprobten Wege —, soll er jede Gelegenheit, die sich ihm darbietet, zu einem Vergleich seiner Folgerungen mit den Erscheinungen der Wirklichkeit benutzen. In diesem Sinne muß auch dem wissenschaftlich Gebildeten das Probieren die oberste Art des Studierens sein.

Was sich in der Mechanik bisher als ein gesicherter wissenschaftlicher Besitzstand bewährt hat, ist auf diese Art gewonnen worden. Man muß sich dies wohl vor Augen halten, wenn man die Zuversicht wahrnimmt, mit der in gar vielen Fällen auf die Richtigkeit der gezogenen Schlüsse vertraut werden darf. Wen hätte es nicht schon einmal gewundert, daß die Vorausberechnungen der Astronomen immer so gut eintreffen, daß niemand mehr daran zu zweifeln wagt, daß sich z. B. eine vorausgesagte Mondfinsternis auch wirklich zur angegebenen Zeit einstellt? Auf anderen Gebieten ist die Übereinstimmung zwischen Rechnung und Wirklichkeit freilich oft viel mangelhafter. Das kann aber nicht weiter auffallen, wenn die Theorie des Vorgangs, wie es in solchen Fällen gewöhnlich zutrifft, ausdrücklich davon abgesehen hat, alle Nebenumstände zu berücksichtigen.

Daher drängt sich immer wieder von neuem die Frage auf, woher diese enge Übereinstimmung zwischen Rechnung und Naturgeschehen kommt: wie es überhaupt möglich ist, durch logisches Schließen den Ablauf eines Naturereignisses vorauszusehen. Woher kommt das Band, das die Gesetze unseres Denkens mit den Gesetzen der außer uns stehenden Wirklichkeit in so enger Weise verknüpft, daß beide zu gleichen Ergebnissen führen? Das ist nun freilich keine Frage der Mechanik mehr, sondern eine philosophische, eine erkenntnistheoretische Frage. Ihre Erörterung kann indessen bei der Einleitung in die Mechanik nicht völlig umgangen werden. Denn ohne eine bestimmte Stellungnahme dazu würde die Gefahr nur zu naheliegen, daß der zum ersten Male an diese Frage herantretende Leser zu einer übertriebenen und abergläubischen Auffassung vom Zwecke und vom Können der Mechanik verleitet werden könnte.

Die Antwort, die wir auf diese Frage zu geben haben, ist freilich schon durch die vorausgehenden Erörterungen nahegelegt. Der menschliche Geist ist gar vieler Gedankenverbindungen fähig, und in den zurückliegenden Jahrhunderten hat man schon eine recht stattliche Anzahl davon auf ihre Bewährung geprüft. Jene, die sich mit dem wirklichen Geschehen nicht zur Deckung bringen ließen, hat man schließlich als Irrtümer bezeichnet und sie verworfen. Das geschah freilich gewöhnlich erst nach langem und hartnäckigem Widerstreben der Anhänger der alten Lehre. Jene Gedankenverknüpfungen aber, die das leisteten, was man von ihnen verlangte, haben sich von Geschlecht zu Geschlecht fortgeerbt. Nicht immer übrigens sind es Irrtümer im eigentlichen Sinne des Wortes gewesen, die man aus der herrschenden Lehre entfernte: oft genug wurde eine Lehre, die sich sonst ganz wohl bewährt hatte, nur deshalb verlassen, weil eine andere aufstand, die noch mehr leistete als sie, indem sie entweder alle Einzelheiten genauer kennen lehrte oder einen größeren Kreis von Tatsachen umspannte als die alte Theorie, die ihr weichen mußte. Dieser Vorgang des Anpassens unserer Vorstellungen und unseres Denkens an das außer uns liegende Geschehen dauert noch jetzt mit ungeschwächter Kraft fort und er wird nicht ruhen, so lange es selbständige Denker gibt. In der Tat gibt es auch heute noch Gebiete genug, auf denen es an jeder befriedigenden Theorie, also an jeder genauen Darstellung der bestimmenden Umstände und der Ergebnisse ihres Zusammenwirkens fehlt, und auf denen daher die Anschauungen in raschem, oft sprungweisem Wechsel begriffen sind. Wir selbst sind Zeugen davon, wie in solchen Wissenszweigen alle möglichen Auffassungen auf ihren Wert geprüft werden und wie immer wieder nach neuen gesucht wird, in der Hoffnung, schließlich eine aufzufinden, die zu der ersehnten Übereinstimmung zwischen dem, was wir nachher als denknotwendig empfinden, und dem wirklichen Geschehen führt. Auch die wissenschaftlichen Lehren kämpfen miteinander den Kampf ums Dasein und nur jene, die ihn bestehen, bleiben erhalten.

Man braucht die vorausgehenden Sätze nicht ausschließlich auf die Naturwissenschaften zu beziehen; sie behalten auch anderwärts ihre Gültigkeit. Jedenfalls war es aber unter den Naturwissenschaften zuerst die Mechanik, die zu einer Fassung gelangte, die innerhalb weiter Tatsachengebiete alles leistete, was man von einer guten Theorie verlangen kann. Das ganze neunzehnte Jahrhundert, wissenschaftlich so rege wie kaum ein anderes vor ihm, hat an den Grundlagen des theoretischen Lehrgebäudes der Mechanik, wie es ihm vermacht wurde, nur gar wenig mäkeln oder bessern können. Alles, was in diesem langen

Zeiträume von unzähligen, emsigen Forschern beobachtet und gefunden wurde, hat vielmehr nur zum weiteren Ausbau gedient und im übrigen die glückliche Fassung, die man in den beiden vorhergehenden Jahrhunderten der Mechanik gegeben hatte, immer wieder von neuem bestätigt.

Erst dem zwanzigsten Jahrhundert blieb es vorbehalten, an den Grundlagen ernstlich zu rütteln, auf die sich die Mechanik seit den Arbeiten von Galilei und von Newton gestützt hatte. An deren Stelle ist die in den Jahren 1905—1915 aus den Arbeiten von Einstein hervorgegangene Relativitätstheorie getreten, die heute in aller Welt Munde ist. Was sie aussagt und wodurch sie sich von der alten Mechanik unterscheidet, wissen freilich nur wenige. Wer sich zu ihrem Verständnis durcharbeiten will, muß sich auch jetzt noch zuerst mit der alten Mechanik bekannt machen. Denn die neue Lehre stützt sich auf die alte und setzt sie bei ihren Erörterungen als bereits bekannt voraus. Für alle Berechnungen, die man zu praktischen Zwecken anzustellen hat, also für den ganzen Umkreis der technischen Mechanik, vermag die Relativitätstheorie überhaupt nichts Besseres auszusagen, als daß man diese Rechnungen ohne jede Änderung nach den Annahmen und nach den Vorschriften der alten Theorie durchführen soll.

Unmittelbar meßbare Unterschiede zwischen den Folgerungen aus der alten oder „klassischen" Mechanik und aus der Relativitätstheorie können nämlich erst dann erwartet werden, wenn man sich mit Bewegungen beschäftigt, deren Geschwindigkeiten nicht allzuviel kleiner sind als die des Lichtes, das in der Sekunde eine Strecke von 300000 km durchläuft. Geschwindigkeiten von dieser Größenordnung kommen bei den α- und den β-Strahlen in den elektrischen Entladungsröhren vor. Bei den Bewegungen der Himmelskörper, deren Geschwindigkeiten gegeneinander meistens unter 100 km in der Sekunde bleiben, ist der Unterschied zwischen beiden Theorien schon sehr geringfügig. Nur dem Umstande, daß die astronomischen Messungen außerordentlich genau sind und mit dieser Genauigkeit auch schon auf viele Jahrzehnte zurückreichen, hat man es zu verdanken, daß sich aus der durch die Beobachtung festgestellten Bewegung des Planeten Merkur der Schluß ziehen ließ, daß die Einsteinsche Mechanik mit der Wirklichkeit besser übereinstimmt als die von Newton.

Das ist eine Tatsache, die sich kaum noch bezweifeln läßt. Sie ist für die Astronomie und für die theoretische Physik überhaupt von der größten Bedeutung, während die technische Mechanik nicht unmittelbar von ihr berührt wird. Trotzdem wäre es nicht angebracht, hier mit Stillschweigen über diesen wichtigen wissenschaftlichen Fortschritt hinwegzugehen, der während der letzten Jahre in der großen Öffentlichkeit ebensosehr wie in der Wissenschaft selbst von sich reden machte.

Darum möge an dieser Stelle noch auseinandergesetzt werden, von welchem Ausgangspunkt aus sich die Relativitätstheorie entwickelt hat. Newton hatte seine Mechanik auf die beiden Begriffe eines absoluten Raumes und einer absoluten Zeit gegründet. Aber den Begriff des absoluten Raumes hatte man in der Mechanik schon längst als unhaltbar aufgegeben, ohne daß sich dadurch an dem ganzen Lehrgebäude sonst etwas Wesentliches geändert hätte. In der Tat können die Bewegungen im Raum nur als relative verständlich gemacht werden, so nämlich, daß sie auf eine bestimmte Art der Aufstellung des Beobachters bezogen sind, worauf später noch ausführlicher eingegangen werden wird.

Dagegen hatte man an dem Begriff einer absoluten Zeit im Sinne von Newton noch immerzu festgehalten, bis Einstein im Jahre 1905 den Nachweis erbrachte, daß sich dieser Begriff ebenfalls nicht länger aufrechterhalten läßt, da er zu Widersprüchen führt, sobald man den Begriff des absoluten Raumes (oder wie man dafür auch sagt, eines „vor allen anderen ausgezeichneten Koordinatensystems") bereits aufgegeben hat. Beide Begriffe müssen zusammen stehen oder gemeinsam fallen. Daß sie aber nicht beide beibehalten werden konnten, folgt nicht nur aus den früher schon gegen den absoluten Raum erhobenen schwerwiegenden Einwendungen, sondern außerdem auch noch aus gewissen Versuchsergebnissen des Amerikaners Michelson über die Fortpflanzungsgeschwindigkeit des Lichtes, deren Besprechung hier zu weit führen würde.

Es blieb hiernach nur noch der Schluß übrig, daß auch alle Zeitangaben sehr wesentlich von der Art der Aufstellung des Beobachters sowie auch von den Mitteln bedingt sind, deren er sich zur Messung der Zeiten bedient. Selbst der uns allen so geläufige Begriff der Gleichzeitigkeit zweier Ereignisse, die an verschiedenen Orten erfolgen, hält einer strengen Kritik nicht stand. Zwei Ereignisse, die der eine Beobachter für gleichzeitig erklärt, können für einen anders aufgestellten Beobachter nacheinander und für einen dritten Beobachter in der umgekehrten Reihenfolge abgelaufen sein, ohne daß sich eine allgemeingültige Vorschrift aufstellen ließe, nach der man entscheiden könnte, welcher von diesen Beobachtern recht hätte. Der Grund für diese Abweichungen liegt in den verschiedenen Zeiten, die das Licht oder ein anderes Signal braucht, um von den verschiedenen Körpern zu den verschiedenen Beobachtern zu gelangen.

Es hat sich nämlich als unmöglich herausgestellt, eine Verabredung zu treffen, nach der die verschiedenen Uhrenangaben umgerechnet werden könnten, so daß man damit auf eine allgemeingültige Normalzeit, also auf eine absolute Zeit käme, nach der sich alle beliebig aufgestellten Beobachter zu richten vermöchten. Jeder Beobachter ist vielmehr darauf angewiesen, sich nur nach seiner „Ortszeit" zu richten. Die verschiedenen Ortszeiten stehen zwar in einem gesetzmäßigen Zusammenhang miteinander, aber so, daß sie alle gleichberechtigt untereinander sind und keiner von allen diesen möglichen Zeitangaben aus allgemeinen Gründen ein Vorzug vor den anderen eingeräumt werden könnte.

Das sind die einfachen Grundgedanken, die zur Relativitätstheorie geführt haben. Man erkennt aus ihnen schon, welche wichtige Rolle die Lichtgeschwindigkeit dabei spielt, sowie auch, daß für alle Untersuchungen, in denen die Lichtgeschwindigkeit genau genug als unendlich groß angesehen werden kann, kein Unterschied zwischen alter und neuer Mechanik zu erwarten ist.

Ich habe es bei der Bearbeitung der 7. Auflage für richtig gehalten, diese Darlegungen hier in der Einleitung unterzubringen, ohne in dem weiteren Lehrgang, der sich ganz im Rahmen der Galilei-Newtonschen Mechanik hält, ausführlicher darauf zurückzukommen. Das empfiehlt sich meiner Meinung nach nicht nur, weil die Relativitätstheorie für die technische Mechanik nichts Neues bringt, sondern auch aus didaktischen Gründen, wie ich vorher schon bemerkt habe. Was in dieser Einleitung noch weiterhin folgt, entnehme ich wieder unverändert den älteren Auflagen. Die allgemeinen Betrachtungen, um die es sich dabei handelt, sind nämlich durch die neuere Entwicklung der Mechanik, so einschneidend sie auch gerade für die grundsätzliche Stellung der Wissenschaft gewesen ist, nicht entwertet und überhaupt kaum berührt worden.

Angesichts des Werdegangs der Mechanik kann man wohl kaum im Zweifel darüber sein, wie die Übereinstimmung der Theorie mit der Erfahrung zustande kam. Viel weniger so, als wenn es dem menschlichen Geiste vermöge der ihm angeborenen Fähigkeiten schließlich gelungen wäre, die Rätsel der Natur zu enthüllen oder sie zu entdecken, sondern weit mehr dadurch, daß der Mensch seine Gedanken allmählich so ordnen und sie so verwerten lernte, wie es nötig war, um die Übereinstimmung mit der Wirklichkeit herzustellen. Es entspricht nur wenig dem wahren Sachverhalt, wenn man sagt, daß der menschliche Geist die Natur bezwungen oder ihre Geheimnisse für sich erobert habe. Weit eher war das Gegenteil der Fall: das beständige Geschehen nach festen Regeln in der Natur hat den menschlichen Geist — ich will nicht gerade sagen erobert, aber doch — gelenkt, ihn gedrängt und genötigt, bis er zur Aufnahme eines Abbildes der Außenwelt tauglich wurde.

Wer dieser Anschauung zustimmt, die wohl auch heute noch von den führenden Geistern der Naturforschung allgemein geteilt wird, dem kann die Übereinstimmung zwischen unseren Rechnungsergebnissen und den Vorgängen in der Außenwelt nicht mehr unverständlich sein. Auch praktisch hat übrigens diese Überzeugung schon längst ihre Wirkungen geübt. Man ist sehr mißtrauisch geworden gegen voreilige Übertragungen der mechanischen Gesetze auf unendlich große Welträume oder auf unendlich ferne Zeiten. So nahe auch manche Schlüsse dieser Art zu liegen scheinen, können sie doch nur als Vermutungen gelten, denn nach der Art, wie unsere Kenntnis der Mechanik entstand, dürfen wir nur jene ihrer Folgerungen als zuverlässig betrachten, die sich auf wirklich erreichbare oder beobachtbare Vorgänge beziehen. Die Zeiten, in denen die Fabel von der Laplaceschen Weltformel als bewiesene Wahrheit ausgegeben werden konnte — die Zeiten des „krassen Materialismus" — sind vorüber.

Die vorausgehenden Sätze standen schon in der ersten Auflage, und sie entsprechen daher dem Standpunkt, auf dem man schon gegen das Ende des vorigen Jahrhunderts stand. Die allgemein geteilte Überzeugung, daß es unzulässig sei, die Gesetze der alten Mechanik ohne weitere Prüfung auf beliebig große Welträume anzuwenden, hat schon von vornherein der Entwicklung einer neuen Mechanik, nämlich der Relativitätstheorie, die Bahn frei gemacht.

Von Anbeginn der wissenschaftlichen Entwicklung an schien übrigens noch eine ganz andere Möglichkeit offenzustehen, dem innern Zusammenhang der Naturtatsachen auf die Spur zu kommen. Die Vermutung lag nahe genug, daß es im ersten Plan der Weltenschöpfung gelegen haben könne, den menschlichen Geist und den Zusammenhang der Dinge in der Außenwelt nach genau gleichen Grundsätzen einzurichten, derart, daß von vornherein des gleichen Ursprungs wegen ein innerer Zusammenhang zwischen den Gesetzen des Vernunftgebrauchs und den Naturgesetzen bestanden hätte. Von solchen Vorstellungen ließen sich die griechischen Forscher und viele nach ihnen vorwiegend leiten. Wenn die Vermutung richtig war, mußte es möglich sein, durch reines Denken, unbeeinflußt von den aus der Außenwelt an den Menschen herantretenden Erfahrungen, die Gesetze dieser Außenwelt zu erforschen. Hiermit war die Aussicht geboten, aus den Keimen, die im menschlichen Geiste von vornherein schlummerten, bloß durch folgerichtiges Schließen das ganze System aller Wissenschaften und daher auch der Naturwissenschaften abzuleiten. Das war die großartigste Aussicht, die sich jemals dem menschlichen Forschungsdrang dargeboten hatte. Aber der Versuch, auf diesem Wege zur Erkenntnis der Naturerscheinungen zu gelangen, ist immer wieder fehlgeschlagen: nur kleine Bruchstücke sind von den großen griechischen Denkern zu dem Wissensschatz unserer heutigen Mechanik beigetragen worden und auch diese stammen keineswegs aus dem reinen Vernunftgebrauch, sondern aus gut gesehenen Beobachtungen, also aus derselben Erkenntnisquelle her, aus der sich später die ganze Mechanik entwickelt hat. Trotzdem war aber der Versuch nicht wertlos, und wir dürfen aus seinem Mißlingen keinen Vorwurf gegen die alten Philosophen ableiten. Der Versuch mußte einmàl gemacht werden und erst, nachdem sich gezeigt hatte, daß man auf diesem Wege nicht zum Ziel gelangen konnte, war der Weg, den man weiterhin einschlagen mußte, richtig vorgezeichnet. So hat auch der mißlungene Versuch trotz aller Enttäuschungen, die er brachte, dazu beigetragen, die Wissenschaft schließlich mächtig zu fördern.

Man sieht es jetzt nach der Fassung, die Heinrich Hertz schon im vorigen Jahrhundert der heute noch herrschenden Anschauung gegeben hat, als die Aufgabe der Mechanik an, Gedankenbilder von den Dingen der Außenwelt und ihren Beziehungen zu entwerfen, die logisch zulässig, richtig und einfach sind. Die erste Forderung sagt, daß die Bilder deutlich vorstellbar und in sich widerspruchsfrei sein müssen. Mit der zweiten ist gemeint, daß die logischen Folgerungen, die wir durch den Verstandesgebrauch aus der Verknüpfung dieser Bilder ziehen können, in Übereinstimmung mit den naturnotwendigen Folgen stehen müssen, die einem solchen Zusammentreffen in der Wirklichkeit entsprechen. Die dritte Forderung endlich bezieht sich darauf, daß für den Fall der Möglichkeit verschiedener Darstellungen, die alle den ersten beiden Forderungen genügen, die einfachste unter ihnen ausgewählt werden soll, also jene, die uns mit der geringsten Mühe oder die uns am besten zum Ziele führt. Eine solche Forderung setzt freilich eine Abschätzung voraus, die je nach der Person des Beurteilers verschieden ausfallen kann.

Bis jetzt habe ich immer nur von der Mechanik im allgemeinen gesprochen. Bei der technischen Mechanik tritt als bestimmender Beweggrund für ihre Fassung zu der Absicht einer Erforschung der Wirklichkeit (in dem vorher erklärten Sinne) noch die andere Absicht, ihre Lehren nutzbringend in der Technik zu verwerten. Auch dieser Zweck setzt freilich voraus, daß wir die Naturtatsachen zunächst richtig erkennen. Die praktischen Anforderungen der Technik haben jedoch vielfach bestimmend auf den weiteren Ausbau der Mechanik eingewirkt. Gar viele Vorstellungsreihen sind auf diesem Wege entstanden, von denen manche schon seit längerer Zeit dem Lehrinhalt der allgemeinen Mechanik einverleibt wurden, während andere auch jetzt noch ausschließlich in der technischen Mechanik zur Sprache kommen.

Der tiefere Grund für diese Absonderung der technischen Mechanik als eines besonderen Zweiges der Wissenschaft liegt darin, daß die allgemein gültigen Lehren der Mechanik keineswegs dazu ausreichen, alle Fragen, die sich im Gebiet der Mechanik überhaupt aufstellen lassen, streng und genau zu lösen. Solchen Fällen steht aber der Naturforscher anders gegenüber als der Techniker. Jener hat zwar auch den Wunsch, die noch bestehenden Zweifel aufzuhellen; er hat aber mit der Beantwortung irgendeiner einzelnen Frage keine Eile und stellt sie ohne Bedenken einstweilen zurück, wenn es ihm nicht gelingt, eine befriedigende Lösung dafür zu finden. Der Techniker dagegen steht unter dem Zwang der Notwendigkeit; er muß ohne Zögern handeln, wenn ihm irgendeine Erscheinung hemmend oder fördernd in den Weg tritt, und er muß sich daher unbedingt auf irgendeine Art, so gut es eben gehen will, eine theoretische Auffassung davon zurechtlegen. Den strengen Anforderungen, die man sonst an die Lehren der Mechanik stellt, können solche durch die Not geborenen Schöpfungen zunächst zwar nicht entsprechen; zuweilen gelingt es aber doch, sie bei weiterer Ausarbeitung allmählich so umzugestalten, daß sie mit Fug und Recht als gute Theorien bezeichnet werden können. Im anderen Falle müssen sie, um dem unabweisbaren praktischen Bedürfnis zu genügen, einstweilen unter der Bezeichnung als Näherungstheorien in der technischen Mechanik fortgeführt werden, aber

mit der ausdrücklichen Warnung, daß ihre Aussagen nicht unbedingt zuverlässig sind, und mit dem Vorbehalt, sie, sobald es gelingt, durch genauer aus-
gearbeitete Theorien zu ersetzen, die den vorher angeführten drei Forderungen
von Hertz besser genügen.

Wie sich die Kraft eines Baumes darin zeigt, daß er frische Zweige treibt, so
dürfen wir es auch als ein Zeichen von regem wissenschaftlichem Leben in der
heutigen Technik betrachten, daß sie nicht müde wird, die ihr gegenübertreten-
den Tatsachen in Regeln und Sätze zu fassen. Dadurch werden die ersten An-
sätze zur Bildung neuer Theorien geschaffen, und wenn auch viele davon nicht
zu diesem Ziele führen, weil sie zu weit von der Wahrheit abweichen, so tragen
sie doch alle dazu bei, den Blick des Menschen zu schärfen, ihn auf die noch
bestehenden Abweichungen aufmerksam zu machen und ihn so der richtigen
Fassung immer näher zu führen. Wer aber erst die richtige Theorie eines Vorgangs erfaßt hat, der vermag ihn, sofern ein Eingriff überhaupt möglich ist,
nach Wunsch zu leiten, und darum ist die Wissenschaft die gewaltigste Waffe,
die Menschen und Völkern zu Gebote steht.

ERSTER ABSCHNITT

Mechanik des materiellen Punktes

§ 1. Begriff des materiellen Punktes

Der materielle Punkt ist das einfachste Bild, unter dem man sich in der Mechanik einen festen Körper von beliebiger Gestalt und beliebigen Eigenschaften vorstellt. Es wird am besten sein, wenn ich zunächst auseinandersetze, wie man auf diesen Begriff gekommen ist. Oft genug bewegen sich bei einem Vorgang alle Teile eines Körpers genau in derselben Weise. Und selbst wenn dies nicht ganz genau zutrifft, drängt sich eine bestimmte Art der Bewegung, die allen Teilen gemeinsam ist, der Beobachtung häufig in erster Linie auf, so daß wir, um das Wesentliche von dem minder Wichtigen zu unterscheiden, zunächst unseren Blick nur auf die gemeinschaftliche Hauptbewegung richten und die Untersuchung der vorkommenden Unterschiede auf eine spätere, eingehendere Betrachtung verschieben. Ein Fall dieser Art ist z. B. die Bewegung eines Eisenbahnzuges auf einer geraden Strecke. So lange wir nicht auf die Räder achten, die eine von den Wagengestellen abweichende Bewegung ausführen, ebenso die in besonderer Bewegung begriffenen Teile des Kurbelmechanismus auf der Lokomotive ohne Berücksichtigung lassen und außerdem von den kleinen, unregelmäßigen, schwingenden und stoßartigen Bewegungen, die daneben vorkommen, absehen, können wir in erster Annäherung sagen, daß der ganze Eisenbahnzug eine fortschreitende Bewegung besitzt, die jeden Teil in einer gegebenen Zeit um gleich viel in derselben Richtung weiterführt. So lange wir uns nur um diese gemeinsame Hauptbewegung kümmern, ist es gleichgültig, welchen Teil wir besonders ins Auge fassen, ob wir also etwa den ersten oder den letzten Wagen des Zuges beobachten. Schon dann, wenn wir den Anteil der Hauptbewegung an der Bewegung eines einzigen Punktes, den wir durch irgendein Kennzeichen hervorgehoben haben, anzugeben vermögen, ist die Bewegung damit zugleich für den ganzen Zug bekannt. Wir verfahren in solchen Fällen nur folgerichtig, wenn wir von der hier unwesentlichen besonderen Gestalt und Beschaffenheit der sich bewegenden Körper vollständig absehen und sie uns von vornherein unter dem Bilde eines einzigen beweglichen Punktes vorstellen. Man erreicht durch diese Bezeichnung, daß damit deutlich ausgesprochen wird, auf was die Betrachtung hingelenkt werden soll, und welche Umstände zunächst ausdrücklich von der Untersuchung ausgeschlossen werden sollen. Übrigens liegt diese Art der Beschreibung des Hauptvorganges so nahe, daß sie auch im bürgerlichen Leben allgemein geübt wird und daher von vornherein jedermann geläufig ist.

In manchen Fällen genügt es zwar, sich unter dem bewegten Punkte einfach einen geometrischen Punkt zu denken. Sobald wir aber z. B. danach fragen, wie die Bewegung ausfällt, wenn die Lokomotive mit einer gewissen Leistung arbeitet, müssen wir dem Punkte, den wir als Bild für den bewegten Eisenbahnzug benutzen, noch eine besondere Eigenschaft zuschreiben. Es kommt dann sehr wesentlich darauf an, aus wie vielen Wagen der Zug besteht und wie schwer diese belastet sind, während alle anderen Eigenschaften daneben immer noch gleichgültig sind. Diesem Umstand tragen wir dadurch Rechnung, daß wir dem Punkte eine gewisse Masse zuschreiben. In welchen Einheiten wir diese Masse ausdrücken wollen, ist zunächst gleichgültig; nur daran wollen wir von Anfang an festhalten, daß die Masse der Anzahl der Fahrzeuge proportional zu setzen ist, wenn diese alle untereinander übereinstimmen, und daß überhaupt gleichen Raumeinheiten oder gleichen Gewichtseinheiten desselben Stoffes dieselbe Masse zukommt. Fürs erste genügt dies vollständig, um den Begriff eines mit einer bestimmten Masse begabten geometrischen Punktes deutlich und anschaulich festzustellen. Die Frage, wie die Massen verschiedener Körper gegeneinander verglichen werden können, bleibt eine spätere Sorge. Den mit der genannten Eigenschaft ausgestatteten geometrischen Punkt bezeichnet man in der Mechanik als einen materiellen Punkt.

Unter dem Bilde eines materiellen Punktes stellt man sich in der Mechanik z. B. einen Stein vor, der eine Wurfbewegung ausführt, oder auch ein im Fluge begriffenes Geschoß, das von einem Gewehr oder einem Geschütz fortgeschleudert wurde. Sogar die ganze Erde wird als materieller Punkt aufgefaßt, wenn man ihre Planetenbewegung um die Sonne untersucht. In solchen Fällen muß man freilich immer des Umstandes eingedenk bleiben, daß neben der Hauptbewegung, die man sich unter dem Bilde des materiellen Punktes vorstellt, auch noch andere Bewegungen, also bei der Erde z. B. die tägliche Drehung um ihre Achse hinzukommen, die in anderer Hinsicht von großer Wichtigkeit sind und die eben gerade nur bei der Frage, mit der man sich im Augenblick beschäftigt, als belanglos angesehen werden dürfen. Mit welchem Recht dies im einzelnen Falle geschehen darf, wird uns eine spätere Untersuchung noch deutlich erkennen lassen. Nur darauf soll jetzt schon hingewiesen werden, daß das Bild des materiellen Punktes ganz unzulänglich wird, wenn drehende Bewegungen eine Hauptrolle spielen oder wenn diese selbst näher untersucht werden sollen. Die von dem Schwungrad einer Dampfmaschine ausgeführte Bewegung kann z. B. durchaus nicht unter dem Bilde eines einzigen bewegten materiellen Punktes aufgefaßt werden. Wir werden dadurch von vornherein darauf aufmerksam gemacht, daß die Mechanik des einzelnen materiellen Punktes nur einen engbegrenzten Teil des ganzen Lehrinhaltes der Mechanik umfassen kann.

Aber man sieht zugleich auch ein, daß sich der Begriff des materiellen Punktes auch in solchen Fällen noch anwenden läßt, indem man zunächst nur einen kleinen Teil des ganzen bewegten Körpers betrachtet. Ein je kleineres Stück man etwa von dem Schwungrad der Dampfmaschine herausgreift, um so geringer werden die Unterschiede zwischen den augenblicklichen Bewegungen der Bestandteile, die dieses Stück immer noch umfaßt. Man braucht das Stück nur klein genug zu wählen, um auf die dann noch verbleibenden geringfügigen Unterschiede nicht mehr achten zu müssen. Um dann die Bewegung des ganzen Körpers vor Augen zu haben, ist es nur nötig, sich die Bewegungen aller einzelnen Stücke, in die man ihn sich zerlegt vorstellte, zusammenzudenken. Für jedes Stück reicht das Bild des materiellen Punktes vollständig aus, und der ganze Körper erscheint uns jetzt folgerichtig unter dem Bilde eines Haufens materieller Punkte. Wir werden später sehen, daß gerade diese Vorstellung sehr fruchtbar ist, da sie die Brücke für uns bildet, um die in der Mechanik des materiellen Punktes gewonnenen Gesetze auf das Verhalten beliebig zusammengesetzter und

beliebig bewegter Körper zu übertragen. Hierdurch wird die Mechanik des materiellen Punktes, so engbegrenzt ihre unmittelbare Anwendbarkeit auch sein mag,
zur Grundlage der ganzen Mechanik.

Der Umstand, daß man bei der soeben entwickelten Vorstellungsreihe die Stücke
des ganzen Körpers, die man noch unter dem Bilde eines materiellen Punktes
zusammenfassen kann, sehr klein wählen muß, wenn die Beschreibung des
ganzen Vorgangs nicht an Ungenauigkeiten leiden soll, hat oft dazu geführt, daß
man den materiellen Punkt von Anfang an nur als einen unendlich kleinen Teil
eines Körpers bezeichnete oder ihn einfach den Atomen oder Molekülen des
Körpers gleich setzte. Man kann aber gegen jene Gleichsetzung der materiellen
Punkte mit den Molekülen einwenden, daß ein einzelnes Molekül nicht unmittelbar beobachtet werden kann, und daß man daher eine für die Mechanik ganz
überflüssige Vorstellung damit einführt, was gegen das Gebot der Einfachheit
unserer Bilder verstößt. Vielmehr sind alle Gesetze der Mechanik des materiellen
Punktes aus Beobachtungen an wirklichen Körpern abgeleitet worden, die sich
im gegebenen Falle in dem vorher angegebenen Sinne als materielle Punkte
auffassen ließen, und es wäre daher eine willkürliche Zutat, wenn wir nachträglich alles, was so gefunden wurde, nur auf äußerst kleine Teilchen des Körpers
beziehen wollten. In manchen Fällen wird dies allerdings nötig werden; aber
der Umstand, daß die in der Mechanik des materiellen Punktes abzuleitenden
und später auf solche Fälle anzuwendenden Gesetze unabhängig davon gefunden
werden, wie groß die Körper sind, auf die sie sich beziehen, gestattet uns dann
leicht ihre Benutzung auch unter solchen Umständen. Mit anderen Worten:
der Körper oder das Stück eines Körpers, das wir uns unter
dem Bilde eines materiellen Punktes vorstellen, kann zwar klein,
muß aber nicht unter allen Umständen sehr klein sein.

§ 2. Das Trägheitsgesetz

Ein materieller Punkt, der sich selbst überlassen wird, auf den also von anderen
Körpern her keine Einwirkung ausgeübt wird, bewegt sich in derselben Richtung
mit unveränderter Geschwindigkeit weiter. Unter der Geschwindigkeit versteht
man hierbei den Weg, der in jeder Zeiteinheit zurückgelegt wird. Als Zeiteinheit
wird in der Mechanik gewöhnlich die Sekunde der bürgerlichen Zeit gewählt. —
Ruht der Körper zu Anfang, so bleibt er dauernd in Ruhe.

Es ist zwar praktisch nicht durchführbar, einen Körper allen äußeren Einflüssen
vollständig zu entziehen, und insofern fehlt dem Trägheitsgesetz, das in diesen
Sätzen ausgesprochen ist, die unmittelbare Bestätigung durch die Erfahrung.
Man kann aber Einrichtungen treffen, durch die wenigstens nahezu erreicht
wird, daß sich die äußeren Einflüsse gegenseitig aufheben, und je besser dies
gelingt, um so mehr nähert sich das Verhalten des Körpers der Aussage des
Trägheitsgesetzes. Den Alten war das Trägheitsgesetz unbekannt; dagegen ist
es in den Lehren der Galileischen Mechanik schon mit enthalten, wenn es auch
erst von Newton als das erste Grundgesetz der Mechanik hervorgehoben wurde.

Der Bewegungsvorgang bei einem sich selbst überlassenen materiellen Punkte
wird hiernach vollständig durch die Angabe der Geschwindigkeit sowohl ihrer
Größe als ihrer Richtung nach beschrieben. Es ist zweckmäßig — denn es dient
zur Vereinfachung der Beschreibung —, wenn man diese beiden Angaben nicht
trennt, sondern sie zu einer einzigen vereinigt. Wir wollen daher die Geschwindigkeit, wenn nichts anderes darüber ausgemacht wird, stets als eine gerichtete
Größe oder, wie man solche Größen auch nennt, als einen „Vektor" auffassen.

Um in der Schreibweise deutlich hervorzuheben, daß es sich nicht nur um die
Größe, sondern zugleich auch um die Richtung handeln soll, werde ich die gerichteten Größen immer mit deutschen Buchstaben bezeichnen, die im Druck
außerdem noch durch fette Lettern gekennzeichnet werden. Wenn ich hiernach
die Geschwindigkeit mit $\mathfrak{v}$ und die Zeit mit t bezeichne, läßt sich das Trägheitsgesetz auch durch die Gleichung

$$\frac{d\,\mathfrak{v}}{d\,t} = 0 \tag{1}$$

zum Ausdruck bringen. Denn wenn man den Differentialquotienten einer Größe
nach der Zeit gleich Null setzt, heißt dies, daß sich die Größe selbst im Verlauf
der Zeit nicht ändert. Man muß bei der Anwendung von Gleichung (1) aber
stets im Gedächtnis behalten, daß sie nur für einen sich selbst überlassenen
materiellen Punkt gültig ist.

Das Trägheitsgesetz kennt heute jedermann. Es ist aber weniger allgemein
bekannt, daß sich schon an seine Aufstellung eine erhebliche begriffliche Schwierigkeit knüpft. Bisher ist nämlich die Frage noch nicht berührt worden, von welchem
Raume aus die Bewegung beobachtet werden soll. Man weiß ja, daß eine Bewegung je nach der Aufstellung des Beobachters einen ganz verschiedenen Anblick
gewähren kann. Der in einem Eisenbahnzug dahinfahrende Beobachter sieht die
Telegraphenstangen an sich vorüberziehen, und ein Gepäckstück, das im Wagen
von oben herunterfällt, bewegt sich für ihn einfach senkrecht nach abwärts,
während ein auf der festen Erde stehender Beobachter die Telegraphenstangen
ruhend und das Gepäckstück in einer parabolischen Bahn bewegt erblickt.

Man könnte nun zu der Annahme versucht sein, daß das Trägheitsgesetz gültig
sei, falls man die Bewegung von der festen Erde aus anblickt und die in den
aufeinanderfolgenden Zeitabschnitten zurückgelegten Wege nach Größe und
Richtung von der festen Erde her ausmißt. Bei den gewöhnlichen Anwendungen
der Mechanik trifft dies in der Tat auch hinreichend genau zu. Ganz streng
ist es aber nicht richtig und man kennt mehrere Versuche, die den Nachweis dafür erbringen, daß das Trägheitsgesetz für die von der festen Erde aus
beobachteten Bewegungen irdischer Körper nicht genau gültig sein kann. Der
bekannteste darunter ist der Foucaultsche Pendelversuch. Von anderen sei
nur noch erwähnt, daß ein Körper, der in einen tiefen Schacht hinabfällt, sich
nicht genau längs der Lotlinie bewegt, sondern eine freilich nur ganz kleine
und schwer beobachtbare seitliche Ablenkung erfährt, die man dadurch erklärt,
daß sich die Erde während der Fallzeit weiter gedreht habe, und daß sich dabei
die dem Mittelpunkt näher gelegenen Stellen mit geringerer Geschwindigkeit
fortbewegt hätten als der Eingang des Schachtes.

In der Tat pflegt man alle diese Versuche als Beweise für die Achsendrehung
der Erde im Sinne des Kopernikanischen Weltsystems anzuführen. Was soll
dies aber heißen? Rein geometrisch genommen kommt es auf dasselbe hinaus,
wenn man sagt, die Erde stehe fest und das ganze Himmelsgewölbe drehe sich
um sie, wie man im Ptolemäischen Weltsystem das Sachverhältnis auffaßte,
oder wenn man wie im Kopernikanischen Weltsystem die Erde sich drehen
läßt. Es kommt dies nur auf einen Wechsel in der gedachten Aufstellung des
Beobachters hinaus. Freilich hat die Kopernikanische Auffassung den unermeß-
lichen praktischen Vorzug, daß die Beschreibung der Bewegungen der Himmelskörper gegeneinander dadurch ungemein vereinfacht wird. Aber rein geometrisch
genommen würde dadurch die Ptolemäische Darstellung noch nicht als geradezu
falsch oder unzulässig, sondern nur als unzweckmäßig nachgewiesen sein.

Durch den Foucaultschen Pendelversuch (und die ihm verwandten Erfahrungen) wird aber die Fragestellung vollständig geändert. Wir werden durch ihn darauf aufmerksam gemacht, daß wir uns den Beobachter nicht auf der festen Erde aufgestellt denken dürfen, sondern daß wir ihm jedenfalls irgendeinen anderen Beobachtungsposten anweisen müssen, wenn das Trägheitsgesetz für ihn streng gültig sein soll. Wie wir diesen Beobachtungsposten auswählen und festlegen sollen, und ob es überhaupt möglich ist, ihn so auszuwählen, daß das Trägheitsgesetz für ihn erfüllt ist, kann man aus dem Foucaultschen Pendelversuch allein noch nicht schließen. Nur soviel erkennen wir daraus, daß der Raum, in dem sich der Beobachter befindet, die Achsendrehung der Erde gegen das Himmelsgewölbe nicht mitmachen darf.

Andererseits beruht aber die ganze Mechanik der Himmelskörper, die sich so gut bewährt hat, wie kaum eine andere theoretische Folgerung der Mechanik, auf der Annahme der strengen Gültigkeit des Trägheitsgesetzes, zunächst für irgendeinen Raum. Zugleich erfahren wir aus den astronomischen Untersuchungen, daß dieser unverrückbare Standpunkt des Beobachters nicht etwa auf der Sonne angenommen werden darf. Wir werden dadurch zu der Annahme geführt, daß das Trägheitsgesetz zunächst überhaupt für irgendeinen Raum streng gültig ist, und ferner, daß dieser Raum nicht von vornherein genau angegeben werden kann, sondern daß es vielmehr als Aufgabe der Astronomie betrachtet werden muß, diesen festen Raum, auf den alle Bewegungen bezogen werden müssen, wenn das Trägheitsgesetz zutreffen soll, zu ermitteln und ihn durch eine geeignete Beschreibung kenntlich zu machen. Erst im 6. Bande dieses Werkes komme ich auf diese Frage nochmals ausführlich zurück. Für jetzt genügt es zur Klärung der mechanischen Grundbegriffe, daß wir allen Grund zu der Annahme haben, daß ein solcher fester Raum, der für die strenge Gültigkeit der astronomischen Mechanik gefordert werden muß, als wirklich vorhanden vorausgesetzt werden darf. Eine Bewegung, wie sie von diesem Raume aus gesehen erscheint, bezeichne ich als eine absolute, die von einem Himmelskörper oder von einem anderen bewegten Fahrzeug aus beobachtete Bewegung als eine relative.

Anmerkung. Die vorausgehenden Sätze entsprechen dem Standpunkt der klassischen Mechanik. Für die Relativitätstheorie hat das Trägheitsgesetz keine strenge Gültigkeit.

§ 3. Die Kräfte

Schon vorher war die Rede davon, daß der Bewegungszustand eines Körpers durch die Anwesenheit anderer Körper beeinflußt werden kann. In vielen Fällen ist uns dieser bestimmende Einfluß schon aus rein geometrischen Gründen ohne weiteres verständlich, nämlich immer dann, wenn eine Berührung zwischen den Körpern stattfindet. Hier kommt uns auch die unmittelbare sinnliche Wahrnehmung zu Hilfe, falls unser eigener menschlicher Körper jener ist, der den Einfluß ausübt. In anderen Fällen dieser Art wird die Vorstellung des wechselseitigen Verhältnisses wenigstens sehr gefördert, wenn wir uns selbst in die Lage des jenen Einfluß bewirkenden Körpers versetzt denken, was gewöhnlich möglich ist und oft genug ganz unbewußt geschieht. Immer wenn unser eigener Körper dabei im Spiele ist, haben wir eine Empfindung für die Größe und auch für die Richtung des Einflusses, den wir auf den anderen Körper zur Geltung bringen, wonach beide wenigstens ungefähr abgeschätzt werden können. Man hat diese Fähigkeit sehr treffend als den Kraftsinn

bezeichnet. Der Kraftbegriff knüpft daher ganz unmittelbar an eine der all-
täglichsten und uns am besten vertrauten Erfahrungen an und er eignet sich
darum so gut wie kaum irgend ein anderer zur Verwertung für den Aufbau
des Lehrgebäudes der Mechanik.

Mit Hilfe unseres eigenen Körpers vermögen wir unmittelbar nur dann eine
Einwirkung auf den Bewegungszustand eines anderen Körpers auszuüben, wenn
wir mit diesem in Berührung sind. Aus dieser Erfahrung, die so alt ist, wie
das Menschengeschlecht selbst, ist die Vorstellung entstanden, daß zur Übertragung einer Kraftäußerung zwischen zwei Körpern entweder eine unmittelbare
Berührung oder doch jedenfalls eine die Verbindung herstellende Kette von
Zwischengliedern erforderlich sei. Der menschliche Verstand hat sich immer
wieder dagegen gesträubt, die Vorstellung einer unmittelbaren Fernwirkung zu-
zulassen. Wer mit den Anschauungen, die ich in der Einleitung über die Ent-
stehung unserer Wissenschaft auseinandergesetzt habe, einverstanden ist, be-
greift sehr wohl dieses hartnäckige Festhalten an einem Grundsatz, der aus
den frühesten Zeiten der Menschheit stammt. Er wird freilich zugleich der
Meinung sein, daß es noch keineswegs als ausgemacht gelten kann, ob der Grundsatz als bindend für unsere Naturauffassung anerkannt werden darf. Nur das
Streben, falls es möglich ist, alle Kraftäußerungen in letzter Linie auf
Nahewirkungen zurückzuführen, wird er im Interesse der Einfachheit unserer
Naturbeschreibung als berechtigt anerkennen und es selbst tunlichst zu fördern
suchen.

Ein Magnet bedarf kein sichtbares Zwischenglied, um auf ein Eisenstück in
seiner Nähe eine Kraftäußerung zu übertragen. Auch die allgemeine Gravitation,
die bei den irdischen Vorgängen durch die Erscheinung der Schwere hervortritt, gehört in die Klasse der Fernwirkungen. Als Newton das Gravitations-
gesetz aufstellte, wurde die unvermittelte Fernwirkung noch von aller Welt und
im Grunde genommen auch von ihm selbst als unbegreiflich angesehen. Die
Aufstellung geschah auch nur in der ausgesprochenen Absicht, eine Beschreibung
der wirklich beobachteten Erscheinungen aus einem möglichst allgemeinen
Gesichtspunkt zu geben. Dem Streben nach einer Zurückführung der anschei-
nenden Fernwirkung auf Nahewirkungen sollte dadurch die Berechtigung nicht
abgesprochen werden. Newton lehnte es nur ab, sich selbst an der Spekulation
über Möglichkeiten dieser Art zu beteiligen. Dahin ist sein berühmter Ausspruch:
„hypotheses non fingo" zu deuten.

Wie anpassungsfähig der menschliche Geist an die nach festen Regeln immer
in der gleichen Art wiederkehrenden Vorgänge der Außenwelt ist, zeigt sich
recht deutlich in der Entwicklung der Wissenschaft seit Newton bis über
die Mitte des neunzehnten Jahrhunderts hinaus. Die Vorstellung der Fernwirkung, die zuerst so lebhaften Widerstand fand, faßte in den folgenden Geschlechtern bald so feste Wurzeln, daß man sich es geradezu zur Aufgabe machte,
nun alle Naturerscheinungen auf Fernwirkungen zurückzuführen. Selbst die
handgreiflichen Nahewirkungen bemühte man sich auf Fernwirkungen der Mole-
küle zurückzuführen, die nur in kleinsten Abständen von merklicher Größe
werden sollten.

Zu allen Zeiten laufen aber neben den herrschenden wissenschaftlichen Lehr-
meinungen bei einzelnen selbständigen Denkern auch abweichende Ansichten
nebenher. Sobald sich die herrschende Anschauung mit einer bestimmten Tatsache, die gerade in den Vordergrund gerückt oder die eben erst neu gefunden
ist, nicht recht abzufinden weiß, während dies einer anderen viel besser glückt,

kommt nun diese zur allgemeinen Beachtung, und es entsteht ein von der Mehrzahl aller Forscher geteiltes Abwägen darüber, ob die frühere Anschauung beizubehalten oder ob sie durch die neu vorgeschlagene zu ersetzen sei.

Im vorliegenden Falle war es Faraday, der zum ersten Male wieder seit der Newtonschen Zeit die scheinbaren Fernwirkungen im elektrischen oder magnetischen Felde der Vermittlung durch ein Zwischenglied zuschrieb. Diese Anschauung ist seitdem, freilich erst nach langen Erwägungen und unter dem Eindruck der Entdeckung von neuen Erscheinungen, zu denen sie den Leitfaden abgegeben hatte, allgemein angenommen worden. Nur bei den Erscheinungen der Gravitation hat es bis in die neueste Zeit hinein an jeder den Tatsachen gerecht werdenden Vorstellung darüber gefehlt, wie man die Annahme einer unmittelbaren Fernwirkung nach dem Newtonschen Gesetz umgehen könnte. Die aus dem Jahre 1915 stammende „allgemeine Relativitätstheorie" von Einstein hat jedoch diese Frage auf einen ganz neuen Boden gestellt. In dieser Theorie fiel nicht nur die strenge Gültigkeit des Newtonschen Gesetzes, sondern auch die Gültigkeit der Axiome des Euklid, auf denen unsere Geometrie seit zwei Jahrtausenden beruhte, wurde auf einen „unendlich kleinen" Bezirk beschränkt. Das schließt übrigens nicht aus, daß der ganze von unserem Sonnensystem eingenommene Raum praktisch genommen als ein unendlich kleiner Bezirk im Sinne der Relativitätstheorie angesehen werden kann. — Die Einsteinsche Theorie der Gravitation ist noch zu neu, als daß sich bereits absehen ließe, wohin sie schließlich führen wird. Wahrscheinlich wird es der Arbeit von Jahrzehnten bedürfen, um alle wichtigen Fragen zu klären, die sich im Zusammenhang mit ihr stellen lassen.

Für die klassische Mechanik und damit für die praktischen Anwendungen der Mechanik überhaupt kommt es übrigens nicht wesentlich darauf an, ob man mit Fernkräften oder mit Nahekräften zu tun hat. Die Mechanik vermag mit den einen ebensogut zu rechnen wie mit den anderen. Nur die eine Erkenntnis ist für sie von ausschlaggebender Bedeutung, daß Fernkräfte und Nahekräfte im Sinne der Mechanik Größen von gleicher Art sind, die unmittelbar miteinander verglichen und in denselben Einheiten ausgemessen werden können. Dieser Satz ist an sich nicht selbstverständlich, sondern er ist selbst erst aus der Erfahrung hervorgewachsen.

§ 4. Der freie Fall

Die klassische Mechanik hat von der Untersuchung Galileis über die Fallbewegung ihren Ausgang genommen. Es empfiehlt sich daher auch heute noch, der Erörterung der Fallgesetze einen der ersten Plätze in der Mechanik einzuräumen und im Anschluß daran die vorhergehenden allgemeinen Erörterungen weiter zu vertiefen und den Begriff der Kraft dadurch näher zu umgrenzen.

So lange der Luftwiderstand nicht in Betracht kommt und andere Nebenumstände von geringem Belang außer acht gelassen werden dürfen, besteht zwischen dem Wege s, den der fallende Körper zurückgelegt hat, und der inzwischen verstrichenen Zeit der Erfahrung zufolge die Beziehung

$$s = \tfrac{1}{2} g t^2. \tag{2}$$

Darin ist $\tfrac{1}{2} g$ eine Konstante, die an demselben Ort der Erde für alle fallenden Körper gleich groß ist, aber an verschiedenen Orten ein wenig wechselt. Daß man $\tfrac{1}{2} g$ und nicht einen einzigen Buchstaben für diese Konstante schreibt,

ist darin begründet, daß die weiter folgenden Beziehungen durch diese an sich
willkürliche Wahl einen einfacheren Ausdruck erhalten.

Die durch Gl. (2) dargestellte Bewegung wird mit der Zeit immer rascher, denn
wenn z. B. t auf das Doppelte angewachsen ist, hat sich der Weg s vervierfacht;
in der zweiten Hälfte der hierbei ins Auge gefaßten Fallzeit legt demnach der
fallende Körper einen dreifach so großen Weg zurück als in der ersten Hälfte.
Unter diesen Umständen müssen wir uns darüber verständigen, was wir unter
der Geschwindigkeit v des fallenden Körpers in einem gewissen Augenblick
oder an einer gewissen Stelle seiner Bahn verstehen wollen. Da die Bewegung
dauernd in der Richtung der Lotlinie erfolgt, ist die Richtung der Geschwindigkeit von vornherein gegeben, und es kann sich nur noch um ihre Größe handeln.
Dieser Erwägung habe ich dadurch Ausdruck verliehen, daß ich die Geschwindigkeit mit dem lateinischen Buchstaben v und nicht mit $\mathfrak{v}$ bezeichnet habe.

Bisher ist der Begriff der Geschwindigkeit nur für den Fall der gleichförmigen
Bewegung eingeführt worden, und es ist damals darunter der Weg verstanden
worden, der in jeder Zeiteinheit zurückgelegt wird. Um den Begriff auf·den
vorliegenden Fall zu übertragen, vergleichen wir die Bewegung im gegebenen
Augenblick mit einer gleichförmigen und sagen, es soll unter der Geschwindigkeit
jener Weg verstanden werden, den der Körper in der nächsten Zeiteinheit zurück-
legen würde, wenn sich an seinem augenblicklichen Bewegungszustand nichts
änderte. Man wird bei dieser Festsetzung freilich noch eine nähere Erklärung
darüber vermissen, was unter diesem „augenblicklichen Bewegungszustand" zu
verstehen sei. Um diese zu geben, wollen wir die Bewegung nur während
eines sehr kleinen Zeitteilchens dt ins Auge fassen; der Weg, der währenddessen zurückgelegt wird, sei ds. Wenn die Bewegung von nun ab in eine
gleichförmige überginge, würde auch in jedem folgenden dt ein ebenso großer
Weg ds zurückgelegt. Wenn die Zeiteinheit n Zeitteilchen dt enthält, so daß
also der Wert von dt gleich $1/n$ ist, wäre der in der Zeiteinheit durchlaufene
Weg das n-fache von ds, also $v = n\,ds$, oder mit Rücksicht auf den Zusammenhang
zwischen n und dt,

$$v = \frac{ds}{dt}. \tag{3}$$

Man sieht auch leicht ein, weshalb ds und dt als sehr kleine, oder streng genommen
als unendlich kleine Größen aufgefaßt werden müssen. Die Größe v, die wir
bestimmen wollen, ändert sich selbst unausgesetzt, und wenn wir den augenblicklichen Bewegungszustand durch die zusammengehörigen Werte von ds
und dt möglichst genau beschreiben wollen, müssen wir daher, um die Änderung
dieses Zustandes während dt keinen Einfluß auf unser Resultat gewinnen zu
lassen, beide möglichst klein wählen. Mit anderen Worten: v ist der Grenzwert,
dem sich das Verhältnis $ds : dt$ bei immer kleiner werdendem dt und ds nähert.
Dieser Grenzwert wird aber in der Differentialrechnung als der Differentialquotient von s nach t bezeichnet, und wir können ihn nach den Lehren dieser
Wissenschaft ohne weiteres aus Gl. (2) berechnen.

Diese Betrachtungen bleiben nicht nur für die Fallbewegung, sondern auch für
jede beliebige andere geradlinige Bewegung gültig, und wegen der häufigen
Anwendung, die von Gl. (3) zu machen ist, möge noch eine andere Erwägung,
die zu dem gleichen Ergebnis führt, erwähnt werden. Um die Geschwindigkeit
des fallenden Körpers an einer bestimmten Stelle seiner Bahn zu ermitteln,
denke man sich eine Strecke $\varDelta s$ der Bahn, die die betreffende Stelle mit enthält.
Die Zeit, die zum Durchlaufen dieser Strecke gebraucht wird, sei mit $\varDelta t$ be-

zeichnet. Dann gibt zunächst $\Delta s/\Delta t$ die durchschnittliche Geschwindigkeit während Δt an, nämlich jene Geschwindigkeit einer gleichförmigen Bewegung, bei der Δs in der gleichen Zeit Δt zurückgelegt würde. Je enger man die Grenzen zieht, zwischen denen man die Bewegung verfolgt, um so genauer schließt sich die durchschnittliche Geschwindigkeit dem an, was wir suchen. Wir werden daher, wie vorher, dazu geführt, die Geschwindigkeit im gegebenen Augenblick durch den Grenzwert des Verhältnisses $\Delta s : \Delta t$ für unendlich abnehmende Zeit- und Wegelemente zu messen.

Die wirkliche Ausführung der Differentiation an Gl. (2) liefert

$$v = \frac{ds}{dt} = g\,t. \tag{4}$$

Wir erkennen daraus, daß sich die Geschwindigkeit bei der Fallbewegung proportional mit der Zeit ändert. Die Zunahme ist daher in gleichen Zeiten immer dieselbe und die Zunahme in jeder Zeiteinheit ist gleich g. Diese Größe heißt die Beschleunigung der Fallbewegung oder auch die Beschleunigung der Schwere.

Nach dem Trägheitsgesetz würde sich v nicht ändern, wenn der Körper allen äußeren Einwirkungen entzogen wäre. Wir schließen daraus, daß auf jeden Körper in der Nähe der Erdoberfläche eine Kraft wirkt, die, wenn sie allein an ihm angreift, die oben berechnete Geschwindigkeitsvermehrung hervorbringt. Diesen Schluß bringen wir in Verbindung mit der Erfahrung, daß es einer gewissen Kraftäußerung bedarf, um den Körper, den wir vorher im Fall beobachteten, emporzuheben. Diese sinnliche Wahrnehmung erleichtert uns das Verständnis dafür, daß in der Tat eine solche Kraft von der Erde, der er zustrebt, auf jeden Körper übertragen wird. Es wird uns dadurch glaubwürdig gemacht, daß eine Kraft, die wesensgleich mit jenen Kräften ist, die wir mit Hilfe unseres Kraftsinns wahrnehmen können, an dem Körper wirkt, auch wenn kein sichtbares oder sonst bisher nachweisbares Band zwischen dem fallenden Körper und der Erde besteht. Diese Kraft wird das Gewicht des Körpers genannt.

Zugleich wird uns durch diese Überlegungen ein Mittel an die Hand gegeben, den bisher nur in ganz allgemeinen Umrissen gewonnenen Begriff der Kraft näher zu bestimmen und die Kräfte dadurch einer Messung zugänglich zu machen. Die Tatsache, daß die Fallbeschleunigung an verschiedenen Orten der Erde verschieden groß ist, sprechen wir dahin aus, daß auch das Gewicht desselben Körpers mit dem Ort auf der Erde wechselt, und wir setzen die Gewichte proportional mit den beobachteten Fallbeschleunigungen. Man muß wohl beachten, daß dieser Satz nicht eines Beweises fähig oder auch nur bedürftig ist. Denn er dient im Gegenteil nur dazu, das Maß für die Größe einer Kraft näher zu bezeichnen. Nur darüber kann man Rechenschaft verlangen, ob die Kraftempfindung unseres eigenen Körpers mit dieser Festsetzung über das Maß der Kräfte parallel geht. Es handelt sich also mit anderen Worten darum, ob es uns in der Tat unter sonst gleichen Umständen leichter fallen würde, ein gegebenes Gewichtsstück in den äquatorialen Gegenden der Erde, wo die Fallbeschleunigung geringer ist, vom Boden aufzuheben, als in unseren Breiten. Wegen der geringen Unterschiede in der Fallbeschleunigung ist der Nachweis durch unmittelbare Abschätzung der in beiden Fällen erforderlichen Kraftanstrengung nicht möglich. Wenn wir aber zeigen können, daß eine gegebene Feder in den äquatorialen Gegenden durch ein gegebenes Gewichtsstück weniger zusammengedrückt wird als bei uns, und dabei daran denken, daß unsere Kraftempfindung, falls wir

die Feder selbst zusammendrücken, soweit sie sich schätzen läßt, mit der Größe
der Zusammendrückung parallel geht, werden wir den Nachweis als erbracht
ansehen dürfen. In der Tat kann aber jenes Verhalten der Feder als sicher
nachgewiesen gelten.

Da die Fallbeschleunigung an jedem gegebenen Ort denselben Wert für alle
Körper hat, folgt, daß zwei Körper, die an einer Stelle gleiches Gewicht haben,
auch an allen anderen Orten der Erde von gleichem Gewichte sind. Denn die
Gewichte beider ändern sich stets in demselben Verhältnis, wenn man sie an
einen anderen Ort bringt. Daraus folgt auch, daß man die Änderung der
Gewichte mit einer gewöhnlichen Waage nicht festzustellen vermag, denn beim
Abwägen auf solchen Waagen handelt es sich immer nur um den Vergleich der
Gewichte zweier Körper, und nicht um die Bestimmung des absoluten Gewichtes
eines dieser Körper.

Wir werden aber hierdurch aufmerksam darauf gemacht, daß es für jeden gegebenen Körper außer seinem je nach der Lage des Beobachtungsortes verschiedenen Gewichte noch eine zweite Größe gibt, die nur von ihm selbst und
nicht von seiner Lage zur Erde abhängig ist. Diese Größe nennen wir
die Masse des Körpers. Wir sehen nun auch, daß es sich beim Abwägen
auf einer Hebelwaage eigentlich nicht um einen Vergleich von Gewichten, sondern
um einen Vergleich von Massen handelt.

Dieser Umstand hat schon häufig zu Verwirrungen geführt. Da die Sache, um
die es sich hier handelt, von größter Bedeutung für die richtige Auffassung der
mechanischen Grundgesetze ist, war es nötig, in so ausführlicher (für den Un-
kundigen vielleicht überflüssig weitschweifig erscheinender) Weise darauf einzugehen.

Bezeichnen wir das Gewicht des Körpers an irgendeiner Stelle der Erde mit Q,
die dort gültige Fallbeschleunigung mit g, so können wir nach dem Vorhergehenden

$$Q = mg \qquad (5)$$

setzen. Darin ist zunächst m nur ein Proportionalitätsfaktor, aber einer, der
jedem gegebenen Körper eigentümlich und von der Lage auf der Erdoberfläche
unabhängig ist. Wir können daher diesen Faktor m unmittelbar als
das Maß für jene Größe betrachten, die wir vorher schon als die
Masse des Körpers bezeichneten.

Wir haben uns bei diesen Auseinandersetzungen schon mit dem Umstand
vertraut gemacht, daß die Kraft Q, die infolge der Schwere an dem Körper wirkt,
verschiedene Werte für diesen Körper annehmen kann, und daß sich diese Unterschiede in der Veränderlichkeit von g aussprechen. Wir brauchen jetzt nur noch
die Vorstellung zu Hilfe nehmen, daß alle mechanischen Kräfte Größen derselben Art sind, die gleichen Wirkungsgesetzen unterliegen, um auf jenen Satz
zu gelangen, den man als das dynamische Grundgesetz bezeichnet. Wir
schließen also, daß eine Beziehung von der Form der Gl. (5) immer noch bestehen
bleibt, wenn auch die Kraft Q nicht von der Schwere herrührt, sondern irgendeinen anderen Ursprung hat. Bezeichnen wir eine solche Kraft von beliebiger
Herkunft, die an dem Körper von der Masse m wirkt, mit P und die von ihr
hervorgebrachte Beschleunigung mit b, so geht Gl. (5) über in

$$P = mb, \qquad (6)$$

wofür auch in Verbindung mit Gl. (5)

$$P = \frac{Q}{g} b \qquad (7)$$

geschrieben werden kann. Durch diese Gleichungen wird das dynamische Grundgesetz ausgesprochen.

§ 5. Die deduktive Ableitung der Fallgesetze

Im vorigen Paragraphen haben wir den induktiven Weg beschritten, nämlich jenen, der von einer gegebenen Beobachtungstatsache ausgeht und durch vorsichtiges Abwägen der besten Art ihrer Deutung zur Aufstellung der Begriffe führt, durch die wir hoffen dürfen, die in dieses Gebiet fallenden Erscheinungen folgerichtig abzuleiten. Dieses induktive Verfahren muß stets bei der Begründung einer neuen Wissenschaft oder bei der Erforschung einer noch wenig bekannten Reihe von Erfahrungstatsachen den Anfang bilden. Sobald es zu einer Auffassung geführt hat, die uns nun als Grundlage für die weitere Behandlung geeignet erscheint, muß die deduktive Methode einsetzen, also jene, die sich nicht mehr unmittelbar mit dem Beobachteten, sondern nur noch mit der folgerichtigen Verknüpfung der induktiv gewonnenen Begriffe beschäftigt, und der die Aufgabe zufällt, alle Folgerungen, die sich hieraus ziehen lassen, möglichst vollständig abzuleiten. Erst dann, wenn sich die Schlüsse, zu denen wir so geführt werden, bei einem erneuten Vergleich mit entsprechend erweiterten Erfahrungen bestätigt haben, ist der Beweis dafür erbracht, daß wir durch das induktive Verfahren zur richtigen Verwertung der Beobachtungstatsachen gelangt waren.

Wir wollen jetzt alle Formeln, die für die Fallbewegung oder für eine andere gleichförmig beschleunigte Bewegung gelten, deduktiv aus dem dynamischen Grundgesetz ableiten. Dabei müssen wir natürlich unter anderem auch wieder zur Gl. (2) zurückgeführt werden, von der wir im vorigen Paragraphen ausgingen; zugleich werden wir aber auch noch eine Reihe neuer Beziehungen gewinnen.

Zunächst stellen wir einen analytischen Ausdruck für die Beschleunigung g — oder allgemeiner b — auf. Wir verstanden darunter die Zunahme der Geschwindigkeit mit der Zeit und können dafür

$$b = \frac{dv}{dt} \tag{8}$$

setzen. So lange die Bewegung gleichförmig beschleunigt ist, d. h. so lange nach Gl. (6) die Kraft P konstant ist, können wir uns die einander entsprechenden Zuwüchse dv und dt von Geschwindigkeit und Zeit beliebig groß, also auch endlich denken. Wenn sich P allmählich ändern sollte, müssen aber beide Zuwüchse unendlich klein gewählt werden, damit wir die Beschleunigung im gegebenen Augenblick, so wie sie zu dem augenblicklichen Werte von P gehört, genau erhalten. Wir wollen daher ein für allemal unter dv/dt in Gl. (8) den Grenzwert verstehen, dem sich das Verhältnis beider Zuwüchse nähert, wenn beide immer kleiner gewählt werden. Dann kann Gl. (8) dahin ausgesprochen werden, daß die Beschleunigung der Differentialquotient der Geschwindigkeit nach der Zeit ist, wie dies auch schon durch die gewählte Schreibweise zum Ausdruck gebracht wurde. Mit anderen Worten heißt dies auch, daß unter der Beschleunigung die Änderungsgeschwindigkeit der Bewegungsgeschwindigkeit zu verstehen ist.

Mit Rücksicht auf Gl. (3)

$$v = \frac{ds}{dt}$$

folgt aus Gl. (8) auch

$$b = \frac{d^2 s}{dt^2} \tag{9}$$

2*

und die dynamische Grundgleichung kann demnach in jeder der folgenden Formen angeschrieben werden:

$$P = m\,b = m\,\frac{d\,v}{d\,t} = m\,\frac{d^2\,s}{d\,t^2}. \tag{10}$$

Nehmen wir nun an, daß P und hiernach auch b unveränderlich sind, so folgt aus Gl. (8) durch Integration

$$v = v_0 + b\,t. \tag{11}$$

Hier ist v_0 eine Integrationskonstante, deren Bedeutung sich leicht ergibt, wenn wir die Gleichung auf den Wert $t = 0$ anwenden. Wir überzeugen uns dann, daß v_0 die Anfangsgeschwindigkeit ist, und werden durch dieses Rechenergebnis darauf aufmerksam gemacht, daß es gar nicht nötig ist, unsere Untersuchung auf solche Bewegungen zu beschränken, die aus der Ruhe hervorgehen, sondern daß der Körper vor dem Auftreten der Kraft P auch schon irgendeine Geschwindigkeit v_0 besitzen konnte, ohne daß dadurch unsere Betrachtungen ungültig würden. Nur die eine Voraussetzung ist dabei als selbstverständlich beizubehalten, daß alle Bewegungen und Kräfte in die gleiche Richtung fallen.

Die vorige Gleichung kann auch in der Form

$$\frac{d\,s}{d\,t} = v_0 + b\,t$$

geschrieben werden, die sich sofort nochmals nach t integrieren läßt. Wir erhalten

$$s = s_0 + v_0\,t + \frac{b\,t^2}{2}.$$

Hier ist s_0 eine neue Integrationskonstante, nämlich der Weg, den der Körper bereits zu Anfang der Zeitrechnung (für $t = 0$) zurückgelegt hatte. Gewöhnlich entscheidet man sich dafür, unter s nur jenen Weg zu verstehen, der von dem Augenblick $t = 0$ an zurückgelegt wurde, und dann ist s_0 gleich Null zu setzen. Die Gleichung vereinfacht sich mit dieser Festsetzung zu

$$s = v_0\,t + \frac{b\,t^2}{2}. \tag{12}$$

In ihr erkennen wir, falls wir $v_0 = 0$ setzen, die Ausgangsgleichung (2) des vorigen Paragraphen wieder.

In Gl. (11) kommt s und in Gl. (12) kommt v nicht vor. Für die Auflösung von Aufgaben über die gleichförmig beschleunigte Bewegung ist es bequem, aus der Verbindung beider Gleichungen miteinander noch zwei neue Gleichungen abzuleiten, in denen b oder t nicht vorkommen. Zu diesem Zweck lösen wir Gl. (11) zunächst nach b auf und setzen den Wert

$$b = \frac{v - v_0}{t}$$

in Gl. (12) ein. Diese geht dadurch über in

$$s = \frac{v + v_0}{2}\,t.$$

Ebenso erhalten wir durch Auflösen von Gl. (11) nach t

$$t = \frac{v - v_0}{b}$$

und durch Einsetzen in Gl. (12)

$$s = \frac{v^2 - v_0{}^2}{2\,b}.$$

Man kann auch noch eine Gleichung ableiten, die v_0 nicht enthält, und findet auf demselben Wege

$$s = v\,t - \frac{b\,t^2}{2}.$$

Von dieser letzten Gleichung wird indessen seltener Gebrauch gemacht.

§ 6. Die gleichförmig verzögerte Bewegung

Wenn die Kraft P zur Anfangsgeschwindigkeit v_0 entgegengesetzt gerichtet ist, bringt sie eine Verminderung der Geschwindigkeit hervor, die nach denselben Gesetzen vor sich geht wie das Anwachsen der Geschwindigkeit im vorigen Falle. Zu den Bewegungsvorgängen dieser Art gehört der Wurf eines Steines senkrecht nach oben oder die Bewegung eines gebremsten Eisenbahnzuges, vorausgesetzt, daß im letzten Falle die Bremswirkung dauernd die gleiche Stärke behält.
Aus Gl. (8) wird hier

$$b = -\frac{d\,v}{d\,t},$$

und die Gleichungen (11) und (12) ändern sich in

$$v = v_0 - b\,t; \qquad s = v_0\,t - \frac{b\,t^2}{2}.$$

Man erkennt daraus, daß man alle Formeln des vorigen Paragraphen auch für die gleichförmig verzögerte Bewegung beibehalten kann, wenn man darin nur b negativ setzt. Fassen wir daher nochmals alle Formeln übersichtlich zusammen, so haben wir für die

gleichförmig beschleunigte Bewegung	gleichförmig verzögerte Bewegung	
α) $\quad v = v_0 + b\,t,$	$v = v_0 - b\,t,$	
β) $\quad s = v_0\,t + \dfrac{b\,t^2}{2},$	$s = v_0\,t - \dfrac{b\,t^2}{2},$	
γ) $\quad s = \dfrac{v + v_0}{2}\,t,$	$s = \dfrac{v + v_0}{2}\,t,$	(13)
δ) $\quad s = \dfrac{v^2 - v_0{}^2}{2\,b};$	$s = \dfrac{v_0{}^2 - v^2}{2\,b}.$	

§ 7. Dimensionen und Maßsysteme

Um eine Größe zu messen, vergleicht man sie mit einer anderen, die von der gleichen Art ist und die man als Einheit gewählt hat, und drückt das Verhältnis, in dem sie zu ihr steht, durch eine Zahl aus. Diese Zahl hat daher nur insofern Bedeutung, als sie auf die gewählte Einheit bezogen wird, d. h. nur als benannte Zahl. Die zur reinen Zahl hinzutretende Benennung wird in der Mechanik und überhaupt in der theoretischen Physik die Dimension der gemessenen Größe genannt. Sie kennzeichnet die Größe der Art nach.
Die bisher in Betracht gezogenen Größen waren Längen, Zeiten, Geschwindigkeiten, Beschleunigungen oder Verzögerungen, die beide unter sich von gleicher Art sind, ferner Kräfte und Massen. Die Einheiten dieser Größen dürfen indessen

nicht alle ganz willkürlich gewählt werden. So ist z. B. die Geschwindigkeit der gleichförmigen Bewegung als jene Strecke bezeichnet worden, die in der Zeiteinheit zurückgelegt wird. Mit der Wahl der Längen- und der Zeiteinheit ist daher zugleich die Einheit der Geschwindigkeit festgesetzt, und ähnlich ist es in anderen Fällen. Jene Einheiten, deren Wahl uns völlig frei steht, bezeichnet man als **Fundamentaleinheiten** oder Grundeinheiten, die anderen als **abgeleitete Einheiten**. Dabei ist übrigens wohl zu beachten, daß es unserer Wahl überlassen bleibt, welche Einheiten wir als die ursprünglichen und welche wir als die abgeleiteten ansehen wollen. So können wir unter den drei Einheiten der Länge, der Zeit und der Geschwindigkeit irgend zwei als Fundamentaleinheiten auswählen, die dritte ist dann eine abgeleitete Einheit. In der technischen Mechanik hat man sich dafür entschieden, die Längeneinheit und die Zeiteinheit als Fundamentaleinheiten einzuführen und die Geschwindigkeitseinheit daraus abzuleiten, und zwar aus dem einfachen Grund, weil wir Längen und Zeiten sehr bequem unmittelbar messen können, Geschwindigkeiten aber nicht.

Es genügt indessen nicht, die Geschwindigkeitseinheit ganz allgemein als abhängig von der Längen- und der Zeiteinheit zu bezeichnen, sondern man muß auch die Art dieser Abhängigkeit näher zum Ausdruck bringen. Beachten wir nun, daß die Geschwindigkeit durch Division des zurückgelegten Weges durch die Zeit gefunden wird, so erhalten wir die Dimensionsformel

$$[v] = \frac{L}{T} = L\,T^{-1}. \tag{14}$$

Dadurch, daß eine eckige Klammer um die Größe v gezogen ist, soll nämlich zum Ausdruck gebracht werden, daß es sich hier nur um die Einheit oder um die Dimension dieser Größe handelt. Unter L und T sind dagegen die willkürlich zu wählenden Längen- und Zeiteinheiten zu verstehen. Man vermeidet bei dem Anschreiben der Dimensionsformeln zuweilen gern die Brüche und ersetzt diese durch negative Exponenten, wie es in der zuletzt gewählten Form geschehen ist.

Durch diese Art der Bezeichnung wird namentlich der Vorteil erreicht, daß man von einem Maßsystem sehr leicht auf ein anderes übergehen kann. Hatte man z. B. vorher eine Geschwindigkeit auf cm und s bezogen, also etwa

$$v = a \text{ cm/s}$$

gefunden, wobei nun a der Zahlenwert von v in diesem Maßsystem ist, so erhält man, wenn später die Längen in Metern und die Zeiten in Minuten ausgedrückt werden sollen, für dasselbe v

$$v = a\,\frac{\text{cm}}{\text{s}} = a\,\frac{0,01 \text{ m}}{1/_{60} \text{ min}} = 0,6\,a \cdot \frac{\text{m}}{\text{min}}.$$

Der Umrechnungsfaktor 0,6 auf das neue Maßsystem kann demnach aus der Dimensionsbezeichnung cm/s ohne weiteres entnommen werden.

Auch schon bei rein geometrischen Betrachtungen spielen die abgeleiteten Einheiten eine wichtige Rolle. So sieht man als Einheit der Fläche allgemein den Inhalt eines Quadrats an, dessen Seite gleich der Längeneinheit ist. Wir drücken dies in der von uns gewählten Bezeichnung dadurch aus, daß wir die Dimension einer Fläche gleich L^2, also etwa gleich cm² setzen, wenn wir nach cm rechnen. Ebenso ist die Dimension eines Rauminhaltes L^3. Von einer Winkelgröße sagen wir, daß sie die Dimension Null hat, denn ein Winkel wird bei den Formeln der Mechanik stets durch das Verhältnis zwischen der Länge des Bogens, der zu ihm als Zentriwinkel gehört, und der Länge des zugehörigen Halbmessers gemessen. Ein solches Verhältnis ist aber keine benannte, sondern eine reine Zahl, und dies soll eben dadurch ausgedrückt werden, daß wir die Dimension gleich Eins setzen.

Auch die Einheit der Beschleunigung oder Verzögerung wird durch die Längen- und die Zeiteinheit mit bestimmt. Denn man findet die Beschleunigung durch Division des Geschwindigkeitszuwachses, der in einer gewissen Zeit zustande kommt, durch diese Zeit. Die Dimension der Beschleunigung ist daher

$$[b] = \frac{[v]}{T} = \frac{L}{T^2} = L\,T^{-2}. \tag{15}$$

Die beiden noch übrig bleibenden Einheiten der Kraft und der Masse sind mit den vorigen nicht so verknüpft, daß sie ganz auf sie zurückgeführt werden könnten. Die Kraft steht zwar im Zusammenhang mit der Beschleunigung, die sie hervorbringt; in diese Beziehung tritt aber außerdem noch die Masse ein. Es bleibt daher nichts übrig, als noch eine dritte Fundamentaleinheit einzuführen, und zwar bleibt es uns, wie vorher, überlassen, welche von beiden wir dazu wählen wollen. Während aber im früheren Falle kein Zweifel darüber bestehen konnte, daß sich die Längen- und die Zeiteinheit am besten als Grundeinheiten eignen, sind hier die Meinungen geteilt, und in der Tat laufen heute zwei ganz verschiedene Maßsysteme ziemlich unabhängig nebeneinander her, von denen das eine die Kraft-, das andere die Masseneinheit als Fundamentaleinheit benützt.

Das ältere von beiden Maßsystemen ist auf die Wahl der Krafteinheit als Fundamentalmaß begründet. Die ursprüngliche Definition von 1 Kilogramm ist die des Gewichtes von 1 cdm Wasser im Zustande größter Dichte bei normalem Druck. Später hat man dafür das Gewicht eines gewissen in den Archiven aufbewahrten Platinstücks gesetzt, das so bemessen wurde, daß es nach genauen Versuchen jenem Wasserwürfel die Waage hielt. Noch später verstand man aber unter einem Kilogramm nicht mehr das Gewicht, sondern die Masse jenes Urgewichtsstücks. Der Grund für den Wechsel ist leicht einzusehen. Das deutsche Urkilogramm wurde mit dem französischen in Paris durch Abwägen verglichen. Als es dann nach Berlin gebracht wurde, behielt es zwar seine Masse; das Gewicht änderte sich aber ein wenig, weil die Fallbeschleunigung in Berlin etwas größer ist als in Paris. In der Tat stellt auch nach dem Wortlaut der Gesetzesbestimmungen das Urkilogramm die Einheit der Masse dar. Das Wort Kilogramm hat demnach zwei ganz verschiedene und sorgfältig auseinanderzuhaltende Bedeutungen, je nachdem man es als Einheit der Masse oder als Einheit des Gewichts, d. h. als Krafteinheit gebraucht.

Unserem Gefühl entspricht es zunächst ohne Zweifel am besten, wenn man das Kilogramm als Krafteinheit deutet. Denn wir sind gewohnt, ein Gewichtsstück dadurch einer ungefähren Schätzung zu unterwerfen, daß wir es aufheben und die Kraftäußerung abschätzen, die wir hierfür aufwenden müssen. Wenn die Fallbeschleunigung überall auf der Erde denselben Wert hätte, wäre man davon sicherlich niemals abgegangen. Als es aber nötig geworden war, bei genauen Messungen von Kräften, die an verschiedenen Orten der Erde ausgeführt wurden, auf die Veränderlichkeit der Schwere Rücksicht zu nehmen, um die Ergebnisse vergleichbar miteinander zu machen, empfahl es sich, zu der anderen Definition des Kilogramms überzugehen, die jede Vieldeutigkeit ausschloß.

Das auf das Kilogramm als Krafteinheit gegründete Maßsystem hat seinen Ursprung, wie das ganze metrische System überhaupt, in Frankreich. Dort ist es heute selbst bei den Physikern noch häufig im Gebrauch. Außerdem wird es überwiegend von den Technikern bis auf den heutigen Tag benutzt, jedoch mit Ausnahme der Elektrotechniker, die sich meistens dem anderen Maßsystem angeschlossen haben. Dieses zweite Maßsystem, das die Masseneinheit als Fundamentaleinheit annimmt, wurde zuerst von den deutschen Gelehrten Gauß und Wilhelm Weber aufgestellt. Es ist heute bei den Physikern fast aller Länder das herrschende geworden und wird von diesen gewöhnlich als das absolute Maßsystem bezeichnet. Daß sich die Elektrotechniker dieser Wahl angeschlossen haben, ist hauptsächlich darauf zurückzuführen, daß sich die Élektrotechnik als besonderer Wissenszweig von der allgemeinen Physik erst zu einer Zeit abzweigte, als das sogenannte absolute Maßsystem in dieser schon allgemein zur Einführung gelangt war. — Ich selbst halte es für wahrscheinlich, daß man später auch in der Technik allgemein zu dem physikalischen Maßsystem übergehen wird. Vielleicht wird ein solcher Übergang, der sonst noch lange Zeit in Anspruch nehmen könnte, durch die Annahme passend gewählter Bezeichnungen etwas erleichtert werden. So wird neuerdings vorgeschlagen, neben der Bezeichnung „Kilogramm" für die Masse des Urgewichtsstückes noch die Bezeichnung „Kilobar" zu gebrauchen und darunter das Gewicht des Urgewichtsstücks an einer gewissen Stelle der Erde (in Paris oder an einem sonst geeignet gewählten Orte in Europa) zu verstehen. Man vergleiche hierzu die Aufsätze von Budde und von Emde in der Zeitschrift d. Ver. D. Ing. 1913 S. 303 und S. 1954.

Vorläufig überwiegt aber in der Technik noch das „französische" oder „technische" Maßsystem, und ich werde es daher meistens ebenfalls anwenden, ohne jedoch das „deutsche" oder „physikalische" Maßsystem deshalb ganz zu übergehen.

Hierbei erwähne ich noch, daß sich die Physiker heute ganz allgemein auch darüber geeinigt haben, die Zeiten stets nach Sekunden, die Längen nach Zentimetern und die Massen nach Grammen (also nicht nach Kilogrammen) auszumessen. Gauß und Weber benutzten anstatt dessen Millimeter und Milligramm. Indessen ist der bloße Übergang zu einem Vielfachen der Fundamentaleinheiten verhältnismäßig nebensächlich gegenüber der Wahl einer Fundamentaleinheit von ganz anderer Art. Das physikalische Maßsystem, wie es heute gebraucht wird, führt mit Rücksicht auf die getroffene Wahl auch den Namen Zentimeter-Gramm-Sekunden-System, gewöhnlich abgekürzt C. G. S. geschrieben.

Der Zusammenhang zwischen den Dimensionen der Kraft und der Masse geht aus der dynamischen Grundgleichung hervor. Nach dieser ist (vgl. Gl. 6)

$$P = mb,$$

also auch

$$[P] = [m] \cdot [b],$$

wobei die Dimension der Beschleunigung aus Gl. (15) eingesetzt werden kann. Im französischen oder technischen Maßsystem ist die Krafteinheit die dritte Fundamentaleinheit: sie mag mit K bezeichnet werden. Dann hat man als Dimension der Masseneinheit

$$[m] = KL^{-1}T^2. \tag{16}$$

Umgekehrt ist im „physikalischen" oder „deutschen" Maßsystem die Masseneinheit die dritte Grundeinheit — und als solche sei sie mit M bezeichnet. Dann ist die Krafteinheit eine abgeleitete Einheit und man hat dafür

$$[P] = MLT^{-2}. \tag{17}$$

Am anschaulichsten wird der erhebliche Unterschied zwischen beiden Maßsystemen dadurch hervortreten, daß ich die dynamische Grundgleichung auf das Gewicht und die Masse eines Kilogramms anwende. Hiernach ist unter Benutzung der vorher eingeführten Bezeichnung „Kilobar"

$$1 \text{ Kilobar} = 1 \text{ kg Gewicht} = 1 \text{ kg Masse} \cdot 981 \text{ cm/s}^2,$$

wenn am Bezugsort für die Festsetzung des Begriffes „Kilobar" die Beschleunigung der Fallbewegung gleich 981 cm/s² gesetzt werden kann.

Was unter dem kg in jedem Falle verstanden wird, ist in dieser Gleichung durch die besondere Benennung ersichtlich gemacht. Im technischen Maßsystem ist demnach die Masse des Urkilogramms

$$1 \text{ Massen-kg} = \frac{1 \text{ Gewichts-kg}}{981} \cdot \frac{\text{s}^2}{\text{cm}} = \frac{1 \text{ Gewichts-kg}}{9,81} \cdot \frac{\text{s}^2}{\text{m}}$$

gegeben, und im physikalischen Maßsystem ist umgekehrt das Gewicht des Urkilogramms durch die Gleichung

$$1 \text{ Kilobar} = 1 \text{ Gewichts-kg} = 9,81 \text{ m/s}^2 \cdot 1 \text{ Massen-kg}$$

bestimmt.

Um Verwechslungen zu entgehen, die wegen der Zweideutigkeit der Bezeichnung Kilogramm (oder Gramm) sonst leicht entstehen, ist es nützlich, wenn man für die abgeleitete von den beiden Einheiten einen besonderen Namen gebraucht, der Mißverständnisse ausschließt. Das ist hier für das Gewichts-kg durch die Einführung der Bezeichnung „Kilobar" bereits geschehen. Im technischen Maßsystem fehlt bisher ein allgemein angenommener Name für die abgeleitete Masseneinheit. Dagegen benutzt man im C. G. S.-System außer dem Kilobar noch eine besondere Bezeichnung für die abgeleitete Krafteinheit. Nach dem dynamischen Grundgesetz wird die Kraft P zu Eins, wenn $m = 1$ und $b = 1$ ist; also

$$[P] = 1 \text{ g Masse} \cdot 1 \text{ cm/s}^2$$

und die so definierte abgeleitete Krafteinheit heißt ein Dyn. Es ist also jene Kraft, die einem Gramm Masse die Beschleunigung von 1 cm, auf die Sekunde bezogen, erteilt. Der Vergleich mit der technischen Krafteinheit gestaltet sich hiernach wie folgt

$$1 \text{ Gewichts-g} = 981 \text{ dyn}$$

oder

$$1 \text{ Gewichts-kg} = 981000 \text{ dyn}.$$

Genau gilt diese Beziehung indessen nur an solchen Stellen der Erde, für die die Fallbeschleunigung 981 cm/s² beträgt. Eine Million Dynen bezeichnet man auch als ein Megadyn; man kann daher sagen, daß das Gewichts-kg des Technikers etwas weniger als ein Megadyn des Physikers ist. Sein genauer Wert wechselt mit dem Orte auf der Erde. Dagegen ist das dyn unabhängig von dem Ort; es würde auf dem Monde oder auf einem anderen Planeten, wenn dort Wesen wohnten, mit denen wir uns verständigen könnten, genau in demselben Sinne gebraucht werden können wie bei uns, und es wäre uns möglich, diesen Wesen, wenn wir etwa eine telegraphische Verbindung mit ihnen hätten, genau zu bezeichnen, was wir unter 1 dyn verstehen, so daß sie nachher imstande wären, die Kräfte auf ihrem Planeten ebenfalls nach unseren Dynen auszumessen.

Voraussetzung wäre nur, daß dort Wasser oder ein anderer Körper in demselben Zustand wie auf der Erde vorkäme, und daß sie imstande wären, astronomische Beobachtungen, zur Feststellung unserer Längen- und Zeiteinheit ebenso genau auszuführen, als wir dies vermögen. Aus diesen Gründen hat das physikalische Maßsystem die Bezeichnung des absoluten Maßsystems erhalten.

Das Kilobar fällt mit dem Gewichts-kg zusammen unter der Voraussetzung, daß dieses für jenen Ort der Erde bestimmt wird, der als die Normalstelle angesehen werden soll.

Es möge noch bemerkt werden, daß man im Bereiche der Mechanik mit drei Fundamentaleinheiten vollständig auskommt. Die Einheiten aller übrigen Größen, die in der Mechanik auftreten, sind abgeleitete Einheiten. Man nimmt heute meistens an, daß es in Zukunft gelingen wird, auch alle in anderen Zweigen der Physik auftretenden Größen auf die drei Grundeinheiten der Mechanik einwandfrei zurückzuführen. Bisher ist dies aber noch nicht vollständig geglückt. So tritt in der Elektrizitätslehre heute noch eine vierte Fundamentaleinheit auf, deren Wahl willkürlich ist. In der Tat hat man auch dort diese Wahl auf verschiedene Art getroffen und unterscheidet danach verschiedene elektrische Maßsysteme. Auch über die Dimension, die man der Temperatur in der Wärmelehre. beizulegen hat, herrscht noch keine Einstimmigkeit. Auf diese Dinge kann ich aber im Rahmen dieser Vorlesungen nicht näher eingehen.

Auf einen Umstand soll aber noch einmal nachdrücklich hingewiesen werden, nämlich, daß zwei physikalische Größen nur dann als gleich angesehen werden können, wenn sie nicht nur gleiche Maßzahlen, sondern auch gleiche Benennungen (oder Dimensionen) haben. Man kann auch nur gleich benannte Größen zueinander addieren oder sie voneinander subtrahieren. Daraus folgt, daß in einer Gleichung der Mechanik oder der theoretischen Physik beide Seiten und auch alle durch Plus- oder Minuszeichen miteinander verbundenen Glieder die gleiche Dimension haben müssen. Eine Gleichung, bei der dies nicht zuträfe, müßte notwendig falsch sein, und in der Tat besteht darin ein sehr einfaches Prüfungsverfahren, das man nach Durchführung einer längeren Rechnung stets anwenden sollte, um etwa vorgekommene Fehler aufzufinden. Nicht jeder Rechenfehler, den man begeht, beeinflußt zwar die Dimensionen der vorkommenden Ausdrücke, und man hat daher keine Sicherheit, daß die Rechnung richtig ist, wenn jene Probe stimmt. Gewöhnlich findet man aber die Fehler auf diesem Wege heraus, und da die Probe sehr schnell und bequem ausgeführt werden kann, ist sie sehr wertvoll.

§ 8. Die ungleichförmig beschleunigte geradlinige Bewegung

Für eine solche Bewegung kann die Fragestellung nach zwei entgegengesetzten Richtungen hin erfolgen. Entweder nämlich ist der Ablauf der Bewegung in der Zeit von vornherein (etwa auf Grund von Beobachtungen) gegeben und man soll die Größe der Kraft ermitteln, die in jedem Augenblick auf den materiellen Punkt übertragen wird; oder man kennt umgekehrt die Kraft und soll danach schließen, wie die Bewegung unter ihrem Einfluß erfolgen muß. In beiden Fällen führt die dynamische Grundgleichung

$$P = m \frac{d^2 s}{d t^2}$$

zur Lösung der Aufgabe; im ersten Falle durch Ausführung der Differentiation an dem als Funktion der Zeit bekannten Wege s und im zweiten Falle durch Integration der Gleichung.

Der erste Fall macht niemals irgendwelche Schwierigkeiten; etwas verwickelter ist die Lösung im zweiten Falle, und dafür soll hier ein das ganze Vorgehen näher erläuterndes Beispiel gegeben werden. Vorher sind die Fallgesetze ohne Berücksichtigung des Luftwiderstandes besprochen worden, und jetzt wollen wir diese Betrachtung auf den Fall ausdehnen, daß der Luftwiderstand so groß ist, daß er nicht mehr vernachlässigt werden darf. Um den Verlauf der Fallbewegung unter diesen Umständen vorausberechnen zu können, müssen wir wissen, in welcher Weise sich der Luftwiderstand geltend macht. Dies konnte anfänglich nur induktiv, also aus der Beobachtung der wirklichen Fallbewegung geschlossen werden. Aus diesen Beobachtungen wurde der Schluß gezogen, daß der Luftwiderstand bei sehr kleinen Geschwindigkeiten unmerklich ist und mit der Geschwindigkeit anwächst. Schon von Newton rührt auf Grund solcher Betrachtungen die Annahme her, daß der Luftwiderstand für einen Körper von gegebener Größe und Gestalt der Oberfläche mit dem Quadrat der Geschwindigkeit anwächst. Diese Annahme wird auch heute noch in der Regel der deduktiven Ableitung des Fallgesetzes im „widerstehenden Mittel" (das außer Luft auch Wasser oder eine andere Flüssigkeit sein kann) zugrunde gelegt. Im Gegensatz zu anderen Ansätzen der Mechanik, die wir als streng gültig ansehen können, ist diese Annahme aber nur ungefähr und nur für die gewöhnlich vorkommenden Geschwindigkeiten genau genug richtig. Bei ganz kleinen Geschwindigkeiten kommt man dem wirklichen Verhalten näher, wenn man den Widerstand des Mittels der ersten Potenz der Geschwindigkeit proportional setzt, und bei Geschwindigkeiten, die sich der Fortpflanzungsgeschwindigkeit des Schalles nähern, wächst der Widerstand noch schneller als mit der zweiten Potenz. Wenn wir solche Fälle ausdrücklich ausschließen und nur Bewegungen mit Endgeschwindigkeiten von etwa einem Meter bis zu etwa 100 oder 200 Metern in der Sekunde betrachten, finden wir jedoch die aus dem quadratischen Gesetz abgeleitete Formel für praktische Zwecke hinreichend genau durch die Erfahrung bestätigt.

An einem Körper, der durch die Luft herabfällt, haben wir jetzt zwei Kräfte von entgegengesetzter Richtung ins Auge zu fassen. Die eine ist, wie früher, das nach abwärts beschleunigte Gewicht Q, die andere der Luftwiderstand, den wir nach dem quadratischen Gesetz gleich $k v^2$ setzen können, wo nun k eine Konstante des Körpers ist, die von der Größe und Gestalt der Oberfläche, sowie von der Beschaffenheit des Mittels, in dem er sich bewegt, abhängt. Der Luftwiderstand wirkt dem Gewicht entgegen, und für die wirklich erfolgende Bewegung ist daher nur der Unterschied zwischen beiden Kräften in Ansatz zu bringen. Die im gegebenen Augenblick an dem Körper im ganzen auftretende beschleunigende Kraft P ist daher

$$P = Q - k v^2 \tag{18}$$

und die dynamische Grundgleichung, die wir hier in der Form

$$P = m \frac{d v}{d t}$$

anschreiben, liefert

$$m \frac{d v}{d t} = Q - k v^2.$$

Beachten wir noch, daß $Q = mg$ gesetzt werden kann, und schreiben wir zur Abkürzung den konstanten Wert

$$\frac{k}{m} = k',$$

so vereinfacht sich dies zu

$$\frac{d\,v}{d\,t} = g - k'\,v^2.$$

Um aus dieser Differentialbeziehung v als Funktion von t zu finden, formen wir die Gleichung um zu

$$d\,t = \frac{d\,v}{g - k\,v^2},$$

in der die Veränderlichen getrennt sind. Wenn die Differentialausdrücke gleich sein sollen, dürfen sich auch ihre unbestimmten Integrale nur um eine konstante Größe voneinander unterscheiden. Durch Integration erhalten wir daher

$$t = C + \int \frac{d\,v}{g - k'\,v^2}.$$

Die Integration kann nach den Regeln der höheren Mathematik ohne weiteres ausgeführt werden; man findet dann

$$t = C + \frac{1}{2\,\sqrt{g\,k'}} \lg \frac{\sqrt{g\,k'} + k'\,v}{\sqrt{g\,k'} - k'\,v}.$$

Die Integrationskonstante C ist vorläufig unbekannt; wir finden aber ihren Wert aus den Anfangsbedingungen, die bei der Stellung der Aufgabe mit gegeben sind. Nehmen wir hier an, daß die Bewegung vom Zustand der Ruhe aus beginnt, daß also zur Zeit $t = 0$ die Geschwindigkeit $v = 0$ ist, so folgt, daß wir in der vorausgehenden Gleichung auch $C = 0$ setzen müssen, damit beide Seiten der Gleichung zu Anfang gleichen Wert miteinander haben. Nachdem dies geschehen ist, gestattet uns die vorstehende Gleichung bereits, die Zeit zu berechnen, die verstreichen muß, bis der Körper eine bestimmte Geschwindigkeit v erlangt hat. Wir sehen auch, daß die Geschwindigkeit v niemals den Wert

$$v_{\mathrm{max}} = \sqrt{\frac{g}{k}}$$

überschreiten kann und daß sie sich diesem Grenzwert bei unendlich wachsendem t nähert. Gewöhnlich wird aber verlangt, v unmittelbar als Funktion von t darzustellen, und zu diesem Zweck ist es nötig, die vorige Gleichung nach v aufzulösen, was leicht ausgeführt werden kann. Man erhält dann

$$v = \sqrt{\frac{g}{k'}} \cdot \frac{e^{2\,t\,\sqrt{g\,k'}} - 1}{e^{2\,t\,\sqrt{g\,k'}} + 1}. \tag{19}$$

Auch der Weg s wird hieraus ohne Schwierigkeit als Funktion von t gefunden, indem man beachtet, daß $v = d\,s/d\,t$ ist, und den vorstehenden Ausdruck nach t integriert. Zur Bestimmung der hierbei auftretenden neuen Integrationskonstanten dient die Bemerkung, daß $s = 0$ ist für $t = 0$. Man findet so

$$s = \frac{1}{k'} \left\{ \lg \frac{e^{2\,t\,\sqrt{g\,k'}} + 1}{2} - t\,\sqrt{g\,k'} \right\}. \tag{20}$$

Daß die Integration und die Bestimmung der Integrationskonstanten richtig ausgeführt wurde, folgt nachträglich leicht daraus, daß man bei Differentiation von Gl. (20) wieder auf Gl. (19) zurückkommt und daß ferner Gl. (20) für $t = 0$ in der Tat $s = 0$ liefert, wie es der Anfangsbedingung entspricht.

Die Konstante k kann nur aus Versuchen ermittelt werden und aus ihr folgt dann k'. Die Dimension von k folgt daraus, daß k mit dem Quadrat einer Geschwindigkeit multipliziert eine Kraft liefert, also im technischen Maßsystem zu $KL^{-2}T^2$. Um eine Vorstellung davon zu geben, wie groß der numerische Wert von k beim Fall durch die Luft ausfällt, erwähne ich, daß ungefähr

$$k = 0,12 \text{ kg m}^{-2} \text{ s}^2$$

ist, wenn die beim Fall vorausgehende Fläche des fallenden Körpers 1 m^2 groß, eben und senkrecht zur Fallrichtung ist. Bei einer anderen Größe der Fläche ist k dem Flächeninhalt proportional; bei anderer Gestalt der Fläche ändert sich k ebenfalls, worauf aber jetzt nicht weiter eingegangen werden soll. Die Dimension von k' folgt aus der von k durch Division mit einer Masse, also im technischen Maßsysteme nach Gl. (16)

$$[k'] = \frac{K\,L^{-2}\,T^2}{K\,L^{-1}\,T^2} = \frac{1}{L}.$$

Hiernach hat $2\,t\,\sqrt{g k'}$ die Dimension Null, d. h. es ist eine absolute Zahl. Der Exponent einer Exponentialgröße, ebenso auch ein Wert, von dem der Sinus oder eine andere goniometrische Funktion in einer Gleichung der Mechanik vorkommt, kann immer nur eine absolute Zahl sein. Dies bestätigt die Richtigkeit der Gleichungen (19) und (20), die auch bei weiterem Einsetzen der Dimensionen als homogen in bezug auf die Dimensionen erkannt werden.

Außerdem kann man die Gültigkeit der Gleichungen (19) und (20) auch noch einer andern nachträglichen Probe unterwerfen. Wenn nämlich k und hiermit auch k' zu Null werden, kommen wir wieder auf die Fallbewegung ohne Luftwiderstand zurück. Die Formeln müssen also auch die früheren einfacheren mit in sich enthalten. Zunächst liefern beide Gleichungen für $k = 0$ den Wert $0/0$. Um den wirklichen Wert dieses unbestimmten Ausdrucks zu ermitteln, denken wir uns z. B. in Gl. (20) zunächst $\sqrt{k'}$ unendlich klein. Mit Vernachlässigung unendlich kleiner Glieder höherer Ordnung wird dann nach Entwicklung der Exponentialgröße in eine Reihe

$$e^{2\,t\,\sqrt{g k'}} = 1 + 2\,t\,\sqrt{g\,k'} + 2\,t^2\,g\,k'$$

und mit Berücksichtigung der Reihenentwicklung

$$\lg(1 + x) = x - \tfrac{1}{2}\,x^2 + \tfrac{1}{3}\,x^3 - \cdots$$

finden wir, gleichfalls unter Beiseitelassung der unendlich kleinen Glieder höherer Ordnung

$$\lg\frac{e^{2\,t\,\sqrt{g k'}}+1}{2} = \lg(1 + t\,\sqrt{g\,k'} + t^2\,g\,k') = t\,\sqrt{g\,k'} + t^2\,g\,k' - \tfrac{1}{2}\,t^2\,g\,k'.$$

Setzen wir dies in Gl. (20) ein, so finden wir in der Tat $s = \tfrac{1}{2}\,g t^2$, also die Formel für die Fallbewegung ohne Luftwiderstand, wie wir es erwarten mußten. — Auch diese Prüfung der Ergebnisse einer verwickelten Betrachtung durch Zurückgehen auf einen darin mit enthaltenen einfacheren Fall findet in der Mechanik sehr häufig Anwendung. Auch dann, wenn k' nicht sehr klein ist, kann für sehr kleine Werte von t die vorige Entwicklung beibehalten werden, d. h. die Fallbewegung erfolgt zu Anfang so wie im luftleeren Raume, und erst spaterhin treten größere Abweichungen davon ein. Bei sehr großen Werten von t wird schließlich v nahezu konstant; der Luftwiderstand hebt dann das Gewicht, abgesehen von einer sehr kleinen Differenz, gerade auf. In diesem Bewegungszustand befindet sich z. B. ein Fallschirm, der von einem Luftballon herabgelassen wird, schon nach ziemlich kurzer Zeit, weil bei ihm k' infolge der großen Oberfläche im Vergleich zum Gewicht sehr groß ist.

Anmerkung. Bei den Rechnungen, die in diesem Paragraphen vorzunehmen waren, bin ich auf Einzelheiten nicht näher eingegangen, was von einem Studierenden der ersten

Semester vielleicht als Mangel empfunden werden mag. Man darf es aber nicht als Aufgabe der Mechanik ansehen, nebenbei auch noch das Integrieren zu lehren. Die Mechanik hat genug damit zu tun, die ihr selbst eigentümlichen Schwierigkeiten zu überwinden und muß wegen etwaiger Rechenschwierigkeiten auf die mathematischen Vorlesungen oder Lehrbücher verweisen.

§ 9. Arbeit und lebendige Kraft

Die vierte von den Gleichungen (13) für die gleichförmig beschleunigte Bewegung lautete

$$s = \frac{v^2 - v_0{}^2}{2\,b}.$$

Multipliziert man beiderseits zuerst mit b und dann auch noch mit der Masse m, und beachtet man, daß das Produkt aus Masse und Beschleunigung gleich der Kraft P ist, so geht die Gleichung über in

$$P\,s = \frac{m\,v^2}{2} - \frac{m\,v_0{}^2}{2}. \tag{21}$$

Das Produkt Ps aus Kraft und Weg wird die **Arbeit der Kraft**, das halbe Produkt aus der Masse und dem Quadrat der Geschwindigkeit wird die **lebendige Kraft** des materiellen Punktes genannt. In Worten spricht man daher Gl. (21) dahin aus, daß die Arbeit der Kraft bei einer geradlinigen, gleichförmig beschleunigten Bewegung gleich dem Zuwachs an lebendiger Kraft ist, den der materielle Punkt zur gleichen Zeit erfährt.

Für die lebendige Kraft gebraucht man häufig die neueren Bezeichnungen „kinetische Energie" oder auch „Wucht". Das letzte Wort ist ohne Zweifel sehr gut gewählt; es hat sich aber bisher noch nicht recht einbürgern können. An und für sich läßt sich indessen auch gegen die alte Bezeichnung „lebendige Kraft" wohl nicht allzuviel einwenden, falls man sich nur stets in Erinnerung hält, daß die lebendige Kraft eine Größe von ganz anderer Art (und auch von anderer Dimension) als die beschleunigende Kraft ist. Es ist freilich mit dem Gebrauch des Wortes noch der Mißstand verbunden, daß Leibniz, der das Wort einführte, darunter mv^2 und nicht wie wir die Hälfte davon verstand. Im Sinne von Leibniz ist das Wort bis in das neunzehnte Jahrhundert hinein gebraucht worden und vereinzelt wird es selbst jetzt noch so gebraucht. Derartigen Mißverständnissen entgeht man vollständig, wenn man eine der beiden anderen Bezeichnungen wählt; indessen wird heute in der deutschen technischen Literatur die lebendige Kraft immer nur als gleichbedeutend mit Wucht gebraucht, und es steht daher der Anwendung des Wortes kein besonderes Bedenken entgegen.

Die vorige Ableitung von Gl. (21) knüpfte an die Formeln für die gleichförmig beschleunigte Bewegung an. Der Satz gilt aber viel allgemeiner, wie hier zunächst für die beliebig ungleichförmig beschleunigte, aber immer noch geradlinige Bewegung gezeigt werden soll.

Aus der Definition der Geschwindigkeit und der Beschleunigung folgen die beiden Gleichungen

$$v\,dt = d\,s \qquad \text{und} \qquad d\,v = b\,dt.$$

Multipliziert man beide Gleichungen miteinander und hebt den Faktor dt auf beiden Seiten gegeneinander weg, so bleibt

$$v\,dv = b\,ds,$$

wofür nach Multiplikation mit m auch

$$m\,d\left(\frac{v^2}{2}\right) = P\,ds$$

geschrieben werden kann, denn die Ausführung des Differentials von $v^2/2$ liefert sofort wieder $v\,dv$. Da m eine konstante Größe ist, kann es übrigens auch mit unter das Differentialzeichen als Faktor gesetzt werden. Die so gewonnene Gleichung

$$P\,ds = d\left(\frac{m\,v^2}{2}\right) \tag{22}$$

spricht bereits den Satz von der lebendigen Kraft für den Vorgang während eines unendlich kleinen Weg- und Zeitelements aus. Man braucht sich nur die Gleichung für alle Elemente, in die sich eine endliche Bewegung zerlegen läßt, angeschrieben und dann alle summiert zu denken, um die Form des Satzes für einen endlichen Weg zu erhalten. Auf der linken Seite tritt hierbei die Summe aller Elementararbeiten $P\,ds$ auf, die als die gesamte Arbeitsleistung der ihrer Größe nach veränderlichen Kraft P bezeichnet wird. Für konstantes P folgt daraus wieder wie vorher Ps; andernfalls aber muß die Summierung auf irgendeine Art angedeutet werden, und man wählt dazu in der Regel ein Integralzeichen, aus Gründen, die dem Kenner der Integralrechnung ohne weiteres klar sind.
Auf der rechten Seite der Gl. (22) steht das Differential der lebendigen Kraft. Wenn man die Summierung über alle Differentiale ausführt, kommt man damit auf die endliche Differenz zwischen Anfangs- und Endwert der lebendigen Kraft. Durch Ausführung der Summierung erhält man demnach aus Gl. (22)

$$\int P\,ds = \frac{m\,v^2}{2} - \frac{m\,v_0^2}{2}. \tag{23}$$

Von (Gl. 21) weicht diese Aussage nur insofern ab, als für die Arbeit der Kraft ein allgemeinerer Ausdruck eingetreten ist. Wegen der besonderen Form dieses Ausdrucks pflegt man die Arbeit auch als das Linienintegral der Kraft zu bezeichnen, eine Benennung, die namentlich in der Elektrizitätslehre sehr gebräuchlich ist.

§ 10. Antrieb und Bewegungsgröße

Aus der dynamischen Grundgleichung in der Form

$$P = m\,\frac{dv}{dt}$$

folgt durch Multiplikation mit dem Zeitelement dt

$$P\,dt = m\,dv = d(mv),$$

da der konstante Faktor m auch mit unter das Differentialzeichen aufgenommen werden kann. Diese Gleichung spricht schon den Satz vom Antrieb für ein Zeitelement aus. Um daraus eine Gleichung in endlicher Form zu gewinnen, denke ich mir für jedes der Zeitelemente, in die man die ganze Dauer des Bewegungsvorgangs zerlegen kann, eine solche Gleichung angeschrieben und alle addiert. Wir erhalten dann, ganz ähnlich wie im vorigen Paragraphen,

$$\int P\,dt = m\,v - m\,v_0. \tag{24}$$

Links steht jetzt das „Zeitintegral" der Kraft, und dieses bezeichnet man als den Antrieb oder auch als den Impuls der Kraft. Das Produkt mv aus Masse und Geschwindigkeit wird die Bewegungsgröße des materiellen Punktes genannt. Gl. (24) kann dann dahin ausgesprochen werden, daß der Antrieb der Kraft bei irgendeiner geradlinigen Bewegung gleich dem Zuwachs der Bewegungsgröße ist.

Von diesem Satz wird namentlich bei der Untersuchung des Stoßes Gebrauch gemacht. Er stellt ebenso wie der Satz von der lebendigen Kraft nur eine andere, für die betreffenden Anwendungen bequemere Aussageform der dynamischen Grundgleichung dar.

Von Jung (Jahresbericht d. Math. Ver. 1917, S. 20) und von Tolle (Z. d. V. D. Ing. 1918, S. 326) wurde an Stelle von „Bewegungsgröße" die Bezeichnung „Schwung" für das Produkt mv vorgeschlagen, wie noch hier erwähnt werden möge.

§ 11. Krummlinige Bewegung des materiellen Punktes

Bei der geradlinigen Bewegung konnte die augenblickliche Lage des bewegten Punktes durch eine einzige Zahlenangabe, nämlich durch Angabe der Länge des von Anbeginn an zurückgelegten Weges beschrieben werden. Bei der krummlinigen Bewegung bedürfen wir dazu im allgemeinen drei Zahlenangaben, nämlich die Angabe der drei Koordinaten des Punktes in bezug auf irgendein räumliches Koordinatensystem oder anstatt dessen auch die Angabe einer gerichteten Größe. Hier werde ich in der Regel dem letzten Verfahren den Vorzug geben, weil es den Blick unmittelbar auf das hinlenkt, worauf es ankommt. Indessen läßt sich die eine Darstellung sehr leicht auf die andere zurückführen.

In Abb. 1 sei A die augenblickliche Lage des bewegten Punktes. Diese läßt sich von einem festen Anfangspunkt O aus durch Angabe der gerichteten Strecke — des Radiusvektors — $\mathfrak{s}$ bestimmen. Projiziert man $\mathfrak{s}$ auf die drei durch den Punkt O gezogenen rechtwinkligen Koordinatenachsen OX, OY, OZ, so erhält man die Koordinaten x, y, z. Bei den Koordinaten ist die Richtung selbstverständlich; man sieht daher x, y, z als richtungslose Größen an. Andererseits ist es aber zulässig, die Richtungen besonders hervorzuheben, und man kann dies bei der Koordinate x z. B. dadurch bewirken, daß man ihr einen Richtungsfaktor beigibt, also z. B. $\mathfrak{i}\,x$ dafür schreibt. Dieser Richtungsfaktor $\mathfrak{i}$ soll die Dimension Null und den Wert 1 haben. Durch Multiplikation mit ihm wird daher weder an der Dimension noch an dem numerischen Werte des Produkts eine Änderung herbeigeführt; nur eine bestimmte Richtung wird dem Produkt dadurch zugeschrieben. Die Richtungsfaktoren für die Y- und die Z-Achse bezeichnen wir mit $\mathfrak{j}$ und $\mathfrak{k}$. Schon durch die Schreibweise ist hervorgehoben, daß diese Faktoren gerichtete Größen bedeuten. Wir können anstatt dessen für $\mathfrak{i}\,x$ auch einfach $\mathfrak{x}$ usw. schreiben und haben dann zur Erläuterung des Sinnes, in dem wir die Richtungsfaktoren gebrauchen, die Gleichungen

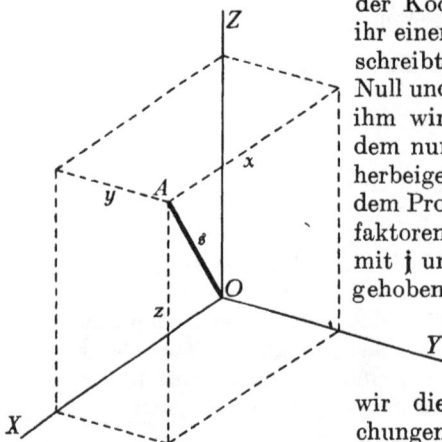

Abb. 1.

$$\mathfrak{x} = \mathfrak{i}\,x; \qquad \mathfrak{y} = \mathfrak{j}\,y; \qquad \mathfrak{z} = \mathfrak{k}\,z.$$

Denkt man sich von O aus zuerst $\mathfrak{i}x$ abgetragen, am Endpunkt dieser Strecke $\mathfrak{j}y$ und hierauf wiederum $\mathfrak{k}z$ angereiht, so gelangen wir zum Punkt A. Man sieht auch aus Abb. 1 sofort, daß es gleichgültig ist, in welcher Reihenfolge wir diese gerichteten Strecken aneinander tragen; nachdem alle drei in beliebiger Aufeinanderfolge zu einem polygonalen Zuge zusammengesetzt sind, treffen wir stets wieder auf den Punkt A. Man kann dies auch dahin ausdrücken, daß es gleichgültig ist, ob wir vom Anfangspunkt O aus unmittelbar um die gerichtete Strecke $\mathfrak{s}$ weiter gehen oder ob wir nacheinander die drei Verschiebungen $\mathfrak{x}, \mathfrak{y}, \mathfrak{z}$ ausführen. Diese Art der Zusammensetzung gerichteter Größen spielt in vielen Teilen der Mechanik eine wichtige Rolle. Man hat daher eine anschauliche Bezeichnung dafür eingeführt und nennt $\mathfrak{s}$ die geometrische oder auch die graphische Summe der Strecken $\mathfrak{x}, \mathfrak{y}, \mathfrak{z}$. In Form einer Gleichung kann man den Zusammenhang der vier Strecken dadurch zum Ausdruck bringen, daß man

$$\mathfrak{s} = \mathfrak{x} + \mathfrak{y} + \mathfrak{z} = \mathfrak{i}x + \mathfrak{j}y + \mathfrak{k}z \tag{25}$$

setzt und unter dem Pluszeichen, durch das die Glieder verbunden sind, die Vorschrift für die geometrische Summierung versteht. Ein Pluszeichen zwischen zwei gerichteten Größen ist immer nur in diesem Sinne aufzufassen. Haben beide Vektoren zufällig gleiche Richtung, so geht die geometrische Summierung in die gewöhnliche, haben sie entgegengesetzte Richtung, so geht sie in die algebraische Summierung über. Eine gerichtete Größe und eine richtungslose können in der Mechanik niemals durch ein Pluszeichen miteinander verbunden werden, da eine solche Summierung überhaupt keinen physikalischen Sinn hätte. Zu irgendwelchen Mißverständnissen kann daher die Übertragung des Pluszeichens der Algebra auf das Rechnen mit gerichteten Größen in diesem erweiterten Sinne niemals Veranlassung geben.

Treten in einer geometrischen Summe Glieder auf, die mit einem Minuszeichen behaftet sind, so bedeutet dies, daß sie mit umgekehrter Richtung in den polygonalen Zug aufzunehmen sind, durch den man die geometrische Summe erhält. Da die Reihenfolge der Summierung gleichgültig ist, bleibt eine Gleichung zwischen gerichteten Größen immer noch richtig, wenn man beiderseits denselben Vektor zufügt oder ihn subtrahiert; kurzum, wir können uns, solange nur Additionen und Subtraktionen oder auch Multiplikationen mit richtungslosen Größen in Frage kommen, beim Rechnen mit gerichteten Größen ganz an die gewöhnlichen algebraischen Sätze halten.

Nach dem Verlauf der Zeit dt wird der bewegte materielle Punkt in eine benachbarte Lage A' übergegangen sein. Auch den unendlich kleinen Weg AA' wollen wir als gerichtete Größe auffassen und ihn, um dies zum Ausdruck zu bringen, mit $d\mathfrak{s}$ bezeichnen. Die Projektionen auf die Koordinatenachsen bezeichnen wir mit dx, dy, dz, so daß

$$d\mathfrak{s} = \mathfrak{i}dx + \mathfrak{j}dy + \mathfrak{k}dz \tag{26}$$

ist. Der Radiusvektor $\mathfrak{s}'$ des Punktes A' wird aus $\mathfrak{s}$ gefunden, indem man am Endpunkt von $\mathfrak{s}$ den Vektor $d\mathfrak{s}$ anträgt, d. h. nach dem Begriff der geometrischen Summe ist

$$\mathfrak{s}' = \mathfrak{s} + d\mathfrak{s}$$

und hierdurch rechtfertigt es sich, daß wir den Weg AA' als das geometrische Differential des Radiusvektors $\mathfrak{s}$ ansehen.

Wir fanden schon früher, daß man die Größe der Geschwindigkeit in einem gegebenen Augenblick als Grenzwert des Verhält-

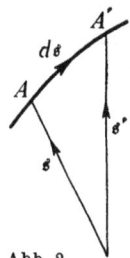

Abb. 2.

nisses zwischen dem durchlaufenen Wegelement und dem inzwischen verstrichenen Zeitelement erhält. Bei der krummlinigen Bewegung genügt es aber
nicht, die Geschwindigkeit nur der Größe nach anzugeben; man muß auch die
Richtung bezeichnen, nach der die Bewegung im gegebenen Augenblick vor
sich geht. Diese wird durch die Tangente der Bahn oder auch durch die Richtung des Bahnelementes AA' bezeichnet. Wir bekommen demnach die Geschwindigkeit sowohl der Größe als der Richtung nach, wenn wir

$$\mathfrak{v} = \frac{d\,\mathfrak{s}}{d\,t} \tag{27}$$

setzen. Zerlegen wir ds in seine drei Komponenten nach Gl. (26), so geht Gl. (27)
über in

$$\mathfrak{v} = \mathfrak{i}\,\frac{d\,x}{d\,t} + \mathfrak{j}\,\frac{d\,y}{d\,t} + \mathfrak{k}\,\frac{d\,z}{d\,t} \tag{28}$$

und hierdurch ist $\mathfrak{v}$ zugleich als geometrische Summe von drei in den Richtungen der
Koordinatenachsen gezählten Komponenten dargestellt. Wenn wir die Kompo-
nenten von $\mathfrak{v}$ ihrer Größe nach außerdem noch mit v_1, v_2, v_3 bezeichnen, so haben
wir demnach

$$v_1 = \frac{d\,x}{d\,t}; \qquad v_2 = \frac{d\,y}{d\,t}; \qquad v_3 = \frac{d\,z}{d\,t}, \tag{29}$$

einen Gleichungssatz, in dem die Richtungen als selbstverständlich nicht besonders hervorgehoben sind.

Auch der Begriff der Beschleunigung, der früher bei der Betrachtung der geradlinigen Bewegung gewonnen wurde, ist jetzt sinngemäß auf die krummlinige Bewegung zu übertragen. Wir müssen dabei daran festhalten, daß die Beschleunigung das Maß für die Änderung der Geschwindigkeit bildet. Hier ist aber noch besonders darauf zu achten, daß eine Änderung der Geschwindigkeit nicht nur
der Größe, sondern auch der Richtung nach möglich ist. Zu Anfang eines Zeit-
elementes dt sei die Geschwindigkeit $\mathfrak{v}$, zu Ende desselben $\mathfrak{v}'$. Wenn keine Kräfte
wirkten, wäre $\mathfrak{v}'$ in jeder Hinsicht gleich $\mathfrak{v}$ nach dem Trägheitsgesetz. Wenn
nicht gerade unendlich große Kräfte auftreten, kann sich $\mathfrak{v}$ in dem Zeitelement dt
nur unendlich wenig — sowohl der Größe als der Richtung nach — geändert haben.
Wir bilden die geometrische Differenz von $\mathfrak{v}'$ und $\mathfrak{v}$ und setzen sie

$$d\mathfrak{v} = \mathfrak{v}' - \mathfrak{v}.$$

Dann gibt uns das Differential $d\mathfrak{v}$ die in dt stattfindende Änderung der Geschwindigkeit sowohl der Größe als der Richtung nach an. Dividieren wir $d\mathfrak{v}$
durch dt, so erhalten wir die auf die Zeiteinheit bezogene Änderung der Geschwindigkeit in derjenigen Größe und Richtung, die für den Augenblick gerade
zutrifft. Wir bleiben also in Übereinstimmung mit den früheren Festsetzungen
und ergänzen sie nur so weit, daß auch die Richtungsänderungen mit einbezogen
werden, wenn wir die Beschleunigung $\mathfrak{b}$

$$\mathfrak{b} = \frac{d\,\mathfrak{v}}{d\,t} \tag{30}$$

setzen. Verbinden wir hiermit Gl. (27), so erhalten wir auch

$$\mathfrak{b} = \frac{d^2\,\mathfrak{s}}{d\,t^2}. \tag{31}$$

Auch hier können wir sofort wieder auf die Komponenten nach den Achsenrichtungen zurückgehen und erhalten

$$\mathfrak{b} = \mathfrak{i}\,\frac{d^2\,x}{d\,t^2} + \mathfrak{j}\,\frac{d^2\,y}{d\,t^2} + \mathfrak{k}\,\frac{d^2\,z}{d\,t^2}$$

oder, wenn wir die Komponenten von $\mathfrak{b}$ der Größe nach mit b_1, b_2, b_3 bezeichnen,

$$b_1 = \frac{d\,v_1}{d\,t} = \frac{d^2\,x}{d\,t^2}; \qquad b_2 = \frac{d\,v_2}{d\,t} = \frac{d^2\,y}{d\,t^2}; \qquad b_3 = \frac{d\,v_3}{d\,t} = \frac{d^2\,z}{d\,t^2}. \qquad (32)$$

Es fragt sich jetzt, in welchem Zusammenhang die hiermit näher definierte Beschleunigung $\mathfrak{b}$ mit der Kraft $\mathfrak{P}$ steht, die während der Bewegung an dem materiellen Punkt angreift, d. h. welche Fassung wir in diesem allgemeinen Fall der dynamischen Grundgleichung zu geben haben. Um diese Frage zu entscheiden, müssen wir noch einige Erörterungen über die Zusammensetzung verschiedener Bewegungen vorausgehen lassen.

§ 12. Das Prinzip der Unabhängigkeit verschiedener Bewegungen voneinander und der Satz vom Kräfteparallelogramm

Wir wollen uns die Bewegung eines materiellen Punktes von einem Koordinatensystem aus beobachtet denken, das selbst eine Translationsbewegung (aber mit Ausschluß jeder Drehung) ausführt, und daneben sei auch auf die absolute Bewegung sowohl des Punktes als des Koordinatensystems geachtet. Nach Ablauf der Zeit t möge jeder Punkt des Koordinatensystems den Weg $\mathfrak{s}'$ zurückgelegt haben, und der materielle Punkt soll sich relativ zum Koordinatenanfang, mit dem er anfänglich zusammenfiel, um $\mathfrak{s}''$ verschoben haben. Dann finden wir den absoluten Weg $\mathfrak{s}$ des Punktes durch Ausführung der geometrischen Summierung

$$\mathfrak{s} = \mathfrak{s}' + \mathfrak{s}'',$$

und es ist dabei gleichgültig, ob wir uns erst die Bewegung $\mathfrak{s}'$ und nachher $\mathfrak{s}''$ oder ob wir uns beide in umgekehrter Reihenfolge oder schließlich ob wir uns beide gleichzeitig ausgeführt denken. Dies geht unmittelbar aus der geometrischen Anschauung hervor, und es steht uns offenbar frei, jede beliebige Bewegung $\mathfrak{s}$ eines Punktes durch Einführung solcher bewegter Koordinatensysteme, deren Wahl ganz beliebig ist, in mehrere Komponenten in Gedanken zu zerlegen. Man pflegt dies dahin auszudrücken, daß ein materieller Punkt gleichzeitig mehrere Bewegungen nebeneinander ausführen kann. Früher war z. B. die Rede von der Bewegung, die ein Gepäckstück ausführt, das in einem Eisenbahnwagen herabfällt. Hierbei ergibt sich ganz ungezwungen die Zerlegung der absoluten Bewegung des fallenden Körpers in die Bewegung, die er mit dem Eisenbahnwagen nach wie vor zusammen ausführt, und in die Bewegung relativ zum Eisenbahnwagen. Offenbar steht es uns auch frei, uns beim schiefen Wurf eines Steines ein Koordinatensystem, so wie vorher den Eisenbahnwagen, in horizontaler Richtung mit dem Stein bewegt zu denken; so daß wir von diesem Koordinatensystem aus gesehen nur noch mit der Bewegung des Steines in vertikaler Richtung zu tun haben.

Diese Zerlegungen sind rein geometrischer Art und an sich willkürlich. Wenn wir sagen, daß die einzelnen Bewegungskomponenten unabhängig voneinander erfolgen, kommt aber noch etwas anderes hinzu. Man denke sich eine Anzahl materieller Punkte von gleicher Masse, die unabhängig voneinander sind und die zu Anfang alle dieselbe Geschwindigkeit $\mathfrak{v}$ hatten, während weiterhin auf jeden eine Kraft $\mathfrak{P}$ von gleicher Größe und Richtung einwirkt. Da gleiche Ursachen gleiche Wirkungen haben, muß auch in jedem folgenden Augenblick $\mathfrak{v}$ bei allen gleich sein; alle legen daher gleiche und parallele Bahnen zurück, und die Gestalt des Punkthaufens ändert sich dabei nicht. Wir können uns ferner vorstellen, daß ein Koordinatensystem die Translationsbewegung mit derselben Geschwindigkeit $\mathfrak{v}$ mitmacht. Dann sind alle Punkte relativ zu diesem Koordinatensystem in Ruhe. Sollte nun unter diesen Punkten einer sich be finden, an dem außer der allen gemeinsamen Kraft $\mathfrak{P}$ noch eine andere Kraft $\mathfrak{P}'$ angreift, so bewegt er sich nun anders als die übrigen, d. h. er führt außer der gemeinsamen Bewegung auch noch eine Bewegung relativ zu dem Koordinatensystem aus. Das Prinzip der Unabhängigkeit der Bewegungen voneinander sagt nun aus, daß die Relativbewegung in diesem Falle genau so erfolgt, als wenn das Koordinatensystem selbst ruhte und $\mathfrak{P}'$ die einzige Kraft wäre, die an dem Punkt angriffe. Mit anderen Worten: ein Beobachter, der die Bewegung des Koordinatensystems mitmachte, würde auf die Kraft $\mathfrak{P}$ gar nicht zu achten brauchen und die Bewegung des Punktes, die er wahrnimmt, ausschließlich auf die Wirkung der Kraft $\mathfrak{P}'$ zurückführen können. Ausdrücklich betont möge aber noch einmal werden, daß die Bewegung des Koordinatensystems nur in einer Translation bestehen darf, wenn die vorausgehenden Betrachtungen anwendbar sein sollen.

Dieses Prinzip der Unabhängigkeit — auch Superpositionsprinzip genannt — kann nicht mathematisch bewiesen, es kann durch die vorhergehenden Erörterungen nur wahrscheinlich gemacht werden, weil wir dadurch auf Erfahrungen hingewiesen werden, die uns geläufig sind (wie die von der Fallbewegung im Eisenbahnwagen). Nach allen Erfahrungen, die jemals daraufhin geprüft wurden, hat es sich aber stets als streng gültig bewiesen. Wir besitzen daher in diesem Prinzip einen überaus einfachen und bequem anwendbaren Satz, der einen sehr reichen Erfahrungsschatz zusammenfaßt, und wir sind den vorausgegangenen Geschlechtern für wenige wissenschaftliche Überlieferungen zu soviel Dank verbunden, als für diesen dem Geschehen in der Außenwelt abgelauschten Satz.

Den ersten Urheber des Satzes vermag man nicht anzugeben. Vermutungen dieser Art dürften wohl schon in sehr frühen Zeiten bestanden haben; aber erst ganz allmählich gewannen sie an Sicherheit und Bestimmtheit. Der Satz vom Parallelogramm der Kräfte ist, wie man sofort sehen wird, nur eine andere Aussageform des Prinzips der Unabhängigkeit, und dieser Satz wird gewöhnlich Newton und Varignon, die ihn ungefähr gleichzeitig und unabhängig voneinander gefunden haben sollen, zugeschrieben. Nach anderen Angaben soll aber der Satz auch schon Galilei in seinen beiden Formen geläufig gewesen sein, der ihm nur keine besondere Bedeutung beigemessen haben soll. Daß die Relativitätstheorie auch diesem Satze keine strenge Gültigkeit zugesteht, möge hier nebenbei erwähnt werden. Praktisch hat dies aber keine Bedeutung.

Die vorausgehenden Untersuchungen setzen uns jetzt auch in den Stand, die schon am Schlusse des vorigen Paragraphen aufgeworfene Frage zu beantworten, in welchem Zusammenhang die Beschleunigung $\mathfrak{v}$ mit der Kraft $\mathfrak{P}$ bei der krummlinigen Bewegung des materiellen Punktes steht. Wir wissen jetzt, daß die von der Kraft $\mathfrak{P}$ für sich hervorgebrachten Geschwindigkeiten ganz unabhängig sind von jenen, die schon bestanden haben oder die von anderen Ursachen herrühren. Wir können daher, um in einem gegebenen Augenblick $d\mathfrak{v}/dt$ zu berechnen, von dem schon bestehenden $\mathfrak{v}$ ganz absehen, d. h. die Bewegung in das schon vorhandene $\mathfrak{v}$ und in die durch die Wirkung von $\mathfrak{P}$ veranlaßte Änderung der Geschwindigkeit zerlegen. Dieser letzte Anteil der Geschwindigkeit beginnt dann von der Ruhe aus, im Sinne der Kraft $\mathfrak{P}$ und nach dem schon bei der geradlinigen Bewegung dafür festgestellten Gesetz. Für den Zusammenhang zwischen den augenblicklich gültigen Werten dieser Größen kann es nämlich nichts ausmachen, wenn etwa später $\mathfrak{P}$ die Richtung ändern sollte; für die Dauer eines Zeitelementes dt kann die Richtung der Kraft $\mathfrak{P}$ jedenfalls als konstant angesehen werden.

Auf Grund dieser Erwägungen erweitert sich die dynamische Grundgleichung jetzt einfach zu

$$\mathfrak{P} = m\,\mathfrak{v} = m\,\frac{d\,\mathfrak{v}}{d\,t} = m\,\frac{d^2\,\mathfrak{s}}{d\,t^2}. \tag{33}$$

Der Unterschied gegen früher besteht nur darin, daß jetzt deutsche an die Stelle der lateinischen Buchstaben getreten sind. Die dynamische Grundgleichung bleibt demnach in der früheren Aussageform ganz allgemein richtig, sobald man bei allen in ihr vorkommenden Größen die Richtung beachtet.

Wirken zwei Kräfte $\mathfrak{P}_1$ und $\mathfrak{P}_2$ gleichzeitig auf einen materiellen Punkt ein, so kann man dessen Bewegung in der vorher geschilderten Weise in zwei Anteile $\mathfrak{s}_1$ und $\mathfrak{s}_2$ zerlegen, wovon der Weg $\mathfrak{s}_1$ durch $\mathfrak{P}_1$ und $\mathfrak{s}_2$ durch $\mathfrak{P}_2$ bedingt ist. Man hat dann

$$\mathfrak{P}_1 = m\,\frac{d^2\,\mathfrak{s}_1}{d\,t^2}\,; \qquad \mathfrak{P}_2 = m\,\frac{d^2\,\mathfrak{s}_2}{d\,t^2}.$$

Andererseits ist aber der absolute Weg $\mathfrak{s} = \mathfrak{s}_1 + \mathfrak{s}_2$ und daher

$$m\,\frac{d^2\,\mathfrak{s}}{d\,t^2} = \mathfrak{P}_1 + \mathfrak{P}_2.$$

Auch diese Gleichung hat die Form des dynamischen Grundgesetzes und sie zeigt uns, daß die absolute Bewegung so vor sich geht, als wenn an dem materiellen Punkt in jedem Augenblick eine Kraft $\mathfrak{R}$

$$\mathfrak{R} = \mathfrak{P}_1 + \mathfrak{P}_2 \tag{34}$$

wirkte. Die Kraft $\mathfrak{R}$ ersetzt die beiden gleichzeitig einwirkenden Kräfte $\mathfrak{P}_1$ und $\mathfrak{P}_2$ vollständig und sie wird deren Resultierende genannt. Gl. (34) spricht daher den Satz vom Parallelogramm der Kräfte aus, denn die Parallelogrammkonstruktion wird ja in der Tat nur benutzt, um die geometrische Summe aus $\mathfrak{P}_1$ und $\mathfrak{P}_2$ zu bilden. An Stelle des Parallelogramms genügt auch ein Dreieck, das aus den Seiten $\mathfrak{P}_1$, $\mathfrak{P}_2$ und $\mathfrak{R}$ zusammengesetzt ist.

Diese Betrachtung bleibt ohne weiteres gültig, wenn auch mehr als zwei Kräfte $\mathfrak{P}$ an dem materiellen Punkt angreifen. Die Resultierende wird in jedem Falle durch die geometrische Summierung gefunden. Indem wir das Zeichen Σ, falls es vor einer Vektorgröße steht, als Zeichen für die geometrische Summe auffassen, haben wir für die Resultierende $\mathfrak{R}$ aus beliebig vielen Kräften, die alle an demselben materiellen Punkt wirken,

$$\mathfrak{R} = \Sigma\,\mathfrak{P} \tag{35}$$

und diese Gleichung zeigt uns an, daß $\mathfrak{R}$ die letzte Seite in einem Vieleck ist, dessen übrige Seiten aus den $\mathfrak{P}$ gebildet werden. Wenn man den Umfang dieses Vielecks im Sinne des Pfeiles von einer der Kräfte $\mathfrak{P}$ durchläuft, gehen die Pfeile von allen $\mathfrak{P}$ im Umlaufsinn; der Pfeil von $\mathfrak{R}$ ist aber entgegengesetzt dem Umlaufssinn gerichtet (Abb. 3).

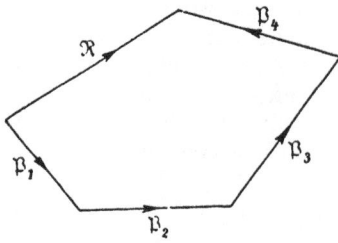
Abb. 3.

Es kann auch sein, daß sich die Wirkungen aller Kräfte $\mathfrak{P}$, die an einem materiellen Punkt angreifen, gerade aufheben. Der Punkt bleibt dann in Ruhe, wenn er vorher in Ruhe war, oder er behält die Geschwindigkeit, die er besaß, unverändert nach Größe und Richtung bei. Für diesen Gleichgewichtsfall bildet die Gleichung

$$\Sigma \mathfrak{P} = 0$$

die notwendige und hinreichende Bedingung.

Alle diese Vektorgleichungen können auch wieder in ihre Komponenten nach den Koordinatenachsen zerlegt werden. Da gleiche und gleichgerichtete Strecken gleiche Projektionen auf irgendeine Ebene oder irgendeine Achse ergeben, kann man stets auf einfachste Art zu den Komponentengleichungen übergehen, sobald die Vektorgleichungen bekannt sind. So zerfällt Gl. (33), wenn man nur die darin zuletzt angegebene Form in Berücksichtigung zieht, in

$$P_1 = m \frac{d^2 x}{d t^2}; \qquad P_2 = m \frac{d^2 y}{d t^2}; \qquad P_3 = m \frac{d^2 z}{d t^2},$$

wobei P_1, P_2, P_3 die drei rechtwinkligen Komponenten von $\mathfrak{P}$ sind. Ebenso wird aus Gl. (35)

$$R_1 = \Sigma P_1; \qquad R_2 = \Sigma P_2; \qquad R_3 = \Sigma P_3$$

usw. Man sieht auch leicht ein, daß zwischen den Parallelprojektionen $\mathfrak{R}'$ von $\mathfrak{R}$ und $\mathfrak{P}'$ von den Kräften $\mathfrak{P}$ auf irgendeine Ebene die aus Gl. (35) hervorgehende Gleichung

$$\mathfrak{R}' = \Sigma \mathfrak{P}' \tag{37}$$

und ebenso für den Gleichgewichtsfall die Bedingungsgleichung

$$\Sigma \mathfrak{P}' = 0 \tag{38}$$

besteht. Dies folgt nämlich daraus, daß sich jedes geschlossene Polygon wieder als ein geschlossenes Polygon projiziert und daß in diesem die Seiten unmittelbar die Kräfteprojektionen $\mathfrak{P}'$ bzw. $\mathfrak{R}'$ darstellen.

§ 13. Der schiefe Wurf

Ein Stein, der in einer Richtung, die den Winkel α mit der Horizontalen bildet, mit der Geschwindigkeit $\mathfrak{v}_0$ fortgeschleudert wird, beschreibt, sofern der Luftwiderstand vernachlässigt werden kann, eine gleichförmig beschleunigte Bewegung im allgemeineren Sinne des Wortes. Die einzige Kraft, die während des Fluges auf ihn wirkt, ist sein Gewicht, und dieses bleibt nach Größe und Richtung ungeändert. Auch die Beschleunigung bleibt daher konstant und diese sei hier, um auch die Richtung zum Ausdruck zu bringen, mit $\mathfrak{g}$ bezeichnet. Man hat daher die Gleichung

$$\frac{d \mathfrak{v}}{d t} = \mathfrak{g},$$

aus der, da $\mathfrak{g}$ konstant ist, durch Integration folgt

$$\mathfrak{v} = \mathfrak{v}_0 + \mathfrak{g} t.$$

Hier ist $\mathfrak{v}_0$ die Integrationskonstante und zwar,
wie aus der Gleichung folgt, wenn man $t = 0$
setzt, die Anfangsgeschwindigkeit. Schreibt man
diese Gleichung in der Form

$$\frac{d\,\mathfrak{s}}{d\,t} = \mathfrak{v}_0 + \mathfrak{g}\,t,$$

so folgt durch abermalige Integration

$$\mathfrak{s} = \mathfrak{s}_0 + \mathfrak{v}_0\,t + \frac{\mathfrak{g}\,t^2}{2},$$

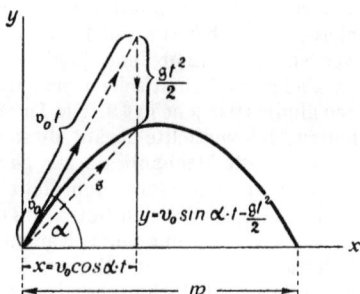

oder, wenn man die Radiusvektoren $\mathfrak{s}$ vom
Anfangspunkt der Flugbahn aus rechnet,

$$\mathfrak{s} = \mathfrak{v}_0\,t + \frac{\mathfrak{g}\,t^2}{2}.$$

Abb. 4.

Diese Gleichung bildet zugleich die Gleichung der Flugbahn. Aus Abb. 4 kann
sie übrigens unmittelbar abgelesen werden. Da man aber in der analytischen
Geometrie die Eigenschaften der Kurven nach der Koordinatenmethode zu
untersuchen pflegt, ist es besser, wenn wir die Gleichung in ihre Komponentengleichungen zerlegen. Zunächst beachten wir, daß jedes $\mathfrak{s}$ in der durch die Richtungen von $\mathfrak{v}_0$ und $\mathfrak{g}$ gelegten lotrechten Ebene enthalten ist; die Bahn ist also
eine ebene Kurve. Legen wir eine x-Achse in horizontaler und eine y-Achse in
lotrechter Richtung nach oben durch den Anfangspunkt der Flugbahn, so erhalten wir aus der vorigen Gleichung durch Projizieren auf diese beiden Achsen

$$x = v_0 \cos \alpha \cdot t; \qquad y = v_0 \sin \alpha \cdot t - \frac{g\,t^2}{2}.$$

Unter v_0 ist hier der Absolutbetrag von $\mathfrak{v}_0$ zu verstehen. Die erste dieser Gleichungen lösen wir nach t auf und setzen den gefundenen Wert in die zweite
Gleichung ein. Dann wird

$$y = x \operatorname{tg} \alpha - \frac{g\,x^2}{2\,v_0{}^2 \cos^2 \alpha}.$$

y ist also eine Funktion zweiten Grades von x und die Bahn ist eine Parabel mit
senkrechter Achse.

Die Wurfweite w finden wir hieraus, wenn angenommen wird, daß Anfang und
Ende der Flugbahn gleich hoch liegen, indem wir $y = 0$ setzen und die Gleichung
nach x auflösen. Die eine Lösung $x = 0$ liefert den Anfangspunkt der Flugbahn,
die andere die Abszisse des Endpunktes, d. h. die Wurfweite w. Man erhält

$$w = \frac{2\,v_0{}^2 \sin \alpha \cos \alpha}{g} = \frac{v_0{}^2 \sin 2\,\alpha}{g}.$$

Die größte Wurfweite bei gegebenem v_0 erhält man für $\alpha = 45^0$ oder nach dem
gebräuchlichen Bogenmaß der Winkel für $\alpha = \pi/4$, denn $\sin 2\,\alpha$ nimmt dabei
den größten Wert an, den ein Sinus erlangen kann. Wir haben also

$$w_{\max} = \frac{v_0{}^2}{g}.$$

Auch andere Fragen, wie jene nach der Höhe des Scheitels der Flugbahn oder
nach der Wurfweite bei geneigter Bodenoberfläche usw. lassen sich mit Hilfe der
aufgestellten Gleichungen leicht beantworten.

Wenn beim schiefen Wurf auf den Luftwiderstand Rucksicht genommen werden muß, ändert sich die Gestalt der Flugbahn. Solange die Geschwindigkeit unter 200 bis 300 m/s bleibt und daher für den Luftwiderstand nach dem Ansatz von Newton angenommen werden darf, daß er dem Quadrat der Geschwindigkeit proportional ist, geht die Wurfparabel in die ballistische Kurve über. Die Untersuchung gestaltet sich hier im allgemeinen ähnlich wie jene in § 8. Die Integration der Gleichung macht aber hier mehr Schwierigkeiten. Ich verzichte darauf, diese Rechnung hier wiederzugeben, da kein neuer Gesichtspunkt für die Mechanik daraus gewonnen wird, und weil ich auch bei den Studierenden des zweiten Semesters noch nicht voraussetzen kann, daß sie den mathematischen Entwicklungen, die dabei in Betracht kommen, zu folgen vermögen. Wer später im praktischen Leben als Ingenieur einer Kanonenfabrik oder als Artillerieoffizier Kenntnis von den Eigenschaften der ballistischen Kurve haben muß, wird die Ballistik, die sich als besonderer Zweig der technischen Mechanik ausgebildet hat, ohnehin zum Gegenstand eines eingehenden Studiums machen mussen.

Hierbei genügt es auch keineswegs, nur die unter der Annahme des Newtonschen Luftwiderstandsgesetzes abgeleitete ballistische Kurve zu betrachten. Bei den großen Geschwindigkeiten der modernen Gewehre und Geschütze abgefeuerten Geschosse, die ungefähr 900 m/s erreichen oder noch übersteigen, befolgt der Luftwiderstand ein ganz anderes Gesetz, das nicht genauer bekannt ist. Man ist daher bei Untersuchungen über die Eigenschaften der Flugbahn auf die Benutzung von Versuchswerten angewiesen, die von den Kanonen- und Gewehrfabriken oder von militarischen Versuchsanstalten gefunden wurden. Aus leicht begreiflichen Grunden werden diese Versuchsergebnisse zum Teil geheimgehalten, so daß man schon aus diesem Grunde außerstande ist, in einem Lehrbuch der technischen Mechanik darauf einzugehen. Bei der Lösung der Aufgabe 9a am Schluß dieses Abschnittes ist jedoch gezeigt, wie man etwa vorgehen kann, um auf Grund von Versuchswerten über den Luftwiderstand zu einer näherungsweisen Ermittlung der Gestalt der Flugbahn zu gelangen.

§ 14. Zentripetal- und Zentrifugalkraft

Ein materieller Punkt möge sich in einem Kreis vom Halbmesser r mit einer der Größe nach konstanten Geschwindigkeit v bewegen. Nach dem Trägheitsgesetz wissen wir, daß dann eine Kraft $\mathfrak{P}$ an ihm wirken muß, die die Richtungsänderung der Geschwindigkeit verursacht, und die dynamische Grundgleichung gestattet uns, Größe und Richtung dieser Kraft $\mathfrak{P}$ sofort zu berechnen. Sollten gleichzeitig mehrere Kräfte an dem materiellen Punkt angreifen, so ist unter $\mathfrak{P}$ deren Resultierende zu verstehen. Wir setzen

$$\mathfrak{v} = v\,\mathfrak{v}_1, \qquad\qquad (39)$$

wo jetzt $\mathfrak{v}_1$ ein Richtungsfaktor ist, so wie früher die $\mathfrak{i}$, $\mathfrak{j}$, $\mathfrak{k}$. Der Richtungsfaktor $\mathfrak{v}_1$ ist aber hier mit der Zeit veränderlich, während v konstant ist. Nach der dynamischen Grundgleichung ist

$$\mathfrak{P} = m\,\frac{d\,\mathfrak{v}}{d\,t}.$$

Wir führen für $\mathfrak{v}$ den Wert aus Gl. (39) ein und nehmen daran die Differentiation nach der Zeit t vor. Da der Faktor v konstant ist, erhalten wir

$$\frac{d\,\mathfrak{v}}{d\,t} = v\,\frac{d\,\mathfrak{v}_1}{d\,t}.$$

Wir müssen uns jetzt nach der geometrischen Bedeutung des Differentialquotienten $d\mathfrak{v}_1/dt$ fragen. Dazu beachten wir, daß $d\mathfrak{v}_1$ die Änderung ist, die $\mathfrak{v}_1$ in dt erfährt. Bezeichnen wir also die Werte von $\mathfrak{v}_1$ zu Anfang und zu Ende von dt mit $\mathfrak{v}_1$ und mit $\mathfrak{v}_1'$, so ist

$$\mathfrak{v}_1' = \mathfrak{v}_1 + d\,\mathfrak{v}_1.$$

Nun ist aber $\mathfrak{v}_1'$ wiederum ein bloßer Richtungsfaktor vom Werte Eins, geradeso wie $\mathfrak{v}_1$. Wenn
wir alle Richtungsfaktoren der Geschwindigkeit,
die überhaupt während der Bewegung vorkommen,
von einem Anfangspunkt aus abtragen, so bilden
sie die Radien eines Kreises. In Abb. 5 sind wenigstens die beiden in dt
aufeinanderfolgenden Richtungsfaktoren $\mathfrak{v}_1$ und $\mathfrak{v}_1'$ eingetragen und ebenso die
dritte Seite des Dreiecks, die nach dem Begriff der geometrischen Summe $d\mathfrak{v}_1$
darstellt. Diese Seite ist unendlich klein zu denken und sie kann auch als ein
Bogenelement des vorher erwähnten Kreises aufgefaßt werden. Da der Halbmesser eines Kreises überall senkrecht zum Umfang steht, erkennen wir zunächst,
daß $d\mathfrak{v}_1$ senkrecht zu $\mathfrak{v}_1$ gerichtet ist. In dem Kreis, den der bewegte Punkt
beschreibt, und der mit dem Kreis, von dem jetzt die Rede war, nicht verwechselt
werden darf, fällt demnach $d\mathfrak{v}_1$ in die Richtung des Radius, und zwar ist es mit
dem Pfeil nach dem Mittelpunkt hin gerichtet. Es bleibt nur noch übrig,
den zahlenmäßigen Wert von $d\mathfrak{v}_1$ festzustellen. Dieser sei mit $(d\mathfrak{v}_1)$ bezeichnet.
Wir erhalten ihn nach Abb. 5 als Wert des Bogens, der zum Zentriwinkel $d\varphi$
beim Radius Eins gehört, also

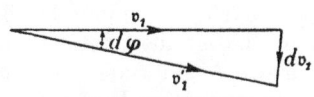

$$(d\mathfrak{v}_1) = d\varphi.$$

Unter $d\varphi$ ist hier zugleich der Winkel zu verstehen, den die beiden in dt aufeinanderfolgenden Tangenten des Bahnkreises miteinander bilden, oder auch der
Winkel zwischen den zugehörigen Halbmessern des Bahnkreises. Bezeichnen wir
also die Länge des von dem materiellen Punkt in dt zurückgelegten Weges
mit ds, so ist

$$d\varphi = \frac{ds}{r},$$

und da $ds = v\,dt$ gesetzt werden kann,

$$(d\mathfrak{v}_1) = \frac{v\,dt}{r}.$$

Demnach wird

$$\left(\frac{d\mathfrak{v}}{dt}\right) = \frac{v^2}{r}, \tag{40}$$

wobei auch hier wieder das Einschließen in eine Klammer darauf hinweisen soll,
daß nur nach der absoluten Größe und nicht nach der Richtung der Beschleunigung gefragt wird. Durch Einsetzen der Beschleunigung in die dynamische
Grundgleichung erhalten wir die Größe der Kraft $\mathfrak{P}$ und zugleich auch deren
Richtung, die mit jener von $d\mathfrak{v}$ oder $d\mathfrak{v}_1$ zusammenfällt. Die Kraft, die an dem
materiellen Punkt wirken muß, um diesen auf der kreisförmigen Bahn mit
unveränderter Geschwindigkeit herumzuführen, ist hiernach stets nach dem Mittelpunkt hin gerichtet, und sie wird aus diesem Grunde die Zentripetalkraft
der betrachteten Bewegung genannt. Es ist üblich, ihre Größe mit dem Buchstaben C zu bezeichnen. Durch Einsetzen von Gl. (40) in die dynamische Grundgleichung erhalten wir dafür

$$C = \frac{m\,v^2}{r} = \frac{Q\,v^2}{g\,r}, \tag{41}$$

wenn die Masse m mit Hilfe des Gewichtes Q und der Fallbeschleunigung g aus-
gedrückt wird.
Die zu Anfang des Paragraphen gestellte Aufgabe ist damit vollständig gelöst.
Es ist aber leicht möglich, die ganze Betrachtung nachträglich auch noch auf

jede beliebige krummlinige Bewegung auszudehnen. Auch dazu gehen wir wieder von Gl. (39) aus. Jetzt ist aber auch der Faktor v als veränderlich anzusehen. Für die Ausführung der Differentiation von $v\,\mathfrak{v}_1$ gilt die gewöhnliche Differentiationsregel für Produkte, also

$$\frac{d\,\mathfrak{v}}{d\,t} = v\frac{d\,\mathfrak{v}_1}{d\,t} + \mathfrak{v}_1\frac{d\,v}{d\,t}$$

und hiermit wird

$$\mathfrak{P} = m\,v\frac{d\,\mathfrak{v}_1}{d\,t} + m\,\mathfrak{v}_1\frac{d\,v}{d\,t}. \qquad (42)$$

Wir erkennen daraus, daß die an dem beliebig bewegten materiellen Punkt wirkende Kraft in jedem Augenblick als eine geometrische Summe von zwei Kräften aufgefaßt werden kann. Das erste Glied dieser Summe ist die vorher ausschließlich in Betracht gezogene Zentripetalkraft, für die wir die vorausgehenden Entwicklungen ohne weitere Änderung in Anspruch nehmen können, wenn wir unter r jetzt den Krümmungshalbmesser der Bahn verstehen und darauf achten, daß die Zentripetalkraft in der Schmiegungsebene der Bahn enthalten und nach dem Krümmungsmittelpunkt hin gerichtet ist. Das zweite Glied der Summe ist mit dem Richtungsfaktor $\mathfrak{v}_1$ behaftet; es gibt also eine Kraft an, die in der Richtung der Tangente an die Bahnkurve geht. Die Größe dieser Tangentialkomponente von $\mathfrak{P}$ ist gleich $m\,(dv/dt)$, d. h. genau so groß, wie die ganze Kraft sein müßte, wenn der materielle Punkt eine geradlinige Bahn mit der veränderlichen Geschwindigkeit v durchlaufen sollte.

Wir gelangen hiernach zu einer deutlichen und anschaulichen Darstellung des ganzen Vorganges bei der krummlinigen Bewegung, wenn wir die an dem bewegten materiellen Punkt angreifende Kraft in jedem Augenblick in zwei Komponenten zerlegen, von denen eine in die Richtung der Bewegung fällt, während die andere zu ihr senkrecht steht. Die Tangentialkomponente bedingt den Zuwachs des Absolutwerts der Geschwindigkeit ohne Rücksicht auf die Bahnkrümmung, während die Normalkomponente ohne Einfluß auf die Größe der Geschwindigkeit ist und nur die Richtungsänderung bewirkt.

Die Lehre von der Zentripetalkraft ist mit diesen Betrachtungen erschöpft. Im Zusammenhang mit ihr steht aber noch der Begriff der Zentrifugalkraft, der noch eine genauere Erwägung erfordert. Kaum eine andere Betrachtung aus den Elementen der Mechanik hat nämlich schon zu so vielen Unklarheiten und falschen Deutungen Veranlassung gegeben, als die Einführung des Hilfsbegriffes der Zentrifugalkraft. Dies ist vorwiegend darauf zurückzuführen, daß von diesem Begriff zu zwei verschiedenen Zwecken Gebrauch gemacht wird, ohne daß diese stets richtig auseinandergehalten würden.

Es wird für das Verständnis am besten sein, wenn ich dies an einem leicht faßlichen Beispiel näher erkläre. Dazu betrachte ich einen Eisenbahnwagen, der eine Kurve durchläuft, also etwa den letzten Wagen eines Eisenbahnzuges. Durch den Zughaken wird auf ihn eine Tangentialkraft übertragen, die so groß bemessen sein möge, daß sie gerade die verschiedenen Bewegungswiderstände überwindet. Der Wagen wird dann die Kurve mit einer der Größe nach konstanten Geschwindigkeit durchlaufen. Um die Richtungsänderung der Geschwindigkeit zu bewirken, muß aber außerdem noch eine Normalkraft auf ihn übertragen werden. Diese kennen wir schon unter dem Namen der Zentripetalkraft, und ihrer Berechnung nach Gl. (41) steht im gegebenen Falle nichts im Wege. Sie kann nur durch die Schienen auf den Wagen übertragen werden, da diese es sind, die dem Wagen die krummlinige Bewegung vorschreiben.

Bis dahin hat man gar keine Veranlassung, neben der Zentripetalkraft von einer Zentrifugalkraft zu reden. Man kann nun aber, nachdem man das Verhalten des Eisenbahnwagens untersucht hat, dazu übergehen, das Verhalten des Gleises zu betrachten. Nach dem erst später, bei der Untersuchung der Punkthaufen, näher zu erörternden Gesetze von der Wechselwirkung, das aber für den Augenblick bereits als im allgemeinen bekannt vorausgesetzt werden darf, ist die von dem Wagen auf das Gleis übertragene Kraft gleich groß und entgegengesetzt gerichtet mit der vom Gleis auf den Wagen übertragenen. So kommen wir zu der am Gleis angreifenden „Zentrifugalkraft", deren Größe ebenfalls durch Gl. (41) angegeben wird, deren Richtung aber jetzt vom Krümmungsmittelpunkte abgewendet ist.

Das ist die eine Bedeutung, in der das Wort Zentrifugalkraft gebraucht wird. Es bedeutet hier eine Kraft im gewöhnlichen Sinne des Wortes, die nur an einem anderen Körper wirkt als an dem, der die kreisförmige Bewegung ausführt, und den wir ursprünglich ins Auge faßten. Irgendein Mißverständnis ist auch bis jetzt noch nicht möglich.

Nun ist aber auch noch ein völlig verschiedener Gebrauch der Bezeichnung Zentrifugalkraft üblich. Die einfachsten Aufgaben der Mechanik sind nämlich jene, die sich auf das Gleichgewicht von Kräften an einem materiellen Punkt beziehen. Wo es angeht, sucht man verwickeltere Fälle auf diesen einfachsten Fall zurückzuführen. An dem Eisenbahnwagen, den wir betrachteten, können alle Kräfte, die an ihm wirken, nicht im Gleichgewicht miteinander stehen, sondern wir wissen schon, daß sie eine Resultierende ergeben müssen, die die Richtungsänderung der Bewegung hervorruft. Trotzdem erscheint es aber erwünscht, die Aufgabe auf einen Gleichgewichtsfall zurückzuführen. Das kann natürlich nur willkürlich oder, wenn man will, gewaltsam geschehen, indem man sich noch eine Kraft hinzudenkt, die in Wirklichkeit gar nicht vorhanden ist. Man braucht vor diesem Kunstgriff nicht zurückzuschrecken, wenn man sich nur klar darüber bleibt, daß man damit zur Vereinfachung der Untersuchung eine Kraft hinzufügt, die in Wirklichkeit gar nicht vorkommt. Wie man diese erdachte Kraft zu wählen hat, um den tatsächlich vorliegenden Fall auf einen ihm verwandten Gleichgewichtsfall zurückzuführen, ist leicht einzusehen: sie muß die Resultierende aller übrigen Kräfte, also die Zentripetalkraft, gerade aufheben, also gleich groß und entgegengesetzt gerichtet mit ihr sein.

Damit kommen wir auf die Zentrifugalkraft in der zweiten Bedeutung des Wortes. Der Größe und Richtung nach stimmt sie überein mit der vorher mit diesem Worte bezeichneten Kraft. Sonst ist aber der Unterschied sehr erheblich; während die Zentrifugalkraft in der ersten Bedeutung physikalisch besteht und z. B. durch die elastischen Formänderungen, die sie an den Schienen hervorruft, nachgewiesen werden kann, ist die Zentrifugalkraft im zweiten Sinne des Wortes eine willkürlich eingeführte Rechnungsgröße, die außerdem an einem ganz anderen Körper angreifend gedacht wird als jene. Es ist nun auch klar, daß man zu argen Fehlern verleitet werden kann, wenn man diese bloß erdichtete Kraft des gleichen Namens wegen mit der tatsächlich vorhandenen verwechselt.

Der Kunstgriff, der uns zur Einführung der „fingierten" Zentrifugalkraft, wie ich sie zur Unterscheidung von der real existierenden heißen will, brachte, wird in der Mechanik sehr häufig angewendet. In seiner vollen Ausgestaltung ist er unter dem Namen des d'Alembertschen Prinzips bekannt. Mit diesem werde ich mich erst im vierten Band dieser Vorlesungen ausführlicher beschäftigen; schon jetzt sollte aber erwähnt werden, daß die fingierte Zentrifugalkraft keineswegs eine Ausnahmestellung in der Mechanik einnimmt, sondern daß sie nur eine von den vielen fingierten Kräften ist, durch die man Aufgaben der Dynamik auf solche der Statik zurückzuführen sucht.

Es wird nützlich sein, wenn ich an diese Erörterungen sofort noch eine einfache Rechnung anschließe, die in einem Lehrbuch der technischen Mechanik ohnehin vorgetragen werden muß, und aus der zugleich hervorgeht, daß die Einführung der fingierten Zentrifugalkraft, wenn sie auch ganz gut vermieden werden könnte, doch zur bequemeren Durchführung der Betrachtung recht wohl geeignet ist.

In einem gekrümmten Eisenbahngeleise pflegt man bekanntlich die äußere Schiene gegenüber der inneren etwas zu überhöhen. Würde man dies unterlassen, so müßten sich die Radflantschen an die äußeren Schienen anlegen, um die Übertragung der Zentripetalkraft von den Schienen auf den Wagen zu vermitteln. Dann wäre aber an dieser Stelle zugleich eine Reibung zwischen Radflansch und Schiene zu überwinden, die man nicht nur, um an Zugkraft zu sparen, sondern auch der Abnützung wegen, die damit verbunden wäre, zu vermeiden sucht. Bei passend gewählter Überhöhung der äußeren Schiene kann man erreichen, daß ein zur Verbindungslinie AB beider Schienen (Abb. 6) normal stehender Raddruck eine horizontale Komponente liefert, die schon gerade den Wert der Zentripetalkraft hat. Dann ist ein Anlegen des Radflansches ebensowenig an die äußere als an die innere Schiene zu erwarten. Freilich kann die Überhöhung nur so bemessen werden, daß dies für irgendeine bestimmte Fahrgeschwindigkeit zutrifft; bei größeren Geschwindigkeiten legen sich die Räder seitlich an die äußere, bei kleineren Geschwindigkeiten an die innere Schiene an.

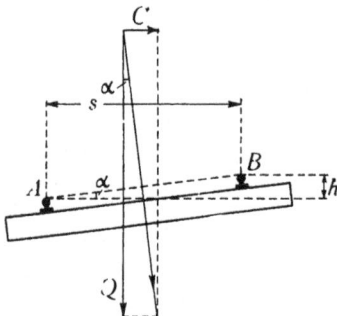

Abb. 6.

Bezeichnen wir die Geschwindigkeit, die wir der Berechnung der Überhöhung zugrunde legen wollen, mit v, das Wagengewicht mit Q und den Krümmungshalbmesser des Gleises mit r, so können wir uns an dem Wagen eine fingierte Zentrifugalkraft

$$C = \frac{Q}{g}\,\frac{v^2}{r}$$

angebracht denken. Dann muß C mit allen wirklich an dem Wagen angreifenden Kräften im Gleichgewicht stehen. Diese Kräfte sind das Wagengewicht Q und der Druck der Schienen auf die Räder. Damit der Raddruck senkrecht zu AB steht, muß dies auch von der Resultierenden aus C und Q zutreffen. Man hat daher (vgl. Abb. 6)

$$C = Q\,\mathrm{tg}\,\alpha,$$

woraus in Verbindung mit der vorausgehenden Gleichung

$$\mathrm{tg}\,\alpha = \frac{v^2}{g\,r}$$

folgt. Andererseits ist auch $\mathrm{tg}\,\alpha = h:s$, wenn h die Schienenüberhöhung und s die Spurweite bedeuten, und damit erhält man schließlich

$$h = \frac{v^2\,s}{g\,r}\,.$$

So wird z. B. für $s = 1{,}435$ m, $r = 200$ m und $v = 15$ m/s die Schienenüberhöhung

$$h = \frac{225 \text{ m}^2/\text{s}^2 \cdot 1{,}435 \text{ m}}{9{,}81 \text{ m/s}^2 \cdot 200 \text{ m}} = 0{,}164 \text{ m}.$$

Man sieht daraus zugleich, daß die Formel für h homogen in den Dimensionen ist.

§ 15. Prinzip der virtuellen Geschwindigkeiten

Die schon in § 9 gegebene Definition der Arbeit einer Kraft soll jetzt für den Fall erweitert werden, daß die Bewegung des materiellen Punktes anders gerichtet ist als die Kraft. Wenn die Richtungen von $\mathfrak{P}$ und dem Wege $\mathfrak{s}$ irgendeinen Winkel φ miteinander bilden, wie in Abb. 7, wollen wir unter der Arbeit der Kraft das Produkt

$$Ps \cos \varphi$$

verstehen. Diese Festsetzung ist in Übereinstimmung mit der früheren, wenn wir $\varphi = 0$ wählen. Wenn der Winkel ein rechter ist, wird die Arbeit zu Null; für einen spitzen Winkel wird sie positiv und für einen stumpfen negativ. Wenn $\mathfrak{P}$ und $\mathfrak{s}$ genau entgegengesetzt gerichtet sind, wird

Abb. 7.

die Arbeit negativ und dem Absolutwert nach ebenso groß als bei übereinstimmenden Richtungen. Um $Ps \cos \varphi$ zu erhalten, können wir entweder $\mathfrak{P}$ auf $\mathfrak{s}$ projizieren und die Projektion mit der Weglänge s multiplizieren oder umgekehrt die Projektion des Weges auf die Kraftrichtung mit der Kraft multiplizieren. Wir wollen dieser Vorschrift für die Berechnung der Arbeit der Kraft noch einen etwas anderen Ausdruck geben. Die Kraft $\mathfrak{P}$ können wir uns nach dem Parallelogrammgesetz in zwei Komponenten gespaltet denken, von denen die eine in die Richtung des Weges $\mathfrak{s}$ fällt, während die andere senkrecht zu ihr steht. Die eine wollen wir die innere, die andere die äußere Komponente von $\mathfrak{P}$ nennen. Wir können dann sagen, daß unter der Arbeit einer Kraft das Produkt aus dem Weg und der inneren Komponente der Kraft zu verstehen ist. Ebenso können wir aber auch umgekehrt den Weg $\mathfrak{s}$ in zwei Komponenten zerlegen, von denen eine in die Richtung der Kraft fällt und die andere senkrecht zu ihr steht, und wir erhalten dann die Arbeit auch als das Produkt aus der ganzen Kraft und der inneren Komponente des Wegs. In der Mechanik und in der theoretischen Physik sieht man sich sehr häufig veranlaßt, aus zwei gerichteten Größen ein Produkt auf diese Art zu bilden. Es ist daher zweckmäßig, eine besondere Bezeichnung dafür einzuführen. Wir nennen es ein geometrisches Produkt, und zwar zur Unterscheidung von einem anderen geometrischen Produkt, das wir im nächsten Paragraphen kennen lernen werden, das innere geometrische Produkt der Vektoren $\mathfrak{P}$ und $\mathfrak{s}$, aus denen es gebildet wird. Wir schreiben es, wie ein Produkt der Algebra, einfach $\mathfrak{P}\mathfrak{s}$, oder auch $\mathfrak{s}\mathfrak{P}$, da es, wie wir sahen, gleichgültig ist, welche der gerichteten Größen wir auf die andere projizieren. Die Gleichung

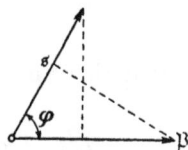

$$\mathfrak{P}\mathfrak{s} = \mathfrak{s}\mathfrak{P} = Ps \cos \varphi$$

wiederholt nur nochmals die schon für das innere Produkt gegebene Definition. Wenn der Weg des materiellen Punktes krummlinig ist, wobei auch die Kraft $\mathfrak{P}$ der Größe und Richtung nach veränderlich sein kann, denken wir ihn uns, um die Arbeit der Kraft $\mathfrak{P}$ zu ermitteln, in unendlich kleine Elemente $d\mathfrak{s}$ zerlegt, für jedes Element das innere Produkt $\mathfrak{P}\,d\mathfrak{s}$ gebildet und nachher alle diese

„Elementararbeiten" algebraisch summiert. Diese Festsetzung ist ebenso wie die vorige ganz willkürlich; sie dient nur dazu, die Bedeutung anzugeben, die wir mit der Bezeichnung „Arbeit einer Kraft" verbinden. Im allgemeinsten Falle ist darunter stets das „Linienintegral" der Kraft

$$\int \mathfrak{P} \, d\mathfrak{s}$$

zu verstehen, durch das die zuvor erwähnte Summierung zum Ausdruck gebracht wird.

Der früher für den Fall der geradlinigen Bewegung bewiesene Satz von der lebendigen Kraft wird durch die erweiterte Bedeutung, die wir jetzt dem Begriff der Arbeit gegeben haben, nicht ungültig. Wir haben nämlich nach dem dynamischen Grundgesetz

$$\mathfrak{P} = m \frac{d\mathfrak{v}}{dt}$$

und nach dem Begriff der Geschwindigkeit $\mathfrak{v}$

$$d\mathfrak{s} = \mathfrak{v} \, dt.$$

Für das innere Produkt $\mathfrak{P} \, d\mathfrak{s}$ finden wir daher

$$\mathfrak{P} \, d\mathfrak{s} = m \mathfrak{v} \, d\mathfrak{v}.$$

Hier muß auch $\mathfrak{v}$ mit $d\mathfrak{v}$ auf innere Art multipliziert werden. Projizieren wir aber $d\mathfrak{v}$ auf $\mathfrak{v}$, so erhalten wir die Änderung dv des Absolutbetrages v von $\mathfrak{v}$ während des Zeitelementes; also auch

$$\mathfrak{P} \, d\mathfrak{s} = m v \, dv = d \left(m \frac{v^2}{2} \right),$$

und wenn wir hieraus die Summe für alle Wegelemente bilden,

$$\int \mathfrak{P} \, d\mathfrak{s} = \frac{m v^2}{2} - \frac{m v_0^2}{2}. \tag{43}$$

d. h. die Arbeit der Kraft $\mathfrak{P}$, die allein an einem materiellen Punkt angreift, ist gleich dem Zuwachs, den die lebendige Kraft erfährt. So ist z. B. die Arbeit der Zentripetalkraft immer gleich Null, weil diese in jedem Augenblick senkrecht zur Bewegungsrichtung steht, und die lebendige Kraft erfährt durch sie keine Änderung, weil es bei der lebendigen Kraft nicht auf die Richtung, sondern nur auf die Größe der Geschwindigkeit ankommt.

Wir wollen jetzt ferner annehmen, daß mehrere Kräfte $\mathfrak{P}_1$, $\mathfrak{P}_2$, $\mathfrak{P}_3$, ... an einem materiellen Punkt angreifen, deren Resultierende

$$\mathfrak{R} = \mathfrak{P}_1 + \mathfrak{P}_2 + \mathfrak{P}_3 + \cdots = \varSigma \mathfrak{P}$$

sei. Außer den besonders namhaft gemachten Kräften $\mathfrak{P}$ können zugleich noch andere $\mathfrak{D}_1$, $\mathfrak{D}_2$ usw. an dem materiellen Punkt wirken, um die wir uns aber jetzt nicht kümmern wollen. Wir wollen außerdem annehmen, daß sich der materielle Punkt um irgendeine Strecke $\mathfrak{s}$ verschiebe. Dabei ist wohl zu beachten, daß die Verschiebung $\mathfrak{s}$ nicht durch die von uns betrachteten Kräfte $\mathfrak{P}$ hervorgebracht zu sein braucht; wir können vielmehr durch geeignete Anbringung der übrigen Kräfte $\mathfrak{D}$ bewirken, daß sich der materielle Punkt in irgendeiner beliebigen Richtung verschiebt. Man nennt deshalb die Verschiebung eine „virtuelle", womit nur gesagt sein soll, daß sie an sich möglich ist. Um die Arbeit der Kraft $\mathfrak{P}_1$ während dieser virtuellen Verschiebung zu berechnen, projizieren wir $\mathfrak{P}_1$ auf den

Weg $\mathfrak{s}$ und bilden so das innere Produkt $\mathfrak{P}_1\mathfrak{s}$, und ebenso verfahren wir mit den anderen Kräften $\mathfrak{P}$ und mit ihrer Resultierenden $\mathfrak{R}$.

Wir sahen aber schon in § 12, daß zwischen den Projektionen der Kräfte auf irgendeine Gerade die Beziehung

$$R' = \Sigma P'$$

gilt. Multiplizieren wir diese Gleichung mit s, so wird auch

$$R's = \Sigma P's$$

oder, mit Rücksicht auf die Bedeutung des inneren Produkts,

$$\mathfrak{R}\mathfrak{s} = \Sigma\mathfrak{P}\mathfrak{s}, \tag{44}$$

d. h. in Worten: Bei jeder Verschiebung, die wir mit dem materiellen Punkt vornehmen mögen oder die wir uns auch nur vorgenommen denken können, ist die Arbeit der Resultierenden gleich der algebraischen Summe der Arbeiten der Komponenten. Für den besonderen Fall, daß sich die Kräfte $\mathfrak{P}$ im Gleichgewicht halten, wird $\mathfrak{R}$ zu Null und Gl. (44) geht über in

$$\Sigma\mathfrak{P}\mathfrak{s} = 0. \tag{45}$$

Die algebraische Summe der Arbeiten von Kräften, die sich an einem materiellen Punkt im Gleichgewicht halten, ist demnach für jede virtuelle Verschiebung gleich Null.

Die Gleichungen (44) und (45) sprechen das Prinzip der virtuellen Geschwindigkeiten aus. Dieser Satz wird ein „Prinzip", also ein grundlegender Satz genannt, obschon er bei unserer Darstellung nur eine einfache mathematische Folgerung aus dem Satz vom Kräfteparallelogramm bildet. Die Bezeichnung stammt daher, daß man ihn in der Tat hypothetisch zum Ausgangspunkt bei der Aufrichtung des Lehrgebäudes der Mechanik wählen kann und ihn oft dazu gewählt hat. Geht man so vor, dann erscheint der Satz vom Kräfteparallelogramm oder das Prinzip der Unabhängigkeit der verschiedenen Bewegungen voneinander als eine aus dem Prinzip der virtuellen Geschwindigkeiten abgeleitete Folgerung.

An Stelle von virtuellen „Geschwindigkeiten" würde man besser von virtuellen „Verschiebungen" sprechen; der Name hat sich aber nun einmal in dieser Form seit mehr als einem Jahrhundert eingebürgert und er soll daher beibehalten werden.

Analytisch betrachtet geht Gl. (44) aus $\mathfrak{R} = \Sigma\mathfrak{P}$ dadurch hervor, daß hierin jedes Glied mit der beliebigen Strecke $\mathfrak{s}$ auf innere Art multipliziert wird. Man kann daher das Prinzip der virtuellen Geschwindigkeiten auch als einen Satz über das Rechnen mit gerichteten Größen auffassen, der dann freilich noch allgemeiner gültig ist, als jenes Prinzip. Offenbar bleibt nämlich die für Gl. (44) gegebene Ableitung ohne jede Änderung anwendbar, falls nur überhaupt die $\mathfrak{P}$ gerichtete Größen sind, deren geometrische Summe $\mathfrak{R}$ ist. In der Tat werden wir später manchmal Gelegenheit haben, Gl. (44) auch auf solche Fälle anzuwenden, bei denen die $\mathfrak{P}$ keine Kräfte sind. Wir fassen daher Gl. (44) und hiermit zugleich das Prinzip der virtuellen Geschwindigkeiten noch in den sich dem Gedächtnis leicht einprägenden Wortlaut zusammen: Eine geometrische Summe wird mit jeder beliebigen gerichteten Größe auf innere Art multipliziert, indem man jedes Glied damit multipliziert.

§ 16. Momentensatz

Auch der Satz von den statischen Momenten ist, wie sich alsbald zeigen wird, nichts anderes, als ein Multiplikationssatz. Außer den inneren Produkten aus Kräften und Strecken, die wir im vorigen Paragraphen betrachteten, bildet man nämlich in der Mechanik daraus auch geometrische Produkte auf äußere Art. Dazu multipliziert man die eine der beiden gerichteten Größen mit der zu ihr senkrecht stehenden Komponente der anderen.

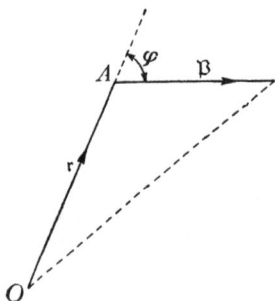

In Abb. 8 sei A der Angriffspunkt der Kraft $\mathfrak{P}$, O ein beliebig gewählter Anfangspunkt und $\mathfrak{r}$ der von diesem aus nach A gezogene Radiusvektor. Das äußere geometrische Produkt aus $\mathfrak{P}$ und $\mathfrak{r}$ wird das statische Moment der Kraft $\mathfrak{P}$ in bezug auf den Punkt O genannt; außerdem heißt in diesem Zusammenhang O der Momentenpunkt und $\mathfrak{r}$ der Hebelarm. Die letzte Bezeichnung wird freilich öfters nur auf die äußere (d. h. die zu $\mathfrak{P}$ senkrechte) Komponente von $\mathfrak{r}$ angewendet; ich halte es aber für besser, das Wort in dem allgemeineren Sinne zu gebrauchen. Ein Mißverständnis kann übrigens aus diesen verschiedenen Bedeutungen des Wortes kaum entstehen, da bei der Bildung des statischen Momentes in jedem Falle nur die äußere Komponente von $\mathfrak{r}$ in Betracht kommt.

Abb. 8.

Wenn $\mathfrak{P}$ nicht eine Kraft, sondern eine Strecke wäre, hätte das äußere Produkt aus $\mathfrak{P}$ und $\mathfrak{r}$ eine sehr einfache Bedeutung; es würde nämlich den doppelten Inhalt des Dreiecks angeben, in dem $\mathfrak{P}$ und $\mathfrak{r}$ als Seiten vorkommen. Denn die zu $\mathfrak{P}$ äußere Komponente von $\mathfrak{r}$ wäre nichts anderes, als die zur Grundlinie $\mathfrak{P}$ gehörige Höhe jenes Dreiecks, und ebenso würde man zu dem doppelten Dreiecksinhalt auch gelangen, wenn man die Grundlinie $\mathfrak{r}$ mit der „äußeren" (also zu ihr rechtwinkligen) Komponente von $\mathfrak{P}$ multiplizierte. In Wirklichkeit ist nun freilich bei den Anwendungen des äußeren Produkts in der Mechanik $\mathfrak{P}$ gewöhnlich eine Kraft; obschon uns auch andere Fälle späterhin vorkommen werden. Das äußere Produkt aus $\mathfrak{P}$ und $\mathfrak{r}$, also das statische Moment der Kraft, kann dann nicht mehr gleich dem doppelten Flächeninhalt des Dreiecks gesetzt werden, da beide Größen von ganz verschiedenen physikalischen Dimensionen sind. Immerhin kann aber unter Zugrundelegung eines passend gewählten Maßstabes jede gerichtete Größe durch eine Strecke dargestellt werden, und bei den Kräften macht man davon in der Mechanik ganz regelmäßig Gebrauch. In demselben Sinne nun wie $\mathfrak{P}$ durch eine Strecke, kann auch das äußere Produkt aus $\mathfrak{P}$ und $\mathfrak{r}$ durch eine Fläche, also durch die doppelte Fläche jenes Dreiecks dargestellt werden. Das Dreieck, das $\mathfrak{P}$ zur Grundlinie und den Momentenpunkt zur gegenüberliegenden Spitze hat, wird daher auch als das Momentendreieck bezeichnet. Wenn $\mathfrak{P}$ und $\mathfrak{r}$ gleich gerichtet sind, geht das Momentendreieck in eine einzige Linie über, d. h. das Moment einer Kraft ist Null für jeden Momentenpunkt, der auf ihrer Richtungslinie enthalten ist.

Die Größe des Moments ist durch die vorausgehenden Bemerkungen schon vollständig festgesetzt. Bezeichnet man den Winkel zwischen den von demselben Scheitel, etwa von A aus in den Pfeilrichtungen abgetragenen Vektoren $\mathfrak{P}$ und $\mathfrak{r}$ mit φ (Abb. 8), so ist die Größe des statischen Moments auch gleich

$$Pr \sin \varphi.$$

Ein solcher Winkel φ zwischen zwei Richtungen kann immer nur zwischen Null und einem gestreckten liegen, da die Winkel des dritten und vierten Quadranten, die daneben auftreten, nicht in Betracht kommen. Der Sinus eines Winkels zwischen 0 und π ist aber immer positiv; wenn wir uns also bei der Definition des statischen Moments nur an den Ausdruck $Pr \sin \varphi$ halten wollten, wären alle Momente positiv. Mit einem derart definierten äußeren Produkte wäre aber in der Mechanik gar nichts anzufangen; wir müssen unsere Definition vielmehr so einrichten, daß bei entgegengesetztem Pfeil von $\mathfrak{P}$ auch das Moment seinen Sinn umkehrt, damit sich von zwei Kräften, die sich an einem materiellen Punkt Gleichgewicht halten, auch die Momente gegeneinander wegheben. Es ist also nur eine Frage der Zweckmäßigkeit, wenn wir den jetzt aufzustellenden Begriff des statischen Moments oder des äußeren Produkts noch mit anderen Eigenschaften ausstatten.

Solange man es bei einer Aufgabe nur mit Kräften zu tun hat, die alle in einer Ebene enthalten sind, und wenn man auch den Momentenpunkt nur in dieser Ebene wählt, kommt man damit aus, dem statischen Moment außer der Größe auch noch ein Vorzeichen zuzuschreiben. Dieses Vorzeichen wird nach dem geometrischen Zusammenhang in der Figur, gewöhnlich nach der Uhrzeigerregel bestimmt. Man bemerkt z. B. in Abb. 8, daß sich ein Uhrzeiger OA, dessen Drehpunkt im Momentenpunkt O liegt und dessen Richtung mit dem Hebelarm $\mathfrak{r}$ zusammenfällt, unter dem Einfluß der Kraft $\mathfrak{P}$ in demselben Sinne drehen würde, wie in der Uhr selbst. Ein solches Moment rechnen wir positiv; bei Umkehrung des Pfeiles von $\mathfrak{P}$ würde die Kraft den Hebelarm, als Uhrzeiger betrachtet, rückwärts zu drehen suchen, und das Moment wäre negativ zu rechnen.

Indessen ist leicht einzusehen, daß diese Festsetzung nicht nur ganz willkürlich ist — wogegen sich nichts einwenden ließe —, sondern daß sie auch noch nicht ausreichend zur eindeutigen Bestimmung des Momentenvorzeichens ist. Sobald es uns nämlich möglich ist, die Ebene, in der die Kräfte $\mathfrak{P}$ enthalten sind, von beiden Seiten her zu betrachten, werden wir je nach dem Standpunkt, den wir einnehmen, das Moment derselben Kraft nach der Uhrzeigerregel bald als positiv, bald als negativ bezeichnen. Man denke sich etwa Abb. 8 auf ein Stückchen Pauspapier gezeichnet; von vorn betrachtet hat $\mathfrak{P}$ positives Moment für den Momentenpunkt O, und sobald wir das Blättchen umwenden, erscheint dasselbe Moment negativ.

Bei den gewöhnlichen einfachen Anwendungen des Momentensatzes ist an dieser Unbestimmtheit freilich nicht viel gelegen. Es kommt dabei nur darauf an, einen Gegensatz im Momentenvorzeichen zwischen verschieden gerichteten Kräften hervorzuheben, wobei es gleichgültig bleibt, welche Richtung positiv und welche negativ gerechnet wird. Solange man also während der Durchführung der Rechnung den Standpunkt, von dem aus man die Momentenvorzeichen feststellt, nicht wechselt oder sich wenigstens nicht einfallen läßt, die etwa auf ein durchsichtiges Blatt gezeichnete Figur im Verlauf der Rechnung einmal umzuwenden, kann man durch die vorhergehenden Festsetzungen nicht irre geführt werden. Es ist aber klar, daß wir uns hier nicht damit begnügen dürfen, den Momentenbegriff so zurechtzuschneiden, daß er gerade nur für die einfachsten Fälle verwendbar ist, sondern daß wir suchen müssen, ihm ein möglichst weites Anwendungsgebiet zu sichern.

Das ist nun in der Tat leicht möglich. Wir brauchen nur das statische Moment oder, allgemeiner gesagt, das äußere Produkt zweier gerichteter Größen selbst wieder als einen Vektor aufzufassen, der senkrecht zu der durch diese beiden bestimmten Ebene steht und nach jener Richtung der Normalen gezogen ist, von der aus gesehen die Aufeinanderfolge beider Richtungen entweder mit dem Uhrzeigersinn übereinstimmt oder auch ihm entgegengesetzt ist. Diese Festsetzung ist wieder ganz willkürlich; sie kann aber ein für allemal getroffen werden und gibt dann niemals wieder zu Zweifeln Veranlassung, von welcher Seite her man auch die Figur betrachten mag.

Wir entscheiden uns dafür, im Falle der Abb. 8 (S. 48) das Moment von $\mathfrak{P}$ als eine Strecke abzutragen, die senkrecht zur Papierfläche steht und dem Beschauer zugewendet ist. Die Größe der Strecke ist so zu wählen, daß sie in einem passenden Maßstab den doppelten Flächeninhalt des Momentendreiecks oder das Produkt $Pr \sin \varphi$ darstellt. Wir bezeichnen die Strecke als den Momentenvektor. Kräfte, die von unserem Standpunkt aus gesehen im Uhrzeigersinn drehen, erhalten Momentenvektoren, deren Pfeile auf uns zu gerichtet sind, die anderen erhalten den entgegengesetzten Pfeil. Denkt man sich auch jetzt wieder Abb. 8 auf ein durchsichtiges Blatt gezeichnet und sie von der Rückseite her betrachtet, so dreht $\mathfrak{P}$ jetzt entgegengesetzt dem Uhrzeigersinn, und der Pfeil des Momentenvektors ist daher dem Beschauer abgewendet anzunehmen. Diese Richtung des Momentenvektors stimmt aber genau mit jener überein, zu der wir geführt werden, wenn wir die Zeichnung von vorn betrachten, sie ist also jetzt ganz unabhängig von der zufälligen Aufstellung des Beobachters.

Auch für das äußere geometrische Produkt zweier gerichteter Größen führen wir eine passende Bezeichnung ein. Wir dürfen aber jetzt nicht einfach $\mathfrak{P}\,\mathfrak{r}$ dafür schreiben, weil diese Bezeichnung schon für das innere Produkt gewählt wurde. Zum Unterschiede schreibt man entweder nach dem Vorgang der englischen Physiker das Zeichen V davor oder man schließt nach der in der Enzyklopädie der mathematischen Wissenschaften eingeführten Bezeichnungsweise die beiden Faktoren, aus denen das Produkt gebildet werden soll, in eine eckige Klammer ein. Für den Momentenvektor $\mathfrak{M}$ stehen daher die beiden Bezeichnungen

$$\mathfrak{M} = V\,\mathfrak{P}\,\mathfrak{r} = [\mathfrak{P}\,\mathfrak{r}] \tag{46}$$

zur Auswahl. In den älteren Auflagen dieses Buches wurde nur die erste Schreibweise gebraucht. Da aber die zweite Aussicht zu haben scheint, wenigstens in Deutschland zur allgemeinen Anwendung zu kommen, werde ich mich ihr jetzt ebenfalls anschließen, daneben aber gelegentlich auch die andere verwenden, um dem Leser die Wahl zu lassen, sich für jene zu entscheiden, die ihm selbst besser gefällt.

Dann bemerke ich noch, daß die Bezeichnung „äußeres" Produkt von Grassmann, der sie zuerst gebraucht hat, ursprünglich auf das aus $\mathfrak{P}$ und $\mathfrak{r}$ gebildete Parallelogramm bezogen wurde und nicht auf den Vektor $\mathfrak{M}$, durch dessen Richtung und Größe die Stellung und der Flächeninhalt des Parallelogramms gekennzeichnet wird. Daran halten auch jetzt noch viele fest und unterscheiden daher zwischen dem äußeren Produkt und dem „Vektor-Produkt", wie sie das durch Gl. (46) bezeichnete Produkt nennen. In der Mechanik kommt es aber stets nur auf dieses „Vektor-Produkt" an und der Anschaulichkeit wegen habe ich den Namen „äußeres Produkt" auf dieses Produkt bezogen. Das ist von Kritikern wiederholt beanstandet worden; aber ich werde mich dadurch nicht stören lassen. Eine so gut passende Bezeichnung wie „äußeres Produkt" ist zu wertvoll für eine klare Darstellung, als daß man sie aus solchen historischen Gründen opfern dürfte.

In einer Beziehung besteht noch ein erheblicher Unterschied zwischen dem äußeren und dem früher betrachteten inneren Produkt. Wir sahen nämlich früher, daß beide Faktoren des inneren Produkts ganz in gleicher Art zur Bildung des Produktwertes beitragen, so daß es zulässig war, ihre Reihenfolge im Produkt zu vertauschen. Beim äußeren Produkt gilt dies aber nicht mehr. Wir fanden zwar schon vorher, daß man zu dem gleichen Wert $Pr \sin \varphi$ geführt wird, ob man nun die ganze Kraft mit der äußeren Komponente des Hebelarms oder ob man den ganzen Hebelarm mit der äußeren Komponente der Kraft multipliziert. Auf den Zahlenwert des Produkts kann also die Vertauschung beider Faktoren keinen Einfluß haben. Anders ist es aber mit der Richtung. Um sich davon zu überzeugen, stelle man sich vor, in Abb. 8 bedeute jetzt die Strecke $\mathfrak{r}$ eine Kraft und die Strecke $\mathfrak{P}$ einen Hebelarm. Beide Strecken liegen dann in der Abbildung noch nicht richtig zueinander denn ein Hebelarm soll stets vom Momentenpunkt nach dem Angriffspunkt hin gerichtet sein, und die Kraft ist am Angriffspunkt selbst abzutragen. Bei der Angabe eines Vektors kommt es aber immer nur auf dessen Größe und Richtung und im übrigen nicht auf seine Lage an; wir können also durch parallele Verschiebung von $\mathfrak{r}$ die Figur leicht so einrichten, daß nachher in der Tat $\mathfrak{P}$ den Hebelarm einer durch $\mathfrak{r}$ dargestellten Kraft angibt. Sobald wir aber $\mathfrak{r}$ am Endpunkt des Hebelarms $\mathfrak{P}$ nach Größe und Richtung antragen, bemerken wir, daß jetzt $\mathfrak{r}$ den Hebelarm $\mathfrak{P}$ in entgegengesetzter Richtung zu drehen sucht, wie vorher $\mathfrak{P}$ den Hebelarm $\mathfrak{r}$. Aus der axonometrischen Zeichnung in Abb. 9, in der dies ausgeführt ist und in der die Momentendreiecke für beide Fälle durch Schraffierung hervorgehoben sind, überzeugt man sich davon ohne weiteres. Bei Vertauschung beider Faktoren kehrt sich also die Richtung des Vektors, der das äußere Produkt darstellt, in die entgegengesetzte um. Wir können dies durch die Gleichung

$$V \mathfrak{P} \mathfrak{r} = - V \mathfrak{r} \mathfrak{P} \qquad \text{oder} \qquad [\mathfrak{P}\,\mathfrak{r}] = - [\mathfrak{r}\,\mathfrak{P}] \qquad (47)$$

zum Ausdruck bringen. Die Reihenfolge der beiden Faktoren im äußeren Produkt ist also sehr wesentlich, und man muß daher daran festhalten, daß das statische Moment stets durch das Produkt $V \mathfrak{P} \mathfrak{r}$ in dieser Reihenfolge der Faktoren dargestellt werden soll.

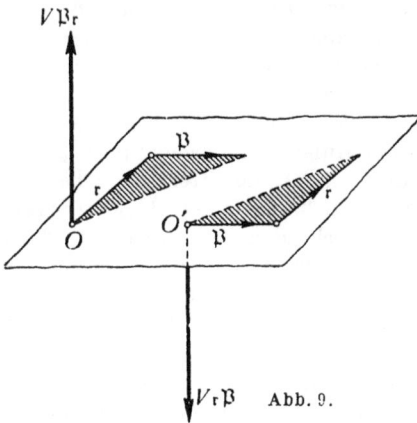

Abb. 9.

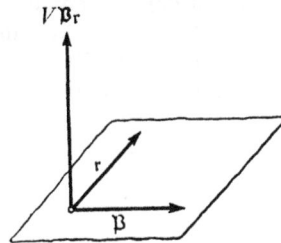

Abb. 10.

Offenbar gilt diese Betrachtung und die aus ihr hervorgegangene Gl. (47) ganz allgemein für das Produkt von irgend zwei gerichteten Größen. Man tut aber in diesem Falle besser, die Richtung des äußeren Produkts noch mit anderen Worten, die freilich auf denselben Sinn hinauskommen, zu beschreiben. Sind $\mathfrak{P}$ und $\mathfrak{r}$ in Abb. 8 oder 9 zwei beliebige Vektoren, so soll, wie schon angegeben, $V \mathfrak{P} \mathfrak{r}$ mit dem Pfeil nach vorn bzw. oben gekehrt sein. Denken wir uns nun $\mathfrak{P}$ und $\mathfrak{r}$ nicht wie in der vorigen Abbildung aufeinanderfolgend, sondern beide von demselben Anfangspunkt aus abgetragen und an demselben Anfangspunkt auch den Vektor $V \mathfrak{P} \mathfrak{r}$ angesetzt, wie es in Abb. 10 geschehen ist, so bildet die

4*

Aufeinanderfolge der Richtungen von $\mathfrak{P}$, von $\mathfrak{r}$ und von $V\mathfrak{P}\mathfrak{r}$, wie man sich ausdrückt, ein Rechtssystem im Raum. Damit ist nämlich gemeint, daß eine Drehung aus der ersten Richtung in die zweite, verbunden mit einer Fortschreitung in der dritten Richtung zu einer rechtsgängigen Schraube führt. Würden wir die beiden ersten Richtungen miteinander vertauschen, die dritte aber unverändert lassen, so hätten wir ein Linkssystem vor uns, d. h. eines, das in der angegebenen Weise eine linksgängige Schraube bestimmt. Wenn wir nun sagen, daß sich bei einer Vertauschung der beiden Faktoren die Richtung des äußeren Produkts umkehrt, so heißt dies nichts anderes, als daß die Aufeinanderfolge der Richtungen des ersten Faktors, des zweiten Faktors und des Produktwertes in jedem Falle ein Rechtssystem im Raum bestimmen soll.

Dem Anfänger macht es leicht den Eindruck, als wenn die Schwierigkeit, die darin liegt, in jedem Falle den richtigen Pfeil des äußeren Produkts zu bestimmen, erst durch die Benutzung der Vektoren hereingetragen sei. Das ist aber ganz irrig. Der wesentliche Unterschied zwischen Rechtssystem und Linkssystem ist vielmehr in den allgemeinen geometrischen Eigenschaften des Raumes, in dem wir leben, begründet, und er kann durch keine Art der Darstellung fortgeschafft werden. Man kann es daher nur als einen Vorzug unserer Darstellung betrachten, daß sie auf diesen wesentlichen Umstand die Aufmerksamkeit von vornherein hinlenkt.

Es wird nützlich sein, wenn ich den Gegensatz zwischen Rechtssystem und Linkssystem in unserm Raum noch an einigen Beispielen klarmache. Auf den Gegensatz zwischen rechtsgängiger und linksgängiger Schraube habe ich vorher schon hingewiesen und ihn zur Unterscheidung beider Systeme voneinander benutzt. Es ist merkwürdig genug und zeigt, wie wenig die klare Auffassung räumlicher Beziehungen heute noch Gemeingut aller Gebildeten ist, daß viele unter diesen kaum etwas davon wissen, daß sich Rechts- und Linksschrauben wesentlich voneinander unterscheiden und daß sie sich namentlich auf keine Weise zur Deckung miteinander bringen lassen. Allgemeiner bekannt ist der Gegensatz zwischen der rechten und der linken Hand. Auch diese lassen sich nicht zur Deckung bringen; nur das Spiegelbild der linken Hand sieht so aus wie eine rechte Hand. In der Tat hat man auch bei der Aufstellung sogenannter „Handregeln" oder „Daumenregeln" die rechte oder linke Hand öfters dazu benutzt, den Gegensatz zwischen Rechts- und Linkssystem hervorzuheben. Man spreize etwa an der rechten Hand den Daumen ab, strecke den Zeigefinger geradeaus und biege den Mittelfinger im rechten Winkel zur Handfläche. Die Fingerrichtungen bilden dann in der angegebenen Aufeinanderfolge ein Rechtssystem; gibt man den Fingern der linken Hand die gleichen Stellungen, so erhält man ein Linkssystem.

Auch wenn man mit Koordinaten und Komponenten anstatt mit Vektoren rechnet, macht sich der Unterschied zwischen Rechts- und Linkssystem bemerklich, und zwar schon bei der Wahl des dreiachsigen Koordinatensystems selbst. Man kann die drei Achsen X, Y, Z so ziehen, daß sie in dieser Aufeinanderfolge entweder ein Rechtssystem oder ein Linkssystem miteinander bilden. Die erste Anordnung ist bei den englischen Physikern allgemein gebräuchlich, während die andere von den französischen Mathematikern durchweg angenommen ist. Man pflegt daher die beiden Koordinatensysteme auch als das englische und das französische zu bezeichnen oder auch, nach einer von Maxwell eingeführten Bezeichnung, als das Weinkoordinatensystem und das Hopfenkoordinatensystem, weil nämlich die Weinrebe sich in rechtsgängigen, die Hopfenpflanze sich in linksgängigen Schraubenlinien um eine Stütze schlingt.

In Deutschland hat sich kein bestimmter Gebrauch des einen oder des anderen Koordinatensystems allgemein eingebürgert. Man findet bald das eine und bald das andere, und leider findet man sehr oft auch gar keine Angabe darüber, auf welches Koordinatensystem sich eine Untersuchung beziehen soll. Wenn eine Zeichnung beigegeben ist, läßt sich freilich sofort feststellen, welches Koordinatensystem der Verfasser benutzt. Ich selbst bediene mich stets des englischen, rechtshändigen Koordinatensystems. In Abb. 11 sind die drei Achsenrichtungen für dieses Koordinatensystem in axonometrischer Zeichnung angegeben; X geht nach vorn, Y nach rechts und Z nach oben. Mit Hilfe der schon i n § 11 eingeführten Richtungsfaktoren $\mathfrak{i}, \mathfrak{j}, \mathfrak{k}$ kann man die Richtung des äußeren Produkts auch noch dadurch bezeichnen, daß man setzt

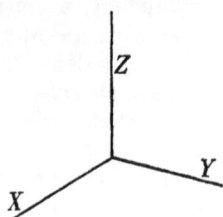

Abb. 11.

$$[\mathfrak{i}\,\mathfrak{j}] = \mathsf{V}\,\mathfrak{i}\,\mathfrak{j} = \mathfrak{k}; \quad [\mathfrak{j}\,\mathfrak{i}] = -\mathfrak{k},$$

denn in der Tat bildet bei der von uns getroffenen Wahl des Koordinatensystems die Aufeinanderfolge der Richtungen $\mathfrak{i}, \mathfrak{j}, \mathfrak{k}$ ein Rechtssystem und ebenso auch die Aufeinanderfolge der drei Richtungen $\mathfrak{j}, \mathfrak{i}$ und $-\mathfrak{k}$. Ein Rechtssystem bleibt übrigens ein solches, auch wenn man jede Achse durch die ihr folgende ersetzt; also auch YZX und ZXY sind Rechtssysteme, wenn XYZ eins war. Es ist nützlich, die äußeren Produkte der drei Richtungsfaktoren $\mathfrak{i}, \mathfrak{j}, \mathfrak{k}$ in allen möglichen Aufeinanderfolgen für den späteren Gebrauch zusammenzustellen. Man erhält so

$$\begin{array}{lll} \mathsf{V}\,\mathfrak{i}\,\mathfrak{j} = \mathfrak{k}; & \mathsf{V}\,\mathfrak{j}\,\mathfrak{k} = \mathfrak{i}; & \mathsf{V}\,\mathfrak{k}\,\mathfrak{i} = \mathfrak{j} \\ \mathsf{V}\,\mathfrak{j}\,\mathfrak{i} = -\mathfrak{k}; & \mathsf{V}\,\mathfrak{k}\,\mathfrak{j} = -\mathfrak{i}; & \mathsf{V}\,\mathfrak{i}\,\mathfrak{k} = -\mathfrak{j} \end{array} \Bigg\}. \tag{48}$$

Alle vorausgehenden Erörterungen dienten nur dazu, den Begriff des statischen Moments und damit zugleich den Begriff des äußeren Produkts in das rechte Licht zu setzen. Welcher Vorteil mit der Einführung dieser Begriffe verbunden ist, zeigt sich aber erst, wenn man den Multiplikationssatz für die äußeren Produkte, der in der Mechanik als Momentensatz bezeichnet wird, kennengelernt hat. Ich beweise diesen Satz zunächst für den Fall, daß die Kräfte —'oder überhaupt die gerichteten Größen, auf die man ihn anwenden will — alle in einer Ebene liegen. In Abb. 12 sei O der Momentenpunkt und A der Angriffspunkt der Kräfte $\mathfrak{P}_1, \mathfrak{P}_2$ usw., deren Resultierende $\mathfrak{R} = \Sigma\,\mathfrak{P}$ ist. Ich denke mir durch A eine Gerade BB senkrecht zum Hebelarm $\mathfrak{r}$ gezogen und projiziere auf sie alle Kräfte. Jene Kräfte, die den Hebelarm $\mathfrak{r}$ im Uhrzeigersinn zu drehen suchen, geben Projektionen auf BB, die ebenfalls nach rechts hinweisen, und die Projektionen der Kräfte mit negativem Moment gehen nach links. Nun folgt aber aus $\mathfrak{R} = \Sigma\,\mathfrak{P}$ auch

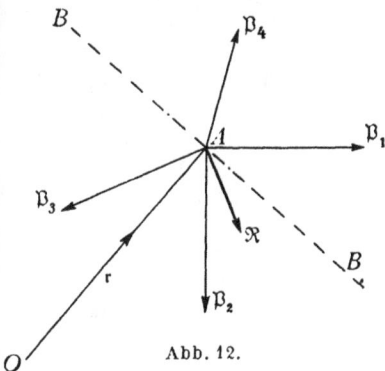

Abb. 12.

$$R' = \Sigma P',$$

wenn R' und P' die Projektionen auf die Gerade BB bedeuten. Multipliziert man diese Gleichung mit der Größe r des Hebelarms, so erhält man

$$R'r = \Sigma P'r,$$

und jedes Glied dieser Gleichung gibt das statische Moment der zugehörigen Kraft an. Nach dem Begriff des äußeren Produkts kann man daher für die letzte Gleichung auch schreiben

$$[\mathfrak{R}\,\mathfrak{r}] = \varSigma\,[\mathfrak{P}\,\mathfrak{r}]. \tag{49}$$

Das hier vorkommende Summenzeichen bedeutet, da es vor einer gerichteten Größe steht, eigentlich eine geometrische Summierung. Im Falle der Abb. 12 stehen aber die Momentenvektoren alle senkrecht zur Zeichenebene, die von $\mathfrak{P}_1$ und $\mathfrak{P}_2$ mit dem Pfeil nach vorn, die von $\mathfrak{P}_3$ und $\mathfrak{P}_4$ mit dem Pfeil nach hinten. Die geometrische Summierung von Größen, die alle entweder gleich oder entgegengesetzt gerichtet sind, vereinfacht sich von selbst zu einer gewöhnlichen algebraischen Summierung. Daher kommt es, daß man die statischen Momente so lange als gewöhnliche algebraische Produkte auffassen kann, als man nur mit Kräften zu tun hat, die alle in einer Ebene enthalten sind.

Gl. (49) bleibt aber auch im allgemeinern Falle unverändert gültig; nur ist dann unter dem $\varSigma$ eine geometrische Summierung zu verstehen, die sich nicht zu einer

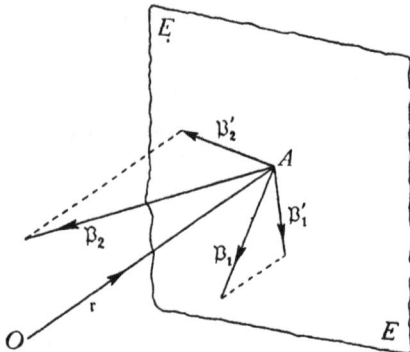

Abb. 13.

algebraischen vereinfacht, sondern wirklich als solche ausgeführt werden muß. Aus Abb. 13 wird dies sofort verständlich werden. Hier bedeutet wieder O den beliebig gewählten Momentenpunkt und A den Angriffspunkt der Kräfte $\mathfrak{P}$. Von diesen sind in die Figur nur die beiden ersten, $\mathfrak{P}_1$ und $\mathfrak{P}_2$, eingetragen; die übrigen möge man sich dazu denken, und zwar mit ganz beliebigen durch den Punkt A gezogenen Richtungslinien. An Stelle der Geraden BB in Abb. 12 ziehe ich hier die Ebene EE durch A senkrecht zum Hebelarm $\mathfrak{r}$ und projiziere alle Kräfte auf sie. Dann folgt aus $\mathfrak{R} = \varSigma\,\mathfrak{P}$, wenn man die Projektionen auf EE durch einen angehängten Strich bezeichnet, nach § 12, Gl. (37)

$$\mathfrak{R}' = \varSigma\,\mathfrak{P}',$$

woraus man nach Multiplikation mit r auch

$$\mathfrak{R}'r = \varSigma\,\mathfrak{P}'r$$

erhält. Man betrachte jetzt das statische Moment der Kraft $\mathfrak{P}_1$ für den Momentenpunkt O. Mit $\mathfrak{P}_1{}'r$ stimmt es der Größe nach überein. Die Richtung des Momentenvektors steht dagegen senkrecht zur Ebene durch $\mathfrak{r}$ und $\mathfrak{P}_1$ oder $\mathfrak{P}_1{}'$, also auch senkrecht zu $\mathfrak{P}_1{}'r$. Denken wir uns die Momentenvektoren aller Kräfte von O aus abgetragen, so liegen sie sämtlich in einer Ebene, nämlich in der zu $\mathfrak{r}$ senkrechten Ebene, denn jeder Momentenvektor steht senkrecht zu dem für alle gemeinsamen Hebelarm $\mathfrak{r}$. Diese Ebene ist zugleich parallel zur Ebene EE. Die Momentenvektoren bilden daher einen Strahlenbüschel, der mit dem Strahlenbüschel der $\mathfrak{P}'r$ in der Ebene EE kongruent ist. Die Strahlen des einen Büschels sind nur alle gegen die des anderen um einen rechten Winkel in demselben Sinne gedreht. Wenn daher in der Ebene EE, wie wir vorher zeigten, $\mathfrak{R}'r = \varSigma\mathfrak{P}'r$ ist, so muß auch in der dazu parallelen Ebene der Momentenvektor von $\mathfrak{R}$ gleich der geometrischen Summe der Momentenvektoren der Kräfte $\mathfrak{P}$ sein, d. h.

$$[\mathfrak{R}\,\mathfrak{r}] = \varSigma\,[\mathfrak{P}\,\mathfrak{r}]$$

und hiermit ist Gl. (49) auch für diesen allgemeinern Fall als gültig bewiesen.

Wenn die Kräfte $\mathfrak{P}$ im Gleichgewicht miteinander stehen, verschwindet die Resultierende $\mathfrak{R}$ und der Momentensatz vereinfacht sich zu der Gleichung

$$\Sigma\,[\mathfrak{P}\,\mathfrak{r}] = \Sigma\,\mathrm{V}\,\mathfrak{P}\,\mathfrak{r} = 0, \tag{50}$$

die für jeden beliebigen Momentenpunkt, also für jedes beliebige $\mathfrak{r}$ gültig ist. Zugleich erkennt man, daß derselbe Beweis auch anwendbar bleibt, wenn die $\mathfrak{P}$ und $\mathfrak{r}$ nicht Kräfte und einen Hebelarm bedeuten, sondern wenn sie beliebige gerichtete Größen sind, die man ebenso wie jetzt die Kräfte durch Strecken in einem passenden Maßstab zur Darstellung gebracht hat. Damit folgt, daß der wesentliche Inhalt des Satzes auch in der einfachen Aussage zusammengefaßt werden kann: Eine geometrische Summe wird mit einer beliebigen gerichteten Größe auf äußere Art multipliziert, indem man jedes Glied damit multipliziert. Der Momentensatz ist daher ebenso wie das Prinzip der virtuellen Geschwindigkeiten nur ein Satz über die geometrische Multiplikation gerichteter Größen.

§ 17. Weitere Folgerungen aus dem Momentensatz

Aus jeder Vektorgleichung von der Form $\mathfrak{R} = \Sigma\mathfrak{P}$, durch die $\mathfrak{R}$ als geometrische Summe der $\mathfrak{P}$ bezeichnet wird, kann man ähnliche Gleichungen zwischen den Projektionen dieser gerichteten Größen auf irgendeine Ebene oder auf irgendeine Achse ableiten. Das gilt also auch von den Gl. (49) oder (50) zwischen den Momentenvektoren. Von besonderer Bedeutung sind hier die Projektionen der Momentenvektoren auf drei zueinander rechtwinklige Achsen, die durch den Momentenpunkt gezogen sind. Bei der Darstellung des Momentensatzes mit den Hilfsmitteln der analytischen Geometrie ist man nämlich genötigt, jede Vektorgleichung durch drei Komponentengleichungen zu ersetzen, die sich auf die drei Achsenrichtungen beziehen. Man erhält diese Komponentengleichungen ohne weiteres durch Projektion aller Glieder, die in der Vektorgleichung vorkommen, auf die betreffenden Koordinatenachsen.

Die Projektion eines Momentenvektors auf eine durch den Momentenpunkt gezogene Achse wird auch geradezu das Moment der Kraft in bezug auf diese Achse genannt. Diese Bezeichnung ist zulässig, weil die Projektion des Momentenvektors auf die Achse in der Tat nur von der Lage dieser Achse und gar nicht

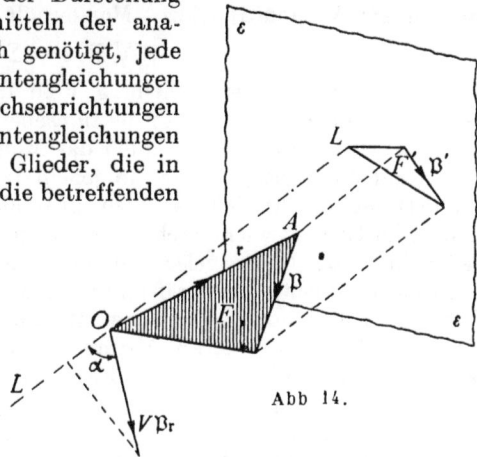

Abb 14.

von der Lage abhängt, die man dem Momentenpunkt auf der Achse geben mag. Man überzeugt sich davon leicht durch Betrachtung von Abb. 14. In dieser ist O der Momentenpunkt, A der Angriffspunkt der Kraft $\mathfrak{P}$, LL eine in beliebiger Richtung durch O gezogene Gerade und $\varepsilon\varepsilon$ eine zu LL senkrecht gezogene Ebene, auf die auch das Momentendreieck durch rechtwinklige Projektionsstrahlen projiziert ist. Der Momentenvektor $\mathrm{V}\mathfrak{P}\mathfrak{r}$ ist ebenfalls in die Figur eingetragen und ebenso der Projektionsstrahl, durch den er auf LL projiziert wird. Wir können die Größe des Momentenvektors durch den doppelten Flächeninhalt des Momentendreiecks, also, sagen wir, durch $2F$ zur Darstellung bringen. Die Projektion auf LL wird daraus durch Multiplikation mit dem Kosinus des Neigungswinkels α also gleich $2F\cos\alpha$ gefunden. Andererseits ist aber der Winkel zwischen zwei Ebenen so groß wie der Winkel zwischen ihren Normalen. Wir finden daher den Flächeninhalt der Projektion des Momentendreiecks auf die Ebene $\varepsilon\varepsilon$, den wir mit F' bezeichnen wollen,

$$F' = F \cos \alpha,$$

und der doppelte Inhalt dieses Dreiecks gibt daher zugleich die Projektion des Momentenvektors auf die Achse LL an. Zugleich sieht man daraus, daß die Lage des Punktes O auf LL in der Tat ganz gleichgültig ist, denn wo O auch liegen möge, die Projektion des Momentenvektors auf LL wird immer durch $2F'$ zur Darstellung gebracht, weil die Projektion des Momentendreiecks auf die Ebene $\varepsilon\varepsilon$ ein für allemal dieselbe bleibt, wenn wir O längs der Geraden LL verschieben.

Diese Betrachtung gibt uns zugleich das einfachste Mittel an die Hand, um das statische Moment einer Kraft in bezug auf eine beliebig gegebene Achse zu ermitteln. Man fertige eine Projektion an auf einer Ebene, die senkrecht zur Achse steht, nehme den Punkt, in dem sich die Achse projiziert, als Momentenpunkt und bilde so das Moment der Projektion $\mathfrak{P}'$ der Kraft $\mathfrak{P}$ auf die Ebene. Dieses ist zugleich das Moment der Kraft $\mathfrak{P}$ in bezug auf die gegebene Achse.

Auch für die auf Achsen bezogenen Momente bleibt der Momentensatz gültig, wie schon aus den Bemerkungen zu Anfang dieses Paragraphen hervorgeht. Anstatt sich auf diese zu beziehen, kann man auch davon ausgehen, daß für die Kräfteprojektionen auf die Ebene $\varepsilon\varepsilon$ die Gleichung $\mathfrak{R}' = \Sigma\mathfrak{P}'$ gilt und daß diese auch gültig bleibt, wenn man jedes Glied mit irgendeinem Hebelarm $\mathfrak{r}$ auf äußere Art multipliziert. Man erhält so

$$\mathsf{V}\,\mathfrak{R}'\,\mathfrak{r} = \Sigma\,\mathsf{V}\,\mathfrak{P}'\,\mathfrak{r} \qquad (51)$$

und jedes Glied dieser Gleichung stellt das Moment einer Kraftprojektion in bezug auf einen Punkt der Projektionsebene dar, von dem man den Hebelarm $\mathfrak{r}$ gezogen hatte, also zugleich auch das Moment der betreffenden Kraft selbst in bezug auf die Achse, die sich in jenem Punkte projiziert. Die Summierung in Gl. (51) vereinfacht sich dabei zu einer algebraischen. Wenn Kräfte an einem Punkt im Gleichgewicht stehen, ist für jede beliebige Projektionsebene und für jeden in dieser Ebene gelegenen Momentenpunkt die algebraische Summe der statischen Momente der Kräfteprojektionen gleich Null. Oder auch mit anderen Worten: **Für jede beliebige Momentenachse ist die algebraische Summe der statischen Momente von Kräften, die sich an einem Punkt das Gleichgewicht halten, gleich Null.**

Für den Gebrauch der Koordinatenmethode berechnet man die Momente einer Kraft $\mathfrak{P}$ mit den Komponenten X, Y, Z nach den drei Koordinatenachsen auf folgende Art. Der Radiusvektor vom Ursprung nach dem Angriffspunkt sei $\mathfrak{r}$ und seine Komponenten, d. h. die Koordinaten des Angriffspunktes, seien x, y, z. Das Moment $\mathsf{V}\,\mathfrak{P}\,\mathfrak{r}$ für den Ursprung läßt sich dann in der Form

$$[\mathfrak{P}\,\mathfrak{r}] = \mathsf{V}\,\mathfrak{P}\,\mathfrak{r} = \mathsf{V}\,(\mathfrak{i}\,X + \mathfrak{j}\,Y + \mathfrak{k}\,Z)\,(\mathfrak{i}\,x + \mathfrak{j}\,y + \mathfrak{k}\,z)$$

anschreiben. Wir wissen schon, daß die geometrische Multiplikation einer Summe nach den gewöhnlichen Multiplikationsregeln der Algebra ausgeführt werden kann. Die Ausdehnung dieser Regel auf die Multiplikation zweier geometrischer Summen miteinander folgt daraus sofort, denn dabei handelt es sich nur um die zweimalige Anwendung desselben Satzes. Im ganzen erhalten wir also bei der Ausführung der vorstehenden Multiplikation neun Glieder, von denen aber drei verschwinden. Denn das geometrische Produkt aus zwei gleichgerichteten Gliedern wie $\mathfrak{i}\,X$ und $\mathfrak{i}\,x$ ist nach dem Begriff des äußeren Produkts gleich Null. Bei allen anderen Gliedern sind zwei aufeinander senkrecht stehende Vektoren miteinander zu multiplizieren. Die Größe des äußeren Produkts ist daher in diesen Fällen gleich dem gewöhnlichen Produkt aus den Größen der beiden Faktoren, und die Richtung ergibt sich aus den in den Gl. (48) zusammengestellten Beziehungen. Im ganzen erhalten wir daher nach Ausführung der Multiplikation

$$V\,\mathfrak{P}\,\mathfrak{r} = \mathfrak{i}\,(Y\,z - Z\,y) + \mathfrak{j}\,(Z\,x - X\,z) + \mathfrak{k}\,(X\,y - Y\,x). \qquad (52)$$

Auch hier erkennen wir wieder, daß die Betrachtung gültig bleibt, wenn $\mathfrak{P}$ und $\mathfrak{r}$ beliebige gerichtete Größen bedeuten. Um dies auch äußerlich hervorzuheben, schreibe ich jetzt $\mathfrak{A}$ und $\mathfrak{B}$ an Stelle von $\mathfrak{P}$ und $\mathfrak{r}$ und bezeichne die Komponenten nach den Koordinatenachsen mit A_1, A_2, usw. Dann wird aus Gl. (52)

$$V\,\mathfrak{A}\,\mathfrak{B} = \mathfrak{i}\,(A_2\,B_3 - A_3\,B_2) + \mathfrak{j}\,(A_3\,B_1 - A_1\,B_3) + \mathfrak{k}\,(A_1\,B_2 - A_2\,B_1).$$

Das Bildungsgesetz wird übersichtlicher, wenn man die Gleichung in Form einer Determinante anschreibt, nämlich

$$[\mathfrak{A}\,\mathfrak{B}] = V\,\mathfrak{A}\,\mathfrak{B} = \begin{vmatrix} \mathfrak{i} & \mathfrak{j} & \mathfrak{k} \\ A_1 & A_2 & A_3 \\ B_1 & B_2 & B_3 \end{vmatrix}. \qquad (53)$$

Um jetzt im besonderen wieder zum statischen Moment zurückzukehren, bezeichne ich die Komponenten von $V\,\mathfrak{P}\,\mathfrak{r}$ nach den Koordinatenachsen mit M_1, M_2, M_3. Dann hat man

$$M_1 = Y\,z - Z\,y; \quad M_2 = Z\,x - X\,z; \quad M_3 = X\,y - Y\,x. \qquad (54)$$

Diese Größen sind die Projektionen von $V\,\mathfrak{P}\,\mathfrak{r}$ auf die Koordinatenachsen und daher zugleich die Momente der Kraft $\mathfrak{P}$ in bezug auf die Koordinatenachsen. Zugleich mache ich noch darauf aufmerksam, daß diese Ausdrücke nur so lange gültig sind, als das Koordinatensystem ein Rechtssystem ist. Wählt man ein Linkssystem und behält alle übrigen Festsetzungen bei, so kehren sich die Vorzeichen der Momente um. Die Vernachlässigung der Angabe über die Art des Koordinatensystems führt daher leicht zu Vorzeichenfehlern, und in der Tat sind die Fälle gar nicht selten, bei denen die Außerachtlassung dieses Umstandes selbst in sonst sehr bedeutenden Arbeiten zu solchen Fehlern geführt hat.

Bei der Ableitung der Gl. (54) bin ich von der Darstellung des Moments nach der Vektormethode ausgegangen. Man kann diese aber auch ganz umgehen. Um z. B. M_1 zu finden, kann man die Kraft $\mathfrak{P}$ zunächst auf die zur X-Achse senkrechte YZ-Ebene projizieren. Die Projektion läßt sich in die Komponenten Y und Z zerlegen. Von beiden nimmt man die Momente in bezug auf den Ursprung, und die algebraische Summe beider Momente liefert nach dem, was ich im Anschluß an Abb. 14 auseinandersetzte, das Moment von $\mathfrak{P}$ für die X-Achse. Aus Abb. 15, die die besprochene Projektion auf die YZ-Ebene zeigt, erkennt man sofort, daß die Komponente Y ein positives, die Komponente Z dagegen ein negatives Moment in bezug auf O liefert. Wir erhalten daher in Übereinstimmung mit der vorhergehenden Entwicklung

$$M_1 = Y\,z - Z\,y.$$

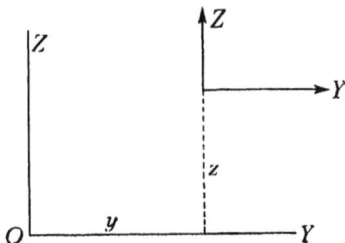

Abb. 15.

Diese Ableitung ist kürzer als die vorige; ich habe aber jene vorangestellt, weil der durch Gl. (53) ausgesprochene Satz zugleich allgemein auf alle äußeren Produkte gerichteter Größen anwendbar ist.

§ 18. Bewegung auf vorgeschriebener Bahn

Auf einen materiellen Punkt mögen gewisse unmittelbar gegebene Kräfte einwirken, die wir uns zu einer Resultierenden zusammengefaßt denken wollen. Außerdem soll dem Punkt durch eine geeignete Einrichtung, die man gewöhnlich als eine „Führung" bezeichnet, die Bedingung vorgeschrieben sein, daß er entweder auf einer Fläche oder auf einer Linie bleiben muß. Die Bewegung, die er in diesem Falle ausführt, wird als eine solche auf vorgeschriebener Bahn bezeichnet.

Die Resultierende der unmittelbar gegebenen Kräfte sei als die an dem Punkt angreifende „äußere" Kraft bezeichnet. Auch die Einwirkung der Führung oder der Bahn auf den materiellen Punkt kann nur darin bestehen, daß von ihr eine Kraft auf den materiellen Punkt übertragen wird, denn jeder Zwang, der auf den Bewegungszustand eines materiellen Punktes ausgeübt wird, fällt nach dem Grundsatz, daß alle Bewegungsursachen an sich von gleicher Art sind, unter den Begriff der Kraft. Diese Kraft wird als „Zwangskraft" oder als „Kraft des Systems" oder auch, im Gegensatz zu der von anderen Umständen herrührenden äußeren, als eine „innere" Kraft bezeichnet. Wir können die Führung auch ganz weglassen und die Bewegung des Punktes als eine „freie", also sie so wie früher betrachten, wenn wir nur die innere Kraft, die von ihr herrührte, beibehalten, indem wir sie durch eine gleich große äußere Kraft ersetzen.

Man denke sich die Zwangskraft in zwei Komponenten zerlegt, von denen die eine in die Richtung der Bahn fällt, während die andere zu ihr senkrecht steht. Die erste Komponente wird die von der Bahn auf den materiellen Punkt übertragene Reibung genannt. Durch geeignete Mittel, wie Verwendung von Rädern oder Rollen oder durch Aufhängung an Fäden oder Schneiden, kann man in vielen Fällen die Reibung sehr herabmindern, so daß man dem wirklichen Vorgang schon ziemlich nahekommt, wenn man sie ganz vernachlässigt. In einem späteren Abschnitt werde ich auf die Reibung näher eingehen. Hier soll dagegen nur von solchen Fällen die Rede sein, bei denen die Reibung hinreichend klein ist, um von ihr absehen zu können. Von der Zwangskraft bleibt dann nur die Normalkomponente übrig.·

Zur Rechtfertigung dafür, daß man sich zunächst nur auf die Behandlung der in dieser Weise vereinfachten Aufgabe einläßt, mache ich übrigens darauf aufmerksam, daß die Normalkraft schon vollständig genügt, um die Einhaltung der Bahn zu erzwingen. Denn eine Abweichung von der Bahn, also ein seitliches Heraustreten, würde darauf hinauslaufen, daß noch eine Bewegungskomponente in der Richtung der Normalen zu der wirklich ausgeführten Bewegung hinzukäme. Eine solche Bewegungskomponente kann aber schon durch die Normalkomponente der Zwangskraft vollständig verhindert werden. Demgegenüber spielt die Reibung nur eine mehr zufällige Rolle und ihr tatsächlicher Betrag hängt, wie schon bemerkt, von mancherlei Nebenumständen, namentlich auch von dem Rauhigkeitsgrade der sich in der Führung berührenden Oberflächen ab. Man kann sie sich wenigstens in der Vorstellung durch die Anwendung vollkommen glatter Oberflächen beseitigt denken. Die Untersuchung der reibungsfreien Bewegung kommt dann darauf hinaus, daß man einen freilich nicht ganz genau zu verwirklichenden einfachen Fall an die Spitze stellt, der zum Vergleich mit den unter anderen Umständen zu erwartenden verwickelteren Erscheinungen dienen kann. Es bleibt nachher nur noch übrig, die im gegebenen Falle zu erwartenden Abweichungen vom einfachsten Falle gesondert zu untersuchen, und darin liegt in der Tat sehr häufig eine Erleichterung der Aufgabe.

Die Normalkraft, die jetzt als Zwangskraft allein übrig bleibt, ist ihrer Größe nach nicht gegeben. Dafür kennt man aber die Bahn, die der Punkt einschlägt, und aus dieser Bedingung kann man immer in einfacher Weise sowohl die Größe der Zwangskraft als auch den zeitlichen Verlauf der Bewegung bei gegebener äußerer Kraft ermitteln. Ich werde dies an zwei einfachen Beispielen zeigen.

In Abb. 16 sei BC eine schiefe Ebene, auf der sich der materielle Punkt A längs einer Geraden bewegen muß. Als äußere Kraft möge an dem materiellen Punkt jetzt nur das Gewicht $\mathfrak{Q}$ angreifen. Dazu kommt die der Größe nach vorläufig unbekannte Normalkraft $\mathfrak{N}$. Die Resultierende aus $\mathfrak{Q}$ und $\mathfrak{N}$ sei mit $\mathfrak{R}$ bezeichnet. Da wir schon wissen, daß sich der materielle Punkt unter dem Einfluß dieser Resultierenden längs der Geraden BC bewegt, kann $\mathfrak{R}$ keine Normalkomponente zur Bahn besitzen; es muß also parallel zur Bahn sein. Außerdem ist $\mathfrak{R}$ gleich der geometrischen Summe von $\mathfrak{N}$ und $\mathfrak{Q}$. Es muß sich also aus $\mathfrak{R}$, $\mathfrak{N}$ und $\mathfrak{Q}$ ein Kräfte-

dreieck zeichnen lassen, von dem eine Seite, nämlich $\mathfrak{Q}$, nach Größe und Richtung bekannt ist, während man von den beiden anderen Seiten wenigstens die Richtungen kennt. Damit ist das Dreieck vollständig bestimmt und es konnte in Abb. 16a unter Zugrundelegung eines beliebigen Kräftemaßstabs gezeichnet werden. Die Größen von $\mathfrak{R}$ und $\mathfrak{N}$ können daraus abgegriffen werden; außerdem kann man sie

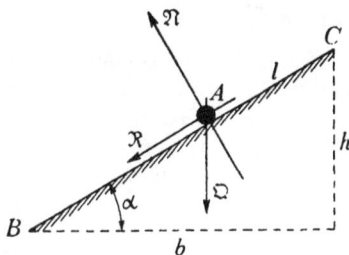
Abb. 16.

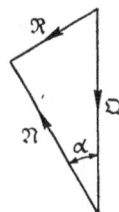
Abb. 16a.

nachträglich auch leicht berechnen, denn aus dem rechtwinkligen Dreieck mit dem Winkel α zwischen $\mathfrak{N}$ und $\mathfrak{Q}$ erhält man

$$N = Q \cos \alpha; \quad R = Q \sin \alpha.$$

Auf die Zwangskraft N kommt es gewöhnlich nicht an. Für R kann man auch

$$R = Q \frac{h}{l}$$

setzen, wenn man beachtet, daß der Winkel α auch in dem aus den Seiten b, h und l zusammengesetzten Dreieck der schiefen Ebene vorkommt. Da R konstant ist, solange sich der Punkt auf der schiefen Ebene bewegt, folgt, daß die Bewegung gleichförmig beschleunigt ist. Die Beschleunigung ist gleich $g \cdot h/l$. Will man den materiellen Punkt auf der schiefen Ebene im Gleichgewicht halten, so daß er entweder in Ruhe bleibt oder eine Bewegung mit konstanter Geschwindigkeit ausführt, so muß man noch eine äußere Kraft anbringen. Wählt man diese parallel zur schiefen Ebene, so muß sie gleich R und diesem entgegengesetzt gerichtet sein. R gibt daher zugleich die Größe der Zugkraft an, die man aufwenden muß, um etwa ein Fuhrwerk auf der schiefen Ebene mit gleichförmiger Geschwindigkeit hinaufzuschaffen. Auf die Reibung ist dabei freilich noch keine Rücksicht genommen[1]).

---

[1]) Manche ziehen es vor, das Gleichgewicht auf der schiefen Ebene mit Hilfe des Prinzips der virtuellen Geschwindigkeiten zu behandeln. Bei einer virtuellen Verschiebung längs der schiefen Ebene leistet die Normalkraft $\mathfrak{N}$ keine Arbeit, da sie senkrecht zum Wege steht. Wenn keine

Eisenbahnen oder Straßen, für die man die erforderliche Zugkraft berechnen will, sind gewöhnlich nur wenig gegen den Horizont geneigt. Infolgedessen weicht die Länge l der schiefen Ebene nur wenig von ihrer Horizontalprojektion b ab. Man begeht daher nur einen geringen Fehler, wenn man an Stelle der vorigen Gleichungen

$$R = Q \operatorname{tg} \alpha = Q \frac{h}{b}$$

setzt. Gewöhnlich macht man lieber von dieser, freilich nicht ganz genauen Formel Gebrauch, weil das Verhältnis $h:b$ eine einfache Bedeutung hat. Man bezeichnet es als das Steigungsverhältnis oder auch als das Gefälle der schiefen Ebene. Wenn also z. B. bekannt ist, daß eine Eisenbahnstrecke in der Steigung 1:100 liegt, so weiß man sofort, daß die erforderliche Zugkraft jene auf der horizontalen Strecke um ein Hundertstel des Gewichtes übersteigt. Der Fehler, den man dabei begeht, ist ganz unerheblich. Man braucht auf ihn um so weniger zu achten, als man ohnehin nicht ganz genau weiß, wie groß die zur Überwindung der Reibung erforderliche Zugkraft ist. Bei gewöhnlichen Eisenbahnen liegt diese zwischen etwa $1/400$ bis $1/200$ des Zuggewichtes, je nachdem das Gleis mehr oder weniger gut unterhalten ist.

Als zweites Beispiel betrachte ich das in kreisförmiger Bewegung begriffene Zentrifugalpendel. Ein materieller Punkt sei an einem gewichtslos zu denkenden Faden aufgehängt. Es wird ihm dadurch zunächst eine Bewegung auf einer Kugeloberfläche vorgeschrieben, deren Mittelpunkt der Aufhängepunkt und deren Halbmesser gleich der Fadenlänge ist. Dadurch ist die Bahn des Punktes noch nicht völlig bestimmt; sie kann noch irgendeine auf der Kugelfläche liegende Kurve sein. In der Tat erfordert auch die Untersuchung des allgemeinsten Falles, bei dem die Anfangsgeschwindigkeit nach Größe und Richtung auf der Kugeloberfläche beliebig gegeben ist, die Anwendung eines sehr ausgedehnten mathematischen Apparates, nämlich die Benutzung der sogenannten elliptischen Funktionen. Von diesen kann ich hier nichts als bekannt voraussetzen und ich beschränke mich daher auf die Untersuchung des einfachsten Falles, der im Gegensatz zu jenem sehr leicht erledigt werden kann.

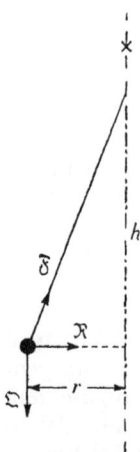

Zu den möglichen Bahnen gehört nämlich jedenfalls auch eine kreisförmige, deren Mittelpunkt auf der durch den Aufhängepunkt gezogenen Lotlinie liegt. Damit sie eingeschlagen werde, muß der materielle Punkt zu Anfang der Bewegung schon eine Geschwindigkeit in der Richtung der Tangente besitzen, deren Größe sich aus der Rechnung leicht ergibt. In Abb. 17 ist das Zentrifugalpendel in einer seiner Stellungen gezeichnet; r ist der Halbmesser des Kreises, den der materielle Punkt auf der Kugeloberfläche beschreibt. Die Fadenspannung $\mathfrak{F}$ fällt in die Richtung des Fadens, also in die Normale der Kugelfläche. Von Luftwiderstand u. dgl. wird abgesehen. $\mathfrak{F}$ und $\mathfrak{Q}$ geben eine Resultierende $\mathfrak{R}$, die in der durch beide gelegten lotrechten Ebene enthalten sein muß. Daraus folgt, daß $\mathfrak{R}$ keine Komponente in der Richtung der Tangente an die Bahn haben kann. Die Geschwindigkeit kann sich also bei der von uns betrachteten Bewegung nur

Abb. 17.

Reibung auftritt, muß daher für eine solche Verschiebung die Summe der Arbeiten des Gewichtes und der zur Herstellung des Gleichgewichtes angebrachten Zugkraft gleich Null sein, wodurch man ebenfalls auf den zuvor berechneten Wert R geführt wird.

der Richtung und nicht der Größe nach ändern. Die Resultierende $\mathfrak{R}$ ist die Zentripetalkraft der Bewegung; sie muß daher nach dem Krümmungsmittelpunkt der Bahn, also horizontal gerichtet sein. Man kann nun aus $\mathfrak{R}$, $\mathfrak{F}$ und $\mathfrak{Q}$ ein Kräftedreieck zeichnen. Daraus findet man

$$R = Q \frac{r}{h} \cdot$$

Andererseits hat man aber für die Zentripetalkraft nach Gl. (41)

$$R = \frac{Q\,v^2}{g\,r}$$

und wenn man beide Werte einander gleichsetzt und nach v auflöst, erhält man

$$v = r \sqrt{\frac{g}{h}} \cdot$$

So groß muß also die Geschwindigkeit v sein, wenn das Zentrifugalpendel den Kreis vom Radius r durchlaufen soll. Man kann der letzten Beziehung noch einen bequemeren Ausdruck geben, indem man die Schwingungsdauer T, d. h. die zum einmaligen Durchlaufen des ganzen Kreises erforderliche Zeit berechnet. Man findet dafür

$$T = \frac{2\,\pi\,r}{v} = 2\,\pi \sqrt{\frac{h}{g}} \cdot$$

Solange die Ausschläge r nur klein sind, unterscheidet sich h nur wenig von der Fadenlänge; es nimmt daher anfangs auch nur wenig ab, wenn man r vergrößert. Die Schwingungsdauer ist demnach für alle kreisförmigen Bahnen von nicht zu großen Halbmessern fast gleich groß, oder die Schwingungen sind, wie man sagt, nahezu isochron.

Man kann ferner diese Betrachtung mit geringen Änderungen auch auf den Fall übertragen, bei dem der gewichtslose Faden durch eine Stange ersetzt ist, die am unteren Ende eine größere Kugel trägt. Dabei möge die Stange oben durch ein Gelenk an einer vertikalen Welle drehbar befestigt sein, wie bei dem bekannten Wattschen Zentrifugalregulator. Die Geschwindigkeit, mit der sich die Welle dreht, drückt man entweder dadurch aus, daß man angibt, wie viele Umdrehungen n sie in der Minute ausführt, oder auch durch den in einer Sekunde durchlaufenen Winkel u. Diese Größe heißt die Winkelgeschwindigkeit der Welle. Zwischen u und n besteht, wie man leicht sieht, der Zusammenhang

$$u = \frac{2\,\pi\,n}{60} = \frac{\pi\,n}{30} \cdot$$

Die Winkel sind dabei in Bogenmaß ausgedrückt. Man findet den dazugehörigen Bogen durch Multiplikation mit dem Halbmesser, also $v = ur$ und hiernach, mit Benutzung der vorhergegangenen Formel für v

$$u = \sqrt{\frac{g}{h}} \qquad \text{oder} \qquad h = \frac{g}{u^2} \cdot$$

Da h nicht größer als die Pendellänge l sein kann, muß die Welle die Winkelgeschwindigkeit

$$u_{\min} = \sqrt{\frac{g}{l}}$$

überschreiten, wenn überhaupt ein Ausschlag des Zentrifugalpendels erfolgen soll. Bei kleineren Geschwindigkeiten hängt das Pendel lotrecht herab; für größere Winkelgeschwindigkeiten findet man die zugehörige Pendelstellung aus der Formel für h.

Endlich kann man diese Betrachtungen leicht auch auf den Fall ausdehnen, daß der Drehpunkt der Pendelstange nicht auf der Mittellinie, sondern etwas seitlich davon liegt, wie es bei den meisten neueren Pendelregulatoren der Fall ist.

Aufgaben

1. Aufgabe. Ein Eisenbahnzug von 120000 kg Gewicht (ohne die Lokomotive) soll beim Anfahren in 45 Sekunden die Geschwindigkeit von 15 m/s erreichen. Wie groß muß die durch den Zughaken von der Lokomotive auf den Zug übertragene Kraft sein, wenn die Reibung gleich 0,005 des Gewichtes gesetzt werden kann?

Lösung. Die Beschleunigung b, die dem Zug erteilt werden soll, ist

$$b = \frac{v - v_0}{t} = \frac{15 \text{ m/s}}{45 \text{ s}} = \frac{1}{3} \frac{\text{m}}{\text{s}^2} .$$

Die Kraft P wird daraus durch Multiplikation mit der Masse gefunden; die Masse ist aber

$$m = \frac{Q}{g} = \frac{120\,000 \text{ kg}}{9,81 \text{ m/s}^2} = 12\,230 \frac{\text{kg s}^2}{\text{m}}$$

und demnach die beschleunigende Kraft P

$$P = m\,b = 12\,230 \frac{\text{kg s}^2}{\text{m}} \cdot \frac{1}{3} \frac{\text{m}}{\text{s}^2} = 4080 \text{ kg} .$$

Hierzu kommt aber noch die zur Überwindung der Reibung erforderliche Zugkraft von $0,005 \cdot 120\,000 = 600$ kg. Im ganzen hat man also

$$\text{Zugkraft} = 4680 \text{ kg} .$$

2. Aufgabe. Wie lange dauert es, bis ein sich selbst überlassener Eisenbahnwagen auf horizontaler gerader Strecke zur Ruhe kommt, wenn nur die gewohnliche Reibung (so hoch wie vorher berechnet) in Betracht kommt und die Anfangsgeschwindigkeit = 6 m/s war, und welche Strecke durchlauft er noch?

Lösung. Die Bewegung ist eine gleichförmig verzögerte; die verzögernde Kraft ist die Reibung, die nach der Angabe der vorhergehenden Aufgabe mit $^1/_{200}$ des Gewichtes in Rechnung gestellt werden sollte. Die Verzögerung, die sie hervorbringt, betragt dann auch $^1/_{200}$ von der Beschleunigung der Schwere, also

$$b = \frac{9,81 \text{ m/s}^2}{200} = 0,049 \frac{\text{m}}{\text{s}^2} .$$

Nach der ersten der Gl. (13) für die gleichförmig verzögerte Bewegung ist

$$v = v_0 - b\,t \quad \text{oder hier} \quad v_0 = b\,t .$$

Damit findet man die Zeit, die bis zum Stillstand verlauft,

$$t = \frac{v_0}{b} = \frac{6 \text{ m/s}}{0,049 \text{ m/s}^2} = 122 \text{ s} .$$

Der bis dahin noch zurückgelegte Weg wird, nachdem t bekannt ist, am einfachsten aus

$$s = \frac{v_0}{2}\,t = 3 \text{ m/s} \cdot 122 \text{ s} = 366 \text{ m}$$

berechnet. Man kann ihn aber auch unmittelbar aus

$$s = \frac{v_0^2}{2\,b} = \frac{36 \text{ m}^2/\text{s}}{0,098 \text{ m/s}^2} = 366 \text{ m}$$

berechnen.

3. Aufgabe. Zur Steuerung einer Dampfmaschine von 900 mm Kolbenhub, die 100 Umdrehungen in der Minute macht, gehört ein Einlaßventil, das bei 45 % des Kolbenwegs einen Hub von 21 mm hat und wuhrend der hierauf folgenden 12 % des Kolbenhubs infolge des Eigengewichts von 3,2 kg und unter Mitwirkung einer Feder auf seinen Sitz niedergedrückt werden muß. Wie groß muß die Federspannung sein? (Siehe W. Trinks, Zeitschr. des VDI. 1898, S. 1163.)

Lösung. Die Kolbengeschwindigkeit wahrend der Zeit des Ventilschlusses kann gleich der Umfangsgeschwindigkeit des Kurbelzapfens gesetzt werden und berechnet sich zu

$$\frac{\pi \cdot 0,9 \text{ m} \cdot 100}{60 \text{ s}} = 4,7 \text{ m/s}$$

und hieraus die Zeit t des Ventilschlusses zu

$$t = \frac{0,12 \cdot 0,9 \text{ m}}{4,7 \text{ m/s}} = 0,023 \text{ s.}$$

Die Beschleunigung b folgt aus Gl. (12) mit $v_0 = 0$

$$b = \frac{2 \, s}{t^2} = \frac{2 \cdot 0,021 \text{ m}}{(0,023 \text{ s})^2} = 79,5 \text{ m/s}^2$$

und hieraus die beschleunigende Kraft nach Gl. (7)

$$P = 3,2 \text{ kg} \cdot \frac{79,5 \text{ m/s}^2}{9,81 \text{ m/s}^2} = 26 \text{ kg.}$$

Hiervon liefert das Eigengewicht des Ventils 3,2 kg, so daß auf die Federspannung noch 22,8 kg kommen.

4. Aufgabe. Aus einer Hohe von 300 m fallen nacheinander zwei Wasserteilchen herab. Das erste ist schon $^1/_{1000}$ mm gefallen, ehe das zweite von derselben Stelle aus zu fallen beginnt. Wie groß wird der Abstand beider Teilchen am Ende der Fallhohe, wenn auf Luftwiderstand usw. keine Rücksicht genommen wird?

Lösung. Die anfängliche Entfernung von $^1/_{1000}$ mm zwischen beiden Teilchen sei mit e bezeichnet, der Weg, den das zweite Teilchen zurücklegt, mit s und der Weg des ersten Teilchens mit s', beide Wege vom obersten Punkt aus gerechnet. Die Differenz $\Delta s = s' - s$ gibt dann den gesuchten Abstand am Ende der Fallhöhe an. Schließlich sei noch die Zeit, die das erste Teilchen braucht, um die kleine Strecke e zu durchfallen, mit Δt und die Zeit, die das zweite Teilchen nötig hat, um den Weg s zu durchlaufen, mit t bezeichnet. Dann ist das erste Teilchen während der Zeit $t + \Delta t$ unterwegs, bis es die Strecke s' durchfallen hat.
Nach der zweiten Formel für die gleichförmig beschleunigte Bewegung hat man dann

$$s = \frac{g \, t^2}{2}. \quad \text{und} \quad s' = g \frac{(t + \Delta t)^2}{2}.$$

Hiernach wird

$$\Delta s = s' - s = g \, t \, \Delta t + g \frac{\Delta t^2}{2}.$$

Andererseits ist aber

$$e = g \frac{\Delta t^2}{2}$$

und wenn man diese Gleichung mit der für s' multipliziert, erhält man

$$e \, s' = \left(\frac{g \, \Delta t \, (t + \Delta t)}{2}\right)^2 \quad \text{oder} \quad g \, t \, \Delta t + g \, \Delta t^2 = 2 \, \sqrt{e \, s'}.$$

Setzt man dies ein, so vereinfacht sich Δs zu

$$\Delta s = 2 \sqrt{e \, s'} - e,$$

womit die Aufgabe gelöst ist. Setzt man die hier speziell angegebenen Zahlenwerte $e = 0,001$ mm, $s' = 300000$ mm ein, so erhält man

$$\Delta s = 34,6 \text{ mm.}$$

Anmerkung. Diese Rechnung läßt die einen fallenden Wasserstrahl auseinander-zerrende Wirkung der Schwere erkennen; man erklärt damit, weshalb ein von großer Höhe herabkommender Wasserfall (wie z. B. der berühmte Staubbachfall in der Schweiz) unten in feinen Wasserstaub aufgelöst ankommt.

5. Aufgabe. Ein materieller Punkt soll sich in einer Ebene bewegen, so daß seine recht-winkligen Koordinaten zur Zeit t durch die Gleichungen

$$x = a \cos 2\pi \frac{t}{T}; \qquad y = b \sin 2\pi \frac{t}{T}$$

gegeben sind; a, b und T sind beliebig gegebene konstante Großen. Was für eine Bahn beschreibt der Punkt und welche Kraft muß in jedem Augenblick an ihm wirken, damit diese Bewegung erfolgt?

Lösung. Die erste Frage ist rein geometrisch; wir beantworten sie, indem wir die Variable t aus den beiden Gleichungen eliminieren, so daß eine Gleichung zwischen den Koordinaten x und y übrig bleibt. Aus der ersten Gleichung folgt

$$\frac{x^2}{a^2} = \cos^2 2\pi \frac{t}{T}.$$

Behandelt man die zweite ebenso und addiert hierauf beide zueinander, so erhält man

$$\frac{x^2}{a^2} + \frac{y^2}{b^2} = 1.$$

Die Kurve ist also eine Ellipse, deren Mittelpunkt mit dem Ursprung und deren Achsen mit den Koordinatenachsen zusammenfallen.

Für die X-Komponente der an dem Punkt angreifenden Kraft hat man nach dem dynamischen Grundgesetz

$$X = m \frac{d^2 x}{d t^2} = -m a \left(\frac{2\pi}{T}\right)^2 \cos 2\pi \frac{t}{T}$$

und ebenso erhält man für die Y-Komponente

$$Y = m \frac{d^2 y}{d t^2} = -m b \left(\frac{2\pi}{T}\right)^2 \sin 2\pi \frac{t}{T}.$$

Der Vergleich mit den Gleichungen für die Koordinaten des Punktes zeigt, daß

$$\frac{X}{Y} = \frac{x}{y}$$

ist. Die Resultierende aus X und Y fällt daher in die Richtung der Resultierenden von x und y, d. h. sie geht in jedem Augenblick durch den Koordinatenursprung. Die Vorzeichen von X und Y geben uns an, daß der Pfeil der Resultierenden stets dem Ursprung zugekehrt ist. Die an dem Punkt angreifende Kraft ist hiermit als eine Zentralkraft erkannt, d. h. als eine Kraft, die stets nach einem festen Anziehungs-zentrum, nämlich hier nach dem Ursprung hin, gerichtet ist. Da die Komponenten X und Y den Koordinaten x und y direkt proportional sind, folgt ferner, daß auch die resultierende Kraft in jedem Augenblick dem Abstand vom Anziehungszentrum proportional ist. Eine Kraft dieser Art tritt auf, wenn der materielle Punkt durch elastische Verbindungen an den Koordinatenursprung gefesselt ist. Die durch die Gleichungen dargestellte Bewegung bildet einen einfachen Fall einer elastischen Schwingung; sie wird auch als eine harmonische Bewegung des materiellen Punktes bezeichnet.

6. Aufgabe. Wie groß ist die Zentrifugalkraft für einen materiellen Punkt, dem wir ein Gewicht von 5 g zuschreiben, und der sich in 3 mm Abstand von der Drehachse befindet, wenn die Winkelgeschwindigkeit 3000 Umdrehungen in der Minute beträgt?

Lösung. In solchen Fällen ist es am bequemsten, den Ausdruck für die Zentrifugalkraft

$$C = \frac{Q}{g} \frac{v^2}{r}$$

zunächst durch Einführung der Winkelgeschwindigkeit mit Hilfe der Beziehung $v = u\,r$ umzuformen in

$$C = \frac{Q}{g}\,u^2\,r.$$

Für u erhalten wir, wenn wir die Winkel im Bogenmaß ausdrücken und die Sekunde als Zeiteinheit wählen,

$$u = \frac{3000 \cdot 2\,\pi}{60\,\text{s}} = 100\,\pi\,\text{s}^{-1}$$

und hiermit

$$C = \frac{0{,}005\,\text{kg}}{9{,}81\,\text{m/s}^2} \cdot 10\,000\,\pi^2\,\text{s}^{-2} \cdot 0{,}003\,\text{m} = 0{,}15\,\text{kg}.$$

Das Quadrat von π ist 9,870, also fast genau so groß als die auf m und s bezogene Beschleunigung der Schwere 9,81. Bei überschlägigen Rechnungen pflegt man daher der Bequemlichkeit wegen, wie es auch hier geschehen ist, π^2 gegen g zu streichen. Natürlich ist dies aber nur zulässig, solange man g auf die genannten Einheiten bezieht und keine größere Genauigkeit als etwa 1 vom Hundert verlangt.

7. Aufgabe. Wie groß ist der Winkel, den die beiden 30 cm langen Pendel eines Zentrifugalregulators miteinander bilden, wenn kein Gegengewicht angebracht ist und die Welle 120 Umdrehungen in der Minute macht?

Lösung. Man bringe an der Kugel, die sich am Ende des Pendels befindet und deren Masse als groß gegenüber der Masse der Stange betrachtet wird, die fingierte Zentrifugalkraft C an. Dann müssen sich alle Kräfte an der Kugel im Gleichgewicht halten. Im ganzen sind dies drei Kräfte, außer C nämlich noch das Kugelgewicht Q und die vom Gelenk her durch die Stange übertragene Zwangskraft. Wir wenden den Momentensatz für den Gelenkmittelpunkt an. Dann fällt das Moment der Zwangskraft, die durch den Momentenpunkt geht, fort und die Gleichgewichtsbedingung erfordert, daß das Moment von Q ebenso groß und entgegengesetzt gerichtet ist wie das Moment von C. Die Pendellänge sei l und der Winkel, den das Pendel mit der Lotrechten bildet, sei α. Dann ist der rechtwinklig zu C gezogene Hebelarm gleich $l \cos \alpha$ und der Hebelarm von Q gleich $l \sin \alpha$. Dieser letzte Wert gibt zugleich den Halbmesser des Kreises an, den der materielle Punkt beschreibt. Die Momentengleichung liefert

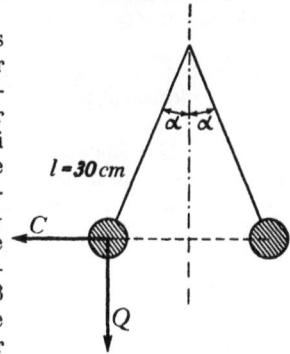

Abb. 18.

$$C\,l \cos \alpha = Q\,l \sin \alpha \quad \text{oder} \quad C = Q\,\text{tg}\,\alpha.$$

In diese Gleichung führen wir noch den Wert der Zentrifugalkraft

$$C = \frac{Q}{g}\,u^2\,r$$

ein, in der für r der vorher ermittelte Wert $l \sin \alpha$ zu setzen ist. Hiedurch erhalten wir

$$\frac{Q}{g}\,u^2\,l \sin \alpha_1 = Q\,\text{tg}\,\alpha,$$

woraus für den Winkel α die Gleichung

$$\cos \alpha = \frac{g}{u^2\,l}$$

folgt. Wir brauchen jetzt nur noch die Zahlenwerte $u = 4\,\pi\,\text{s}^{-1}$, $g = 9{,}81\,\text{m/s}^2$ und $l = 0{,}3\,\text{m}$ einzusetzen, womit

$$\cos \alpha = \frac{9{,}81}{16\,\pi^2 \cdot 0{,}3} = \frac{1}{4{,}8} = 0{,}208$$

gefunden wird, wenn wir wieder π^2 gegen 9,81 streichen. Der Winkel α selbst folgt daraus zu 78^0; der Winkel zwischen beiden Pendeln ist doppelt so groß.

8. Aufgabe. Von einem Punkt A aus sind beliebig viele schiefe Ebenen gezogen. Auf jeder von ihnen soll gleichzeitig ein materieller Punkt ohne Reibung hinabgleiten; man soll die Kurve oder die Fläche angeben, auf der alle Punkte nach Ablauf einer gegebenen Zeit enthalten sind.

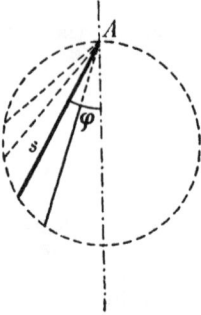

Lösung. Die Beschleunigung b auf der schiefen Ebene ist nach § 18 gleich $g \sin \alpha$ oder, wenn man den Winkel, den die schiefe Ebene mit der Lotrichtung bildet, mit φ bezeichnet, gleich $g \cos \varphi$. Der Weg s, der in der Zeit t auf der schiefen Ebene zurückgelegt wird, ist daher

$$s = \frac{b\,t^2}{2} = \frac{g\,t^2}{2} \cos \varphi.$$

Hiermit ist s als Funktion des Winkels φ dargestellt; die Gleichung ist aber die Polargleichung eines Kreises, der durch den Anfangspunkt geht, dessen Mittelpunkt lotrecht unter dem Anfangspunkt liegt und dessen Durchmesser gleich $g\,t^2/2)$ ist. Hierbei sind nur solche Stellungen der schiefen Ebene in Betracht gezogen, die senkrecht zur Zeichenebene liegen, in der der gefundene Kreis enthalten ist. Zieht man auch alle anderen möglichen Stellungen in Betracht, so liegen die Endpunkte aller Wege auf einer Kugelfläche, von der jener Kreis ein größter Kreis ist.

Abb. 19.

9. Aufgabe. Von A in Abb. 20 soll eine schiefe Ebene x (senkrecht zur Zeichenebene) so gelegt werden, daß ein auf ihr hinabgleitender materieller Punkt in kürzester Zeit auf die Fläche CD gelangt.

Lösung. Man konstruiere einen Kreis, der durch den Punkt A geht, an dieser Stelle eine horizontale Tangente hat und zugleich die Fläche CD (bzw. deren Spur in der Zeichenebene) berührt. Dann liefert die Verbindungslinie von A mit dem Berührungspunkt B des Kreises die Richtung der gesuchten schiefen Ebene. Denn nach dem, was in der vorigen Aufgabe von den Eigenschaften des genannten Kreises bewiesen wurde, wäre der materielle Punkt auf jeder in anderer Richtung gezogenen schiefen Ebene zur gleichen Zeit ebenfalls nur bis zum Kreisumfang, also noch nicht bis zur Fläche CD gelangt.

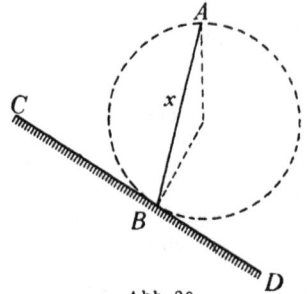

Abb. 20.

9a. Aufgabe. Ein aus Schießversuchen abgeleitetes Verzeichnis des Luftwiderstandes eines bestimmten Geschosses für verschiedene Geschwindigkeiten sei zur Einsicht vorgelegt; man soll hiernach näherungsweise die Gestalt und Größe der Wurfbahn feststellen, die das Geschoß bei vorgeschriebener Anfangsgeschwindigkeit und beliebig gewählten Abflugwinkel durchläuft.

Bemerkung. Die kriegerischen Zeiten, während deren die fünfte Auflage dieses Bandes für den Druck vorbereitet wurde, hatten die Aufmerksamkeit weiter Kreise auf die Lehre vom Schießen mehr als sonst hingelenkt. Durch eine Anfrage, die sich darauf bezog, bin ich auch unmittelbar zur Aufnahme dieser neuen Aufgabe veranlaßt worden. Bei der Lösung muß freilich vorausgesetzt werden, daß ausreichende Versuchsergebnisse über den Luftwiderstand bei den hohen Geschwindigkeiten, um die es sich hier handelt, zur Verfügung stehen. Diese sich an geeigneter Stelle zu verschaffen, muß ich dem Leser überlassen.

Lösung. Die Anfangsgeschwindigkeit des Geschosses sei etwa 900 m/s. Dann verfolge man zuerst den Teil der Wurfbahn, auf dem die Geschwindigkeit bis zu 800 m/s abnimmt. Während dieses verhältnismäßig kleinen Teiles der ganzen Bahn kann man den Luftwiderstand näherungsweise als konstant nach Größe und Richtung ansehen, nämlich mit der Größe, die einer Geschwindigkeit von 850 m/s entspricht, und mit der Richtung gegen die Horizontale, die durch den gegebenen Abflugwinkel α angegeben wird. Der aus dem Widerstandsverzeichnis entnommene Wert des Luftwiderstandes für 850 m/s sei P_1; dann beschreibt im ersten Teil der Flugbahn das Geschoß eine gleichförmig beschleunigte Bewegung mit den Beschleunigungskomponenten $- (P_1/m)$ cos α in horizontaler und $- [(P_1/m) \sin \alpha + g]$ in vertikaler Richtung, wenn im übrigen dieselben Bezeichnungen beibehalten werden wie in Abb. 4, S. 39. Aus der in zwei Komponenten zerlegten dynamischen Grundgleichung

$$\frac{d^2 x}{d t^2} = - \frac{P_1}{m} \cos \alpha; \qquad \frac{d^2 y}{d t^2} = - \left(\frac{P_1}{m} \sin \alpha + g\right)$$

erhält man durch zweimalige Integration mit Berücksichtigung der Grenzbedingungen

$$x = - \frac{t^2}{2} \cdot \frac{P_1}{m} \cos \alpha + v_0 \, t \cos \alpha,$$

$$y = - \frac{t^2}{2} \left(\frac{P_1}{m} \sin \alpha + g\right) + v_0 \, t \sin \alpha.$$

Diese Gleichungen dürfen als gültig angenommen werden bis zu der Zeit t, zu der die Geschwindigkeit bis auf 800 m/s gesunken ist. Man findet diesen Wert von t durch Auflösen der quadratischen Gleichung

$$\left(v_0 - \frac{P_1}{m} t\right)^2 \cos^2 \alpha + \left(v_0 \sin \alpha - t \left(\frac{P_1}{m} \sin \alpha + g\right)\right)^2 = 800^2 \, \frac{m^2}{s^2}.$$

Dies führt man am besten nach Einsetzen der Zahlenwerte aus. Nachdem dies geschehen ist, kennt man den ersten Ast der Flugbahn nach den vorhergehenden Formeln vollständig. Man findet damit auch die Größe und Richtung der Geschwindigkeit (oder deren beide Komponenten) für das Ende des ersten Zeitabschnittes. Hierauf betrachtet man weiter die Bewegung in einem zweiten Zeitabschnitt, während dessen die Geschwindigkeit von 800 auf 700 m/s abnimmt, und sieht den Luftwiderstand wiederum als konstant an, mit der Größe, die einer Geschwindigkeit von 750 m/s entspricht, und mit der Richtung, die durch die Bewegung zu Ende des ersten Zeitabschnitts angegeben wird. Damit erhält man einen zweiten Ast der Flugbahn, für den dieselbe Rechnung zu wiederholen ist wie für den ersten.

Nachdem dies geschehen ist, geht man in derselben Weise zu einem dritten Aste über usw. Hierbei ist auch in jedem Falle Rücksicht darauf zu nehmen, daß die folgenden Äste in größerer Höhe verlaufen, wo der Luftdruck niedriger ist, was den Luftwiderstand vermindert. Es wird hierbei angenommen, daß die Zusammenstellung, die man der Rechnung zugrunde legt, auf diese Veränderlichkeit des Luftwiderstandes mit der Höhe der Flugbahn oder mit dem Barometerstand Rücksicht nimmt, denn nur in diesem Falle läßt sich erwarten, daß das Ergebnis der Rechnung hinlänglich genau mit der Wirklichkeit übereinstimmt, wenn es sich um Steilfeuer, d. h. um einen ziemlich großen Abflugwinkel α, handelt.

Wenn man sich mit der Genauigkeit nicht zufrieden geben will, die sich bei der vorgeschlagenen Einteilung der Flugbahn in die Äste von 900 m/s bis 800 m/s Geschwindigkeit usw. ergibt, steht es natürlich auch frei, die Rechnung für kleinere und dementsprechend zahlreichere Abschnitte zu wiederholen. Hierbei könnte man auch, dem Ergebnis der ersten Annäherung gemäß, an Stelle des Abflugwinkels α einen etwas verminderten Winkel für die durchschnittliche Richtung des Luftwiderstandes im ersten Aste einsetzen usw. Diese geringfügigen Verbesserungen dürften aber mit Rücksicht auf die naturgemäß nicht sehr hoch einzuschätzende Genauigkeit der Luftwiderstandswerte keine große Bedeutung beanspruchen können, so daß man sich wohl mit der zunächst vorgeschlagenen Annäherung in der Regel zufrieden geben kann.

ZWEITER ABSCHNITT

Mechanik des starren Körpers

§ 19. Begriff des starren Körpers

Das Bild des materiellen Punktes reicht nur so lange zur Darstellung eines Körpers aus, als sich alle Teile des Körpers im wesentlichen unter den gleichen Bedingungen befinden und bei der Bewegung gleiche Bahnen beschreiben. Im
anderen Falle müssen wir den Körper, wie schon früher auseinandergesetzt
wurde, als einen Haufen materieller Punkte auffassen. Je größer wir die Anzahl
der Punkte des Haufens wählen, desto genauer vermögen wir dem Unterschied
zwischen benachbarten Teilen des Körpers Rechnung zu tragen. Es steht nichts
im Wege, uns die Anzahl der Punkte sogar unendlich groß zu denken;
jedem dieser Punkte entspricht dann nur ein unendlich kleiner Teil der Masse
des ganzen Körpers. Gewöhnlich denkt man sich zu diesem Zweck das Volumen
des Körpers auf irgendeine bestimmte Art in unendlich kleine Volumenelemente
zerlegt. Den in jedem Volumenelement enthaltenen Anteil an der Masse des
Körpers bezeichnet man als ein Massenelement und faßt dieses als einen materiellen Punkt auf.

Dadurch, daß man dem Punkthaufen, der in dieser Weise gewonnen ist, noch
weitere bestimmte Eigenschaften beilegt, vermag man sich dem wirklichen Verhalten der Naturkörper so genau anzuschließen, als es gewünscht wird, oder
als es für den gerade ins Auge gefaßten Zweck nötig ist. Man wird also die Bedingungen, denen man die Punkte des Haufens unterwirft, anders zu wählen
haben, je nachdem man gasförmige, tropfbarflüssige oder feste Körper darstellen will. Aber auch die Eigenschaften der sogenannten festen Körper wechseln von Fall zu Fall noch im hohem Maße; man reicht daher nicht mit einem
einzigen Bild aus, um das physikalische Verhalten der festen Körper vollständig
wiederzugeben.

Das Kennzeichen des festen Körpers besteht darin, daß er seine Gestalt unter
gewöhnlichen Umständen ziemlich genau beibehält. Bei vielen Untersuchungen
sind die geringen Formänderungen, die in Wirklichkeit immer eintreten, wenn
man Kräfte auf den Körper einwirken läßt, von so geringem Einfluß auf den
Vorgang, den man gerade untersuchen will, daß es zulässig ist, ganz von ihnen
abzusehen. Es genügt in solchen Fällen, den Körper als einen Punkthaufen von
unveränderlicher Gestalt aufzufassen, und man bezeichnet ihn dann als einen
starren Körper.

Der starre Körper ist demnach, worauf wohl zu achten ist, nur ein zur Abkürzung und Vereinfachung der Betrachtungen eingeführtes Bild der Mechanik.
So wenig wie der materielle Punkt genügt der starre Körper vollständig zur
Entscheidung aller Fragen, die sich über das Verhalten eines gegebenen Natur-
körpers stellen lassen. Das neue Bild reicht zwar viel weiter als das frühere,
aber es ist noch nicht erschöpfend. Es wäre also ganz irrtümlich, wenn man

annehmen wollte, daß mit der Einführung dieses Begriffes in die Mechanik die
Behauptung verbunden sei, daß wirklich in der Natur solche Körper vorkämen,
die man unter allen Umständen als starr betrachten könnte.

Jedenfalls trifft aber das Bild des starren Körpers für die Untersuchung jener
Fälle vollständig und in aller Strenge zu, bei denen von vornherein bekannt ist,
daß keine Gestaltänderung eintritt. Dazu gehört namentlich der Fall des Gleichgewichts und besonders der Fall der Ruhe. Zur Ruhe eines Körpers gehört,
daß alle Teile in Ruhe seien, daß sich also auch die gegenseitige Lage der Teile
nicht ändere. So lange der Körper in Ruhe ist, verhält er sich also sicher immer
wie ein starrer, und die Sätze der Mechanik starrer Körper können mit voller
Genauigkeit und Gewißheit auf ihn zur Anwendung gebracht werden. Dazu ist
es gar nicht einmal nötig, daß der Körper im übrigen als ein fester zu betrachten
sei. Auch eine Wassermasse kann, solange sie in Ruhe bleibt, als starrer Körper
aufgefaßt werden. Voraussetzung dafür ist in allen solchen Fällen nur, daß
man sich hinreichende Gewißheit dafür verschafft hat, daß tatsächlich keine
Gestaltänderung eintritt. Immerhin ist aber die Zahl der Fälle, bei denen man
von vornherein genau zu übersehen vermag, daß Gestaltänderungen entweder ganz
oder doch nahezu ausgeschlossen sind, bei festen Körpern viel größer als bei
flüssigen. In erster Linie stellt man sich daher unter einem starren Körper stets
einen festen vor, der nur die Eigenschaft des Festseins in besonders hohem Grade
besitzt oder der, wie man sich zuweilen ausdrückt, als absolut fest angesehen
werden kann.

§ 20. Lehre von der Bewegung des starren Körpers

Von der Bewegung eines einzelnen Punktes kann sich jedermann aus der alltäglichen Erfahrung eine zutreffende Vorstellung machen, so lange wenigstens,
als nur die Bewegung gegen die feste Erde, die gewöhnlich als Aufstellungsort
des Beobachters gewählt wird, in Frage kommt. Dagegen bedarf es einer besonderen Anleitung für die einfachste Auffassung der allgemeinsten Bewegung,
die ein starrer Körper ausführen kann. Wer damit nicht vertraut gemacht wurde,
vermag sich nur eine unklare und verschwommene Vorstellung von einem solchen Bewegungsvorgang zu machen, die nicht dazu geeignet ist, die dabei
auftretenden Gesetzmäßigkeiten weiter zu erforschen.

Die Aufgabe, um die es sich hier handelt, ist eine rein geometrische, und man
hat daher die Lehre von der Bewegung eines starren Körpers oder auch beliebig
vieler starrer Körper gegeneinander als die Geometrie der Bewegung oder mit
dem gleichbedeutenden griechischen Wort als die Kinematik der starren Körper
bezeichnet. Oft wird die Kinematik als ein besonderer Wissenszweig, der nur
in lockerem Zusammenhang mit der eigentlichen Mechanik steht, für sich
behandelt. Gerechtfertigt wird dies durch den Umstand, daß schon die bloß
geometrische Untersuchung der Bewegung ohne Rücksicht auf die Kräfte, die
dabei ins Spiel kommen, eine Reihe merkwürdiger Beziehungen aufzudecken
vermag. Auch an der Münchener Hochschule ist der Kinematik eine besondere
Vorlesung gewidmet, und ich begnüge mich aus diesem Grunde damit, hier
nur die einfachsten und für das Verständnis der übrigen Lehren der Mechanik
unentbehrlichsten Sätze über die Kinematik des starren Körpers abzuleiten.

Als allgemein bekannt dürfen die beiden einfachsten Bewegungsarten eines
starren Körpers angesehen werden, nämlich die Translation oder Verschiebung
im engeren Sinne, auch Parallelverschiebung genannt, und die Rotation oder
Drehung. Bei der Translation beschreiben alle Punkte des Körpers kongruente

Bahnen. In jede spätere Lage kann man sich den Körper aus der Anfangslage auch dadurch übergeführt denken, daß man jeden Punkt in gerader Linie um gleich viel und in derselben Richtung verschiebt. Die Verbindungslinie von zwei materiellen Punkten bleibt daher bei jeder neuen Lage des Körpers parallel zu der Richtung, die sie in der Anfangslage hatte, woher die Bezeichnung der Translation als Parallelverschiebung kommt. Zur Kennzeichnung der neuen Lage des Körpers genügt daher, falls man weiß, daß die Bewegung nur in einer Translation bestand, die Angabe einer einzigen gerichteten Strecke, die von der Anfangslage irgendeines Punktes zu dessen Endlage gezogen ist. Gewöhnlich genügt es dann auch, den Körper überhaupt nur unter dem Bilde eines einzigen materiellen Punktes darzustellen, wie bei den Untersuchungen des vorigen Abschnitts. Übrigens möchte ich noch ausdrücklich darauf aufmerksam machen, daß bei der Translation alle Punkte des Körpers auch Kreise beschreiben können; diese müssen aber dann alle gleich groß sein. Die kreisförmige Bewegung an sich ist also keineswegs, wie es bei flüchtiger Betrachtung scheinen könnte, auf die Rotation beschränkt.

Zum Begriff der Rotation gelangt man dadurch, daß man sich vorstellt, irgend zwei Punkte des starren Körpers seien während der Bewegung festgehalten. Dann müssen wegen der unveränderlichen Gestalt des Punkthaufens auch alle anderen Punkte, die auf der durch jene beiden gelegten Geraden enthalten sind, an ihrem Orte bleiben. Diese Gerade heißt die Rotationsachse. Denkt man sich von irgendeinem außer ihr liegenden Punkt des Körpers eine Senkrechte zur Rotationsachse gezogen, so muß sie, wiederum wegen der Unveränderlichkeit der Körpergestalt, auch in jeder neuen Lage senkrecht zur Rotationsachse bleiben und ihre Länge kann sich nicht ändern. Die Senkrechte bildet also den Halbmesser eines Kreises, auf dem sich der zugehörige Punkt bewegt. Dem Absolutbetrage nach haben alle Punkte, die in gleichem Abstand von der Drehachse liegen, in jedem Augenblick gleiche Geschwindigkeiten. Bei Punkten, die in verschiedenen Abständen liegen, drehen sich die zur Rotationsachse gezogenen Senkrechten stets um gleiche Zentriwinkel; die Absolutbeträge der Geschwindigkeiten verhalten sich also wie die Abstände von der Drehachse.

Zur Kennzeichnung jeder neuen Lage, die ein sich um eine feste Achse drehender Körper einnehmen kann, genügt die Angabe der Drehachse und der Größe des Winkels, den irgendein nach den vorhergehenden Vorschriften gezogener Halbmesser von der Anfangslage aus zurückgelegt hat. Nach einer vollen Umdrehung kehrt der Körper wieder in die Anfangslage zurück; wenn es sich nur um die Kennzeichnung der augenblicklichen Lage handelt, kann man daher den Winkel 2π beliebig oft von dem wirklich zurückgelegten Drehungswinkel subtrahieren oder ihn dazu addieren. Der Winkel, der die augenblickliche Lage beschreibt, sei φ und nach einem Zeitteilchen dt gleich $\varphi + d\varphi$; dann stellt das Verhältnis

$$u = \frac{d\varphi}{dt} \tag{55}$$

die auf die Zeiteinheit bezogene Zunahme des Drehungswinkels im gegebenen Augenblick oder die Winkelgeschwindigkeit dar. Von diesem naheliegenden Begriff ist schon im vorigen Abschnitt gelegentlich Gebrauch gemacht worden. Hieran knüpft sich sofort der Begriff der Winkelbeschleunigung w, der aus der Winkelgeschwindigkeit ebenso abgeleitet wird, wie die Beschleunigung aus der Geschwindigkeit bei der geradlinigen Bewegung. Wir verstehen also darunter das Verhältnis zwischen der Zunahme der Winkelgeschwindigkeit und dem Zeitteilchen, das währenddessen verstreicht, oder mit anderen Worten die auf die Zeiteinheit bezogene augenblickliche Winkelgeschwindigkeitszunahme und setzen

$$w = \frac{d\,u}{d\,t} = \frac{d^2\varphi}{d\,t^2}.$$ (56)

Zwischen dem Winkelweg, der Winkelgeschwindigkeit, der Winkelbeschleunigung und der Zeit gelten für die gleichförmig beschleunigte oder gleichförmig verzögerte Rotation um eine feste Achse genau die in den Gl. (13) zusammengestellten Formeln für die geradlinige gleichförmig veränderte Bewegung, sobald man die dort gebrauchten Bezeichnungen in dem jetzt in Frage kommenden Sinne deutet. Denn alle Betrachtungen, die zur Ableitung jener Formeln führten, lassen sich genau in derselben Weise auch für die rotierende Bewegung wiederholen.

Mit der Erörterung der einfachen Translation und der einfachen Rotation ist aber die Untersuchung noch nicht abgetan. — Wir wollen jetzt eine beliebige ebene Bewegung des starren Körpers ins Auge fassen. Darunter ist eine Bewegung zu verstehen, bei der jeder Punkt des Körpers eine Bahn beschreibt, die einer gegebenen Ebene parallel ist oder bei der er stets den gleichen Abstand von der gegebenen Ebene behält. Legt man irgendeinen Schnitt durch den Körper parallel zu jener Ebene, so bewegt sich der Querschnitt nur innerhalb seiner eigenen Ebene, und man kennt die Bewegung des ganzen Körpers, sobald man die Bewegung irgendeines solchen Querschnitts in der eigenen Ebene anzugeben vermag.

Der Querschnitt bleibt während der Bewegung in seiner eigenen Ebene nach dem Begriff des starren Körpers sich selbst kongruent. Man kann daher jede neue Lage dadurch kennzeichnen, daß man angibt, wohin irgend zwei beliebig ausgewählte Punkte A und B gelangt sind. Denn will man nachher wissen, wohin irgendein dritter Punkt C gekommen ist, so braucht man nur über der Grundlinie $A\,B$ in der neuen Lage ein Dreieck $A\,B\,C$ zu konstruieren, das dem in der Anfangslage kongruent ist. Allerdings sind über der gegebenen Grundlinie $A\,B$ zwei solche, zu verschiedenen Seiten und symmetrisch zueinander liegende Dreiecke $A\,B\,C$ möglich. Davon kann aber nur jenes in Betracht kommen, das sich mit dem Dreieck in der Anfangslage durch bloße Verschiebung in der eigenen Ebene zur Deckung bringen läßt. Um die Deckung mit dem anderen herbeizuführen, müßte man es zuvor aus der Ebene herausheben und es umwenden, was bei der ebenen Bewegung natürlich nicht in Frage kommen kann. In der Tat ist also durch diese Konstruktion die neue Lage jedes anderen Punktes eindeutig bestimmt, sobald man die Lage von irgend zwei Punkten kennt.

Man kann nun leicht zeigen, daß die ebene Figur, die den Querschnitt bildet, aus der Anfangslage in jede spätere Lage auch durch eine einfache Drehung um einen gewissen Punkt übergeführt werden kann. Zu diesem Zweck fasse man Abb. 21 ins Auge, bei der A, B, C irgend drei Punkte in der Anfangslage, A', B', C' dieselben materiellen Punkte in der Endlage bedeuten. Von der ganzen Figur sind der Einfachheit wegen nur drei Punkte gezeichnet; A und B sind jene, durch die man wie vorher die neue

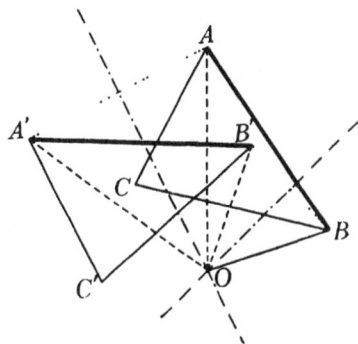

Abb. 21.

Lage der Figur vollständig zu beschreiben vermag, und C ist irgendein dritter Punkt, der nur als Beispiel aus allen anderen ausgewählt wurde. Man ziehe zu den Verbindungsstrecken AA' und BB' die Mittelsenkrechten und ermittle deren Schnittpunkt O. Dann kann die Strecke AB in die neue Lage $A'B'$ durch eine Drehung um den Punkt O übergeführt werden. Um dies zu beweisen, ziehe man die Verbindungslinien OA, OA', OB, OB'. Man findet, daß die Dreiecke OAB und $OA'B'$ kongruent sind, weil sie in drei Seiten übereinstimmen. Sie lassen sich daher durch Drehung um O zur Deckung bringen. Sobald sich aber AB mit $A'B'$ deckt, decken sich auch die einander kongruenten Dreiecke ABC und $A'B'C'$, d. h. es decken sich überhaupt alle einander entsprechenden Punkte.

Wenn $A'B'$ parallel zu AB ist, fällt der Drehpunkt O ins Unendliche. Eine Translation kann daher als eine Drehung um einen unendlich fernen Punkt aufgefaßt werden.

Die Bewegung von AB in die neue Lage $A'B'$ braucht in Wirklichkeit freilich nicht in der Drehung um den Punkt O bestanden zu haben; sie kann auch auf irgendeinem anderen Wege vor sich gegangen sein. Denkt man sich aber bei irgendeiner beliebigen ebenen Bewegung eine sehr große Zahl unmittelbar aufeinanderfolgender Lagen ausgewählt, so kann man die Figur aus jeder Lage in die folgende durch Drehung um einen zugehörigen Punkt O überführen. Bei jeder folgenden Bewegung wechselt im allgemeinen O seine Lage. Wenn man die aufeinanderfolgenden Lagen der Figur hinreichend nahe beieinander und die Anzahl der Drehpunkte demnach groß genug wählt, kann man sich der wirklichen Bewegung so genau, als es nur irgend verlangt wird, anschließen. Um die wahre Bewegung ganz genau nachzuahmen, wird man freilich die Lagen unendlich nahe benachbart und die Zahl der nacheinander auftretenden Drehpunkte O unendlich groß zu wählen haben.

Jener Punkt O, um den man sich die Figur in einem gegebenen Augenblick gedreht denken muß, um sie in eine unendlich benachbarte Lage überzuführen, wird der augenblickliche Drehpunkt oder das Momentanzentrum oder auch der Pol der Bewegung genannt. Man denke sich für eine beliebige ebene Bewegung zu jeder Lage den augenblicklichen Drehpunkt angegeben. Alle diese Drehpunkte in der festen Ebene kann man sich durch eine Kurve verbunden denken, die eine Polkurve, genannt wird. Außerdem kann man aber auch in der beweglichen Figur alle Punkte, die der Reihe nach mit dem augenblicklichen Drehpunkt zusammenfallen, durch eine Linie miteinander verbinden. Dadurch erhält man eine zweite Polkurve und die Bewegung der Figur in der Ebene kann nun als ein Rollen der mit der Figur verbundenen Polkurve auf der Polkurve in der festen Ebene beschrieben werden. Von dieser Konstruktion macht man in vielen Fällen Gebrauch, um zu einer klaren Übersicht über die Art der Bewegung zu gelangen.

Eng verwandt mit der ebenen Bewegung ist die Bewegung eines Körpers um einen festen Punkt; man kann diese als eine Bewegung im Strahlenbündel bezeichnen. Zunächst läßt sich zeigen, daß der Körper bei dieser Bewegung aus einer Anfangslage in irgendeine neue Lage auch durch Drehung um eine durch den festen Punkt gehende Achse übergeführt werden kann. Man denke sich, ähnlich wie vorher einen ebenen Querschnitt, so jetzt einen kugelförmigen Schnitt durch den Körper gelegt, dessen Mittelpunkt mit dem festen Punkt zusammenfällt. Alle materiellen Punkte des Körpers, die anfänglich auf dieser Kugelfläche lagen, müssen auch weiterhin auf ihr bleiben; der durch den Körper gelegte kugel-

förmige Schnitt kann sich daher nur innerhalb der eigenen Kugelfläche verschieben. Wenn die sphärische Bewegung einer mit dem Körper fest verbundenen
sphärischen Figur bekannt ist, kennt man damit auch die Bewegung des ganzen
Körpers, denn von jener Figur aus kann der seiner Gestalt nach unveränderliche
Körper jederzeit wieder konstruiert werden. Genau dieselben Schlüsse wie bei
der ebenen Bewegung zeigen uns auch, daß es zur Kennzeichnung irgendeiner
neuen Lage der sphärischen Figur schon genügt, wenn man zwei Punkte davon
angibt. Hier tritt nur die Beschränkung hinzu, daß die beiden Punkte nicht die
Endpunkte desselben Durchmessers bilden dürfen.

In Abb. 22 sei $A\,B$ die Anfangslage, $A'\,B'$ die Endlage eines zu einem größten
Kreise gehörenden Bogens, der als Basis angesehen werden soll, von der aus die
ganze sphärische Figur auf Verlangen jederzeit konstruiert werden kann. Man
lege durch den Kugelmittelpunkt zwei Ebenen, von denen die eine die Verbindungslinie $A\,A'$, die andere $B\,B'$ senkrecht halbiert. In der Abbildung sind die
Ebenen durch die größten Kreise angegeben, nach denen sie die Kugelfläche
schneiden. Der Schnittpunkt O beider Kreise oder auch der ihm diametral gegen-
überliegende zweite Schnittpunkt können als die Drehpunkte für die sphärische
Bewegung aus der Lage $A\,B$ in die Lage $A'\,B'$ angesehen werden. Der zugehörige
Durchmesser ist die gesuchte Drehachse, um die man den Körper aus der Anfangslage in die beliebig gegebene Endlage drehen kann.

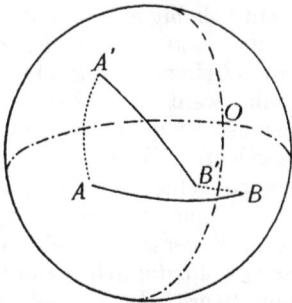
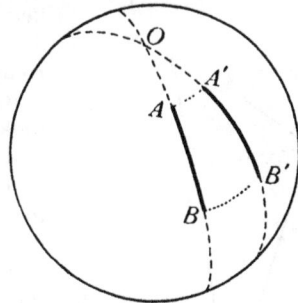

Abb. 22. Abb. 23.

Ausnahmsweise kann es zwar, wie in Abb. 23 angedeutet, auch vorkommen, daß
die mittelsenkrechten Ebenen von $A\,A'$ und $B\,B'$ zusammenfallen. Dann braucht
man aber nur die Bogen $A\,B$ und $A'\,B'$ zu verlängern, um den Pol O und die
dazugehörige Drehachse zu finden.

Auch alle ferneren Schlüsse, zu denen wir bei der Untersuchung der ebenen Bewegung geführt wurden, lassen sich auf den vorliegenden Fall, der deshalb auch
seither schon kürzer erledigt werden konnte, unmittelbar übertragen. Namentlich
läßt sich jede beliebig vorgeschriebene Bewegung um den festen Punkt dadurch
zustande bringen, daß man nacheinander eine Reihe unendlich kleiner Drehungen
um verschiedene Drehachsen ausführt. Die augenblickliche Drehachse heißt auch
Momentanachse. Die Aufeinanderfolge aller Momentanachsen im festen Raum
einerseits und aller mit dem bewegten Körper verbundenen Graden andererseits,
die der Reihe nach mit der Momentanachse zusammenfallen, liefert zwei Kegel
oder im Schnitte mit der Kugelfläche zwei sphärische Kurven. Jede beliebige
Bewegung um den festen Punkt kann als ein Rollen der zugehörigen Achsenkegel
oder der ihnen entsprechenden sphärischen Kurven aufeinander aufgefaßt werden.

Hiernach ist die augenblickliche Bewegung eines starren Körpers um einen festen

Punkt vollständig gegeben, wenn man erstens die Lage der augenblicklichen Drehachse und zweitens die Winkelgeschwindigkeit der Größe und dem Sinne nach (ob rechts- oder linksherum) kennt. Dazu braucht man eine Richtung und eine mit Vorzeichen versehene numerische Angabe. Beide können aber auch miteinander verbunden werden, indem man eine Strecke auf der Drehachse abträgt, die unter Zugrundelegung eines bestimmten Maßstabs die Größe der Winkelgeschwindigkeit angibt. Auch der Sinn, in dem die Drehung erfolgt, oder das Vorzeichen der Winkelgeschwindigkeit läßt sich hierbei zum Ausdruck bringen. Wir wollen festsetzen, daß die Winkelgeschwindigkeit auf der Drehachse vom festen Punkt aus nach jener Seite hin abgetragen werden soll, von der aus gesehen die Bewegung mit dem Sinne der Uhrzeigerbewegung übereinstimmt. Natürlich ist diese Vereinbarung ganz willkürlich; sie könnte ebensogut durch die entgegengesetzte ersetzt werden.

Hiermit ist die Winkelgeschwindigkeit der augenblicklichen Bewegung als eine gerichtete Größe dargestellt. Um dies hervorzuheben, benutze ich zu ihrer Bezeichnung im folgenden den Buchstaben $\mathfrak{u}$, während u nach wie vor den absoluten Betrag von $\mathfrak{u}$ bedeutet.

Wir wollen jetzt die Geschwindigkeit $\mathfrak{v}$ eines beliebigen Punktes des Körpers nach Größe und Richtung berechnen, wenn $\mathfrak{u}$ und die Lage des Punktes gegeben sind. In Abb. 24 sei O der feste Punkt, $\mathfrak{u}$ gebe die Richtung der Momentanachse und

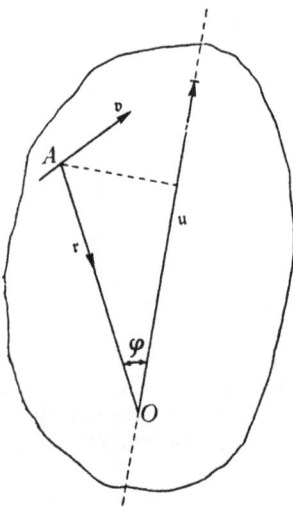
Abb. 24.

zugleich Größe und Sinn der Winkelgeschwindigkeit an und A sei ein beliebig ausgewählter Punkt des Körpers. Um die Lage von A festzulegen, ziehe ich von A nach O einen Radiusvektor $\mathfrak{r}$, der in diesem Sinne gezählt werden soll. Die Geschwindigkeit $\mathfrak{v}$ steht zunächst senkrecht zu der durch A und die Drehachse gelegten Ebene. Der Pfeil von $\mathfrak{v}$, der nach hinten zu gehen zu denken ist, ist in die axonometrische Figur so eingetragen, wie es den vorher getroffenen Festsetzungen über die Bedeutung des Pfeiles von $\mathfrak{u}$ entspricht. Die Größe v von $\mathfrak{v}$ folgt aus dem Begriff der Winkelgeschwindigkeit zu

$$v = u\, r \sin \varphi,$$

wobei $r \sin \varphi$ die Länge der von A auf $\mathfrak{u}$ gefällten Senkrechten angibt. Der Wert von v stimmt aber mit der Größe des äußeren Produkts von $\mathfrak{u}$ und $\mathfrak{r}$ überein. Außerdem fällt auch die Richtung dieses äußeren Produkts nach dem, was früher darüber ausgemacht wurde, mit der Richtung von $\mathfrak{v}$ zusammen. Die Geschwindigkeit $\mathfrak{v}$ ist daher für jeden Punkt des Körpers im gegebenen Augenblick nach Größe und Richtung gleich dem äußeren Produkt aus $\mathfrak{u}$ und $\mathfrak{r}$ oder

$$\mathfrak{v} = \mathbf{V}\,\mathfrak{u}\,\mathfrak{r} = [\mathfrak{u}\,\mathfrak{r}] \tag{57}$$

Das äußere Produkt war das Symbol für das statische Moment. Wir können daher Gl. (57) auch dahin aussprechen, daß die Geschwindigkeit jedes Punktes gleich dem statischen Momente der im festen Punkte abgetragenen Winkelgeschwindigkeit für jenen Punkt als Momentenpunkt ist.

In manchen Fällen ist es bequemer, die Radiusvektoren nicht von A nach O, sondern im umgekehrten Sinne zu zählen, so daß der feste Punkt der gemeinsame

Anfangspunkt aller Radiusvektoren ist. Bezeichnet man einen in diesem Sinne gerechneten Radiusvektor mit $\mathfrak{r}'$, so ist $\mathfrak{r}' = - \mathfrak{r}$ und Gl. (57) geht über in

$$\mathfrak{v} = -[\mathfrak{u}\,\mathfrak{r}'] = [\mathfrak{r}'\,\mathfrak{u}]. \tag{58}$$

Bei der letzten Umformung ist davon Gebrauch gemacht, daß sich die Richtung eines äußeren Produkts bei der Vertauschung der Faktoren umkehrt.

Nach diesen Vorbereitungen können wir auch zur Behandlung der allgemeinsten Bewegung übergehen, die ein starrer Körper auszuführen vermag. Man greife irgendeinen Punkt O in der Anfangslage heraus. In seine Endlage kann der starre Körper dann jedenfalls auch dadurch übergeführt werden, daß man ihm erst eine Translation erteilt, durch die der Punkt O in seine neue Lage gebracht wird, worauf man ihn noch einer Rotation um den Punkt O in der neuen Lage unterwirft. Die Reihenfolge dieser beiden nacheinander erfolgenden Bewegungen kann ohne Änderung des Resultats vertauscht weiden, und man kann sich daher auch vorstellen, daß beide gleichzeitig ausgeführt werden. Da die Auswahl des Punktes O beliebig ist, kann man demnach die wirkliche Lagenänderung auf unendlich viele Arten in eine Translation und eine Rotation zerlegen.

Damit die Bewegung mit der wirklich ausgeführten auch in den Zwischenlagen genau übereinstimme, wird man, wie in den vorhergehenden Fällen, die beschriebene Zerlegung für jeden Übergang in eine unendlich benachbarte Lage von neuem zu wiederholen haben. Wir wollen daher unser Augenmerk weiterhin auf eine unendlich kleine Lagenänderung richten. Die Geschwindigkeit von O sei im gegebenen Augenblick $\mathfrak{v}_0$; der Weg von O ist dann während des Zeitelementes dt gleich $\mathfrak{v}_0\,dt$. Außer diesem Wege, den bei der Translation alle Punkte in gleicher Größe und Richtung mitmachen, kommt für die übrigen Punkte noch der durch die Rotation bedingte Weg hinzu. Dieser wird aus Gl. (57), die für die Rotation um O gilt, durch Multiplikation mit dt gefunden. Der wirklich während dt zurückgelegte Weg irgendeines Punktes A ist gleich der geometrischen Summe aus beiden in dieser Weise festgestellten Einzelbewegungen. Daraus erhält man aber nachträglich die Geschwindigkeit des Punktes A im gegebenen Augenblick nach Größe und Richtung, wenn man den Faktor dt wieder streicht. Für den allgemeinsten Bewegungszustand eines starren Körpers gilt hiernach die Beziehung

$$\mathfrak{v} = \mathfrak{v}_0 + [\mathfrak{u}\,\mathfrak{r}] = \mathfrak{v}_0 + [\mathfrak{r}'\,\mathfrak{u}], \tag{59}$$

wobei wieder $\mathfrak{r}$ der von A nach O und $\mathfrak{r}'$ der in umgekehrter Richtung gezogene Radiusvektor ist.

Die Wahl des Punktes O, von dem wir bei der Beschreibung der Bewegung ausgingen, war ganz willkürlich. Man wird sich jetzt zu fragen haben, welche Änderung dadurch herbeigeführt wird, daß man für O einen anderen Punkt O' nimmt. Der von O' nach O gezogene Radiusvektor (vgl. Abb. 25) sei $\mathfrak{a}$, und der von A nach O' gezogene sei $\hat{\mathfrak{s}}$. Dann ist nach dem Begriff der geometrischen Summe

$$\hat{\mathfrak{s}} = \mathfrak{r} - \mathfrak{a}.$$

Ferner möge die Geschwindigkeit des Punktes O' mit $\mathfrak{v}_0'$ bezeichnet werden. Dann hat man durch Anwendung von Gl. (59) auf die beiden Punkte A und O' die Gleichungen

$$\mathfrak{v} = \mathfrak{v}_0 + [\mathfrak{u}\,\mathfrak{r}]$$
$$\mathfrak{v}_0' = \mathfrak{v}_0 + [\mathfrak{u}\,\mathfrak{a}].$$

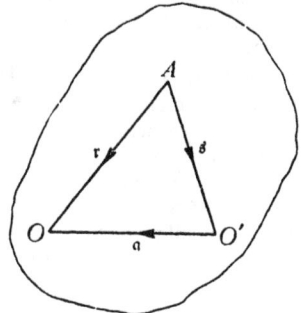

Abb. 25.

Durch Subtraktion beider Gleichungen voneinander und Beachtung der vorher für $\mathfrak{H}$ aufgestellten Gleichung erhält man

$$\mathfrak{v} - \mathfrak{v}_0' = [\mathfrak{u}(\mathfrak{r} - \mathfrak{a})] = [\mathfrak{u}\,\mathfrak{H}],$$

also auch

$$\mathfrak{v} = \mathfrak{v}_0' + [\mathfrak{u}\,\mathfrak{H}].$$

Die letzte Gleichung stimmt formal vollständig mit Gl. (59) überein, sobald wir diese auf O' als Anfangspunkt beziehen. Das war natürlich nicht anders zu erwarten. Dagegen finden wir hiermit zugleich, daß sich $\mathfrak{u}$ nicht ändert, wenn wir einen anderen Anfangspunkt wählen. Wie wir also auch die gegebene Lagenänderung in eine Translation und eine Rotation zerlegen, die zugehörige Winkelgeschwindigkeit $\mathfrak{u}$ wird davon nicht beeinflußt, während die Translationsgeschwindigkeit $\mathfrak{v}_0$ von der Lage des Bezugspunktes O abhängig ist.

Man kann sich ferner fragen, wie man den Bezugspunkt O wählen muß, um die Beschreibung der Bewegung zu einer möglichst einfachen zu machen. Wir wissen schon, daß $\mathfrak{u}$ davon nicht berührt wird; dagegen können wir durch passende Wahl von O der Translationsgeschwindigkeit $\mathfrak{v}_0$ einen einfacheren Wert erteilen. Aus der schon vorher gebrauchten Gleichung

$$\mathfrak{v}_0' = \mathfrak{v}_0 + [\mathfrak{u}\,\mathfrak{a}]$$

folgt, daß sich $\mathfrak{v}_0$ und $\mathfrak{v}_0'$ um ein Glied unterscheiden, das senkrecht zu $\mathfrak{u}$ und zu $\mathfrak{a}$ steht. Nun können wir $\mathfrak{a}$ nach Größe und Richtung beliebig wählen; jedenfalls bleibt aber der Unterschied zwischen $\mathfrak{v}_0$ und $\mathfrak{v}_0'$ senkrecht zu der ein für allemal feststehenden Richtung von $\mathfrak{u}$. Daraus geht hervor, daß $\mathfrak{v}_0$ und $\mathfrak{v}_0'$ jedenfalls gleiche Projektionen auf die Richtung von $\mathfrak{u}$ haben. Zerlegen wir also die Geschwindigkeiten aller Punkte des Körpers in eine Komponente parallel zu $\mathfrak{u}$ und in eine dazu senkrecht stehende, so ist die erste Komponente für alle Punkte gleich, während die zweite durch passende Wahl von $\mathfrak{a}$ jede beliebige Größe und jede in einer zu $\mathfrak{u}$ senkrechten Ebene enthaltene Richtung gegeben werden kann.

Es kann sich zufälligerweise so treffen, daß schon $\mathfrak{v}_0$ senkrecht zu $\mathfrak{u}$ stand, also keine Komponente in der Richtung von $\mathfrak{u}$ hatte. Dann sind auch alle anderen Geschwindigkeiten $\mathfrak{v}$ senkrecht zu $\mathfrak{u}$, also parallel zu einer Ebene, die zu $\mathfrak{u}$ senkrecht gezogen ist. Die Bewegung ist dann im Augenblick eine ebene, und wir wissen aus den für diese durchgeführten Betrachtungen, daß sie als eine einfache Rotation um eine bestimmte Momentanachse aufgefaßt werden kann.

Im anderen Falle führt eine andere Zerlegung als die bisher gebrauchte zur einfachsten Beschreibung der Bewegung. Jeder Punkt hat nämlich, wie wir sahen, dieselbe Geschwindigkeitskomponente in der Richtung von $\mathfrak{u}$. Sondern wir diese ab, so bleibt nur noch eine Komponente parallel zu einer Ebene, die senkrecht zu $\mathfrak{u}$ gezogen ist. Wir können also die Bewegung zerlegen in eine ebene Bewegung, die auch als Rotation um eine bestimmte Momentanachse aufgefaßt werden kann, und in eine Translation parallel zu dieser Momentanachse. Mit der früheren Beschreibung fällt die jetzt gegebene zusammen, wenn wir den Bezugspunkt O auf die Momentanachse legen.

Das Zusammenwirken einer Rotation um eine Achse und einer Translation parallel zu dieser Achse wird aber als eine Schraubenbewegung bezeichnet. Jede beliebige unendlich kleine Lagenänderung eines starren Körpers kann daher als eine Elementarschraubenbewegung oder kürzer als eine Schraubung aufgefaßt werden. Die einfache Rotation und die einfache Translation sind in diesem allgemeinsten Falle als Spezialfälle mit enthalten; sie gehen daraus hervor, indem man die andere der beiden Bewegungskomponenten gleich Null setzt.

Auch die Lage der Schraubenachse im gegebenen Augenblick kann aus den früheren Beziehungen berechnet werden. Man suche dazu einen Punkt auf, dessen Geschwindigkeit $\mathfrak{v}$ parallel mit $\mathfrak{u}$ ist. Für ihn muß das äußere Produkt aus $\mathfrak{u}$ und $\mathfrak{v}$ gleich Null sein.

Der von dem gesuchten Punkt nach dem anfänglich gewählten Bezugspunkt O gezogene Radiusvektor $\mathfrak{r}$ muß daher nach Gl. (59) die Bedingung

$$0 = [\mathfrak{u}\,\mathfrak{v}_0] + [\mathfrak{u}\,[\mathfrak{u}\,\mathfrak{r}]]$$

erfüllen. Der einfacheren Ausrechnung wegen wollen wir speziell jenen Punkt der Schraubenachse aufsuchen, der mit O in einer zu $\mathfrak{u}$ senkrechten Ebene liegt. Dann steht das gesuchte $\mathfrak{r}$ senkrecht zu $\mathfrak{u}$; das äußere Produkt $[\mathfrak{u}\,\mathfrak{r}]$ hat daher die Größe ur und steht senkrecht zu der durch $\mathfrak{u}$ und $\mathfrak{r}$ gelegten Ebene. Multiplizieren wir damit nochmals auf äußere Art die Winkelgeschwindigkeit $\mathfrak{u}$, wie es in der Gleichung vorgeschrieben ist, so erhalten wir einen Vektor von der Größe $u^2 r$, der nun in die mit $\mathfrak{r}$ entgegengesetzte Richtung fällt, wie aus Abb. 24 leicht entnommen werden kann, wenn man sich in dieser $\mathfrak{r}$ senkrecht zu $\mathfrak{u}$ gezogen vorstellt. Die Auflösung der vorhergehenden Gleichung liefert daher

$$\mathfrak{r} = \frac{1}{u^2}\,[\mathfrak{u}\,\mathfrak{v}_0]$$

und damit ist, wenn $\mathfrak{u}$ und $\mathfrak{v}_0$ gegeben waren, die Lage des gesuchten Punktes bekannt. Die durch diesen Punkt parallel zu $\mathfrak{u}$ gezogene Gerade ist die Schraubenachse.

Diese Betrachtungen lassen sich noch nach manchen anderen Richtungen hin ergänzen und erweitern. Ich strebe aber hier, wie ich schon von vornherein bemerkte, keine erschöpfende Darstellung an und begnüge mich daher, nur noch einige einfache Bemerkungen dazuzufügen.

Zunächst mache ich darauf aufmerksam, daß der augenblickliche Bewegungszustand eines starren Körpers vollständig durch die Angabe von zwei gerichteten Größen $\mathfrak{u}$ und $\mathfrak{v}_0$, bezogen auf einen willkürlichen Bezugspunkt, beschrieben werden kann. Die Kennzeichnung einer gerichteten Größe erfordert aber drei Zahlenangaben; im ganzen haben wir also sechs numerische Werte zur Beschreibung des Bewegungszustandes nötig. Sobald nur einer von diesen Werten geändert wird, ändert sich damit die ganze augenblickliche Bewegung. Jede der sechs Zustandszahlen kann selbst unendlich viele Werte annehmen; man drückt daher die Anzahl der verschiedenen möglichen Bewegungsarten in leicht verständlicher Weise dahin aus, daß man sie gleich ∞^6 setzt. Sind alle sechs Werte zufällig gleich Null, so heißt dies, daß sich der Körper im Augenblick gar nicht bewegt oder daß er ruht. Um den Zustand der Ruhe zu beschreiben, werden also auch sechs Bedingungen zu erfüllen sein. Man erhält hiernach eine deutliche Vorstellung der verschiedenen Bewegungsmöglichkeiten auch durch die Aussage, daß ein starrer Körper sechs Freiheitsgrade hat. Was damit gemeint ist, geht aus den vorausgehenden Erörterungen hervor, die mit dieser Aussage nur in anschaulicher Sprache zusammengefaßt werden sollen.

Ein Körper, der sich um ein Kugelgelenk in einem festen Gestell bewegen kann, hat hiernach nur drei Freiheitsgrade, denn für den Kugelmittelpunkt muß $\mathfrak{v}_0 = 0$ sein. Ein Körper, der sich nur um eine feste Achse zu drehen vermag, hat nur einen Freiheitsgrad. Man stelle sich vor, daß man irgendeinen als starr zu betrachtenden Körper in die Hand nimmt. Wenn es möglich sein soll, ihn in jede beliebige benachbarte Lage ohne Bewegung des Rumpfes überzuführen, muß die Hand gegen den Rumpf unseres Körpers sechs Freiheitsgrade besitzen. Dies ist in der Tat durch die Aufeinanderfolge der verschiedenen Gelenke erreicht. Bei manchen Tieren sind die unserem Arme entsprechenden Glieder in Teile zerlegt, die sich gegeneinander nur um eine vorgeschriebene Achse bewegen können. Wenn das Endglied innerhalb eines beschränkten Umkreises in jede beliebige Lage gebracht werden soll, müssen sechs solche Gelenke zwischen den Rumpf und das Endglied geschaltet sein, und zwar dürfen die Gelenkachsen offenbar nicht alle parallel zueinander sein.

Schließlich mag noch auf die Möglichkeit der Zusammensetzung verschiedener Drehungen, die ein Körper nacheinander oder auch gleichzeitig ausführt, hingewiesen werden. Von vornherein will ich aber dabei bemerken, daß die ausführliche Untersuchung der Drehungen sowohl vom rein kinematischen als noch mehr vom vollständigen mechanischen Standpunkt aus eines der schwierigsten Kapitel der ganzen Wissenschaft der Mechanik bildet. Es liegt daher auf der Hand, daß ich mich hier nur mit den einfachsten dabei in Frage kommenden Betrachtungen beschäftigen kann.

Vor allem ist darauf aufmerksam zu machen, daß die Reihenfolge von zwei nacheinander vorzunehmenden endlichen Drehungen um Achsen, die im Raum festliegen, nicht geändert werden darf. So mögen in Abb. 26 OA, OB, OC drei zueinander senkrechte Halbmesser sein, und es sei zuerst eine Drehung um einen rechten Winkel um die Achse OB und dann eine ebenfalls rechtwinklige Drehung

Abb. 26.

um OC vorzunehmen. Der Sinn der Drehung sei in jedem Falle durch die Richtung der Strecken OB und OC nach den früher dafür getroffenen Abmachungen angegeben. Man betrachte etwa den Punkt A der Kugelfläche. Die erste Drehung um OB führt ihn nach C' und bei der zweiten Drehung ändert er seine Lage nicht mehr, weil C' selbst auf der Drehachse OC liegt. Kehrt man dagegen die Reihenfolge der beiden Drehungen um, so führt die erste Drehung um OC den Punkt A nach B und bei der zweiten Drehung um OB bleibt er in dieser Lage. In der Tat ist also das Endergebnis der beiden aufeinanderfolgenden Drehungen ein ganz verschiedenes je nach der Reihenfolge.

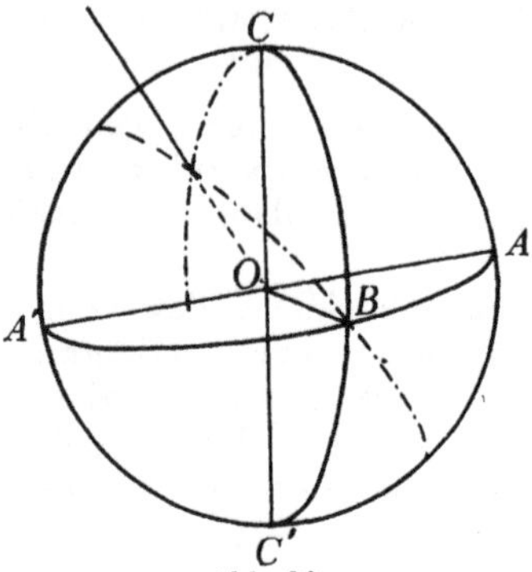

Zwei in bestimmter Reihenfolge nacheinander ausgeführte endliche Drehungen kann man auch durch eine einzige resultierende Drehung ersetzen. Schon die Aufgabe der Ermittlung dieser resultierenden Drehung ist keineswegs einfach; sie soll hier nur für die vorher besprochene Aufeinanderfolge der rechtwinkligen Drehungen um OB und OC in Abb. 26 gelöst werden. Wir sahen schon, daß A nach Vornahme dieser beiden Drehungen nach C' gelangt. Der Punkt B bleibt bei der ersten Drehung in Ruhe und bei der zweiten Drehung gelangt er nach A'. Der Bogen AB geht also schließlich in die Lage $C'A'$ über. Die Richtung der Drehachse, um die man unmittelbar aus der Anfangs- in die Endlage überdrehen kann, ermittelt man so, wie es schon in Abb. 22 (S. 73) angegeben war. Hiernach wird die Achse der resultierenden Drehung als Schnitt der beiden mittelsenkrechten Ebenen von AC' und BA' gefunden. Die Ausführung der Konstruktion liefert auf der Kugeloberfläche den in die Abb. 26 eingetragenen Punkt D und OD ist die resultierende Drehachse. Der Drehungswinkel beträgt 120^{0} oder $2/_{3} \pi$.

Diese Betrachtungen vereinfachen sich indessen erheblich, wenn die Drehungen, die man zusammensetzen soll, nur unendlich klein sind. Dann verschiebt sich jeder Punkt bei der Drehung um die erste Achse nur um einen unendlich kleinen Bogen aus der Anfangslage. Der Weg, den der Punkt bei der hierauf folgenden zweiten Drehung zurücklegt, unterscheidet sich daher nur noch um eine von der zweiten Ordnung kleine Größe von dem Weg, den er bei derselben Drehung zurückgelegt hätte, wenn sie vor der anderen vorgenommen worden wäre.

Abgesehen von unendlich kleinen Größen höherer Ordnung ist es daher gleichgültig, in welcher Reihenfolge man zwei unendlich kleine Drehungen nacheinander vornimmt. Man kann sich daher auch beide gleichzeitig ausgeführt denken; d. h. es hat einen eindeutig bestimmten Sinn, wenn man sagt, daß bei einer unendlich kleinen Lagenänderung zwei Drehungen um gegebene Achsen und gegebene kleine Winkel zugleich ausgeführt worden seien. Aus der unendlich kleinen Lagen- änderung bei der Drehung ergibt sich durch Division mit dem zugehörigen Zeit- element die Winkelgeschwindigkeit. Man kann daher auch Winkel- geschwindigkeiten um verschiedene Achsen als gleichzeitig be- stehend auffassen und sie ohne Rücksicht auf die Reihenfolge zu einer resultierenden Winkelgeschwindigkeit vereinigen.

Man nehme an, daß ein Körper bei der Bewegung um einen festen Punkt zugleich zwei Winkelgeschwindigkeiten $\mathfrak{u}_1$ und $\mathfrak{u}_2$ um verschiedene Achsen besitze. Die Geschwindigkeit irgendeines Punktes A infolge einer dieser beiden Rotationen kann nach Gl. (57) berechnet werden. Die resultierende Geschwindigkeit von A ist gleich der geometrischen Summe der beiden Einzelgeschwindigkeiten. Man hat also

$$\mathfrak{v} = [\mathfrak{u}_1 \mathfrak{r}] + [\mathfrak{u}_2 \mathfrak{r}] = [(\mathfrak{u}_1 + \mathfrak{u}_2)\mathfrak{r}] = [\mathfrak{u}\mathfrak{r}].$$

Daraus erkennt man, daß die resultierende Winkelgeschwindigkeit $\mathfrak{u}$ gleich der geometrischen Summe von $\mathfrak{u}_1$ und $\mathfrak{u}_2$ ist. Winkelgeschwindigkeiten werden also genau so zusammengesetzt wie Kräfte. Daß dies bei endlichen Drehungen nicht zutrifft, haben wir an dem Beispiel der Abb. 26 gesehen.

Umgekehrt kann eine gegebene Winkelgeschwindigkeit hiernach auch in Kompo- nenten zerlegt werden, und man macht davon namentlich Gebrauch, wenn der Betrachtung ein Koordinatensystem zugrundegelegt werden soll. Die Winkel- geschwindigkeit wird in diesem Falle auf die drei Koordinatenrichtungen projiziert, und man kann sich nun die wirkliche Bewegung im gegebenen Augenblick durch ein Zusammenwirken von Drehungen um die drei Parallelen zu den Koordinaten- achsen mit den so berechneten Winkelgeschwindigkeitskomponenten ersetzt denken.

Auch unendlich kleine Drehungen um zwei sich nicht schneidende Achsen lassen sich leicht zu einer resultierenden Bewegung zusammensetzen. Hat man namlich zwei Punkte O und O', durch die zwei Drehachsen mit den zugehörigen Winkelgeschwindig- keiten $\mathfrak{u}$ und $\mathfrak{u}'$ gelegt sind, so verlege man für die Beschreibung der Drehung $\mathfrak{u}$ den Bezugspunkt von O ebenfalls nach O'. Man erhält dann eine Translationsgeschwindig- keit $\mathfrak{v}_0'$ in Verbindung mit zwei Drehungen $\mathfrak{u}$ und $\mathfrak{u}'$ um Achsen, die beide durch O' gehen und hier zu einer resultierenden Drehung zusammengesetzt werden können. Waren $\mathfrak{u}$ und $\mathfrak{u}'$ parallel zueinander, so ist die Bewegung eine ebene und die zugehörige Momentanachse kann leicht aufgesucht werden; sie ist ebenfalls parallel zu $\mathfrak{u}$ und $\mathfrak{u}'$ und liegt in der durch beide Achsen gelegten Ebene. Ein besonderer Fall liegt vor, wenn $\mathfrak{u}$ und $\mathfrak{u}'$ von gleicher Größe und entgegengesetzt gerichtet sind. Die resultierende Bewegung besteht dann in einer einfachen Translation. Um dies zu erkennen, denke man sich die Punkte O und O' auf beiden Achsen in einer senkrecht zu diesen stehenden Ebene gewählt und bezeichne den von O' nach O gezogenen Radiusvektor, wie in Abb. 25, mit $\mathfrak{a}$. Für irgendeinen Punkt A, von dem die Radiusvektoren $\mathfrak{r}$ und $\mathfrak{s}$ nach O und O' gezogen sind, erhalt man dann

$$\mathfrak{v} = [\mathfrak{u}\mathfrak{r}] + [\mathfrak{u}'\mathfrak{s}] = [\mathfrak{u}\mathfrak{r}] - [\mathfrak{u}\mathfrak{s}] = [\mathfrak{u}(\mathfrak{r} - \mathfrak{s})] = [\mathfrak{u}\mathfrak{a}].$$

In der Tat hat also jeder Punkt des Körpers nach Richtung und Größe die gleiche Ge- schwindigkeit $\mathfrak{v} = [\mathfrak{u}\mathfrak{v}]$. Der Absolutwert der Translationsgeschwindigkeit ist gleich $u\,a$; sie steht senkrecht zu der durch beide Drehachsen gelegten Ebene und geht nach jener Seite hin, von der aus gesehen die Pfeile von $\mathfrak{u}$ und $\mathfrak{u}'$ im Uhrzeigersinn gerichtet erscheinen.

Ich bin in diesem Paragraphen etwas ausführlicher geworden, als es für seine erste Einführung in den Gegenstand erforderlich ist. Der Leser, dem die eine oder andere Betrachtung noch nicht ganz verständlich geworden sein sollte, kann daher ohne Schaden einstweilen darüber hinweggehen. Man macht sich mit diesen Dingen am besten vertraut, wenn man sie öfters von neuem in Angriff nimmt und so durch allmähliche Gewöhnung der Vorstellung über die Schwierigkeiten der räumlichen Anschauung hinwegkommt, mit denen man anfänglich zu kämpfen hat.

§ 21. Gleichgewicht der Kräfte am starren Körper

Von einem starren Körper sagt man, daß er im Gleichgewicht sei, wenn er entweder in Ruhe ist oder wenn er eine geradlinige Translationsbewegung mit konstanter Geschwindigkeit ausführt. Vom Gleichgewicht des Körpers ist aber das Gleichgewicht der an ihm wirkenden Kräfte wohl zu unterscheiden. Von gegebenen Kräften sagt man nämlich auch immer dann, daß sie sich im Gleichgewicht halten, wenn die weitere Bewegung des Körpers genau so erfolgt, als wenn die ins Auge gefaßten Kräfte nicht an ihm angebracht wären.

Wenn der Körper von Anfang an ruhte, und alle Kräfte, die an ihm angreifen, im Gleichgewicht miteinander stehen sollen, muß er demnach auch ferner in Ruhe bleiben. Im anderen Falle, wenn der Körper also in beliebiger Bewegung begriffen ist, beachte man, daß die Kräfte eine Abänderung der ohne ihr Zutun erfolgenden weiteren Bewegung veranlassen müßten, wenn sie nicht im Gleichgewicht miteinander wären. Nach dem in § 12 besprochenen Grundsatz der Unabhängigkeit der Bewegungen voneinander haben wir dann zu schließen, daß eine Abänderung der Bewegung infolge dieser Kräfte immer eintreten müßte, gleichgültig, welche Bewegung der Körper anfänglich besaß. Kräfte, die an einem beliebig bewegten Körper nicht im Gleichgewicht sind, könnten also auch an dem Körper, wenn er ruhte, nicht im Gleichgewicht sein. Umgekehrt kann eine Gruppe von Kräften, die am ruhenden Körper im Gleichgewicht ist, auch am bewegten Körper keine Änderung des Bewegungszustandes herbeiführen. Um zu entscheiden, ob sich gegebene Kräfte im Gleichgewicht miteinander halten, genügt es daher stets, sich den Körper in der augenblicklichen Lage in Ruhe vorzustellen und zu untersuchen, ob er dann unter dem Einfluß jener Kräfte auch ferner in Ruhe bleibt.

Von außen her kann eine Kraft auf einen Körper entweder in der Art übertragen werden, daß alle Massenteilchen des Körpers unmittelbar und gleichartig von ihr ergriffen werden, oder so, daß die Kraft unmittelbar nur an einzelnen Stellen, und zwar an der Oberfläche des Körpers übertragen wird. Im ersten Falle nennt man die Kraft eine Massenkraft, und das wichtigste Beispiel dafür ist das Gewicht des Körpers, das sich auf alle Massenteilchen gleichmäßig verteilt. Wenn nur Kräfte dieser Art einwirken, genügt es gewöhnlich, den Körper als einen materiellen Punkt aufzufassen. Wenn wir dagegen mit Hilfe unseres eigenen Körpers, also etwa mit der Hand, eine Kraft auf einen anderen Körper übertragen wollen, können wir dies nur tun, indem wir den Körper anfassen und an der Berührungsstelle die Kraft ausüben. Die Kraft wirkt zwar zunächst nur auf die unmittelbar ergriffenen Oberflächenteile ein; wegen des starren Zusammenhangs des ganzen Körpers beeinflußt sie aber zugleich den Bewegungs- oder den Gleichgewichtszustand aller übrigen Massenteile des Körpers.

Tatsächlich verteilt sich in allen diesen Fällen die Kraft unmittelbar entweder über ein gewisses Volumen (wenn sie eine Massenkraft ist) oder über einen gewissen

Teil der Oberfläche (wenn sie eine Oberflächenkraft ist). Man kann aber im letzten Falle die Berührungsfläche sehr klein wählen, so daß sich die Angriffsstelle der Kraft nur über einen ganz kleinen Umkreis erstreckt. Man kommt dann dem wirklichen Vorgang schon sehr nahe, wenn man sich die ganze Kraft in einem einzigen Punkt vereinigt denkt. Dieser Punkt heißt der Angriffspunkt, und die Kraft ist hinreichend beschrieben, wenn wir ihre Größe, ihre Richtung und ihren Angriffspunkt kennen. Wenn die Fläche, auf die sich die Kraft verteilt, zu groß ist, als daß diese Beschreibung genügen könnte, denken wir sie uns in kleine Flächenelemente eingeteilt und fassen nur die zu jedem Flächenelement gehörige Kraftübertragung zu einer einzigen Kraft zusammen, deren Angriffspunkt innerhalb des Flächenelementes liegt. Wir haben dann ebensoviel Einzelkräfte als Flächenelemente. Dadurch, daß man sich die Flächenelemente genügend klein denkt, kann man sich dem wirklichen Vorgang so genau anschließen, als es nötig erscheint.

Auch mit einer Massenkraft können wir ähnlich verfahren. So können wir uns das Gewicht des Körpers über die einzelnen Volumenelemente verteilt denken und das Gewicht jedes Volumenelementes als eine Einzelkraft ansehen, deren Angriffspunkt irgendwo innerhalb des Volumenelementes liegt. Diese Zurückführung der ganzen Kraftäußerung auf einen Haufen von Einzelkräften steht im Zusammenhang mit der Auffassung eines Körpers als eines Haufens materieller Punkte. Als Angriffspunkte der Einzelkräfte sind die Punkte dieses Haufens zu wählen, und je größer die Zahl der materiellen Punkte ist, in die wir uns den Körper zerlegt denken, um so mehr Einzelkräfte müssen wir auch zur Darstellung der ganzen Kraftäußerung wählen.

Eine Kraft, die selbst nur an einem einzelnen materiellen Punkt des Haufens angebracht wird, beeinflußt trotzdem den Bewegungszustand des ganzen Körpers; sie wird daher auch als eine an dem Körper angebrachte Kraft bezeichnet. Der unmittelbar ergriffene Punkt kann wegen des Zusammenhangs mit den übrigen der Kraft nicht frei folgen; er selbst wird also durch diesen Zusammenhang gehemmt, und die übrigen werden von ihm mitgenommen. Auch jeder andere Punkt des Körpers bewegt sich demnach nicht so, als wenn nur die unmittelbar von außen her an ihm angebrachten Kräfte tätig wären. Jeden Einfluß, der bestimmend auf die Bewegung eines materiellen Punktes einwirkt, bezeichnen wir aber als eine Kraft. Wir erkennen daraus, daß außer den unmittelbar von außen her an den materiellen Punkten des Körpers angebrachten Kräften auch noch andere zwischen den materiellen Punkten selbst wirkende auftreten müssen, durch die der Zusammenhang aufrechterhalten wird. Diese Kräfte bezeichnen wir als innere.

Bisher war gewöhnlich nur von Kräften die Rede, die auf einen bestimmten materiellen Punkt wirkten, ohne Rücksicht darauf, woher sie stammten. An dieser Stelle muß aber darauf hingewiesen werden, daß der Erfahrung nach jede Kraftäußerung, die wir an einem Körper — den wir uns auch als materiellen Punkt denken können — beobachten, von einem anderen Körper ausgehen muß. Zugleich lehrt die Erfahrung, daß diese Kraftäußerung nicht einseitig erfolgen kann; auch der zweite Körper erfährt eine Kraftäußerung, die von dem ersten ausgeht. Den Inhalt dieser Erfahrungen faßt das Gesetz der Wechselwirkung oder das Prinzip der Aktion und Reaktion zusammen. Gewöhnlich spricht man es so aus, daß zwischen zwei materiellen Punkten eine Kraftübertragung nur in der Weise erfolgen kann, daß jeder Punkt auf den anderen eine Kraft ausübt. deren Richtungslinie mit der Verbindungslinie beider Punkte zusammenfällt, und daß beide Kräfte gleich groß und entgegengesetzt gerichtet sind. Es kann jedoch ein Zweifel darüber erhoben werden, ob das Bild, das man sich hiermit von der mechanischen Wechselwirkung zwischen den Naturkörpern macht, nicht etwas zu sehr spezialisiert ist. Wenn es genügt, beide Körper als einzelne materielle Punkte aufzufassen, ist die Aussage allerdings in genauester Übereinstimmung mit allen Erfahrungen, die darüber jemals gemacht wurden. Bei der Untersuchung der Kraftäußerungen, die ein Magnet im magnetischen Feld der Erde erfährt, bemerken wir aber z. B., daß auch das kleinste Stück des Magneten hierbei nicht als einzelner materieller Punkt aufgefaßt werden darf, sondern daß wir dazu immer mindestens zwei materielle Punkte, die sogenannten Pole, nötig haben. In einem solchen Falle kann man nicht mit vollem Recht behaupten, daß sich alle vorkommenden Wechselwirkungen auf solche zwischen einzelnen materiellen Punkten zurückführen lassen müßten. Es ist zwar richtig, daß die Anwendung des Prinzips der Aktion und Reaktion in der angegebenen Form auch unter diesen Umständen, sobald man zwei Angriffspunkte in jedem Volumenelement wählt, zu Ergebnissen führt, die mit der Erfahrung übereinstimmen. Immerhin mahnt aber die Eigenart des Falles zu einer gewissen Vorsicht, mit der Spezialisierung unserer Bilder nicht zu weit zu gehen. In der Tat kann man auch allen solchen Einwänden ohne Schwierigkeit durch eine geänderte Fassung des Wechselwirkungsgesetzes entgehen. Man braucht nur festzusetzen, daß allen jemals gemachten Erfahrungen zufolge die von einem Körper auf einen zweiten ausgeübten Kräfte in Verbindung mit den rückwärts von dem zweiten auf den ersten ausgeübten, im Gleichgewicht miteinander stehen müssen, wenn man sich alle in derselben Richtung, Größe und Lage an einem starren Körper angebracht denkt. Diese Aussage faßt die frühere als einen speziellen Fall in sich; sie ist aber allgemeiner und nötigt nicht in Gedanken zu einer Aufteilung des ganzen Körpers in einzelne materielle Punkte, von denen die unmittelbar benachbarten gleichartig zu behandeln wären. Dabei muß ich mir aber vorbehalten, der Aussage auf den folgenden Seiten noch einen bestimmteren Ausdruck zu geben.

In einem Lehrbuch der technischen Mechanik wäre eine solche genauere Erörterung früher ganz überflüssig gewesen. Seit die magnetischen und elektrischen Erscheinungen von so großer Bedeutung für die Praxis des Ingenieurs geworden sind, ist dies aber anders. Die Mechanik bildet das Fundament der ganzen theoretischen Physik, und eine ungenaue Fassung, die bei ihr ohne weiteres zugelassen würde, könnte später recht verhängnisvoll werden. Man muß dem, der später vielleicht vorwiegend mit Kräften an Magneten oder an elektrischen Strömen zu tun bekommt, von vornherein den Weg offen lassen, das Wechselwirkungsgesetz in der zuletzt angegebenen Fassung anzuwenden. Sonst steckt er später, wenn er sich in den ganzen Anschauungskreis der Mechanik mit der engeren Fassung des Wechselwirkungsgesetzes vollständig eingelebt hat, in einer Zwangsjacke, die ihn verhindert, die Erscheinungen so aufzufassen, wie es im gegebenen Falle am zweckmäßigsten ist. In der Tat ist gerade die sonst so wohlbewährte Aufteilung eines Körpers in einen Haufen von Punkten, die man sich nur durch Kräfte, die längs der geraden Verbindungslinien wirken, zusammengehalten denkt, und die im übrigen jeder für sich einheitlich und selbständig sind, der Entwicklung der Elektrizitätslehre sehr hinderlich gewesen. Man ist damit zur Not zwar auch ausgekommen und vor Fehlern bewahrt geblieben; die einfachere und zweckmäßigere Auffassung der Kräfte zwischen Magneten und Strömen ist aber dadurch aufgehalten worden.

Das Gesetz der Aktion und Reaktion in der zuletzt angegebenen Form kommt einfach auf die folgende Bemerkung hinaus. Man denke sich zwei Körper, die irgendwelche Kräfte aufeinander ausüben, also etwa zwei Magnete oder einen Magneten und eine Spule, in der ein elektrischer Strom fließt, durch passende

Verbindungsstücke starr miteinander verbunden. Dann kann sich der in dieser Weise zusammengesetzte starre Körper nicht selbst eine Beschleunigung erteilen, von welcher Art auch im übrigen die Kräfte zwischen den einzelnen Bestandteilen sein mögen. Wenn andere Kräfte von außen her nicht einwirken, bleibt er also in Ruhe, wenn er anfänglich in Ruhe war.

Wir wollen jetzt annehmen, daß auf einen starren Körper verschiedene Einzelkräfte von außen her einwirken, von denen bekannt ist, daß sie sich im Gleichgewicht halten. Es fragt sich, welche Bedingungen zwischen den gegebenen Kräften bestehen müssen, damit das Gleichgewicht möglich ist. Zu diesem Zweck denken wir uns den Körper anfänglich in Ruhe, er muß dann auch ferner in Ruhe bleiben. Dazu gehört, daß auch jedes Massenteilchen in Ruhe verharrt und daß daher alle Kräfte an diesem Massenteilchen im Gleichgewicht miteinander stehen. Zu diesen Kräften gehören zunächst die äußeren Kräfte, die etwa unmittelbar an diesem Massenteilchen angebracht sind, und ferner die inneren. Von den inneren Kräften wollen wir zunächst annehmen, daß sie dem Wechselwirkungsgesetz in der zuerst ausgesprochenen Form gehorchen, d. h. daß sie auf Kräfte längs der Verbindungsgeraden zwischen den einzelnen Massenteilchen zurückgeführt werden können.

Die äußere Kraft an dem betrachteten Massenteilchen, das wir jetzt unter dem Bild eines einzigen materiellen Punktes auffassen können, oder die Resultierende aus den äußeren Kräften, wenn etwa mehrere an demselben Angriffspunkt angreifen sollten, sei mit $\mathfrak{P}$ und irgendeine von den inneren Kräften, die an diesem materiellen Punkt wirken, sei mit $\mathfrak{J}$ bezeichnet. Dann erfordert das Gleichgewicht der Kräfte an diesem materiellen Punkt nach den Lehren des vorigen Abschnitts zunächst, daß die geometrische Summe der Kräfte Null ergibt. Wir haben also die Gleichung

$$\mathfrak{P} + \Sigma\mathfrak{J} = 0,$$

wobei sich die Summierung auf alle inneren Kräfte erstreckt, die überhaupt an dem betrachteten materiellen Punkt auftreten. Eine Gleichung von dieser Art muß auch für jeden anderen materiellen Punkt des ganzen Körpers gelten. Wir wollen uns alle diese Gleichungen angeschrieben denken und sie hierauf summieren. Dann erhalten wir

$$\Sigma\mathfrak{P} + \Sigma\Sigma\mathfrak{J} = 0.$$

Das Summenzeichen vor $\mathfrak{P}$ schreibt vor, daß alle äußeren Kräfte an dem ganzen Körper geometrisch summiert werden sollen. Von den beiden Summenzeichen vor $\mathfrak{J}$ bezieht sich das eine auf die Summierung aller inneren Kräfte an irgendeinem materiellen Punkt und das andere gibt an, daß auch die sämtlichen inneren Kräfte an allen übrigen materiellen Punkten in die Summierung eingeschlossen werden sollen. Angenommen nun, $\mathfrak{J}_{12}$ sei die innere Kraft, die von dem mit der Ordnungsnummer 2 bezeichneten Punkt auf den mit der Nummer 1 versehenen übertragen wird. Dann steht ihr nach dem Wechselwirkungsgesetz eine Kraft $\mathfrak{J}_{21}$ an dem Punkt 2 gegenüber, die von dem Punkt 1 herrührt, und beide sind gleich groß, fallen in die Verbindungslinie beider Punkte und·sind entgegengesetzt gerichtet. Jedenfalls ist also

$$\mathfrak{J}_{12} + \mathfrak{J}_{21} = 0.$$

In der Gesamtsumme $\Sigma\Sigma\mathfrak{J}$ aller inneren Kräfte heben sich demnach je zwei Glieder gegeneinander auf und wir finden

$$\Sigma\Sigma\mathfrak{J} = 0.$$

6*

Damit vereinfacht sich aber die frühere Gleichgewichtsbedingung zu

$$\Sigma \, \mathfrak{P} = 0. \tag{60}$$

d. h. wenn man sich alle äußeren Kräfte in derselben Richtung und Größe an einem einzigen Angriffspunkt angebracht dächte, müßten sie an diesem ebenfalls im Gleichgewicht stehen, wenn sie an dem Körper im Gleichgewicht stehen sollen. Gl. (60) ist demnach eine notwendige, aber keineswegs eine hinreichende Bedingung für das Gleichgewicht der Kräfte am Körper. Man überzeugt sich davon leicht, wenn man annimmt, daß von außen her nur zwei Einzelkräfte $\mathfrak{P}_1$ und $\mathfrak{P}_2$ (Abb. 27) auf den Körper wirken, die gleich groß und entgegengesetzt gerichtet sind, deren Richtungslinien aber nicht in dieselbe Gerade fallen. Den Verein von zwei solchen Kräften nennt man ein Kräftepaar, auch Drehpaar oder kurz Paar. Mit den Kräftepaaren werden wir uns später noch ausführlich zu beschäftigen haben. Schon jetzt sieht man aber auf Grund der alltäglichen Erfahrungen ein, daß ein Kräftepaar den Körper in Bewegung zu setzen, ihm nämlich eine Drehung zu erteilen vermag, obschon die notwendige Bedingung $\Sigma \mathfrak{P} = 0$ für das Gleichgewicht hier erfüllt ist.

Nun hatten wir aber noch andere Gleichgewichtsbedingungen bei der Mechanik des materiellen Punktes aufgefunden, die dort freilich mit der Gleichung $\Sigma \mathfrak{P} = 0$

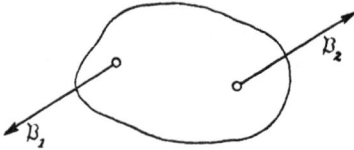

Abb. 27.

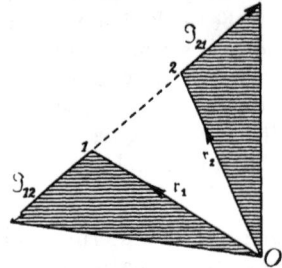

Abb. 28.

im wesentlichen gleichbedeutend waren, die aber, wenn wir sie nun auf den Punkthaufen übertragen, zu einer wichtigen Ergänzung der für sich allein nicht ausreichenden Gl. (60) führen.

Wir wählen irgendeinen Momentenpunkt, von dem aus wir die Hebelarme $\mathfrak{r}$ nach den einzelnen materiellen Punkten ziehen. Für irgendeinen der materiellen Punkte haben wir dann auch die Gleichgewichtsbedingung

$$[\mathfrak{P}\mathfrak{r}] = \Sigma \, [\mathfrak{J}\mathfrak{r}] = 0.$$

Auch diese Gleichung denken wir uns für jeden materiellen Punkt angeschrieben und hierauf alle summiert; wir finden, ganz wie vorher,

$$\Sigma \, [\mathfrak{P}\mathfrak{r}] + \Sigma\Sigma \, [\mathfrak{J}\mathfrak{r}] = 0.$$

Aus Abb. 28 erkennt man aber, daß für die beiden zusammengehörigen inneren Kräfte $\mathfrak{J}_{12}$ und $\mathfrak{J}_{21}$ auch

$$[\mathfrak{J}_{12}\mathfrak{r}_1] + [\mathfrak{J}_{21}\mathfrak{r}_2] = 0$$

ist, denn die beiden Momentendreiecke sind gleich groß, und der Drehsinn der Kräfte, von O aus gesehen, ist entgegengesetzt. Demnach heben sich auch in der Gesamtsumme der Momente aller inneren Kräfte je zwei Glieder gegeneinander auf und wir erhalten

$$\Sigma\Sigma \, [\mathfrak{J}\mathfrak{r}] = 0,$$

womit sich die vorige Gleichgewichtsbedingung durch Wegfallen der ihrer Größe, Richtung und Verteilung nach unbekannten inneren Kräfte vereinfacht zu

$$\Sigma\,[\mathfrak{P}\mathfrak{r}] = 0, \tag{61}$$

die für jeden beliebigen Momentenpunkt erfüllt sein muß. Daß wir hiermit zu einer für den starren Körper gegenüber Gl. (60) wesentlich neuen und mehr aussagenden Gleichgewichtsbedingung gelangt sind, erkennt man sofort daraus, daß Gl. (61) von einem Kräftepaar nicht mehr erfüllt wird. Man denke sich nur den Momentenpunkt auf die eine Kraft des Paares verlegt; dann verschwindet zwar deren Moment, aber nicht das Moment der anderen Kraft, und auch die Momentensumme ist daher von Null verschieden.

Wir hatten ferner bei der Mechanik des materiellen Punktes das Prinzip der virtuellen Geschwindigkeiten bewiesen und wollen auch dieses auf den starren Körper übertragen. Zu diesem Zweck denken wir uns dem Körper eine willkürliche (virtuelle) Bewegung erteilt. Die Bewegung kann zwar unter Umständen auch von endlicher Größe sein; aus einem Grund, den ich sofort anführen werde, wird aber das Prinzip der virtuellen Geschwindigkeiten am starren Körper gewöhnlich nur auf unendlich kleine Lagenänderungen angewendet, und wir wollen es daher von vornherein für eine solche ableiten. Der Übertragung auf eine Bewegung von endlicher Größe steht nachher ohnehin nichts im Wege, da sich jede endliche Bewegung auf eine Summe von unendlich kleinen Lagenänderungen zurückführen läßt.

Bei einer solchen Übertragung muß man sich freilich vor einem naheliegenden Fehler hüten. Zur Untersuchung des Gleichgewichts von Kräften darf man sich nämlich einer endlichen virtuellen Verschiebung nur unter der (eigentlich freilich selbstverständlichen) Voraussetzung bedienen, daß das Gleichgewicht auch wirklich während des ganzen endlichen Weges bestehen bleibt. In vielen Fällen der Anwendung trifft dies ohne weiteres zu. Sind dagegen die Kräfte in solcher Art angebracht, daß sie zwar in der augenblicklichen Stellung des Körpers Gleichgewicht halten, nicht aber in den späteren Stellungen (oder auch, wenn es nicht von vornherein sicher ist, daß das Gleichgewicht auch in den späteren Stellungen bestehen bleibt), darf man, um das augenblicklich bestehende Gleichgewicht zu untersuchen, nur solche virtuelle Bewegungen ins Auge fassen, während deren das anfänglich bestehende Gleichgewicht keine merkliche Änderung erfahren kann, also nur unendlich kleine Bewegungen.

Der sehr kleine Weg, den irgendein materieller Punkt bei dieser virtuellen Lagenänderung zurücklegt, sei mit $\mathfrak{s}$ bezeichnet. Dann ist zunächst für diesen materiellen Punkt

$$\mathfrak{P}\mathfrak{s} + \Sigma\mathfrak{J}\mathfrak{s} = 0,$$

und wenn wir, wie vorher, diese Gleichung auf alle Punkte des Körpers anwenden und summieren, erhalten wir

$$\Sigma\mathfrak{P}\mathfrak{s} + \Sigma\Sigma\mathfrak{J}\mathfrak{s} = 0.$$

Wenn der Körper während der Bewegung seine Gestalt nicht ändert, fällt aber auch in diesem Falle das sich auf die inneren Kräfte beziehende Glied der Gleichung fort. Sind nämlich $\mathfrak{J}_{12}$ und $\mathfrak{J}_{21}$ wieder die früher damit bezeichneten inneren Kräfte, so denke man sich, um zu beweisen, daß die Summe ihrer Arbeiten verschwindet, den Punkt 1 als Bezugspunkt für die Beschreibung der unendlich kleinen Lagenänderung gewählt. Die Bewegung zerfällt dann in eine Translation, durch die Punkt 1 in seine neue Lage 1′ gelangt und in eine darauffolgende

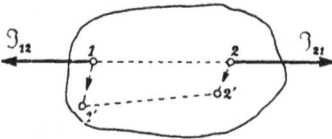

$\mathfrak{J}_{12}$ $\mathfrak{J}_{21}$

Abb. 29.

Rotation um diesen Punkt. Bei der Translation beschreiben alle Punkte gleiche Wege. Auch die Projektionen der Wege auf die Verbindungslinie der Punkte 1 und 2 sind daher gleich. Da nun $\mathfrak{J}_{12}$ entgegengesetzt gerichtet mit $\mathfrak{J}_{21}$ ist, leistet eine dieser Kräfte bei der Translation eine positive, die andere eine ebenso große negative Arbeit; die Summe beider Arbeiten ist daher Null. Nun lasse man die Rotation folgen. Bei dieser bewegt sich der Angriffspunkt von $\mathfrak{J}_{12}$ überhaupt nicht; ihre Arbeit ist also Null. Aber auch die Arbeit von $\mathfrak{J}_{21}$ ist Null, denn ihr Angriffspunkt bewegt sich zwar, aber in einer Richtung, die senkrecht zur Kraftrichtung steht. In der Tat ist also bei der ganzen Lagenänderung die Summe aller von $\mathfrak{J}_{12}$ und $\mathfrak{J}_{21}$ geleisteten Arbeiten Null, oder in Form einer Gleichung

$$\mathfrak{J}_{12}\,\mathfrak{s}_1 + \mathfrak{J}_{21}\,\mathfrak{s}_2 = 0, \qquad (62)$$

wobei noch wohl zu beachten ist, daß dieselbe Aussage auch für irgend zwei äußere Kräfte gilt, die in derselben Beziehung zueinander stehen, wie hier $\mathfrak{J}_{12}$ und $\mathfrak{J}_{21}$, so nämlich, daß die eine gleich groß, aber entgegengesetzt gerichtet ist wie die andere, während die Richtungslinien in eine Gerade fallen. Wesentlich für die Beweisführung ist nur, daß sich der Abstand der Punkte 1 und 2 nicht ändern darf. Das ist aber durch die Voraussetzung ausgeschlossen, daß der Körper starr sei. Dagegen soll jetzt schon darauf aufmerksam gemacht werden, daß bei einer Gestaltänderung der Körper, z. B. bei elastischen Körpern, die inneren Kräfte ebenfalls Arbeit leisten. Diese Arbeit wird als Formänderungsarbeit bezeichnet und wir werden uns bei späteren Gelegenheiten mit dieser vielfach zu beschäftigen haben. Hier gilt aber jedenfalls Gl. (62) und mit ihr auch

$$\Sigma\Sigma\mathfrak{J}\,\mathfrak{s} = 0,$$

da sich in der Gesamtsumme der Arbeiten aller inneren Kräfte je zwei Glieder gegeneinander fortheben.

Das Prinzip der virtuellen Geschwindigkeiten für das Gleichgewicht der Kräfte am starren Körper läßt sich demnach in die einfache Gleichung zusammenfassen, daß für jede unendlich kleine virtuelle Verrückung

$$\Sigma\mathfrak{P}\,\mathfrak{s} = 0 \qquad (63)$$

sein muß. Auch diese Gleichung läßt sofort erkennen, daß ein Körper, an dem von außen her nur ein Kräftepaar wirkt, nicht im Gleichgewicht sein kann. Denn man denke sich nur dem Körper eine Rotation um eine beliebige Achse erteilt, die etwa durch den Angriffspunkt der ersten Kraft des Paares gelegt ist. Dann leistet zwar diese keine Arbeit, wohl aber die andere Kraft des Paares und die Gleichgewichtsbedingung (63) ist daher nicht erfüllt.

Die ganze Beweisführung, die zu den Formeln (60) bis (63) führte, läßt uns freilich im Stich, sobald wir es als zweifelhaft ansehen, ob es zulässig ist, alle inneren Kräfte auf Kräfte längs der Verbindungsgeraden der einzelnen materiellen Punkte des Haufens zurückzuführen. In diesem Falle müssen wir dem Gesetz der Wechselwirkung einen anderen geeigneten Ausdruck geben, auf den schon vorher, als zuerst davon die Rede war, hingewiesen wurde. Wir setzen zu diesem Zweck fest, daß für die inneren Kräfte, gleichgültig, wie sie nun im einzelnen verteilt seien, um den Erfahrungen gerecht zu werden, jedenfalls

$$\Sigma\Sigma\mathfrak{J} = 0; \qquad \Sigma\Sigma V\,\mathfrak{J}\,\mathfrak{r} = 0; \qquad \Sigma\Sigma\mathfrak{J}\,\mathfrak{s} = 0 \qquad (64)$$

gesetzt werden muß, womit an der Gültigkeit der Gl. (60) bis (63) nichts geändert wird. Wir befinden uns damit in Übereinstimmung mit der früheren Aussage, daß Wirkung und Gegenwirkung, wenn man sie als äußere Kräfte an demselben starren Körper angreifen läßt, den allgemeinen Gleichgewichtsbedingungen genügen müssen. Jene Aussage war nur noch nicht bestimmt genug gefaßt, um weitere Schlüsse auf sie stützen zu können; die Ergänzung, die hierzu erforderlich war, wird durch die Gl. (64) geliefert.

Übrigens ist durch die Gl. (64) das Wechselwirkungsgesetz nicht nur für die inneren Kräfte desselben Körpers näher bestimmt, sondern auch für die Kräfte zwischen zwei verschiedenen Körpern. Denn man braucht sich, wie es auch vorher schon einmal angedeutet war, beide Körper nur im gegebenen Augenblick in starre Verbindung miteinander gebracht zu denken. Dann werden die Kräfte zwischen beiden Körpern zu inneren Kräften des ganzen Verbandes, die nun den allgemeinen Gleichgewichtsbedingungen genügen müssen.

Anmerkung. Es steht übrigens auch frei, die Aussage in Gl. (64), daß $\Sigma\Sigma\mathfrak{J}\mathfrak{s} = 0$ sein musse, wie nun auch die Kräfte $\mathfrak{J}$ zwischen den einzelnen Teilen des ganzen Punkthaufens wirken mögen, als den Hauptinhalt des Prinzips der virtuellen Geschwindigkeiten anzusehen. Verfährt man so, dann erhöht man die Tragweite dieses Satzes gegenüber der von mir gegebenen Darstellung in solcher Art, daß er zugleich das Wechselwirkungsgesetz in seiner allgemeinsten Form mit umfaßt. — Jedenfalls ist die allgemeine Aussage $\Sigma\Sigma\mathfrak{J}\mathfrak{s} = 0$ nur durch Berufung auf die Erfahrungstatsachen zu rechtfertigen, und es bleibt sich dann ziemlich gleich, unter welchem einzelnen Titel man sie unterbringt. Ich selbst halte es freilich für zweckmäßiger, die der Gleichung zugrunde liegende Erfahrungstatsache unter de Bezeichnung des Wechselwirkungsgesetzes gesondert auszusprechen, als sie mit dem einfachen Multiplikationssatz, der das Prinzip der virtuellen Geschwindigkeiten fur den einzelnen materiellen Punkt darstellt, zu vermengen.

§ 21 a. Notwendige und hinreichende Gleichgewichtsbedingungen

Im vorigen Paragraphen wurde nachgewiesen, daß die Gl. (60), (61) und (63) jedenfalls erfüllt sein müssen, wenn die an einem starren Körper angreifenden äußeren Kräfte im Gleichgewicht miteinander stehen sollen. Im einzelnen Anwendungsfall spricht also jede dieser Gleichungen, wie man sich ausdrückt, eine „notwendige" Gleichgewichtsbedingung aus. Aber wenn man eine dieser Gleichungen erfüllt findet, so ist daraus zunächst nur zu schließen, daß das Gleichgewicht möglicherweise bestehen kann, und noch nicht, daß es sicher bestehen müsse. Es entsteht demnach die Frage, welche oder wie viele der als notwendig erkannten Bedingungen zugleich auch als „hinreichend" anzusehen sind, um nachzuweisen, daß die Kräfte wirklich Gleichgewicht miteinander halten.
Schon im Anschluß an die Ableitung von Gl. (60)

$$\Sigma\,\mathfrak{P} = 0$$

auf Seite 84 wurde hervorgehoben, daß diese Gleichung zwar eine notwendige, für sich allein aber keine hinreichende Gleichgewichtsbedingung bildet. Auch wenn man die Momentengleichung (61)

$$\Sigma\,[\mathfrak{P}\,\mathfrak{r}] = 0$$

für einen einzelnen oder auch für zwei verschiedene Momentenpunkte erfüllt findet, genügt dies noch keineswegs, um daraus den Schluß zu ziehen, daß Gleichgewicht bestehen müsse. Man sieht dies ein, wenn man bedenkt, daß auch für eine Gruppe von Kräften, die sich durch eine Resultierende $\mathfrak{R}$ ersetzen lassen, für jeden auf der Richtungslinie von $\mathfrak{R}$ liegenden Momentenpunkt die Summe der Momente der gegebenen Kräfte zu Null wird, obschon die Kräfte, da sie eine Resultierende ergeben, sicher nicht im Gleichgewicht miteinander stehen. Ebensowenig genügt es zum Nachweis des Gleichgewichts, wenn man findet, daß für eine bestimmte virtuelle Verschiebung die Summe der Arbeitsleistungen aller Kräfte zu Null wird.

Dagegen läßt sich behaupten, daß das Verschwinden der Summe der Arbeitsleistungen aller Kräfte nicht nur für eine bestimmte, sondern für jede virtuelle Bewegung stets eine hinreichende Gleichgewichtsbedingung bildet. Der Beweis dafür stützt sich auf den Satz von der lebendigen Kraft. Dieser Satz wurde in § 15 für einen einzelnen materiellen Punkt aufgestellt; er gilt aber ebenso auch für einen starren Körper, wie jetzt zunächst nachgewiesen werden soll. Gl. (43) S. 46

$$\int \mathfrak{P}\,d\mathfrak{s} = \frac{m\,v^2}{2} - \frac{m\,v_0{}^2}{2}$$

spricht den Satz von der lebendigen Kraft für einen einzelnen materiellen Punkt aus. Dabei bezieht sich das Linienintegral der Kraft $\mathfrak{P}$ auf den von dem materiellen Punkt wirklich eingeschlagenen Weg, und unter $\mathfrak{P}$ ist die Resultierende aller Kräfte zu verstehen, die an dem Punkt angreifen. Gehört der Punkt, auf den wir die Gleichung anwenden wollen, zu einem Punkthaufen, so können wir die an ihm angreifenden Kräfte in äußere und in innere einteilen. Mit Anwendung der im vorigen Paragraphen eingeführten Bezeichnungen, bei denen $\mathfrak{P}$ die Resultierende der äußeren Kräfte bedeutete, ist die Gleichung in der Form

$$\int \mathfrak{P}\,d\mathfrak{s} + \Sigma \int \mathfrak{J}\,d\mathfrak{s} = \frac{m\,v^2}{2} - \frac{m\,v_0{}^2}{2}$$

anzuschreiben. Sie gilt in dieser Form für jeden Punkt des ganzen Haufens, und wenn wir uns alle diese Gleichungen summiert denken, so hebt sich nach dem Wechselwirkungsgesetz, wenn der Punkthaufen einen starren Körper bildet, die Summe der Arbeiten aller inneren Kräfte fort, und man behält

$$\Sigma \int \mathfrak{P}\,d\mathfrak{s} = \Sigma \frac{m\,v^2}{2} - \Sigma \frac{m\,v_0{}^2}{2}\,.$$

Die Summe der lebendigen Kräfte aller Punkte bezeichnet man als die lebendige Kraft des ganzen Körpers. Wenn man dafür den Buchstaben L einführt, läßt sich die vorige Gleichung schreiben

$$\Sigma \int \mathfrak{P}\,d\mathfrak{s} = L - L_0 \qquad\qquad (64\,\text{a})$$

oder in Worten: bei jeder Bewegung, die ein starrer Körper ausführt, ist der Zuwachs, den die lebendige Kraft erfährt, gleich der Summe der Arbeitsleistungen aller an dem Körper angreifenden äußeren Kräfte.

Man beachte noch, daß L aus einer Summe von lauter positiven Gliedern gebildet wird, und daß daher L niemals negativ werden kann. Es muß entweder positiv sein oder gleich Null, und Null kann L nur dann sein, wenn der ganze Körper in Ruhe ist.

Nun denke man sich an dem starren Körper eine Anzahl von äußeren Kräften angebracht, von denen für jede virtuelle Verrückung die Gl. (63)

$$\Sigma \mathfrak{P}\mathfrak{s} = 0$$

erfüllt wird. Wenn die Kräfte trotzdem nicht im Gleichgewicht miteinander stehen sollten, müßten sie imstande sein, dem ruhenden Körper eine Bewegung zu erteilen. Bei dieser Bewegung müßte der Körper eine gewisse lebendige Kraft annehmen, die nach Gl. (64 a) gleich der Arbeit der Kräfte $\mathfrak{P}$ zu setzen wäre. Nach Voraussetzung ist aber für jede mögliche Bewegung und daher auch für die hier in Aussicht genommene die Summe der Arbeiten aller $\mathfrak{P}$ gleich Null, und daraus folgt, daß die lebendige Kraft nicht zunehmen kann, daß sie also gleich Null bleiben muß, und dies ist nur möglich, wenn der Körper in Ruhe bleibt. Hiermit ist bewiesen, daß das Verschwinden der Summe der Arbeitsleistungen aller Kräfte für alle überhaupt möglichen Bewegungen nicht nur eine notwendige, sondern zugleich auch eine hinreichende Gleichgewichtsbedingung bildet. Unter den „überhaupt möglichen" Bewegungen sind hierbei solche zu verstehen, die den Körper in eine beliebige unendlich nahe Lage überführen.

Nun weiß man ferner, daß ein starrer Körper aus einer Lage in eine unendlich nahe benachbarte stets durch ein Zusammenwirken einer Translation mit einer Rotation um eine durch einen beliebig gewählten Anfangspunkt O gehende Achse übergeführt werden kann. Es genügt daher zum Nachweis für das Gleichgewicht der Kräfte $\mathfrak{P}$ auch, wenn die Summe ihrer Arbeitsleistungen sowohl für jede Translationsbewegung als auch für jede Rotation um eine durch den bestimmt ausgewählten Punkt O gehende Achse verschwindet. Für andere Punkte O braucht diese Bedingung nicht mehr besonders geprüft zu werden, da sie alsdann für sie von selbst erfüllt sein muß. Bei der Translation beschreibt jeder Punkt des Körpers dasselbe Wegelement $\mathfrak{v}_0 dt$, wenn mit $\mathfrak{v}_0$ die Geschwindigkeit des Punktes O und mit dt die Zeitdauer der unendlich kleinen Verschiebung bezeichnet wird. Die Bedingung, daß die Summe der Arbeiten für die Translation verschwinden soll, erfordert daher, daß

$$\Sigma \mathfrak{P} \mathfrak{v}_0 dt = \mathfrak{v}_0 dt \Sigma \mathfrak{P} = 0 \quad \text{oder} \quad \Sigma \mathfrak{P} = 0$$

sein muß. Das war die durch Gl. (60) ausgesprochene notwendige Gleichgewichtsbedingung. Wenn sie erfüllt ist, muß aber noch die andere Bedingung hinzukommen, daß auch für die zur allgemeinen virtuellen Verschiebung gehörige Rotation die Summe der Arbeiten verschwindet. Man bezeichne die Winkelgeschwindigkeit dieser Rotation mit $\mathfrak{u}$ und das Zeitelement wieder mit dt. Der vom Anfangspunkt O nach dem Angriffspunkt der ersten Kraft $\mathfrak{P}_1$ gezogene Radiusvektor sei $\mathfrak{r}_1$; dann ist nach Gleichung (58) die Geschwindigkeit $\mathfrak{v}_1$ dieses Angriffspunktes bei der Rotation

$$\mathfrak{v}_1 = \bigvee \mathfrak{r}_1 \mathfrak{u} = [\mathfrak{r}_1 \mathfrak{u}]$$

und die Arbeit von $\mathfrak{P}_1$ während dt gleich

$$\mathfrak{P}_1 \mathfrak{v}_1 dt \quad \text{oder} \quad \mathfrak{P}_1 dt [\mathfrak{r}_1 \mathfrak{u}].$$

Die Bedingung, daß die Summe der Arbeitsleistungen aller Kräfte zu Null werden soll, wird daher durch die Gleichung

$$\Sigma \, \mathfrak{P} \, [\mathfrak{r} \, \mathfrak{u}] = 0$$

ausgesprochen, gültig für jedes beliebig gewählte $\mathfrak{u}$.
Wer aus mathematischen Vorlesungen mit der Vektoralgebra ein wenig vertraut ist, weiß aber, daß man für drei beliebige Vektoren $\mathfrak{A}, \mathfrak{B}, \mathfrak{C}$ stets

$$\mathfrak{A} \, [\mathfrak{B} \, \mathfrak{C}] = \mathfrak{B} \, [\mathfrak{C} \, \mathfrak{A}] = \mathfrak{C} \, [\mathfrak{A} \, \mathfrak{B}]$$

setzen kann, indem jedes dieser Produkte den Inhalt eines Parallelepipeds mit den Kantenlängen $\mathfrak{A}, \mathfrak{B}, \mathfrak{C}$ angibt. Machen wir von diesem Satze Gebrauch, so läßt sich die vorhergehende Gleichgewichtsbedingung auch in der Form

$$\Sigma \mathfrak{u} [\mathfrak{P} \mathfrak{r}] = 0$$

anschreiben, wofür auch mit Heraushebung des gemeinsamen Faktors $\mathfrak{u}$ vor das Summenzeichen

$$\mathfrak{u} \, \Sigma \, [\mathfrak{P} \mathfrak{r}] = 0 \quad \text{oder auch} \quad \Sigma \, [\mathfrak{P} \mathfrak{r}] = 0$$

gesetzt werden kann. Wenn die letzte Gleichung erfüllt ist, wird demnach die Summe der Arbeitsleistungen der Kräfte $\mathfrak{P}$ für jede Drehung um eine beliebig durch den Punkt O gezogene Achse zu Null. Die Gleichung selbst spricht aber aus, daß die Summe der statischen Momente der Kräfte $\mathfrak{P}$ für den bestimmt gewählten Momentenpunkt O verschwinden soll.

Das war auch eine notwendige, für sich allein aber nicht hinreichende Gleichgewichtsbedingung. Wir sehen aber jetzt, daß sie in Verbindung mit der anderen Bedingung, daß die geometrische Summe der Kräfte $\mathfrak{P}$ zu Null werden muß, stets hinreicht, um das Bestehen des Gleichgewichts zu sichern.

Zum Nachweis für das Gleichgewicht von Kräften an einem starren Körper genügt es demnach auch, wenn man erstens zeigen kann, daß die geometrische Summe der Kräfte gleich Null ist und zweitens, daß für einen einzigen, ganz beliebig gewählten Momentenpunkt die Summe der statischen Momente verschwindet.

Man kann auch beweisen, daß das Gleichgewicht stets bestehen muß, wenn die Momentensumme für drei Momentenpunkte zu Null wird, die nicht in einer Geraden liegen, worauf aber hier nicht weiter eingegangen werden soll.

§ 22. Zusammensetzen der Kräfte am starren Körper

Die Aufgabe, zwei Einzelkräfte, die an verschiedenen Punkten eines starren Körpers angreifen, durch eine Resultierende oder durch mehrere andere Kräfte zu ersetzen, ist von ganz anderer Art, wie die gleiche Aufgabe für den einzelnen materiellen Punkt. Beim materiellen Punkt ersetzt die Resultierende die beiden Komponenten in jeder Hinsicht; beim starren Körper ersetzt die Resultierende, falls eine solche überhaupt angegeben werden kann, die Komponenten nur in Hinsicht auf den Bewegungszustand des Körpers. Die Verteilung der inneren Kräfte wird dagegen vollständig geändert. Solange man sich um die inneren Kräfte nicht zu kümmern braucht, macht dies zwar nichts aus. Es ist aber gut, wenn man diesen Unterschied von Anfang an wohl im Auge behält, denn bei allen Aufgaben der Festigkeitslehre kommt es auf die Verteilung der inneren Kräfte sehr wesentlich an, und man darf daher von den Lehren, die hier entwickelt werden sollen, dort nur mit Vorsicht Gebrauch machen.

Die Lehre von der Kräftezusammensetzung am starren Körper beruht auf dem Satz, daß zwei Kräfte $\mathfrak{P}$ und $\mathfrak{P}'$ von gleicher Größe und entgegengesetzter Richtung, deren gemeinsame Richtungslinie auf die Verbindungslinie der beiden Angriffspunkte fällt, im Gleichgewicht miteinander stehen müssen. Für jede virtuelle Verschiebung wird nämlich, wie schon in § 21 im Anschluß an die Ableitung von Gl. (62) hervorgehoben wurde, die Summe der Arbeitsleistungen von zwei solchen Kräften $\mathfrak{P}$ und $\mathfrak{P}'$ zu Null. Nach § 21a ist aber hierin eine hinreichende Bedingung für den Nachweis des Gleichgewichts zu erblicken.

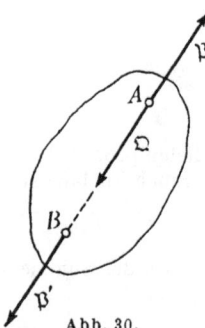

Man darf demnach auch zwei solche Kräfte $\mathfrak{P}$ und $\mathfrak{P}'$ zu anderen, die etwa daneben noch vorkommen, zufügen oder sie davon wegnehmen, ohne den Gleichgewichtszustand oder die Bewegung des starren Körpers zu ändern. Die Verteilung der inneren Kräfte erfährt freilich durch die Zufügung oder Wegnahme eine Änderung.

Aus dem bewiesenen Satz folgt weiter der Satz von der Verschiebung des Angriffspunktes. Denkt man sich nämlich zu einer Kraft $\mathfrak{Q}$ (Abb. 30), die an irgendeinem Punkt A des Körpers angreift, noch zwei Kräfte $\mathfrak{P}$ und $\mathfrak{P}'$ zugesetzt von gleicher Größe mit $\mathfrak{Q}$, von

Abb. 30.

denen $\mathfrak{P}$ mit $\mathfrak{Q}$ an demselben Angriffspunkt wirkt und ihr entgegengesetzt gerichtet ist, während die andere dieser gleich gerichtet ist und an irgendeinem anderen, auf derselben Richtungslinie liegenden Punkt des Körpers angreift, so ist der Verein dieser drei Kräfte nach dem zuvor bewiesenen Satz mit der Kraft $\mathfrak{Q}$ gleichwertig. Von den drei Kräften heben sich aber $\mathfrak{P}$ und $\mathfrak{Q}$ gegeneinander auf, und es bleibt daher nur $\mathfrak{P}$ als Ersatz von $\mathfrak{Q}$ übrig. Der Unterschied zwischen $\mathfrak{P}'$ und $\mathfrak{Q}$ besteht aber nur darin, daß der Angriffspunkt der einen Kraft längs der Richtungslinie gegen den Angriffspunkt der anderen verschoben ist. Eine solche Verschiebung ist daher immer zulässig, solange es auf die Verteilung der inneren Kräfte, die hierbei freilich geändert wird, nicht ankommt.

Der Satz von der Verschiebung des Angriffspunktes gestattet uns nun auch, zwei Kräfte an verschiedenen Punkten desselben starren Körpers, deren Richtungslinien sich schneiden, zu einer Resultierenden zu vereinigen. Man verlegt dazu beide Angriffspunkte nach dem Schnittpunkt der Richtungslinien und kann die Kräfte, da sie jetzt an demselben materiellen Punkt angreifen, nach den Lehren des vorigen Abschnitts vereinigen, indem man ihre geometrische Summe bildet. Nachträglich kann natürlich auch der Angriffspunkt dieser Resultierenden wieder beliebig längs deren Richtungslinie verschoben werden.

An dieser Stelle wird eine Bemerkung über die Bedeutung der Angriffspunkte von Kräften am starren Körper von Nutzen sein. Wir sahen, daß es zulässig ist, den Angriffspunkt längs der Richtungslinie zu verschieben. Mit Rücksicht darauf ist es häufig gar nicht nötig, den Angriffspunkt einer Kraft überhaupt genauer zu bestimmen, sondern es genügt, die Richtungslinie anzugeben, auf der man den Angriffspunkt nach Belieben wählen mag. Indessen ist dies, wie aus den vorausgehenden Betrachtungen folgt, nur dann zulässig, wenn die Verteilung der inneren Kräfte gleichgültig ist. Da nun das wirkliche Verhalten der Naturkörper durch den Spannungszustand, in den sie versetzt werden, mit bedingt ist, so folgt, daß die genauere Angabe des Angriffspunktes nicht unter allen Umständen, sondern nur insofern entbehrlich ist, als der Körper im gegebenen Falle genau genug als starr betrachtet werden darf. Von einer Resultierenden aus zwei Kräften, wie wir sie vorher bildeten, ist dagegen die Angabe des Angriffspunktes unter allen Umständen entbehrlich, denn die Zusammensetzung, die zu ihr führte, ist an und für sich nur dann berechtigt, wenn es auf die inneren Kräfte nicht ankommt. Eine solche Resultierende ist in der Tat nur eine Rechnungsgröße, der keine unmittelbare physikalische Bedeutung, wie etwa einer direkt gegebenen äußeren Kraft, zukommt. Man findet zuweilen in der Literatur Betrachtungen, die den Zweck haben sollen, den Angriffspunkt derartiger Resultierenden näher zu bestimmen; nach dem, was ich vorher darüber sagte, hat aber ein solches Bestreben gar keinen physikalischen Sinn.

Auch zwei Kräfte, deren Richtungslinien parallel zueinander sind, lassen sich in der Regel durch eine einzige Kraft ersetzen. Um z. B. die Kräfte $\mathfrak{Q}_1$ und $\mathfrak{Q}_2$ in Abb. 31 zu einer Resultierenden zu vereinigen, führe man zwei neue Kräfte $\mathfrak{P}$ und $\mathfrak{P}'$ ein, die sich

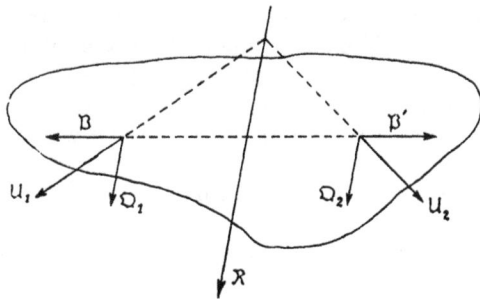

Abb. 31.

gegenseitig aufheben. Dann setze man $\mathfrak{P}$ und $\mathfrak{Q}_1$, die an demselben Angriffspunkt wirken, zu $\mathfrak{U}_1$, und $\mathfrak{P}'$ mit $\mathfrak{Q}_2$ zu $\mathfrak{U}_2$ zusammen. Die Richtungslinien
von $\mathfrak{U}_1$ und $\mathfrak{U}_2$ schneiden sich jetzt, und man gelangt nach dem früheren Verfahren zur Resultierenden $\mathfrak{R}$, die nun alle vier Kräfte und demnach auch die
beiden ursprünglich gegebenen ersetzt.

Gewöhnlich ist es übrigens bequemer, die Lage der Resultierenden $\mathfrak{R}$, auf deren
Ermittlung es bei dieser Konstruktion allein ankommt, durch Anwendung des
Momentensatzes zu bestimmen. Das Moment von $\mathfrak{R}$ muß für jeden Momentenpunkt gleich der Summe der Momente von $\mathfrak{Q}_1$ und $\mathfrak{Q}_2$ sein. Legt man den
Momentenpunkt auf $\mathfrak{R}$, so muß das Moment von $\mathfrak{Q}_1$ gleich groß und entgegengesetzt gerichtet mit dem Moment von $\mathfrak{Q}_2$ sein, also bei Bezeichnung der rechtwinklig gezogenen Hebelarme mit kleinen Buchstaben

$$Q_1 q_1 = Q_2 q_2 \quad \text{und daher} \quad \frac{q_1}{q_2} = \frac{Q_2}{Q_1}.$$

Wenn $\mathfrak{Q}_1$ und $\mathfrak{Q}_2$ gleich gerichtet sind, liegt daher die Resultierende zwischen
ihnen und sie teilt den Abstand zwischen beiden in zwei Abschnitte, die sich
umgekehrt wie die Kräfte verhalten.

Auch wenn $\mathfrak{Q}_1$ und $\mathfrak{Q}_2$ entgegengesetzt gerichtet sind, läßt sich das Verfahren
anwenden. Die Resultierende liegt dann außerhalb des Parallelstreifens auf der
Seite der größeren Kraft und ist mit dieser gleich gerichtet, während sich die
Abstände von beiden Kräften immer noch umgekehrt wie die Kräfte verhalten.
Es kann dabei freilich vorkommen, daß die Richtungslinie der Resultierenden
gar keinen Punkt mehr mit dem Körper gemeinsam hat. Physikalisch wäre dann
die Vereinigung beider Kräfte, auch abgesehen von dem Spannungszustande, nicht
mehr ausführbar. Man läßt sich aber dadurch gewöhnlich nicht stören, weil man
ohnehin weiß, daß die gesuchte Resultierende nur den Sinn einer Rechnungsgröße hat. Um sich klar vorzustellen, was mit ihr gemeint ist, genügt es, sich
den Körper nach der betreffenden Seite hin mit einer Handhabe versehen zu
denken, die nur eine starre Verbindung des Angriffspunktes mit dem Körper
herbeiführt, sonst aber an dem Körper nichts ändert; namentlich muß man sich
diese Handhabe als masselos vorstellen.

Zu solchen Hilfsvorstellungen wird man namentlich genötigt, wenn die eine Kraft
nicht viel größer ist als die andere, die man mit ihr zusammensetzen will. Je
weniger sich beide in der Größe voneinander unterscheiden, desto weniger weichen
nämlich auch die Richtungen der Resultierenden $\mathfrak{U}_1$ und $\mathfrak{U}_2$ voneinander ab;
um so weiter weg fällt also auch deren Schnittpunkt. Im Grenzfall, wenn
$\mathfrak{Q}_1 = - \mathfrak{Q}_2$ ist, wird auch $\mathfrak{U}_1 = - \mathfrak{U}_2$ und die vorige Konstruktion führt nicht
mehr zum Ziel. Die Zufügung der Kräfte $\mathfrak{P}$ und $\mathfrak{P}'$ bewirkt nur, daß das eine
Kräftepaar — diesen Namen führten wir schon früher für zwei entgegengesetzt
gleiche Kräfte mit parallelen Richtungslinien ein — durch ein anderes ersetzt wird.

Man kann diesen Fall von zwei verschiedenen Seiten her auffassen. Zunächst
kann man davon ausgehen, daß $\mathfrak{Q}_1$ und $\mathfrak{Q}_2$ ursprünglich verschieden groß waren
und daß dann die kleinere — sagen wir $\mathfrak{Q}_2$ — allmählich bis zur Größe von $\mathfrak{Q}_1$
anwächst. Vorher waren wir schon genötigt, eine Handhabe anzubringen, um
die Resultierende aus beiden aufzunehmen. Je mehr sich $\mathfrak{Q}_2$ der Größe von $\mathfrak{Q}_1$
nähert, desto kleiner wird die Resultierende, die stets gleich $\mathfrak{Q}_1 - \mathfrak{Q}_2$ ist, und um
so länger wird die Handhabe. Legt man einen Momentenpunkt auf $\mathfrak{Q}_2$, so muß
in allen Augenblicken das statische Moment der Resultierenden denselben Wert,
nämlich den Wert $Q_1 q_1$ haben. Zuletzt wird die Resultierende unendlich klein

und die Länge der Handhabe unendlich groß, aber so, daß das Produkt aus beiden den endlichen Wert $Q_1 q_1$ behält. Man sagt daher, daß ein Kräftepaar einer unendlich kleinen, aber unendlich fernen Kraft gleichwertig ist. Das ist freilich eine ziemlich gekünstelte Art der Auffassung; da es sich aber bei allen Resultierenden von Kräften am starren Körper nur um mathematische Konstruktionen handelt, mit denen man die vorkommenden Aufgaben besser zu lösen vermag, so liegt auch gegen diese Auffassung kein Bedenken vor. In der Tat wird sich später zeigen, daß ähnlich wie in der Geometrie, auch bei der Kräftezusammensetzung die Heranziehung von unendlich fernen Elementen zur Vereinfachung der Darstellung und zur Gewinnung einer klaren Übersicht viel beizutragen vermag.

Nach der eben beschriebenen Auffassung stellt sich das Kräftepaar nur als ein besonderer Fall einer Einzelkraft dar. Gewöhnlich ist aber eine andere Auffassung vorzuziehen. Bei dieser wird das Kräftepaar ebenfalls als etwas einheitlich Gegebenes betrachtet; es wird aber in einen Gegensatz zur Einzelkraft gebracht. So nämlich wie die Einzelkraft zunächst eine fortschreitende Bewegung des von ihr ergriffenen Punktes herbeizuführen sucht, strebt das Kräftepaar eine Drehung des ganzen Körpers an. Stellt man die beiden Kräfte des Paares in gewöhnlicher Weise durch Strecken dar, die auf den Richtungslinien abgetragen sind, so erhält man durch Verbinden der vier Endpunkte ein Parallelogramm. Dieses Parallelogramm wird als bildliche Wiedergabe des Kräftepaares betrachtet. Die Größe des Kräftepaares wird nun nicht mehr durch die Größe der Einzelkräfte und ihre gegenseitige Lage, sondern durch die Fläche des Parallelogramms gemessen. Anstatt dessen kann man sich auch in irgendeinem Punkt des Parallelogramms eine Senkrechte zur Parallelogrammebene nach jener Seite hin errichtet denken, von der aus gesehen das Kräftepaar eine Drehung im Uhrzeigersinn zu bewirken sucht, und auf dieser Senkrechten eine Strecke abtragen, die in irgendeinem Maßstab den Inhalt der Parallelogrammfläche angibt (Abb. 32). Diese Strecke stimmt mit dem statischen Moment des Kräftepaares überein. Unter diesem statischen Moment ist nämlich die Summe der Momente beider Kräfte für den gewählten Momentenpunkt zu verstehen. Denkt man sich nun die Momentendreiecke für beide Kräfte gezeichnet, so erkennt man, daß ihre Summe gleich der Hälfte des Parallelogramms ist. Hieraus folgt auch, daß das Moment des Kräftepaares für alle Momentenpunkte, die man innerhalb des Parallelogramms (oder auch außerhalb) wählen mag, dieselbe Größe hat.

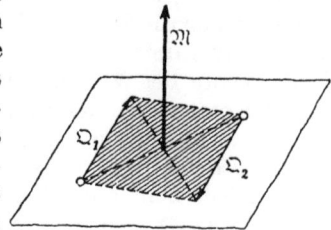

Abb 32.

Alle diese Betrachtungen werden an einer anderen Stelle (in der graphischen Statik) weiter durchgeführt werden, und ich gehe daher jetzt nicht näher darauf ein. Nur die Arbeit, die ein Kräftepaar bei einer unendlich kleinen Lagenänderung des starren Körpers leistet, soll noch berechnet werden, weil man dabei auf einen einfachen Ausdruck geführt wird, von dem man oft mit Nutzen Gebrauch machen kann. Zunächst ist klar, daß die Arbeit des Kräftepaares für jede Translationsbewegung gleich Null ist. Denn die Wege beider Angriffspunkte sind gleich groß und gleich gerichtet, und dasselbe gilt auch von ihren Projektionen auf die Richtungslinien der Kräfte. Die eine Kraft leistet daher eine positive und die andere eine ebenso große negative Arbeit, so daß die Arbeit des ganzen Kräftepaares in der Tat zu Null wird.

Wir können uns nun zur Beschreibung der beliebigen unendlich kleinen Bewegung des Körpers den Angriffspunkt der einen Kraft als Bezugspunkt gewählt denken. Die Winkelgeschwindigkeit $\mathfrak{u}$ der Drehung wollen wir uns wie früher als Vektor abgetragen denken und zunächst voraussetzen, daß $\mathfrak{u}$ gleich gerichtet mit dem Moment des Kräftepaares sei. Der Drehungswinkel im Zeitelement dt hat die Größe udt. Bei dieser Drehung leistet die Kraft, deren Angriffspunkt wir als Bezugspunkt wählten, keine Arbeit, und die Arbeit der anderen Kraft ist gleich $Ppudt$, wenn P die Größe der Kraft und p ihr senkrechter Abstand vom Bezugspunkt ist. Wenn mit $\mathfrak{M}$ das Moment des Kräftepaares bezeichnet wird, kann man dafür auch

$$\mathfrak{M}\,\mathfrak{u}\,dt$$

setzen. Ist $\mathfrak{u}$ entgegengesetzt gerichtet mit $\mathfrak{M}$, so wird die Arbeit negativ, und das innere Produkt aus $\mathfrak{M}$ und $\mathfrak{u}dt$ stellt immer noch die Arbeit auch dem Vorzeichen nach richtig dar.

Wenn endlich $\mathfrak{u}$ eine beliebige Richtung hat, können wir es in eine Drehungskomponente zerlegen, die in die Richtungslinie von $\mathfrak{M}$ fällt, und in eine andere, die senkrecht zu ihr steht. Für diese letzte Drehungskomponente ist aber die Arbeit des Kräftepaares Null, denn der Weg der durch den Bezugspunkt gehenden Kraft des Paares ist immer noch Null und der Weg des Angriffspunktes der anderen steht senkrecht zur Richtungslinie der Kraft. Von allen Bewegungskomponenten führt also nur die Drehung um eine zur Ebene des Kräftepaares senkrechte Achse zu einer Arbeitsleistung des Kräftepaares. Die in dieser Richtung genommene Komponente der Drehung ist aber gleich der Projektion von $\mathfrak{u}$ auf die Richtung von $\mathfrak{M}$. Demnach stellt auch noch bei jeder beliebigen unendlich kleinen Bewegung das innere Produkt

$$\mathfrak{M}\,\mathfrak{u}\,dt$$

die Arbeitsleistung richtig dar. **Die Arbeitsleistung des Kräftepaares wird daher nach derselben Regel gefunden wie die Arbeit einer Einzelkraft**; an die Stelle der Einzelkraft tritt hier das Moment des Kräftepaares und an die Stelle der Verschiebung des Angriffspunktes tritt der Drehungswinkel. Wie dort nur die innere, also die in die Richtung der Kraft fallende Komponente der Verschiebung in Betracht kam, kommt es hier nur auf die innere Komponente der Drehung an.

Bisher war immer nur von der Resultierenden aus zwei Kräften die Rede, deren Richtungslinien in derselben Ebene liegen. Man sieht aber leicht ein, daß man durch Wiederholung des Verfahrens auch beliebig viele Kräfte, die alle in einer Ebene liegen, zu einer Resultierenden vereinigen kann, falls man nicht etwa ausnahmsweise auf ein resultierendes Kräftepaar geführt wird. — Zwei Kräfte, deren Richtungslinien windschief zueinander liegen, kann man dagegen niemals durch eine einzige Kraft ersetzen. Man kann zeigen, daß man beliebig viele windschief zueinander liegende Kräfte immer auf zwei Einzelkräfte oder auch auf eine Einzelkraft und ein Kräftepaar zurückführen kann; darauf werde ich aber erst bei einer späteren Gelegenheit näher eingehen.

§ 23. Hebel, Balken und Platte

Im allgemeinsten Sinne des Wortes ist unter einem Hebel ein in einem festen Gestell drehbar gelagerter Körper zu verstehen, an dem sich mehrere Kräfte im Gleichgewicht miteinander halten. Gewöhnlich wird zwar zugleich eine langgestreckte, stabförmige Gestalt des Hebels vorausgesetzt; für die Aufstellung der Gleichgewichtsbedingungen ist dies aber belanglos.

Die Auflagerung des Hebels im Gestell kann entweder durch eine Schneide oder durch einen Zapfen erfolgen. In jedem Falle kommt dem Hebel nur noch ein Freiheitsgrad zu; er kann sich nur um die Schneide oder um die Achse des Zapfens drehen. Jede andere Bewegung wird durch den Auflagerdruck verhindert. Der Auflagerdruck kann bei der Schneide als längs einer Linie verteilt angesehen werden, während er sich bei dem Zapfen über einen größeren Teil des Umfangs verteilt. Eine äußere Kraft, deren Richtungslinie durch die Schneide geht, kann nach der Schneide verlegt werden; sie bringt dort einen Auflagerdruck hervor, kann aber das Gleichgewicht des Hebels nicht stören. Jede andere Kraft sucht den Hebel zu drehen.

Es ist oft zweckmäßig, zu jeder gegebenen äußeren Kraft $\mathfrak{P}$ noch zwei Kräfte $\mathfrak{P}'$ und $\mathfrak{P}''$ zuzufügen, die parallel zu $\mathfrak{P}$ durch die Drehungsachse gehen und von denen $\mathfrak{P}'' = \mathfrak{P}$ und $\mathfrak{P}' = -\mathfrak{P}$ ist, während die Richtungslinien von $\mathfrak{P}'$ und $\mathfrak{P}''$ in dieselbe Gerade fallen. Alle drei Kräfte zusammengenommen sind dann der ursprünglich gegebenen Kraft $\mathfrak{P}$ gleichwertig. Hiervon kann $\mathfrak{P}''$ weggelassen werden, da $\mathfrak{P}''$ durch die Drehungsachse geht und daher für sich keine Bewegung des Hebels herbeiführen kann. Die beiden anderen Kräfte $\mathfrak{P}'$ und $\mathfrak{P}$ bilden alsdann ein Kräftepaar. Demnach kann an Stelle jeder Einzelkraft beim Hebel ein Kräftepaar gesetzt werden. Das hat insofern einen Vorzug, als beim Hebel nur eine drehende Bewegung in Frage kommt, während wir schon vorher sahen, daß das Kräftepaar eine drehende Bewegung des Körpers herbeizuführen sucht.

Wir wollen jetzt die Bedingung für das Gleichgewicht von zwei äußeren Kräften $\mathfrak{P}$ und $\mathfrak{Q}$ an einem Hebel aufstellen. Außer $\mathfrak{P}$ und $\mathfrak{Q}$ wirkt zwar am Hebel noch der Auflagerdruck; gewöhnlich ist aber dessen Größe und Richtung gleichgültig. Man will nur wissen, ob und wann $\mathfrak{P}$ und $\mathfrak{Q}$ am Hebel im Gleichgewicht miteinander stehen, ohne sich um die daneben auftretende Auflagerkraft, durch die das Gleichgewicht erst zustande kommen kann, weiter zu kümmern. Das ist auch in der Tat leicht möglich. Man braucht nur die Bedingung anzuschreiben, daß die Summe der Arbeiten von $\mathfrak{P}$ und $\mathfrak{Q}$ bei einer Bewegung um die Drehachse gleich Null ist. Dann kann der Körper unter dem Einfluß von $\mathfrak{P}$ und $\mathfrak{Q}$ nicht in Bewegung kommen, wenn er vorher in Ruhe war, denn wie auch die Auflagerkräfte verteilt, wie groß sie und wie sie gerichtet sein mögen, ihre Arbeit ist bei der Drehung gleich Null. Im Falle der Schneide folgt dies daraus, daß die Angriffspunkte des Auflagerdrucks längs der Schneide verteilt sind, also in Ruhe bleiben. Bei dem Zapfen verteilt sich der Auflagerdruck längs des Umfangs, und die Bewegung der Punkte des Zapfenumfangs steht senkrecht zur Druckkraft, wenn diese nur in einem Normaldruck besteht. Wenn auch Reibung am Zapfenumfang hinzukommt, leistet freilich auch der Auflagerdruck eine Arbeit bei der Drehung, und die Gleichgewichtsbedingung zwischen $\mathfrak{P}$ und $\mathfrak{Q}$ wird dadurch geändert. Da sich aber die Reibung stets nur einer Relativbewegung der Körper, zwischen denen sie auftritt, widersetzt, kann sie nicht die Ursache einer Störung des Gleichgewichts werden, das ohne ihre Dazwischenkunft schon gesichert wäre. Vielmehr wird durch das Hinzukommen der Reibung nur verhindert, daß das Gleichgewicht bereits gestört wird, wenn die Gleichgewichtsbedingung zwischen $\mathfrak{P}$ und $\mathfrak{Q}$ für sich allein zwar nicht mehr genau, sondern nur noch nahezu erfüllt ist.

Die Arbeit einer Einzelkraft am Hebel kann, wie sich vorhin zeigte, gleich der Arbeit eines Kräftepaares gesetzt werden, und für diese haben wir im vorigen Paragraphen den Ausdruck $\mathfrak{M} \mathfrak{u} \, dt$ abgeleitet. Die Richtung der Drehungsachse ist hier von vornherein gegeben. Um das innere Produkt zu bilden, projizieren wir das Moment $\mathfrak{M}$ auf die Drehungsachse und setzen nun die Arbeit für eine kleine Drehung gleich $M'u\,dt$. Die Bedingung dafür, daß die Summe der Arbeiten der äußeren Kräfte bei einer Drehung des Hebels gleich Null sei, kommt demnach darauf hinaus, daß die Summe der Momente M' der Kräfte in bezug auf die Drehungsachse verschwinde. Nach § 17 ermittelt man diese Momente am bequemsten in der Art, daß man den Körper und die an ihm wirkenden Kräfte zuvor auf eine zur Drehungsachse senkrechte Ebene projiziert, die Projektion der Drehachse zum Momentenpunkt wählt und die Momente von den Kräfteprojektionen nimmt.

Damit kommt man endlich auf das einfache Resultat

$$Pp = Qq, \tag{65}$$

worin P und Q die Projektionen der äußeren Kräfte auf die Zeichenebene, und p und q die auf ihre Richtungslinien vom „Drehpunkt" des Hebels senkrecht gezogenen Hebelarme sind. Für den Fall, daß außerdem noch P und Q parallel zueinander angenommen werden, spricht die vorausgehende Gleichung einen der bekanntesten Sätze der Mechanik, das „Hebelgesetz" aus, mit dem die alten Griechen schon wohl vertraut waren. — Es hätte natürlich keiner so langen Erörterung bedurft, um nur diese einfache Gleichung abzuleiten; dazu hätte es genügt, sofort eine Projektion des Hebels und der an ihm wirkenden Kräfte zu zeichnen und auf die Projektion den Momentensatz anzuwenden, der ebenfalls als allgemeine Gleichgewichtsbedingung bekannt ist. Die mit dem Hebel zusammenhängenden Aufgaben sind aber nicht immer von jener einfachen Art, die schon den Alten vertraut war; eine etwas ausführlichere Erörterung, die den Zusammenhang nach allen Seiten hin beleuchtet, war daher nicht zu entbehren.

Eine mit der vorigen nahe verwandte Aufgabe besteht darin, die Auflagerkräfte für einen Balken zu berechnen, der an beiden Enden gestützt ist und beliebig verteilte Lasten trägt. Die Flächen, mit denen der Balken auf den Stützen aufliegt, sind in der Regel nicht sehr groß. Man kann sich den ganzen Auflagerdruck, der auf einer Seite übertragen wird, zu einer Einzelkraft vereinigt denken, deren Angriffspunkt irgendwo innerhalb der Auflagerfläche liegt. Dabei macht es keinen großen Unterschied, welchen Punkt der Auflagerfläche man als Angriffspunkt wählt. Gewöhnlich nimmt man den Angriffspunkt in der Mitte der Fläche an, obschon es in der Regel wahrscheinlicher ist, daß er etwas mehr

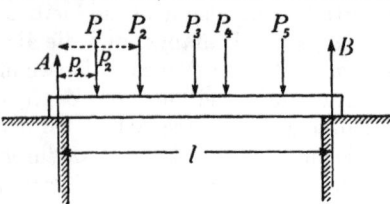

Abb. 33.

nach der von dem Balken überdeckten Öffnung hin liegt. Die Summe beider Auflagerkräfte muß nach dem Komponentensatz gleich der Summe der Lasten sein. Um eine von ihnen, etwa den Stützendruck A am linken Auflager (Abb. 33), zu berechnen, wendet man am bequemsten den Momentensatz für einen Momentenpunkt an, der auf der Richtungslinie des zweiten Stützendrucks B liegt. Wird irgendeine der Lasten mit P und ihr Abstand vom linken Auflager mit p bezeichnet, so erhält man die Momentengleichung

$$Al - \Sigma P\,(l - p) = 0 \quad \text{und hieraus} \quad A = \Sigma P - \frac{1}{l}\,\Sigma P p\,.$$

Der Auflagerdruck B wird ebenso zu

$$B = \frac{1}{l}\,\Sigma P p \quad \text{gefunden.}$$

Bei dieser Betrachtung wird vorausgesetzt, daß die Enden des Balkens frei aufliegen, so nämlich, daß der kleinen elastischen Formänderung, die mit der Belastung verbunden ist und die eine geringe Drehung der Stabenden herbeizuführen sucht, kein Hindernis im Wege steht. Bei eingespannten Stabenden muß die im dritten Band dieser Vorlesungen auseinandergesetzte Berechnung der Auflagerdrücke angewendet werden. Jedenfalls gelten die vorhergehenden Formeln genau, wenn der Balken beiderseits auf Schneiden gelagert ist. Ferner ist noch stillschweigend vorausgesetzt worden, daß der Stützendruck senkrecht gerichtet sei, daß er also keine horizontale Komponente habe. Eine solche kann z. B. sofort eintreten, wenn der Balken eine Temperaturänderung erfährt und dabei durch die Art der Befestigung am Auflager an einer Ausdehnung oder Verkürzung verhindert ist. In diesem Falle sind unter A und B nur die Vertikalkomponenten der Auflagerkräfte zu verstehen. Diese selbst werden nämlich durch das Hinzutreten der Horizontalkomponenten nicht geändert, indem sich die Horizontalkomponenten an beiden Balkenenden gegenseitig im Gleichgewicht halten. Nur wenn die Stützen des Balkens verschieden hoch liegen, wie z. B. bei einer Treppenwange, werden auch die Vertikalkomponenten durch das Hinzutreten horizontaler Auflagerkomponenten geändert, und die vorige Berechnung bleibt dann nicht mehr anwendbar. Bei großen Balken, z. B. bei Brückenträgern, pflegt man nur das eine Ende des Balkens unverschieblich aufzulegen, das andere aber auf ein Gleitlager oder Rollenlager zu setzen, damit sich der Balken frei ausdehnen und zusammenziehen kann. Horizontale Auflagerkomponenten von merklicher Größe sind dann ausgeschlossen.

Schließlich möge noch zur Erklärung von Abb. 33 bemerkt werden, daß der Druck auf die Stütze selbstverständlich nach abwärts gerichtet ist. Die Auflagerkräfte A und B sind aber mit nach oben gerichtetem Pfeil eingetragen worden, weil sie als Kräfte an dem Balken und nicht als Kräfte an der Stütze in Betracht kamen. Der von der Stütze auf den Balken übertragene Druck hat nach dem Wechselwirkungsgesetz die entgegengesetzte Richtung wie der Druck auf die Stütze.

Auch die Auflagerkräfte der in Abb. 34 gezeichneten Platte, die auf drei nicht in gerader Linie liegenden Stützen gelagert ist und irgendeine Last P (oder auch mehrere) trägt, können leicht in ähnlicher Art berechnet werden. Man projiziere die Platte auf eine vertikale Ebene, so daß sich zwei Stützen in der Zeichnung decken. Dann lege man den Momentenpunkt auf die gemeinsame Richtungslinie von A und B im Aufriß und schreibe die Momentengleichung an, aus der

$$C = \frac{Pp}{c}$$

folgt. Die anderen beiden Auflagerkräfte können in derselben Weise gefunden werden. — Anstatt dessen kann man auch die Momentengleichung für die Achse AB bilden. Man hat dann nicht nötig, vorher einen Aufriß des Körpers und der an ihm wirkenden Kräfte zu zeichnen. Im übrigen kommt dieses Verfahren aber auf dasselbe hinaus, denn am besten macht man sich stets klar, wie groß das Moment einer Kraft für eine Achse ist, indem man die Achse und die Kraft auf eine zur ersten senkrechte Ebene projiziert und das Moment der Kraftprojektion von dem Punkt aus nimmt, nach dem sich die Achse projiziert.

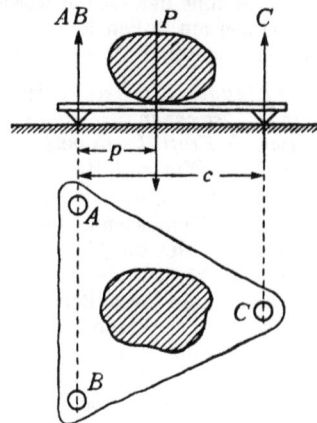

Abb. 34.

Wenn mehr Stützen vorhanden sind, können die Auflagerkräfte beim Balken wie bei der Platte nicht mehr nach den Lehren der Mechanik starrer

Körper berechnet werden. Man nennt eine Aufgabe dieser Art **statisch unbe-stimmt**. Sie kann nur mit Hilfe der Elastizitätstheorie gelöst werden; im dritten Band dieser Vorlesungen sind solche Fälle ausführlich erörtert.

Aufgaben

10. Aufgabe. Eine Scheibe dreht sich um eine feste Achse. Auf der Scheibe ist ein Rad angebracht, das sich um eine zur ersten parallele Achse mit derselben Geschwindigkeit, aber im entgegengesetzten Sinne dreht. Man soll die absolute Bewegung des Rades ermitteln.

Lösung. In jedem Augenblick führt das Rad zwei Bewegungen zugleich aus, die eine mit der Scheibe, die andere relativ zur Scheibe. Als Bezugspunkt wähle man den Mittelpunkt des Rades. Bei diesem kommt nur die erste Bewegung zur Geltung; der Mittelpunkt beschreibt also eine kreisförmige Bahn. Von der Bewegung der Scheibe kommt außer dieser Translation noch eine Drehung mit der Winkelgeschwindigkeit $\mathfrak{u}$ um eine durch den Bezugspunkt gezogene Achse in Betracht. Diese haben wir zusammenzusetzen mit der Drehung $- \mathfrak{u}$, die das Rad relativ zur Scheibe ausführt. Die resultierende Drehung ist daher Null; die absolute Bewegung des Rades besteht daher in einer kreisförmigen Translation.

11. Aufgabe. Ein Eisenbahnwagen durchläuft eine im Gefälle liegende Kurve; man soll die Momentanachse der Bewegung angeben.

Lösung. Der Wagen führt eine Schraubenbewegung aus. Die Schraubenachse steht vertikal und geht durch den Krümmungsmittelpunkt der im Grundriß gezeichneten Kurve.

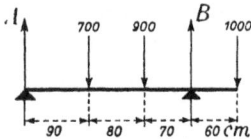
Abb. 35.

12. Aufgabe. Ein auf zwei Stützen aufliegender Stab trägt die in Abb. 35 angegebenen Lasten; man soll die Auflagerdrücke berechnen.

Lösung. Für den linken Stützpunkt als Momentenpunkt erhält man die Momentengleichung

$$B \cdot 240 = 700 \cdot 90 + 900 \cdot 170 + 1000 \cdot 300$$

und hieraus *B = 2150*. Subtrahiert man *B* von der Summe der Lasten, so folgt *A = 450 kg*. Wenn die Last von 1000 kg weiter nach rechts gerückt würde, könnte *B* größer als die Summe der Lasten werden. Der Auflagerdruck *A* wird dann negativ, und wenn der Balken am linken Ende nicht fest geschraubt ist, tritt in diesem Falle ein Kippen um den rechten Stützpunkt ein.

13. Aufgabe. Eine rechteckige Falltür ist an einer schräg liegenden Achse AA aufgehängt. Man soll berechnen, wie groß eine in der Mitte der Gegenseite bei B in Abb. 36 angreifende horizontale Kraft H sein muß, um die Tür so weit zu heben, daß sie mit der ursprünglichen Lage einen Winkel β bildet.

Lösung. Das Gewicht *Q* der Falltür können wir uns in der Mitte vereinigt denken. Für *AA* als Momentenachse muß das Moment von *H* in der Lage *β* gleich dem Moment von *Q* sein. Um die Momente bequem berechnen zu können, denken wir uns die Tür mit den daran angreifenden Kräften auf eine zu *AA* senkrechte Ebene projiziert, wie es in Abb. 36 seitlich angegeben ist. *H* projiziert sich in wahrer Größe, und der Hebelarm ist *h* cos *β*. Dagegen bildet *Q* den Winkel *α* mit der Projektionsebene; die Projektion ist daher gleich *Q* cos *α*, und der Hebelarm ist ½*h* sin *β*. Die Momentengleichung lautet daher

$$H h \cos \beta = Q \cos \alpha \cdot \tfrac{1}{2} h \sin \beta$$

und hieraus

$$H = \tfrac{1}{2} Q \cos \alpha \, \mathrm{tg}\, \beta.$$

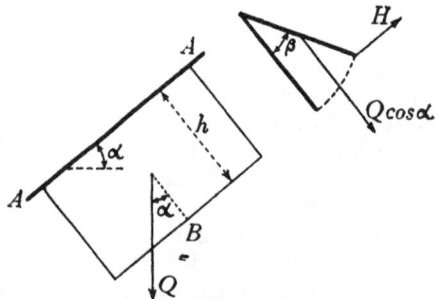
Abb. 36.

14. Aufgabe. Eine Stange, die ein Gewicht Q trägt, ist an drei Seilen A, B, C aufgehängt (Abb. 37); man soll die Seilspannungen berechnen.

Lösung. An der Stange halten sich vier Kräfte im Gleichgewicht, deren Richtungslinien sämtlich gegeben sind. Für jeden Punkt der Ebene muß die Momentensumme gleich Null sein. Bei beliebiger Wahl des Momentenpunktes kommen drei Unbekannte in der Momentengleichung vor, nämlich die Spannungen A, B, C. Legt man aber den Momentenpunkt auf den Schnittpunkt von zwei Richtungslinien, so fallen zwei Unbekannte weg.

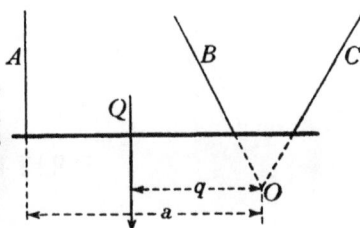

Abb. 37.

und die Gleichung läßt sich sofort nach der dritten auflösen. So hat man für Punkt O in Abb. 37 die Gleichung $A a = Q q$ und hieraus $A = Q q/a$. Ähnlich finden sich die anderen Seilspannungen. Man kann diese aber auch, nachdem die erste bekannt ist, durch Zeichnen eines Kräftepolygons erhalten, denn die geometrische Summe aller an dem Stab angreifenden Kräfte muß gleich Null sein.

Die Lösung versagt, wenn die drei Seile A, B, C parallel zueinander sind. In diesem Falle ist die Aufgabe statisch unbestimmt, gerade so wie die früher erwähnte Aufgabe, die Auflagerkräfte eines über zwei Öffnungen reichenden Balkens zu berechnen.

15. Aufgabe. Eine Stange ist an den Enden mit Rollen versehen, um die Reibung zu vermeiden, und sie stützt sich gegen eine glatte Wand und gegen den glatten Fußboden (Abb. 38). In der Mitte trägt sie eine Last Q, in die das Eigengewicht mit eingerechnet ist. Um das Abgleiten zu verhüten, ist das Seil A angebracht; man soll dessen Spannung berechnen.

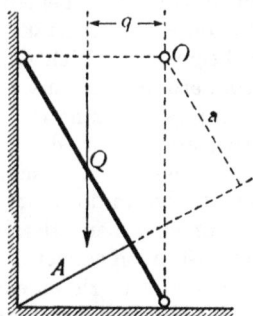

Abb. 38

Lösung. Der Auflagerdruck, den die Stange an jedem Ende durch Vermittlung · der Rollen aufnimmt, kann, da die Reibung ausgeschlossen sein soll, nur senkrecht zur Wand oder zum Fußboden stehen. Auch von der Kraft, die das Seil auf die Stange überträgt, kennt man von vornherein die Richtungslinie. Man hat also wie bei der vorigen Aufgabe das Gleichgewicht von vier Kräften zu untersuchen, von denen die Richtungslinien sämtlich bekannt sind, während nur von einer die Größe gegeben ist. Man verfährt daher auch wie bei der Lösung der vorigen Aufgabe, indem man den Schnittpunkt O von zwei Richtungslinien (siehe Abb. 38) als Momentenpunkt wählt. Damit findet man $A a = Q q$ und hieraus A.

Auch hier ist ein Ausnahmefall zu erwähnen. Er tritt ein, wenn die Richtungslinie des Seiles A durch O geht, d. h. wenn sich alle drei der Größe nach unbekannten Kräfte in einem Punkt schneiden. Schon dann, wenn A nahe an O vorbei geht, wird die Seilspannung groß, weil ihr Hebelarm a klein ist. Wird a sehr klein, so wird A sehr groß, d. h. das Seil reißt ab. Geht A oberhalb von O vorbei, so kann das Seil ein Abgleiten der Starge überhaupt nicht verhüten, denn dazu müßte A eine Druckkraft, das Seil also durch eine gegen Druck widerstandsfähige Stange ersetzt werden. Ein Seil endlich, das durch O geht, trifft die Stange in der Mitte. Eine einfache geometrische Betrachtung zeigt aber, daß die Mitte der Stange beim Abgleiten einen Kreisbogen beschreibt, dessen Mittelpunkt mit dem Scheitel des rechten Winkels zwischen Wand und Fußboden zusammenfällt und dessen Halbmesser daher das Seil A bildet. Man erkennt daraus, daß das Seil in diesem Ausnahmefall ebenso wie eine an dessen Stelle gesetzte Stange das Abgleiten überhaupt nicht zu verhüten vermag.

DRITTER ABSCHNITT

Die Lehre vom Schwerpunkt

§ 24. Der Schwerpunkt als Massenmittelpunkt

Gegeben sei ein beliebig zusammengesetzter Punkthaufen, dessen Punkte durch Ordnungsnummern voneinander unterschieden sein mögen. Wir wählen einen beliebigen Anfangspunkt aus, von dem wir nach jedem Punkt des Haufens einen Radiusvektor ziehen. Der Radiusvektor nach dem ersten Punkt sei mit $\mathfrak{r}_1$ und die dem Punkt zugeschriebene Masse mit m_1 bezeichnet. Dann multiplizieren wir jedes $\mathfrak{r}$ mit dem zugehörigen m, nehmen von den Produkten die geometrische Summe und dividieren sie durch die Summe der Massen. Wir erhalten dadurch einen neuen Radiusvektor, den wir mit $\mathfrak{s}$ bezeichnen wollen, also

$$\mathfrak{s} = \frac{m_1\,\mathfrak{r}_1 + m_2\,\mathfrak{r}_2 + m_3\,\mathfrak{r}_3 + \cdots}{m_1 + m_2 + m_3 + \cdots} = \frac{\Sigma\,m\,\mathfrak{r}}{\Sigma\,m}. \tag{66}$$

Das Verfahren, das wir zur Ableitung von $\mathfrak{s}$ eingeschlagen haben, ist allgemein gebräuchlich, um einen Durchschnittswert zu ermitteln. Hätten wir die Abstände der einzelnen Massen nur ihrer Größe nach, ohne Berücksichtigung der Richtung genommen, also auch die Summierung nicht geometrisch, sondern numerisch vorgenommen, so hätten wir durch die vorausgehende Rechnung das arithmetische Mittel der Massenabstände vom Anfangspunkt erhalten. Aber auch nach Gl. (66) erhalten wir einen Durchschnittswert, der entsprechend als das geometrische Mittel der Massenabstände bezeichnet werden könnte. Da man aber in der Planimetrie einen anderen Begriff unter der Bezeichnung des geometrischen Mittels versteht, wollen wir $\mathfrak{s}$ das graphische Mittel aus den Massenabständen nennen.
Wenn $\mathfrak{s}$ vom Anfangspunkt O aus abgetragen wird, gelangen wir zu einem Punkt S (siehe Abb. 39), in dem wir uns die gesamte Masse des Haufens vereinigt denken könnten, ohne daß dadurch $\Sigma\,m\,\mathfrak{r}$ geändert würde. Um dies deutlicher hervortreten zu lassen, wollen wir Gl. (66) noch in der Form

$$M\,\mathfrak{s} = \Sigma\,m\,\mathfrak{r} \tag{67}$$

schreiben, in der jetzt M die Masse des ganzen Haufens, also $M = \Sigma\,m$ bedeutet. Der in dieser Weise bestimmte Punkt S heißt der Schwerpunkt des Punkthaufens. Daß er mit Recht eine Benennung verdient, bei der auf die Wahl des Anfangspunktes, dessen wir uns zu seiner Ermittlung bedienten, gar nicht Bezug genommen wird, muß allerdings erst noch bewiesen werden. Zunächst wäre nämlich zu vermuten, daß man für jede andere Wahl des Anfangspunktes O zu einem anderen Punkt S gelangen könnte. Um dies zu untersuchen, wählen wir in Abb. 39 außer dem zuerst angenommenen Anfangspunkt O noch irgendeinen anderen Anfangspunkt O'. Die unregelmäßig gezogene geschlossene Linie in Abb. 39 soll den Umriß des Punkthaufens angeben, und m sei die Masse irgendeines dazugehörigen Punktes. Die Radiusvektoren von O aus bezeichnen wir mit $\mathfrak{r}$ die von O' aus mit $\mathfrak{r}'$. Einer der Anfangspunkte oder beide können übrigens auch

in den Umriß des Punkthaufens hinein-
fallen. Für das graphische Mittel $\mathfrak{s}$ der
Massenabstände von O aus gilt zunächst
Gl. (66). Wir bilden nun auch das graphische Mittel $\mathfrak{s}'$ der von O' aus gezählten Radiusvektoren. Hierbei beachten
wir, daß

$$\mathfrak{r}' = \mathfrak{a} + \mathfrak{r}$$

ist, wenn mit $\mathfrak{a}$ der Radiusvektor von
O' nach O bezeichnet wird. Wir erhalten
daher

$$\mathfrak{s}' = \frac{\Sigma\, m\, \mathfrak{r}'}{\Sigma\, m} = \frac{\Sigma\, m\, (\mathfrak{a} + \mathfrak{r})}{\Sigma\, m} = \frac{\Sigma\, m\, \mathfrak{a} + \Sigma\, m\, \mathfrak{r}}{\Sigma\, m} = \mathfrak{a} + \mathfrak{s}. \qquad (68)$$

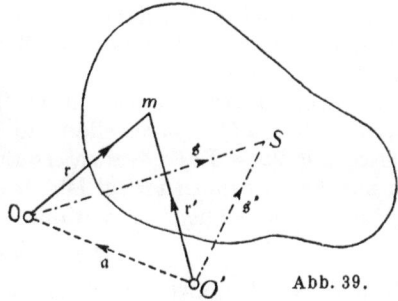

Bei Ausführung der Division mit Σm ist nämlich zu berücksichtigen, daß $\mathfrak{a}$ konstant ist und daß daher für $\Sigma m\mathfrak{a}$ auch $\mathfrak{a}\Sigma m$ geschrieben werden kann, sowie
daß $\Sigma m\mathfrak{r}$ bei Division mit Σm nach Gl. (66) $\mathfrak{s}$ liefert.
Hatten wir also $\mathfrak{s}$ von O aus abgetragen und waren dadurch zum Punkt S gelangt,
so finden wir $\mathfrak{s}'$ als dritte Seite des Dreiecks, in dem die beiden anderen Seiten
durch $\mathfrak{a}$ und $\mathfrak{s}$ gebildet werden. Die Verbindungsstrecke $O'S$ gibt also sofort $\mathfrak{s}'$
an, d. h. wir gelangen stets zu demselben Punkt S, von welchem
Anfangspunkt aus wir auch das graphische Mittel der Massenabstände abtragen mögen. Damit ist der vermißte Nachweis geliefert,
und wir erkennen, daß die Lage von S nur durch die Gestalt des Punkthaufens
und durch die Massenverteilung in ihm bedingt ist und daß es ganz gleichgültig
ist, von welchem Anfangspunkt wir zur Ermittlung von S ausgehen.
Dieselbe Betrachtung bleibt auch noch gültig, wenn wir O' mit S zusammenfallen lassen. Dann wird $\mathfrak{a} = -\mathfrak{s}$ und $\mathfrak{s}'$ wird zu Null. Demnach ist

$$\Sigma\, m\, \mathfrak{r} = 0 \qquad (69)$$

die notwendige und zugleich die hinreichende Bedingung dafür,
daß der Anfangspunkt, von dem wir in dieser Gleichung die
Radiusvektoren $\mathfrak{r}$ rechnen, mit dem Schwerpunkt zusammenfällt.
Kaum eine andere Betrachtung führt so ganz von selbst zum Gebrauch des
Rechnens mit gerichteten Größen und vor allem zum Begriff der geometrischen
Summe als die Lehre vom Schwerpunkt. In der Tat hat auch auf diesem Gebiet
die Benützung von Vektoren in der Rechnung ihren ersten Anfang genommen.
Das berühmte Werk von Möbius „Der baryzentrische Kalkül" bildete den ersten
Schritt auf diesem Wege, der sich seitdem so nützlich für die ganze Behandlung
der Mechanik erwiesen hat.
Zunächst leite ich noch einige einfache Folgerungen aus den vorhergehenden
Betrachtungen ab. Angenommen, der ganze Punkthaufen sei in mehrere Gruppen
eingeteilt, deren Massen mit M_1, M_2 usw. bezeichnet werden. Dann gilt für jeden
Anfangspunkt die Gleichung

$$M\, \mathfrak{s} = \Sigma_1\, m\, \mathfrak{r} + \Sigma_2\, m\, \mathfrak{r} \cdots = M_1\, \mathfrak{s}_1 + M_2\, \mathfrak{s}_2 + \cdots,$$

wenn man unter Σ_1 eine Summierung versteht, die sich auf alle zur ersten Gruppe
gehörigen Punkte erstreckt, dabei mit $\mathfrak{s}_1$ den Radiusvektor des zugehörigen
Gruppenschwerpunktes bezeichnet, und entsprechend bei den anderen Gruppen.
Die Gleichung lehrt uns, daß wir den Schwerpunkt des ganzen Haufens auch
dadurch finden können, daß wir zunächst den Schwerpunkt jeder einzelnen

Gruppe aufsuchen, uns dann die ganze Masse jeder Gruppe in ihrem Schwerpunkt vereinigt denken und hierauf den Schwerpunkt der so bestimmten Massenpunkte aufsuchen.

Auf diese Art verfährt man in der Tat sehr häufig, um den Schwerpunkt einer verwickelteren Massenverteilung zu ermitteln, die sich in mehrere einfache Teile zerlegen läßt. — Besonders zu erwähnen ist noch der Fall, daß der ganze Haufen in nur zwei Gruppen zerlegt ist. Die Gruppenschwerpunkte seien mit S_1 und S_2 (Abb. 40) bezeichnet. Man wähle S_1 als Anfangspunkt, dann ist

$$M\,\mathfrak{F} = M_2\,\mathfrak{F}_2,$$

denn $\mathfrak{F}_1$ verschwindet. Hiernach ist $\mathfrak{F}$ gleichgerichtet mit $\mathfrak{F}_2$. Der Schwerpunkt des ganzen Haufens fällt also auf die gerade Verbindungslinie beider Teilschwerpunkte. Er teilt den Abstand zwischen beiden im umgekehrten Verhältnis der Massen beider Gruppen.

Eine andere einfache und häufig mit Nutzen verwendbare Folgerung erhält man durch Parallelprojektion des Punkthaufens auf irgendeine Ebene (vgl. Abb. 41). Dabei denken wir uns

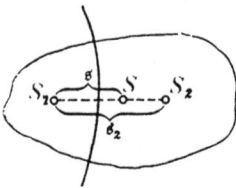

Abb. 40.

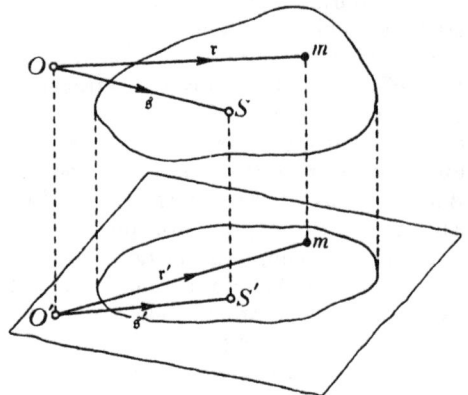

Abb. 41.

die Massen mit projiziert, so nämlich, daß der Projektion jedes materiellen Punktes dieselbe Masse zugeschrieben wird, wie dem Punkt im Raum. Da sich ein geschlossenes Polygon stets wieder als geschlossenes Polygon projiziert, besteht auch zwischen den Projektionen $\mathfrak{r}'$ und $\mathfrak{F}'$ der Radiusvektoren $\mathfrak{r}$ und $\mathfrak{F}$ die Beziehung

$$M\,\mathfrak{F}' = \Sigma m\,\mathfrak{r}',$$

und diese Gleichung sagt aus, daß der Schwerpunkt S' der ebenen Massenverteilung in der Projektionsebene durch die Projektion des Schwerpunktes des Punkthaufens im Raum gebildet wird. Man drückt dies am einfachsten durch den Satz aus, daß sich bei der Parallelprojektion der Schwerpunkt mit projiziert. Hierzu erwähne ich noch, daß man häufig von dem Schwerpunkt einer Linie oder einer Fläche oder eines Raumes redet, ohne eine bestimmte Massenverteilung anzugeben, zu der dieser Schwerpunkt gehören soll. Man hat dies dann immer so zu verstehen, daß die Masse gleichmäßig über diese Gebilde verteilt gedacht werden soll. Hat man nun z. B. den Schwerpunkt eines Kreissegments bereits ermittelt, so kann man nach dem eben bewiesenen Satz sofort auch den Schwerpunkt des Ellipsensegments angeben, das durch Parallelprojektion aus dem Kreissegment erhalten werden kann. Jede Flächeneinheit des Kreissegments ist nämlich mit gleich viel Masse belegt zu denken. Projiziert man nun die Massen, so sind diese in der Projektion dichter zusammengedrängt, denn die Flächen-

einheit im Raum ergibt eine Projektion, die gleich dem Kosinus des Neigungswinkels zwischen der Kreisebene und der Projektionsebene ist. Der Neigungswinkel ist aber hier überall derselbe, und daher ist auch die Fläche des Ellipsensegments nach der Projektion der Massen noch überall gleich dicht mit Masse
belegt. Die Projektion des Schwerpunktes des Kreissegments fällt also in der
Tat mit dem Schwerpunkt des Ellipsensegments zusammen. Dasselbe gilt auch
für die Projektion jeder beliebigen ebenen Figur.

Dagegen ist der Satz nicht verwendbar, um etwa den Schwerpunkt des Ellipsenbogens aus dem Schwerpunkt des Kreisbogens abzuleiten. Die Projektion des
Kreisbogenschwerpunktes ist zwar immer noch der Schwerpunkt einer Massenverteilung auf dem Ellipsenbogen. Diese Massenverteilung ist aber nicht mehr
gleichförmig, weil der Neigungswinkel der verschiedenen Bogenelemente des
Kreises zur Projektionsebene verschieden ist. Der Ellipsenbogen wird durch die
Projektion der Massen dort am dichtesten mit Masse belegt, wo jener Neigungswinkel am größten ist. Da man nun unter dem Schwerpunkt des Ellipsenbogens
den Schwerpunkt einer Massenverteilung versteht, die über die ganze Bogenlänge
gleichförmig ist, so kann dieser aus dem Kreisbogenschwerpunkt durch Projektion
nicht gefunden werden.

Ähnlich ist es auch bei der Projektion krummer Oberflächen oder bei der Projektion
von Körpern. Die Anwendbarkeit des Satzes ist daher im wesentlichen auf die
Schwerpunktsermittlung von ebenen Figuren beschränkt.

Mit den Schwerpunkten ebener Figuren
hat man sehr häufig zu tun. Dabei ist es oft
zweckmäßig, die der Definition des Schwerpunktes
zugrunde gelegte Gleichung durch eine andere
zu ersetzen, die durch eine einfache Betrachtung
aus ihr folgt. In Abb. 42 sei O der Anfangspunkt
und S sei der Schwerpunkt der Figur. Dann hat
man zunächst

$$M\,\mathfrak{s} = \Sigma\,m\,\mathfrak{r}.$$

Nun ziehe man zwei Achsen OX und OY durch
O, die der Einfachheit wegen rechtwinklig zueinander angenommen werden sollen. Man könnte
nämlich die Betrachtung geradeso auch für
schiefwinklige Achsen durchführen, hätte aber

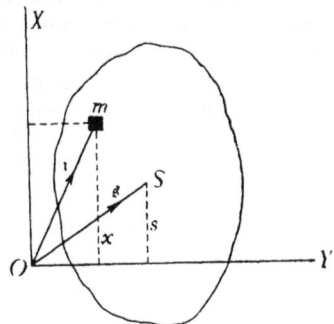

Abb. 42.

davon keinen besonderen Gewinn. Projiziert man alle Vektoren in der vorausgehenden Gleichung auf die Achse OX; so wird

$$Ms = \Sigma\,m\,x. \tag{70}$$

Die Projektionen x und s sind zugleich die Abstände der zugehörigen Massen m
von der Achse OY. Man kann jetzt die Achse OX wieder fortlöschen, da sie nur
zum Beweis und nicht zur praktischen Anwendung des durch Gl. (70) ausgesprochenen Satzes nötig ist. Dieser Satz hat ganz dieselbe Form wie Gl. (67);
an die Stelle der Radiusvektoren von einem Anfangspunkt sind jetzt nur die
senkrechten Abstände von einer beliebig gewählten Achse getreten.

Soll die Achse durch den Schwerpunkt gehen, so muß

$$\Sigma\,m\,x = 0 \tag{71}$$

sein. Eine solche Achse wird eine Schwerlinie der Figur (oder überhaupt des
Punkthaufens) genannt, und Gl. (71) ist die notwendige und hinreichende Bedingung dafür, daß eine gegebene Achse eine Schwerlinie bildet.

Der Schwerpunkt der Figur bezieht sich, wie bereits angegeben, auf eine gleich förmige Massenverteilung über die ganze Fläche. Jedes m ist daher dem Flächen element dF proportional, zu dem es gehört. Ersetzt man noch das Summen zeichen durch ein Integralzeichen, um anzudeuten, daß es sich um eine Summie rung unendlich vieler und unendlich kleiner Glieder handelt, so kann Gl (71) auch in der Form

$$\int x\, dF = 0 \qquad (72)$$

angeschrieben werden.

Eine mit der vorausgehenden sehr nahe verwandte Betrachtung läßt sich an Abb. 43 anknüpfen. In dieser sei S der Schwerpunkt eines beliebigen, dreifach ausgedehnten Punkthaufens und α eine beliebig gewählte Ebene.

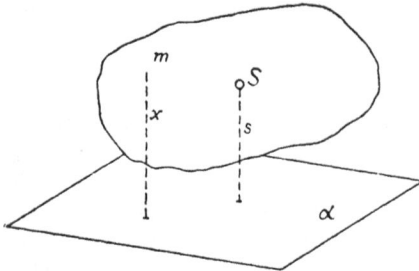

Abb. 43.

Dann gilt auch hier stets die Gleichung

$$M s = \Sigma m x \qquad (73)$$

zwischen den Abständen x und s von der Ebene α. Zum Beweis wähle man irgendeinen Punkt in der Ebene α als Anfangspunkt und projiziere die Vektoren $m\mathfrak{r}$ und $M\mathfrak{s}$ auf eine zu α senkrechte Achse, die in der Abbildung weggelassen wurde, weil es bei der Anwendung der Gleichung nicht auf sie ankommt. Wenn zwei gerichtete Größen einander gleich sein sollen, müssen auch ihre Projektionen auf jede beliebige Achse gleich sein. Die Projektionen der Radiusvektoren $\mathfrak{r}$ und $\mathfrak{s}$ auf die erwähnte Achse liefern aber die Abstände x und s von der Ebene α. — Wenn die Ebene α den Haufen durchschneidet, müssen selbstverständlich die nach verschiedenen Seiten der Ebene liegenden Abstände mit entgegengesetzten Vor zeichen in die Gleichung eingeführt werden. Soll die Ebene durch den Schwer punkt S gehen, so gilt auch hierfür die notwendige und hinreichende Bedingung

$$\Sigma m x = 0. \qquad (74)$$

§ 25. Der Schwerpunkt als Mittelpunkt paralleler Kräfte

An jedem Punkt des Haufens denke man sich eine Kraft angebracht, die der Masse des Punktes proportional ist. Alle diese Kräfte seien gleichgerichtet. Wie wir früher sahen, kann man zwei gleichgerichtete Kräfte an dem als starr betrach teten Punkthaufen immer durch eine Resultierende ersetzen, die mit diesen ebenfalls gleichgerichtet ist und deren Richtungslinie zwischen die Richtungs linien der gegebenen Kräfte fällt. Durch Wiederholung des Verfahrens kann man beliebig viele parallele und gleichgerichtete Kräfte zu einer Resultierenden ver einigen. Wir wollen uns diese Zusammensetzung mit den an dem Punkthaufen angebrachten Kräften vorgenommen denken. Dann läßt sich beweisen, daß die Resultierende stets durch den Schwerpunkt des Punkthaufens geht, welche Richtung man auch für die parallelen Kräfte wählen möge.

Kräfte, die den Massen proportional sind, erteilen allen Punkten des Haufens die gleiche Beschleunigung. Bezeichnen wir die Beschleunigung sowohl der Größe als der Richtung nach mit $\mathfrak{g}$, so kann die an dem ersten Punkt des Haufens angebrachte Kraft $\mathfrak{P}_1$

$$\mathfrak{P}_1 = m_1 \mathfrak{g}$$

gesetzt werden und ähnlich für die übrigen Punkte. Um nun zu beweisen, daß die Resultierende aller $\mathfrak{P}$ durch den Schwerpunkt des Punkthaufens gehen muß, wähle ich den Schwerpunkt als Momentenpunkt und wende den Satz an, daß das Moment der Resultierenden jedenfalls gleich der geometrischen Summe der Momente aller $\mathfrak{P}$ ist. Die vom Schwerpunkt nach den einzelnen materiellen Punkten gezogenen Radiusvektoren bezeichne ich mit $\mathfrak{r}_1$ usw. Dann erhalte ich für die genannte Momentensumme

$$\Sigma\,[\mathfrak{P}\,\mathfrak{r}],$$

wobei sich die geometrische Summierung über alle Punkte des Haufens zu erstrecken hat. Setzt man hier den Wert von $\mathfrak{P}$ ein, so wird daraus

$$\Sigma\,[m\,\mathfrak{g}\cdot\mathfrak{r}].$$

Der Faktor m in dem geometrischen Produkt ist richtungslos; es ist daher gleichgültig, ob ich $\mathfrak{g}$ oder $\mathfrak{r}$ mit diesem Faktor zusammenfasse. Ich kann daher für den vorausgehenden Ausdruck auch

$$\Sigma\,[\mathfrak{g}\cdot m\,\mathfrak{r}]$$

schreiben. In dieser Summe von geometrischen Produkten enthält aber jedes Glied den konstanten Faktor $\mathfrak{g}$. Nach dem Satze, daß eine geometrische Summe mit einer gerichteten Größe auf äußere Art multipliziert wird, indem man jedes Glied damit multipliziert, kann daher der konstante Faktor $\mathfrak{g}$ vor eine Klammer gesetzt werden, während in die Klammer die geometrische Summe der anderen Faktoren kommt. Die Stelle der Klammer vertritt bei unserer Schreibweise schon das Summenzeichen. Nach dieser Umformung geht daher der vorige Ausdruck über in

$$[\mathfrak{g}\cdot\Sigma\,m\,\mathfrak{r}].$$

Nun war aber der Anfangspunkt, von dem die Radiusvektoren $\mathfrak{r}$ gezogen wurden, der Schwerpunkt, und nach der im vorigen Paragraphen auseinandergesetzten Eigenschaft des Schwerpunktes, Gl. (69), ist

$$\Sigma\,m\,\mathfrak{r}=0.$$

Demnach wird auch das vorausgehende Produkt zu Null, und wir finden schließlich

$$\Sigma\,[\mathfrak{P}\,\mathfrak{r}]=0.$$

Ebenso groß, also auch gleich Null, ist daher auch das Moment der Resultierenden aller $\mathfrak{P}$. Da nun die $\mathfrak{P}$ alle gleich gerichtet waren, ist die Größe der Resultierenden gleich der Summe aller Absolutwerte der $\mathfrak{P}$, also jedenfalls von Null verschieden. Das Moment der Resultierenden kann daher nur dadurch zu Null werden, daß der Momentenpunkt auf ihrer Richtungslinie liegt, womit die Behauptung des Satzes bewiesen ist.

Parallele Kräfte, die den Massen der Punkte proportional sind, sind vor allem die Gewichte der Punkte. Die Resultierende aus allen Einzelgewichten eines Körpers geht also bei jeder Lage, die man dem Körper gegen die Erde geben mag, durch den Schwerpunkt des Körpers. Das ist eine der wichtigsten Eigenschaften des Schwerpunktes, von der er auch seinen Namen erhalten hat. Nach der Art, wie der Schwerpunkt im vorigen Paragraphen eingeführt wurde, hätte nämlich zunächst gar keine Veranlassung vorgelegen, ihm diese Bezeichnung zu geben; es hätte viel näher gelegen, ihn den Massenmittelpunkt zu nennen. Jene Betrachtungen waren ja in der Tat von rein geometrischer Art; sie bilden einen Bestandteil der sogenannten „Geometrie der Massen", deren Betrachtungen an sich nur in lockerem Zusammenhang mit der eigentlichen Mechanik stehen. Der hierbei gefundene Massenmittelpunkt hat aber eine Reihe von Eigenschaften, die ihn zugleich zu einem der wichtigsten Begriffe der Mechanik erheben. Deshalb wurde gleich von Anfang an der Name „Schwerpunkt" für ihn eingeführt. Es ist aber gut, wenn man stets in Erinnerung behält, daß die ursprüngliche Begriffsbestimmung des Schwerpunktes, aus der alle übrigen Eigenschaften folgen, die eines Mittelpunktes der gegebenen Massen ist.

In der Mechanik der starren Körper, bei der es immer zulässig ist, irgendwie verteilte Kräfte durch ihre Resultierende — falls eine solche besteht — zu ersetzen, kann man nach dem eben bewiesenen Satz das Gewicht des Körpers stets als eine Einzelkraft behandeln, die durch den Schwerpunkt geht. Infolgedessen wird sehr häufig der Schwerpunkt geradezu als der Angriffspunkt des Gewichtes bezeichnet. Solange es nicht auf die Verteilung der inneren Kräfte im Körper ankommt, ist diese Auffassung auch ganz unbedenklich. Ganz genau ist sie aber nicht, denn wie ich schon früher hervorhob, verliert bei einer Resultierenden von Kräften, die an verschiedenen Punkten eines Körpers angreifen, der Angriffspunkt überhaupt seine ursprüngliche physikalische Bedeutung. Bei der Resultierenden kommt es nur noch auf ihre Größe, ihre Richtung und die Lage der Richtungslinie an, während die Wahl des Angriffspunktes auf der Richtungslinie ganz willkürlich bleibt.

Immerhin ist es aber sehr bemerkenswert, daß die Richtungslinien der Resultierenden der parallelen Kräfte, in welcher Richtung man diese Kräfte auch wirken lassen möge, stets durch denselben Punkt gehen. Es ist daher wünschenswert, eine Bezeichnung für diesen Punkt zu besitzen, die diesen wichtigen Umstand deutlich zum Ausdruck bringt. Man nennt ihn daher den Mittelpunkt der parallelen Kräfte. Mit dem Schwerpunkt fällt dieser Mittelpunkt übrigens nur dann zusammen, wenn in der Tat alle Kräfte den Massen, an denen sie angebracht sind, proportional sind. Man sieht nämlich leicht ein, daß die vorausgehenden Betrachtungen auch dann anwendbar bleiben, wenn die parallelen Kräfte nach Größe und Lage ganz beliebig verteilt sind. Um diesen Fall auf den vorigen zurückzuführen, ist es nur nötig, dem Angriffspunkt von jeder der parallelen Kräfte eine Masse willkürlich zuzuschreiben, die deren Größe proportional ist. Der Mittelpunkt der parallelen Kräfte fällt dann mit dem Schwerpunkt dieser gedachten Massenverteilung zusammen. Denkt man sich nun alle Kräfte um ihre Angriffspunkte irgendwie gedreht, aber so, daß sie stets parallel zueinander bleiben und auch ihre anfängliche Größe behalten, so dreht sich ihre Resultierende um den Mittelpunkt.

§ 26. Resultierende von Zentrifugalkräften

Ein starrer Körper drehe sich mit der Winkelgeschwindigkeit u um eine feste Achse. Abb. 44 stellt die Projektion des Körpers auf eine zu dieser Achse senkrechte Ebene dar; O ist die Projektion der Drehachse. An dem Massenteilchen m mit dem von O aus gerechneten Radiusvektor $\mathfrak{r}$ bringen wir die Zentrifugalkraft $\mathfrak{C}$ an. Diese ist nach § 14 mit Hervorhebung der Richtungen

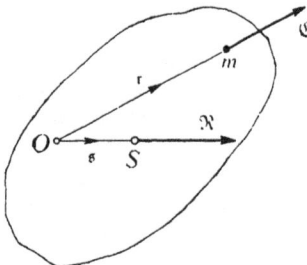

$$\mathfrak{C} = m\, u^2\, \mathfrak{r}.$$

Wenn der Körper, wie es häufig der Fall sein wird, eine zur Drehachse senkrechte Symmetrieebene hat, die wir dann als Projektionsebene ansehen

Abb. 44.

können, lassen sich die Zentrifugalkräfte zu einer Resultierenden zusammensetzen, die in der Symmetrieebene liegt und durch den Punkt O geht. Wir wollen diesen Fall jetzt voraussetzen. Die Resultierende $\mathfrak{R}$ finden wir nach Größe und Richtung durch geometrische Summierung aller $\mathfrak{C}$, also

$$\mathfrak{R} = \Sigma m u^2 \mathfrak{r} = u^2 \Sigma m \mathfrak{r} = u^2 M \mathfrak{s},$$

wenn $\mathfrak{s}$ wieder den Radiusvektor des Schwerpunktes bedeutet. Diese Gleichung sagt aus, daß die Resultierende ebenso groß und ebenso gerichtet ist, als wenn alle Massen im Schwerpunkt vereinigt wären.

Anmerkung. Wenn der Körper keine zur Drehachse senkrechte Symmetrieebene hat, kann man sich, um die Zentrifugalkräfte zusammenzusetzen, jede von ihnen parallel nach jenem Punkte O verlegt denken, in dem sich der Schwerpunkt auf die Drehachse projiziert. Bei dieser Parallelverlegung treten Kräftepaare auf, deren Momentenvektoren senkrecht zur Drehachse stehen. Die nach O verlegten Kräfte kann man dort zu einer Resultierenden vereinigen, die mit der für den vorigen Fall ermittelten übereinstimmt. Dagegen kommt hier noch das aus den einzelnen Kräftepaaren gebildete resultierende Kräftepaar hinzu. Daraus folgt, daß sich die Zentrifugalkräfte im allgemeinen Falle nicht durch eine einzige Resultierende ersetzen lassen. — Auf die Zusammensetzung der Kräftepaare kann an dieser Stelle noch nicht eingegangen werden.

§ 27. Ermittlung des Schwerpunktes

Die allgemeinen Untersuchungen der vorausgehenden Paragraphen geben uns schon die Mittel zur Hand, um den Schwerpunkt in einem gegebenen Falle wirklich aufzusuchen. Hier soll aber noch näher besprochen werden, wie man dies praktisch am bequemsten ausführt.

Zunächst kann man den Schwerpunkt eines gegebenen Körpers durch einen Versuch ermitteln, indem man den Körper an einem biegsamen Faden frei schwebend aufhängt. Der Körper ist dann unter zwei Kräften, nämlich dem Gewicht und der Fadenspannung, die an ihm angreifen, im Gleichgewicht. Zwei Kräfte können sich aber, wie wir früher fanden, nur dann im Gleichgewicht halten, wenn ihre Richtungslinien in dieselbe Gerade fallen. Verlängert man also die Richtungslinie des Fadens durch den Körper, so geht sie durch den Schwerpunkt, und nach einer Wiederholung des Versuchs mit einer zweiten Aufhängung erhält man den Schwerpunkt als Schnittpunkt der beiden Schwerlinien.

Um den Schwerpunkt einer krummen Linie (Abb. 45) zu finden, die in einer Zeichnung beliebig gegeben ist, teilt man sie in eine Anzahl Abschnitte, die hinreichend klein sind, um sie als gerade betrachten zu können, wählt irgendeinen Anfangspunkt und zieht die Radiusvektoren nach den Mitten der Abschnitte. Am bequemsten ist es, wenn man die Abschnitte alle von gleicher Größe wählt. Dann ist der Faktor m in den Produkten $m \mathfrak{r}$ konstant, und man kann ihn gleich der Einheit setzen. Man braucht dann nur die geometrische Summe der Radiusvektoren in einem nebenan gezeichneten Summationspolygon zu bilden. Die Schlußseite dieses Polygons dividiert durch die Anzahl der Abschnitte liefert den Radiusvektor $\mathfrak{s}$ des Schwerpunktes. Wenn wir diesen von O aus abtragen, erhalten wir sofort den Schwerpunkt S. Wenn die Anzahl der Abschnitte, in die man die krumme Linie geteilt hatte, ziemlich groß war, ist es zweckmäßiger, die Radiusvektoren in dem Summationspolygon von vornherein nur mit einem Bruchteil ihrer wahren Länge aufzutragen, damit die Figur nicht unbequem groß wird. Das ist auch in Abb. 45 geschehen; bei ihr kommen 8 Abschnitte vor, und in das Summationspolygon sind die Radiusvektoren mit einem Viertel ihrer Größe

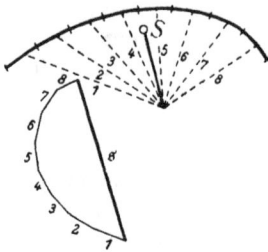

Abb. 45.

aufgenommen. Die mit $\mathfrak{z}$ bezeichnete Schlußseite braucht dann nur halbiert zu werden, um den nach dem Schwerpunkt im Lageplan zu ziehenden Radiusvektor zu liefern. Dieses Verfahren ist gewöhnlich sehr schnell und bequem auszuführen und erfordert zur Erzielung einer genügenden Genauigkeit meist nur eine Einteilung in wenige Abschnitte.

Noch etwas weiter durchführen läßt sich das Verfahren für den Fall, daß die krumme Linie AB ein Kreisbogen ist (Abb. 46). Hier steht nichts im Wege, sich die Anzahl der Abschnitte ds unendlich groß zu denken. Der Maßstab des Summationspolygons kann so gewählt werden, daß das zu einem beliebigen ds gehörige $ds\,\mathfrak{t}$ in der Größe ds in das Summationspolygon eingetragen wird. Dieses geht dann selbst in einen Kreisbogen über, der dem gegebenen kongruent und um einen rechten Winkel dagegen gedreht ist. Der Radiusvektor $\mathfrak{z}$ des Schwerpunktes erlangt daher im Summationspolygon die Länge l der Kreisbogensehne. Die wahre Länge s wird daraus durch die Überlegung gefunden, daß das Produkt $ds \cdot r$ durch ds dargestellt wurde und daß in demselben Maßstab l das Produkt aus s und der Bogenlänge b angibt. Wir haben also die Proportion

$$\frac{ds}{r\,ds} = \frac{l}{b\,s}$$

und hieraus

$$s = \frac{l\,r}{b} = \frac{l}{\alpha},$$

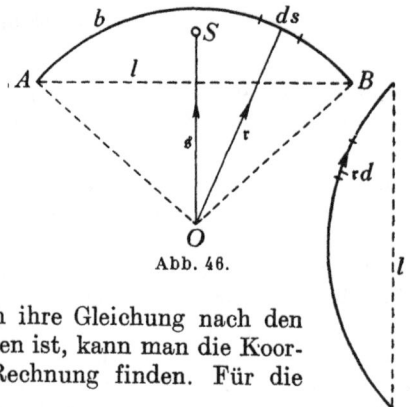

Abb. 46.

wenn mit α der in Bogenmaß gemessene Zentriwinkel des Kreisbogens bezeichnet wird. Für einen Halbkreisbogen ist also z. B. der Abstand des Schwerpunktes vom Durchmesser $s = 2\,r/\pi$.

Wenn die Gestalt der krummen Linie durch ihre Gleichung nach den Methoden der analytischen Geometrie gegeben ist, kann man die Koordinaten des Schwerpunktes auch durch Rechnung finden. Für die Achse OX hat man

$$s' \int ds = \int y\,ds,$$

wenn zur Vermeidung einer Verwechslung der Schwerpunktsabstand hier mit s' bezeichnet wird, und nach Ausführung der Integrationen, die über die ganze Bogenlänge AB zu erstrecken sind, erhält man daraus den Schwerpunktsabstand von der X-Achse. Der Abstand von der Y-Achse kann ebenso ermittelt werden. Besondere Beispiele dazu gebe ich nicht, da es sich hierbei eigentlich nur um Übungen in der Auswertung bestimmter Integrale handelt, die besser im Anschluß an die Vorlesungen über höhere Mathematik vorgenommen werden.

Ganz ebenso gestaltet sich auch die Schwerpunktsermittlung von Flächen nach der analytischen Methode. Der Beitrag des Streifens $y\,dx$ in Abb. 48 zu dem statischen Moment der Fläche für die X-Achse ist gleich $y\,dx \cdot y/2$ und daher der Schwerpunktsabstand s von der X-Achse

$$s = \frac{\tfrac{1}{2}\int y^2\,dx}{\int x\,dy}.$$

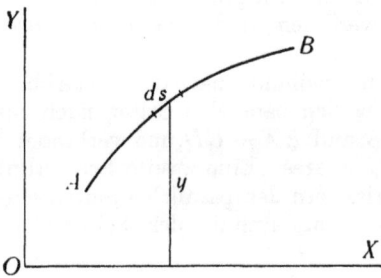

Abb. 47.

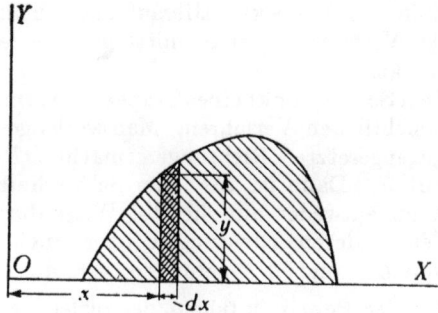

Abb. 48.

Die einzige Schwierigkeit besteht in der Auswertung der bestimmten Integrale, die freilich oft viel Arbeit verursachen kann.

An Stelle der soeben vorgenommenen Flächenzerlegung ist oft eine andere zweckmäßiger, wie am Beispiel des Dreiecks gezeigt werden soll. Alle Teile des in Abb. 49 schraffierten unendlich schmalen Streifens haben denselben Abstand y von der Grundlinie. Die Breite des Streifens ist

$$g\frac{h-y}{h}.$$

Das statische Moment der Dreiecksfläche in bezug auf die Grundlinie wird daher

$$\int_0^h g\frac{h-y}{h}\,dy \cdot y = g\int_0^h y\,dy - \frac{g}{h}\int_0^h y^2\,dy = g\frac{h^2}{2} - \frac{g}{h}\cdot\frac{h^3}{3} = \frac{gh^2}{6}.$$

Durch Division mit der Dreiecksfläche erhalten wir daraus den Abstand des Schwerpunktes von der Grundlinie gleich $h/3$.

Einfacher gelangt man zu diesem Ergebnis dadurch, daß man die Spitze des Dreiecks zum Anfangspunkt wählt und den Satz $M\mathfrak{s} = \Sigma m\mathfrak{r}$ anwendet. Der Schwerpunkt des schraffierten Streifens liegt nämlich in der Mitte und für ihn ist daher $m\mathfrak{r}$ von der Spitze nach der Streifenmitte gerichtet. Alle Glieder in der Summe $\Sigma m\mathfrak{r}$ fallen daher in die Richtung der von der Spitze aus nach der Gegenseite gezogenen Mittellinie. Die gleiche Richtung hat demnach auch $\mathfrak{s}$, und wir erkennen daraus, daß jede Mittellinie eines Dreiecks eine Schwerlinie ist. Der Schnittpunkt der drei Mittellinien ist daher der Schwerpunkt, und aus der Planimetrie ist schon bekannt, daß dieser Schnittpunkt in $\frac{1}{3}$ der Dreieckshöhe liegt, was mit dem vorher gefundenen Ergebnis übereinstimmt.

Um den Schwerpunkt eines Vierecks zu ermitteln, zerlegt man das Viereck durch eine Diagonale in zwei Dreiecke, für die man die Schwerpunkte durch Ziehen der Mittellinien aufsucht. Die Verbindungslinie beider Teilschwerpunkte liefert eine Schwer-

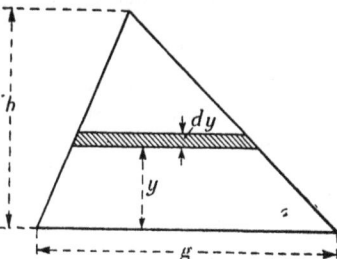

Abb. 49.

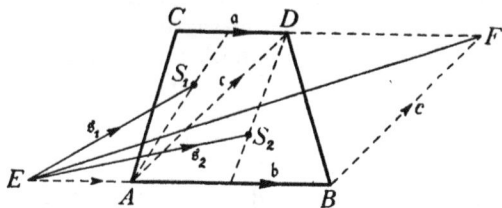

Abb. 50.

linie des Vierecks. Hierauf zieht man die andere Diagonale und wiederholt das Verfahren. Der Schnittpunkt beider Schwerlinien ist der gesuchte Schwerpunkt.

Den Schwerpunkt eines Trapezes bestimmt man gewöhnlich nach dem aus Abb. 50 ersichtlichen Verfahren. Man verlängert die beiden parallelen Seiten nach entgegengesetzten Richtungen, macht $DF = AB$ und $EA = CD$ und verbindet E mit F. Dann ist EF eine Schwerlinie des Trapezes. Eine zweite Schwerlinie kann entweder auf dieselbe Weise durch Verlängern der parallelen Seiten nach den anderen Richtungen oder auch als Verbindungslinie der Seitenmitten von CD und AB gefunden werden.

Um den Beweis zu führen, der zugleich auch als Übungsbeispiel für das Rechnen mit gerichteten Größen dienen soll, zerlege man das Trapez durch die Diagonale AD in zwei Dreiecke und suche deren Schwerpunkte S_1 und S_2 auf. Nach ihnen ziehe man von E aus die Vektoren $\mathfrak{z}_1$ und $\mathfrak{z}_2$. Bezeichnet man die Seite CD, als Vektor aufgefaßt, mit $\mathfrak{a}$, Seite AB mit $\mathfrak{b}$ und Diagonale AD mit $\mathfrak{r}$, und setzt man noch, da $\mathfrak{b}$ mit $\mathfrak{a}$ parallel ist, $\mathfrak{b} = n\,\mathfrak{a}$, so daß also n das Verhältnis der Seitenlängen bezeichnet, so hat man

$$\mathfrak{z}_1 = \mathfrak{a} + \frac{2}{3}\left(\mathfrak{r} - \frac{\mathfrak{a}}{2}\right); \quad \mathfrak{z}_2 = \mathfrak{a} + \frac{n\,\mathfrak{a}}{2} + \frac{1}{3}\left(\mathfrak{r} - \frac{n\,\mathfrak{a}}{2}\right).$$

Auch die Dreiecksflächen und somit die in den Schwerpunkten S_1 und S_2 vereinigten Massen verhalten sich wie 1 zu n. Für den Radiusvektor $\mathfrak{z}$ des Trapezschwerpunktes findet man daher

$$\mathfrak{z} = \frac{\mathfrak{z}_1 + n\,\mathfrak{z}_2}{1 + n}$$

und durch Eintragen der für $\mathfrak{z}_1$ und $\mathfrak{z}_2$ aufgestellten Werte geht dies nach einfacher Umformung über in

$$\mathfrak{z} = \frac{n+2}{3\,(n+1)}\,(\mathfrak{a} + n\,\mathfrak{a} + \mathfrak{r}).$$

Hiermit ist bewiesen, daß die Richtung von $\mathfrak{z}$ mit der Richtung von $(\mathfrak{a} + n\,\mathfrak{a} + \mathfrak{r})$, d. h. mit der Richtung von EF zusammenfällt und daß daher EF eine Schwerlinie ist.

Um den Schwerpunkt eines Fünfecks zu ermitteln, ziehe man eine Diagonale, durch die das Fünfeck in ein Dreieck und ein Viereck zerlegt wird. Von beiden sucht man nach dem beschriebenen Verfahren die Schwerpunkte auf und erhält in der Verbindungslinie beider eine Schwerlinie. Die Wiederholung des Verfahrens für eine zweite Zerlegung des Fünfecks liefert eine andere Schwerlinie und der Schnittpunkt von beiden den Schwerpunkt.

Anstatt dessen kann man auch das Fünfeck sofort durch zwei Diagonalen in drei Dreiecke zerlegen. Man sucht deren Schwerpunkte auf und berechnet die Dreiecksflächen. Jedem Teilschwerpunkt legt man eine Masse bei, die der Dreiecksfläche proportional ist, und ermittelt die geometrische Summe $\Sigma m\,\mathfrak{r}$ für die drei Massenpunkte mit Hilfe eines Summationspolygons. Durch Division mit der Fläche des Fünfecks erhält man hieraus $\mathfrak{z}$ und damit auch den Schwerpunkt S. Zur Vereinfachung dieses Verfahrens ist es zweckmäßig, einen der Teilschwerpunkte als Anfangspunkt der Radiusvektoren zu wählen, weil dann ein Glied in $\Sigma m\,\mathfrak{r}$ fortfällt, so daß man nur noch zwei Glieder graphisch zu summieren hat.

Auch für Polygone mit beliebig vielen Seiten ist das zuletzt beschriebene Verfahren bequem anwendbar. Bei beliebig gestalteten Figuren kann man auch so verfahren, daß man zunächst eine Zerlegung in einzelne Teile vornimmt, deren Schwerpunkte entweder nach den vorhergehenden Lehren sofort angegeben werden können oder die man mit genügender Genauigkeit einschätzen kann, worauf man an den Teilschwerpunkten parallele Kräfte anbringt, die den zugehörigen Flächen proportional sind, und die Kräfte zu einer Resultierenden vereinigt. Wie dies am bequemsten ausgeführt wird, werde ich erst bei einer späteren Gelegenheit zeigen. Die Richtungslinie der Resultierenden ist eine Schwerlinie. Nach Wiederholung des Verfahrens für eine andere Richtung der parallelen Kräfte erhält man den Schwerpunkt. Gewöhnlich ist aber, wenn es sich nur um die Ermittlung des Schwerpunktes und nicht gleichzeitig auch um die Beantwortung anderer Fragen handelt, von denen später die Rede sein wird, die Ausführung der Summierung $\Sigma m\,\mathfrak{r}$ einfacher als die Kräftezusammensetzung.

Manchmal ist es bequemer, eine Figur als Differenz von zwei anderen aufzufassen, falls deren Schwerpunkte leicht angegeben werden können. Auch dann ist die Verbindungslinie beider Schwerpunkte eine Schwerlinie für die gegebene Figur. Denn die gegebene Figur und die sie ergänzende bilden zusammen die umschließende Figur, und die drei Schwerpunkte müssen nach den früheren Lehren auf einer Geraden liegen.

Die Schwerpunkte von Körpern mit gleichförmiger Massenverteilung können nach denselben Regeln ermittelt werden, zunächst also analytisch durch Berechnung von $\Sigma m x$, worin x den Abstand von einer festen Ebene bedeutet, mit Hilfe bestimmter Integrale. Für ein Tetraeder findet man gerade so wie beim Dreieck, daß die Verbindungslinie einer Ecke mit dem Schwerpunkt der gegenüberliegenden Seitenfläche eine Schwerlinie des Tetraeders bildet. Diese vier „Mittellinien", wie man sie auch hier passend nennt, schneiden sich in einem Punkt, der um ein Viertel der Höhe von jeder Basisfläche entfernt ist.

§ 28. Die Guldinsche Regel

Eine gerade oder krumme Linie $A\,B$ in Abb. 51 möge um die Achse $Y\,Y$ gedreht werden, so daß sie eine Rotationsfläche beschreibt. Der Winkel, um den wir drehen, kann beliebig groß sein und sei mit α bezeichnet; er kann auch eine volle Umdrehung bilden. Ein Bogenelement ds beschreibt hierbei eine Fläche. deren Inhalt gleich $ds\cdot\alpha x$ ist, und die ganze Fläche wird daher gleich

$$\alpha \int x\,d s.$$

Dafür kann man aber auch nach der Lehre vom Schwerpunkt

$$\alpha\cdot s'\,b$$

setzen, wenn b die Bogenlänge und s' den Schwerpunktsabstand von $Y\,Y$ bedeuten. Daraus folgt, daß der Inhalt der Rotationsfläche gleich der Bogenlänge multipliziert mit dem Schwerpunktsweg ist. So wird z. B. eine Kugelfläche durch volle Umdrehung eines Halbkreises um seinen Durchmesser erhalten.

Abb. 51.

Der Schwerpunktsabstand für den Halbkreis war vorher zu $2\,r/\pi$ ermittelt, und der Schwerpunktsweg für eine volle Umdrehung ist daher gleich $4\,r$. Multipliziert man dies mit der Bogenlänge πr des Halbkreises, so erhält man den Inhalt der Kugeloberfläche zu $4\,\pi r^2$. Natürlich kann man auch umgekehrt nach diesem Satz, der gewöhnlich als die Guldinsche Regel bezeichnet wird, den Schwerpunktsabstand für den Bogen $A\,B$ berechnen, wenn der Inhalt der Rotationsfläche bereits bekannt ist.

Der Satz gilt auch für das Volumen, das von einer ebenen Figur bei Umdrehung um eine in ihrer Ebene liegende Achse beschrieben wird. Das von dem Flächen-

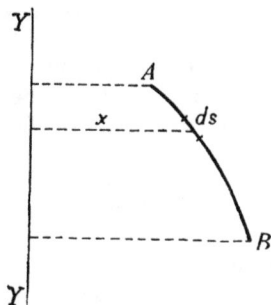

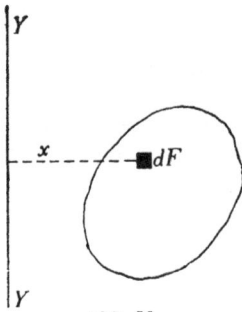

element dF in Abb. 52 beschriebene Volumen ist gleich $\alpha\, x\, dF$ und das ganze Volumen daher

$$\alpha \int x\, d\, F,$$

wofür nach der Lehre vom Schwerpunkt

$$\alpha \cdot s\, F$$

gesetzt werden kann. Das Volumen eines Rotations-körpers ist daher gleich dem Flächeninhalt des Quer-schnitts multipliziert mit dem Wege des Schwerpunktes. Hiernach kann man z. B. den Abstand des Schwer-punktes einer Halbkreisfläche von dem Durchmesser

Abb. 52.

berechnen. Das bei einer vollen Umdrehung um den Durchmesser beschriebene Kugelvolumen ist gleich $4\,\pi r^3/3$. Durch Division mit der Halbkreisfläche $\pi r^2/2$ erhält man daraus für den Schwerpunktsweg $8\,r/3$. Der Schwerpunktsabstand wird daraus durch Division mit 2π, also gleich $4r/3\pi$ gefunden.

§ 29. Stabiles, labiles und indifferentes Gleichgewicht

Eine Kugel, die auf eine ebene Platte gelegt wird, bleibt in jeder Lage, die man ihr geben mag, im Gleichgewicht, wenn ihre Masse gleichmäßig über das Volumen verteilt ist, der Schwerpunkt also mit dem Kugelmittelpunkt zusammenfällt. Denn bei jeder virtuellen Verschiebung, die man ihr aus ihrer augenblicklichen Lage erteilt, bewegt sich der Schwerpunkt in horizontaler Richtung, und die von dem Gewicht der Kugel geleistete Arbeit ist daher gleich Null. Auch der Auflagerdruck, der von der Platte auf die Kugel übertragen wird, leistet, wenn von Reibung abgesehen wird, keine Arbeit, denn durch den Berührungspunkt geht beim Rollen der Kugel die Momentanachse, und beim Gleiten bewegt sich zwar der Berührungspunkt, aber in einer Richtung senkrecht zum Auflager-druck. Reibungen, die etwa in Betracht zu ziehen wären, widersetzten sich der Bewegung, und zu ihrer Überwindung wäre eine positive Arbeitsleistung erforder-lich. Aber auch ohne Reibungen kann sich die Kugel nicht von selbst nach irgendeiner Seite in Bewegung setzen, weil dazu eine positive Arbeitsleistung gehört, durch die sie die lebendige Kraft ihrer Bewegung erhält. Die Kugel muß also in der Tat in jeder Lage in Ruhe bleiben, und wenn sie etwas aus der ersten Lage verschoben wird, hat sie weder das Bestreben, in diese Lage zurückzu-kehren, noch sich weiter von ihr zu entfernen. Ein solches Gleichgewicht wird als indifferent oder als unempfindlich bezeichnet.

Man nehme ferner an, daß die Masse nicht gleichförmig über das Volumen der Kugel verteilt sei, so daß der Schwerpunkt etwas exzentrisch liegt. In diesem Falle bleibt die Kugel, falls Reibungen vermieden sind, nur dann im Gleich-gewicht, wenn der Schwerpunkt entweder seine höchste oder seine tiefste Lage einnimmt. Denn zum Gleichgewicht gehört, daß die beiden einzigen Kräfte, die an der Kugel angreifen, nämlich das Gewicht und der Auflagerdruck, auf dieselbe Gerade fallen. Die durch den Schwerpunkt lotrecht gezogene Gerade muß also durch den Auflagerpunkt der Kugel gehen, und das ist nur möglich, wenn Auflagerpunkt, Schwerpunkt und Kugelmittelpunkt auf einer Geraden liegen. Beide Gleichgewichtsfälle, die hiernach noch möglich sind, unterscheiden sich aber erheblich voneinander. Wenn der Schwerpunkt seine höchste Lage ein-nimmt, bewegt er sich bei einer kleinen virtuellen Verschiebung zunächst in horizontaler Richtung. Besteht die virtuelle Verschiebung nämlich in einem

Rollen, also in einer unendlich kleinen Drehung um eine durch den Auflagerpunkt gehende horizontale Achse, so beschreibt der Schwerpunkt einen unendlich
kleinen Kreisbogen, der senkrecht zum Radius, senkrecht also zu der vom Auflagerpunkt zum Schwerpunkt gezogenen Verbindungslinie steht. Da dieser
Radius selbst lotrecht stand, muß der Kreisbogen horizontal gerichtet sein. Insofern ist also in der Tat die Arbeitsleistung des Gewichtes bei der unendlich
kleinen Verschiebung gleich Null zu setzen, und die Gleichgewichtsbedingung ist
erfüllt. Sobald aber die Drehung nicht ganz streng unendlich klein ist, findet
doch eine kleine Senkung des Schwerpunktes und demnach eine Arbeitsleistung
des Gewichtes statt, durch die der Körper in diese Bewegung versetzt werden kann.
Zu einer Verschiebung des Schwerpunktes in horizontaler Richtung, die von der
ersten Ordnung klein ist, gehört eine Verschiebung in lotrechter Richtung, die
klein von der zweiten Ordnung ist. Man erkennt daraus, daß sich die Kugel,
wenn alle äußeren Störungen ferngehalten sind, zwar nicht von selbst aus der
Gleichgewichtslage entfernen kann, daß sie aber, wenn sie durch andere Umstände ein wenig aus dieser Lage verschoben war, nicht mehr im Gleichgewicht
ist, sondern sich stets weiter aus ihr entfernt. Ein solches Gleichgewicht heißt
instabil oder labil oder auch unsicher. Ein streng instabiles Gleichgewicht
kann überhaupt nicht verwirklicht werden, da es nicht möglich ist, alle kleinen
Erschütterungen, Luftströmungen usw., die zu einem ersten kleinen Ausweichen
führen können, von dem Körper fernzuhalten, und weil es außerdem auch gar
nicht möglich wäre, dem Körper anfänglich die genaue mathematische Gleichgewichtslage ohne die geringste Abweichung zu geben. Sobald etwas rollende
Reibung — oder überhaupt irgendein derartiger Bewegungswiderstand — hinzukommt, hört aber das Gleichgewicht auf, streng instabil zu sein, und es kann
dann wohl verwirklicht werden. So ist es z. B. nicht unmöglich, einen Stuhl
auf zwei Beinen zu balancieren. Im Gartensand gelingt es ganz leicht; es wird
freilich um so schwerer, die richtige Anfangslage zu treffen und störende Erschütterungen fernzuhalten, je glatter der Fußboden ist. Gerade die Erfahrungen
über das instabile Gleichgewicht geben übrigens einen guten Anhaltspunkt zur
Beurteilung der Größe der rollenden Reibung.

Wenn der Schwerpunkt seine tiefste Lage hat,
ist die Arbeitsleistung des Gewichts für eine
unendlich kleine Verschiebung immer noch Null
oder, wenn man will, unendlich klein von der
zweiten Ordnung. Für eine endliche Verschiebung wird aber die Arbeitsleistung negativ.
Ohne von außen geleistete positive Arbeit ist
die Verschiebung daher nicht möglich. Nach
einer kleinen Lagenänderung bleibt der Körper,
falls Reibungen vermieden sind, nicht mehr im
Gleichgewicht, sondern er kehrt in die Anfangslage zurück. Eine solche Gleichgewichtslage
wird als eine stabile oder sichere bezeichnet.

Ganz ähnlich wie jetzt bei der auf einer horizontalen Platte ruhenden Kugel wird auch in
allen anderen Fällen verfahren, um zwischen
den verschiedenen Arten des Gleichgewichtes
zu unterscheiden. Aus einem zweiten Beispiel
wird dies noch besser hervorgehen. Auf einer

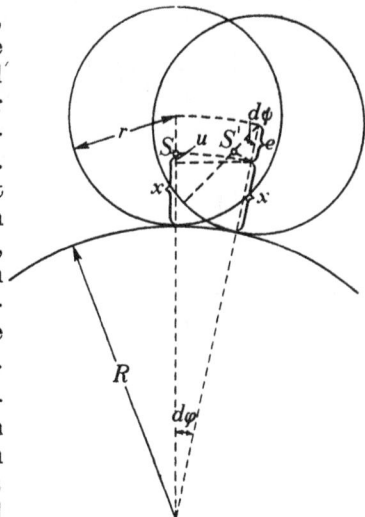

Abb. 53.

kugelförmigen Oberfläche vom Halbmesser R sei eine Kugel vom Halbmesser r aufgestellt (Abb. 53), deren Schwerpunkt um e unterhalb des Kugelmittelpunktes liegt. Die Höhe $r - e$ des Schwerpunktes über dem Auflagerpunkt sei mit x bezeichnet. Es fragt sich, wie groß x sein muß, wenn das Gleichgewicht indifferent, stabil oder labil sein soll. Zunächst sei übrigens noch darauf hingewiesen, daß die kugelförmige Gestalt der sich berührenden Körper nur in der unmittelbaren Nachbarschaft der Berührungsstelle von Bedeutung ist; überall sonst kann man sich die Körper beliebig umgrenzt vorstellen.

Man denke sich die obere Kugel um ein kleines Stück aus der Gleichgewichtslage fortgerollt und berechne, um wieviel sich ihr Schwerpunkt bei dieser Bewegung hebt oder senkt.

Zu diesem Zweck können wir uns die Kugel zunächst um den Mittelpunkt der unteren Kugel gedreht denken, so lange bis ihr Mittelpunkt die neue Lage einnimmt, worauf wir eine Drehung um den Mittelpunkt der oberen Kugel folgen lassen, von solcher Größe, daß der von einem Punkt des Umfangs beschriebene Bogen gleich dem auf der unteren Kugelfläche zurückgelegten Wege wird. Diese Bedingung muß nämlich offenbar erfüllt sein, damit die Kugel auch durch bloßes Rollen ohne Gleiten in die neue Lage gelangen kann.

Bei der ersten Bewegung beschreibt der Schwerpunkt S einen Bogen vom Halbmesser $R + x$ und vom Zentriwinkel $d\varphi$, dessen Projektion auf die Lotrechte von der zweiten Ordnung unendlich klein ist und mit u bezeichnet sei. Man erhält dafür

$$u = (R + x)(1 - \cos d\varphi) = (R + x)\,\frac{d\varphi^2}{2},$$

wenn der Kosinus des unendlich kleinen Winkels $d\varphi$ in eine Reihe entwickelt wird, von der es genügt, bis zu dem von der zweiten Ordnung kleinen Gliede zu gehen.

Der auf der unteren Kugelfläche bei der ersten Bewegung beschriebene Bogen ist gleich $R\,d\varphi$. Wir müssen jetzt die obere Kugel um ihren Mittelpunkt um einen Winkel $d\psi$ drehen, so daß

$$r\,d\psi = R\,d\varphi$$

ist. Hierbei hebt sich der Schwerpunkt um einen Betrag z; der Deutlichkeit wegen ist diese zweite Bewegung in Abb. 54 vergrößert und mit Weglassung der Umrißlinien usw. dargestellt. Wir berechnen zuerst die Strecke $z + y$ und hierauf y gerade so wie vorher u und finden hieraus z, nämlich

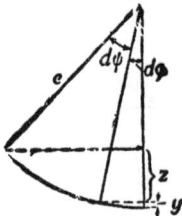

Abb. 54.

$$z + y = e\,(1 - \cos(d\varphi + d\psi)) = e\,\frac{(d\varphi + d\psi)^2}{2}.$$

$$y = e\,(1 - \cos d\varphi) = e\,\frac{d\varphi^2}{2},$$

$$z = e\,\frac{(d\varphi + d\psi)^2 - d\varphi^2}{2} = e\,d\psi \cdot \frac{d\psi + 2\,d\varphi}{2}.$$

Wenn z gleich u ist, findet, bis auf unendlich kleine Größen höherer Ordnung genau, weder eine Hebung, noch eine Senkung des Schwerpunktes statt und das Gleichgewicht ist indifferent oder unempfindlich. Die Bedingung lautet dafür also

$$(R + x)\,d\varphi^2 = (r - x)\,(d\psi^2 + 2\,d\varphi\,d\psi).$$

Beachtet man, daß

$$d\,\psi = \frac{R}{r}\,d\,q$$

ist, so geht dies über in

$$R + x = (r - x)\left(\frac{R^2}{r^2} + 2\,\frac{R}{r}\right),$$

und die Auflösung dieser Gleichung nach x liefert

$$x = \frac{R\,r}{R + r}.$$

Liegt der Schwerpunkt tiefer, so ist das Gleichgewicht sicher, im entgegengesetzten Falle unsicher.

Bei dieser Betrachtung ist eine Störung des Gleichgewichts nur in Form einer rollenden Bewegung in Aussicht genommen worden. Wenn die Kugeln vollkommen glatt wären, so daß gar keine gleitende Reibung in Betracht käme, wäre das Gleichgewicht freilich bei jedem Wert von x labil, denn dann könnte der vorher zuerst ins Auge gefaßte Bewegungsanteil auch für sich allein zustande kommen, und die mit ihm verbundene Bewegung u des Schwerpunktes wäre in jedem Falle nach abwärts gerichtet. Tatsächlich genügt aber die gleitende Reibung auch bei den glattesten Oberflächen, die wir herstellen können, um eine solche Bewegung auszuschließen, so daß nur auf die rollende Bewegung geachtet zu werden braucht. Die rollende Reibung, die sich dieser etwa noch widersetzt, würde zur Folge haben, daß x noch um eine Kleinigkeit größer sein dürfte, als vorher berechnet, ehe das labile Gleichgewicht eintritt. Bei glatten und harten metallischen Oberflächen ist dieser Einfluß der rollenden Reibung aber nur sehr unbedeutend.

Man kann die Aufgabe übrigens auch dadurch lösen, daß man die Kurve untersucht, die der Schwerpunkt bei der epizyklischen Bewegung der oberen Kugel auf der unteren beschreibt. Wenn die Kurve nach unten konkav ist, ist das Gleichgewicht labil, im umgekehrten Falle ist es stabil, und indifferent ist es, wenn der Krümmungshalbmesser der Kurve im Scheitel unendlich groß wird.

Auch für den Fall, daß die obere Kugel durch eine Platte mit ebener Unterfläche ersetzt wird oder daß die untere Kugelfläche nach oben hin hohl ist, führt die vorige Behandlung leicht zum Ziel. Bei ellipsoidischen Flächen wird die Rechnung aber natürlich verwickelter. Verwandt mit diesen Betrachtungen ist auch die Lehre von der Stabilität des Gleichgewichts schwimmender Körper. die an anderer Stelle behandelt werden wird (§ 66).

§ 30. Satz von der Bewegung des Schwerpunktes

Ein beliebiger Punkthaufen bewege sich unter dem Einfluß bekannter äußerer Kräfte. Es ist dabei nicht nötig, daß die Punkte des Haufens fest miteinander zusammenhängen; sie können auch ganz unabhängig voneinander sein. Die Lage des Schwerpunktes wird in jedem Augenblick durch den von einem festen Anfangspunkt gezogenen Radiusvektor $\mathfrak{s}$ bestimmt. der durch die Gleichung

$$M\,\mathfrak{s} = \Sigma\,m\,\mathfrak{r}$$

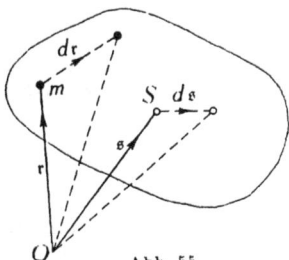

Abb. 55.

gegeben ist (Abb. 55). Nach Verlauf eines Zeitteilchens dt hat sich jedes $\mathfrak{r}$ um ein $d\mathfrak{r}$ und $\mathfrak{s}$ um $d\mathfrak{s}$ geändert, so daß auch nachher wieder

$$M\,(\mathfrak{s} + d\mathfrak{s}) = \Sigma\,m\,(\mathfrak{r} + d\mathfrak{r})$$

ist. Subtrahiert man beide Gleichungen voneinander und dividiert durch dt, so wird

$$M\,\frac{d\mathfrak{s}}{dt} = \Sigma\,m\,\frac{d\mathfrak{r}}{dt}. \tag{75}$$

Der Differentialquotient des von dem festen Anfangspunkt aus gerechneten Radiusvektors eines Punktes nach der Zeit gibt aber nach Richtung und Größe die Geschwindigkeit dieses Punktes an. Bezeichnen wir die Geschwindigkeit eines beliebigen Punktes mit $\mathfrak{v}$ und die des Schwerpunktes mit $\mathfrak{v}_0$, so kann demnach Gl. (75) auch in der Form

$$M\,\mathfrak{v}_0 = \Sigma\,m\,\mathfrak{v} \tag{76}$$

geschrieben werden. Das Produkt aus Masse und Geschwindigkeit heißt Bewegungsgröße, und unter der Bewegungsgröße eines Punkthaufens wird die geometrische Summe der Bewegungsgrößen aller Punkte des Haufens verstanden. Gl. (76) kann daher dahin ausgesprochen werden, daß die Bewegungsgröße eines beliebigen Punkthaufens gleich der Gesamtmasse des Haufens multipliziert mit der Geschwindigkeit des Schwerpunktes ist. Wenn der Schwerpunkt ruht, ist die Bewegungsgröße des ganzen Haufens gleich Null.

Auch Gl. (76) gilt in jedem Augenblick. Nach Ablauf eines Zeitelementes dt ändert sich jedes $\mathfrak{v}$ um irgendein $d\mathfrak{v}$; man hat daher auch

$$M\,(\mathfrak{v}_0 + d\mathfrak{v}_0) = \Sigma\,m\,(\mathfrak{v} + d\mathfrak{v})$$

und nach Subtraktion von Gl. (76) und Division mit dt wird daraus

$$M\,\frac{d\mathfrak{v}_0}{dt} = \Sigma\,m\,\frac{d\mathfrak{v}}{dt}. \tag{77}$$

Der Differentialquotient der Geschwindigkeit nach der Zeit ist die Beschleunigung des Punktes, und nach dem dynamischen Grundgesetz ist das Produkt aus Masse und Beschleunigung jedes Punktes gleich der Resultierenden aller an diesem Punkt angreifenden Kräfte. Diese Kräfte kommen teils von außen, teils gehen sie von den übrigen Punkten des Haufens aus. Die Resultierende der äußeren Kräfte an irgendeinem Punkt des Haufens sei mit $\mathfrak{P}$ und irgendeine von den inneren Kräften, die an ihm angreifen, mit $\mathfrak{J}$ bezeichnet; dann ist für diesen Punkt

$$m\,\frac{d\mathfrak{v}}{dt} = \mathfrak{P} + \Sigma\,\mathfrak{J},$$

und Gl. (77) geht durch Einsetzen dieses Wertes über in

$$M\,\frac{d\mathfrak{v}_0}{dt} = \Sigma\,\mathfrak{P} + \Sigma\,\Sigma\,\mathfrak{J}.$$

Nach dem Wechselwirkungsgesetz ist aber die Gesamtsumme aller inneren Kräfte gleich Null; die vorige Gleichung vereinfacht sich daher zu

$$M\,\frac{d\mathfrak{v}_0}{dt} = \Sigma\,\mathfrak{P}. \tag{78}$$

Diese Gleichung spricht den Satz von der Bewegung des Schwerpunktes aus. Sie hat nämlich genau die Form der dynamischen Grundgleichung für einen einzelnen Massenpunkt, der mit dem Schwerpunkt zusammenfällt und dessen

Masse M ist, während alle äußeren Kräfte $\mathfrak{P}$ unmittelbar an ihm angreifen. Der Schwerpunkt eines beliebig zusammengesetzten Punkthaufens bewegt sich demnach stets so, als wenn die ganze Masse des Haufens in ihm vereinigt wäre und als wenn alle äußeren Kräfte, die auf die einzelnen Punkte des Haufens wirken, in gleicher Größe und Richtung an ihm angebracht wären.

Immer wenn man in der Mechanik des materiellen Punktes einen Körper unter dem Bilde eines einzelnen materiellen Punktes auffaßt, denkt man sich seine Masse in diesem Punkt vereinigt und auch alle Kräfte an diesen Punkt verlegt. Der Satz von der Bewegung des Schwerpunktes lehrt uns erst nachträglich, inwiefern dies berechtigt ist, und welcher Punkt des Körpers zu diesem Zweck ausgesucht werden muß. Wir sehen jetzt, daß es selbst bei der verwickeltsten Bewegung, die ein starrer Körper auszuführen vermag, bis zu einem gewissen Grad immer noch zulässig ist, den Körper als einzelnen Punkt zu betrachten; man erhält auf diese Art wenigstens die Bewegung des Schwerpunktes vollständig genau. Nur wenn es nötig wird, auch über die Drehungen Rechenschaft zu geben, die der Körper daneben um Achsen, die durch den Schwerpunkt gehen, ausführt, genügt es nicht mehr, sich den Körper im Schwerpunkt vereinigt zu denken.

Früher ist schon manchmal darauf hingewiesen worden, daß ein Kräftepaar einen starren Körper in Drehung zu versetzen suche. Diese Aussage war aber noch nicht ganz genau und sie stützte sich eigentlich nur auf die unmittelbare Anschauung und Erfahrung. Erst der Satz von der Bewegung des Schwerpunktes gestattet, dies schärfer auszudrücken. Verlegt man nämlich beide Kräfte des Kräftepaares nach dem Schwerpunkt, so heben sie sich gegenseitig auf, und wir erkennen, daß der Schwerpunkt in Ruhe bleibt, wenn der Körper vorher ruhte. Die Bewegung, die dem starren Körper durch ein Kräftepaar erteilt wird, kann daher nur in einer Drehung um eine durch den Schwerpunkt gehende Achse bestehen.

Wenn man irgendeinen sperrigen Gegenstand, z. B. einen Stuhl, zum Fenster hinauswirft, bemerkt man eine zunächst ganz ungeordnet scheinende Bewegung. Der Stuhl überschlägt sich — wenigstens im allgemeinen Falle, wenn nicht besondere Sorgfalt darauf verwendet wurde, ihm nur eine translatorische Bewegung zu erteilen — mehrmals, und wenn man irgendeine einzelne Ecke ins Auge faßt, bemerkt man, daß deren Bewegung sehr verwickelt ist. Die Beschreibung dieser Bewegung wird aber sofort sehr vereinfacht, wenn wir darauf achten, daß der Schwerpunkt des Stuhles sich wie ein geworfener materieller Punkt, also, wenn der Luftwiderstand vernachlässigt werden kann, in einer Parabel bewegt. Nachher fehlt nur noch die Untersuchung der Drehungen, die der Stuhl außerdem um Schwerpunktachsen ausführt. Dieser Teil der Betrachtung ist freilich der schwierigere und er wird erst im vierten Band dieser Vorlesungen zur Erledigung kommen.

Ein bekanntes Beispiel zur Erläuterung des Schwerpunktsatzes bildet auch eine Granate, die während ihres Fluges durch die Luft platzt. Die einzelnen materiellen Punkte, die vorher einen starren Körper ausmachten, bilden nachher einen Haufen von Bruchstücken, die sich unabhängig voneinander bewegen. Aber auch hierbei bewegt sich der Schwerpunkt genau so weiter, als wenn die Granate noch zusammenhinge und alle Kräfte an ihr angriffen. In der Bewegung des Schwerpunktes würde in der Tat durch die Explosion nicht die geringste Änderung herbeigeführt, wenn die Granate etwa durch den leeren Raum fliegen würde. Bei der Bewegung durch die Luft trifft dies aber nicht völlig zu, weil der Luftwiderstand, den die einzelnen Stücke erfahren, zusammengenommen nicht dem Luftwiderstand für die ganze Granate entspricht.

Ein ähnliches, aber für die Technik weitaus wichtigeres Beispiel bildet die Lokomotive in ihrem Lauf. Wir wollen zunächst annehmen, daß ein Eisenbahnzug in einem Gefälle bergab fahre, so daß die Bewegungswiderstände dadurch gerade überwunden werden. Die Bewegung des Zuges erfolgt dann gleichförmig bei abgesperrtem Dampfzutritt. Auch der Schwerpunkt der Lokomotive bewegt sich in diesem Falle gleichförmig. Auf der Lokomotive verschieben sich aber die zu dem Kurbelmechanismus gehörigen Massen des Kolbens, der Kurbelstange usw. nach einem bestimmten Gesetz und verlegen dadurch fortwährend den Schwerpunkt relativ zu dem Gestell des Fahrzeuges. Gerade weil sich der Schwerpunkt des ganzen Verbandes gleichförmig bewegt, kann sich daher der Lokomotivrahmen nicht gleichförmig bewegen. Er wird abwechselnd etwas zurückbleiben und wieder vorwärtsgehen.

Ganz ähnlich gestaltet sich der Vorgang auch noch bei horizontaler Bahn und gleichförmiger Geschwindigkeit des Zuges. Die Zugketten sind jetzt angespannt mit einer Kraft, die die an den angehängten Wagen auftretenden Bewegungswiderstände überwindet. Die Zugketten sind aber nicht mit dem Schwerpunkt der ganzen Lokomotive, sondern mit dem Gestell in Verbindung. Wegen der abwechselnd auftretenden Beschleunigungen und Verzögerungen des Gestells kann daher die Zugkraft — auch abgesehen von den Unterschieden, die durch die Kurbelstellungen bedingt sind — nicht gleichförmig übertragen werden. Es treten vielmehr Schwankungen in der Anspannung der Zugketten auf, die sich als Stöße bemerklich machen.

Durch ein Gegengewicht, das am Treibrad gegenüber dem Kurbelzapfen angebracht wird, lassen sich diese Schwankungen beseitigen oder wenigstens mildern. In früheren Zeiten war es üblich, die ganze Lokomotive, nachdem sie sonst fertiggestellt war, an Seilen aufzuhängen und das Gegengewicht so abzugleichen, daß horizontale Schwingungen beim Ingangsetzen des Kurbelmechanismus vermieden wurden. Ein so umständlicher Versuch ist aber gar nicht nötig, wenn man die Massen nur so berechnet, daß keine Horizontalverschiebungen des Schwerpunktes des ganzen Gestänges gegenüber dem Gestell auftreten.

Damit allein ist aber der Gegenstand noch nicht ganz erledigt. Bei einem Massenausgleich, der nur darauf Bedacht nimmt, Horizontalverschieburgen des Schwerpunktes auszuschließen, läßt sich nämlich nicht verhindern, daß der Schwerpunkt Vertikalverschiebungen relativ zum Gestell erfahrt. Beim Aufhängen der Lokomotive an Seilen können sich diese nicht bemerklich machen, weil die Seile eine Vertikalverschiebung des Gestells verhindern. Die Spannungen der Seile müssen aber zu diesem Zweck fortwährenden Schwankungen unterliegen. Bei Verwendung einer derartig ausgeglichenen Lokomotive zum Zugdienst wird man nun zwar die vorher erwähnten stoßartigen Schwankungen der Zugkraft nicht mehr zu befürchten haben, dagegen muß man nun Erhöhungen und Verminderungen des Raddruckes, mit dem die Lokomotive auf den Schienen aufsitzt, mit in den Kauf nehmen. Diese Schwankungen machen sich um so mehr bemerklich, je schneller die Lokomotive läuft; sie wachsen mit dem Quadrat der Geschwindigkeit. Es kann in der Tat vorkommen, daß der Raddruck bei einer gewissen Stellung bis auf Null abnimmt und bei einer anderen bis zum doppelten Wert des Raddrucks bei ruhender Lokomotive ansteigt. Beide Erscheinungen sind bedenklich; die erste, weil sie eine Entgleisung der Lokomotive herbeiführen könnte, die andere, weil die Beanspruchung der Schienen betrachtlich erhöht wird.

Eine ausführliche Behandlung der Frage des Massenausgleichs kann an dieser Stelle noch nicht gegeben werden; es sollte nur auf den großen Nutzen aufmerksam gemacht werden. den der Satz von der Bewegung des Schwerpunktes bei derartigen Untersuchungen gewahrt. Die Untersuchungen über den Massenausgleich sind übrigens hauptsächlich von Wichtigkeit für die Antriebsmaschinen von Schiffen, sofern sie als Kolbenmaschinen ausgeführt werden, oder auch für die Flugzeugmotoren. Bei den Schiffsmaschinen handelt es sich darum, durch geschick e Anordnung der hin- und hergehenden Massen zu vermeiden, daß der Schiffskörper so wie ein starrer Körper in Schwingungen gerät, wenn die Maschine in Gang gesetzt wird. Im vierten Band dieser Vorlesungen werde ich darauf zurückkommen.

§ 31. Lebendige Kraft eines starren Körpers

Die lebendige Kraft eines einzelnen materiellen Punktes von der Masse m und der Geschwindigkeit $\mathfrak{v}$ ist

$$m \frac{\mathfrak{v}^2}{2}$$

und die lebendige Kraft eines Punkthaufens ist gleich der Summe der lebendigen Kräfte aller Teile, also

$$L = \Sigma \, m \frac{\mathfrak{v}^2}{2} \, .$$

Die Summierung ist hier eine gewöhnliche numerische, da die lebendige Kraft eine Größe ohne Richtung und immer positiv ist.

Gehören alle Punkte des Haufens einem starren Körper an, so kann der vorhergehende Ausdruck noch einer sehr wichtigen Umformung unterzogen werden. Am einfachsten ist der Fall der Translationsbewegung zu erledigen. Hier ist der Faktor $\mathfrak{v}^2/2$ für alle Punkte konstant und man hat

$$L = M \, \frac{\mathfrak{v}^2}{2} \, .$$

wenn M die Gesamtmasse des starren Körpers ist. In diesem Falle genügt es also auch bei der Berechnung der lebendigen Kraft, den ganzen Körper als einen einzigen materiellen Punkt aufzufassen.

Im allgemeinsten Falle wählen wir, wie im vorigen Abschnitt, einen Bezugspunkt, nach dem die Radiusvektoren $\mathfrak{r}$ gehen, und setzen

$$\mathfrak{v} = \mathfrak{v}_0 + [\mathfrak{u}\,\mathfrak{r}].$$

Als Bezugspunkt wird aber hier am zweckmäßigsten der Schwerpunkt des starren Körpers gewählt. Wir bilden nun

$$\mathfrak{v}^2 = (\mathfrak{v}_0 + [\mathfrak{u}\,\mathfrak{r}])^2 = \mathfrak{v}_0{}^2 + 2\,\mathfrak{v}_0[\mathfrak{u}\,\mathfrak{r}] + [\mathfrak{u}\,\mathfrak{r}]^2.$$

Setzen wir dies ein, so erhalten wir

$$L = \tfrac{1}{2}\Sigma m\,\mathfrak{v}_0{}^2 + \Sigma m\,\mathfrak{v}_0 \cdot [\mathfrak{u}\,\mathfrak{r}] + \tfrac{1}{2}\Sigma m\,[\mathfrak{u}\,\mathfrak{r}]^2.$$

Wir wollen zunächst das zweite Glied dieses Ausdrucks ins Auge fassen. Den richtungslosen Faktor m können wir anstatt mit $\mathfrak{v}_0$ auch mit dem zweiten Faktor des inneren Produkts vereinigen, also

$$\Sigma \mathfrak{v}_0 \cdot m\,[\mathfrak{u}\,\mathfrak{r}]$$

dafür setzen. Nun ist aber $\mathfrak{v}_0$ bei der Summierung über alle Massen konstant, da es die Geschwindigkeit des Schwerpunktes bedeutet. Der konstante Faktor kann auch vor das Summenzeichen gesetzt werden und, wenn dies geschieht, erhalten wir

$$\mathfrak{v}_0 \Sigma m\,[\mathfrak{u}\,\mathfrak{r}] \qquad \text{oder auch} \qquad \mathfrak{v}_0 \Sigma\,[\mathfrak{u} \cdot m\,\mathfrak{r}].$$

Aber auch $\mathfrak{u}$ ist für alle Punkte von gleicher Größe. Die Summierung, die jetzt noch vorgeschrieben ist, braucht daher nur auf den anderen Faktor des äußeren Produkts ausgedehnt zu werden. Wir erhalten dadurch

$$\mathfrak{v}_0 \cdot [\mathfrak{u} \varSigma m \mathfrak{r}].$$

Da der Schwerpunkt als Bezugspunkt gewählt war, ist nach der allgemeinen Schwerpunktseigenschaft

$$\varSigma m \mathfrak{r} = 0,$$

und hiermit nimmt auch der vorausgehende Ausdruck den Wert Null an. Der Ausdruck für die lebendige Kraft vereinfacht sich daher zu

$$L = \tfrac{1}{2} \varSigma m \mathfrak{v}_0{}^2 + \tfrac{1}{2} \varSigma m \, [\mathfrak{u} \mathfrak{r}]^2.$$

Das erste Glied dieses Ausdrucks hat aber eine einfache Bedeutung; es gibt die lebendige Kraft an, die der Körper hätte, wenn seine ganze Masse im Schwerpunkt vereinigt wäre. Wenn die Winkelgeschwindigkeit $\mathfrak{u}$ der Rotation gleich Null wäre, würde das erste Glied allein übrig bleiben; man bezeichnet es daher als die lebendige Kraft der Translation oder als die **Translationsenergie** des Körpers oder auch als die **Fortschreitungswucht**. Das letzte Glied hängt nur von der Winkelgeschwindigkeit $\mathfrak{u}$ ab, und es wird daher als die **Rotationsenergie** oder als die **Drehwucht** bezeichnet.

Die zu $\mathfrak{u}$ äußere Komponente von $\mathfrak{r}$ ist der senkrechte Abstand des betreffenden Massenpunktes von der durch den Schwerpunkt gehenden Rotationsachse. Gebrauchen wir dafür die Bezeichnung y, so ist

$$[\mathfrak{u} \mathfrak{r}]^2 = u^2 y^2,$$

und da der Faktor u konstant ist, wird

$$\varSigma m \, [\mathfrak{u} \mathfrak{r}]^2 = u^2 \varSigma m \, y^2.$$

Der hier noch vorkommende Summenausdruck hängt nur von der Gestalt und Massenverteilung des Körpers und von der Lage der Rotationsachse ab. Er kann, wenn der Körper gegeben ist, für jede Schwerpunktsachse von vornherein berechnet werden. Ausdrücke von dieser Bauart werden ganz allgemein als Momente bezeichnet, und zwar, wenn der Abstand, wie hier, im Quadrat darin vorkommt, als Momente zweiten Grades. Wir werden später noch andere Momente zweiten Grades kennenlernen; das wichtigste unter ihnen ist aber das uns hier zum ersten Mal entgegentretende. Es führt daher auch noch einen besonderen Namen, und zwar wird es das **Trägheitsmoment** des Körpers für die betreffende Schwerpunktsachse genannt. Man unterscheidet zwischen Flächenträgheitsmoment J von der Dimension cm^4 und Massenträgheitsmoment $\varTheta$ von der Dimension kg cm s^2. Unter dem Flächenträgheitsmoment versteht man die Summe der einzelnen Flächenteilchen multipliziert mit dem Quadrat der Abstände dieser Teilchen entweder von einem Pol (polares Trägheitsmoment) oder von einer Achse (axiales Trägheitsmoment). Das axiale und das polare Flächenträgheitsmoment werden noch eingehend in der Festigkeitslehre behandelt werden.

Das Massenträgheitsmoment ist, da sich die Masse in drei Richtungen erstreckt, ein dreidimensionaler Begriff. Das Massenträgheitsmoment wird gebildet als Summe aller Massenteilchen multipliziert mit dem Quadrat des Abstandes von der Achse, auf die sich das Massenträgheitsmoment bezieht. Man hat früher vom „Massenträgheitsmoment $\varTheta$" schlechtweg gesprochen, wiewohl der Begriff sowohl bei der dynamischen Biegung (axiales Massenträgheitsmoment) als auch bei der dynamischen Verdrehung (polares Massenträgheitsmoment) auftritt. Das axiale Massenträgheitsmoment bezieht sich auf eine Achse, die in der Querschnittsebene als Achse auftritt, während sich das polare Massenträgheitsmoment auf eine Achse bezieht, die sich in der Querschnittsebene in einem Pol projeziert.

Wenn man für eine Masse ohne bestimmten Zweck das Massenträgheitsmoment bezogen auf eine beliebige Achse bilden soll, kann man keinen Unterschied zwischen axialem und polarem Trägheitsmoment machen. Bei der Biegeschwingungsberechnung von umlaufenden Schwungmassen treten aber sowohl das axiale als auch das polare Massenträgheitsmoment auf, so daß man dort um eine unterschiedliche Benennung der beiden Trägheitsmomente nicht herumkommt. Es ist zweckmäßig, diese Benennung in Übereinstimmung mit dem axialen und polaren Flächenträgheitsmoment zu bilden.

Nach dieser Zwischenbemerkung über das Trägheitsmoment erhalten wir für L:

$$L = \tfrac{1}{2} M \, \mathfrak{v}_0{}^2 + \tfrac{1}{2} \, \Theta \, u^2. \tag{79}$$

Die Spaltung der lebendigen Kraft des starren Körpers in ein Glied, das die Energie der fortschreitenden, und in ein anderes, das die Energie der drehenden Bewegung darstellt, gewinnt, ganz abgesehen von der Bequemlichkeit, die dadurch für die Berechnung herbeigeführt wird, noch eine besondere Bedeutung durch die folgende Bemerkung. Ein starrer Körper, der sich beliebig bewegt, möge ganz sich selbst überlassen werden, also so, daß entweder gar keine Kräfte von außen her auf ihn einwirken, oder so, daß die äußeren Kräfte im Gleichgewicht miteinander stehen. Dann bewegt sich, wie wir schon wissen, der Schwerpunkt geradlinig mit gleichförmiger Geschwindigkeit weiter. Die Fortschreitungswucht bleibt also konstant. Außerdem kann sich aber auch die ganze lebendige Kraft nicht ändern, da die äußeren Kräfte keine Arbeit leisten und die Arbeit der inneren Kräfte für den starren Körper immer gleich Null ist. Daraus folgt, daß auch die Drehwucht konstant bleiben muß. Es kann also von selbst keine Umwandlung des einen Energieanteiles in den anderen eintreten; beide bleiben vielmehr für sich unabhängig voneinander bestehen. Wenn der Körper an ein Hindernis stößt, kann aber freilich eine Umwandlung von Rotationsenergie in Translationsenergie oder umgekehrt eintreten.

Es möge auch auf die ganz verwandte Gestalt beider Glieder in dem Ausdruck von L geachtet werden. Der Masse M im ersten Glied entspricht das Trägheitsmoment Θ im zweiten Glied, der Fortschreitungsgeschwindigkeit im einen, die Drehgeschwindigkeit im anderen Falle. Man kann geradezu sagen, daß das Trägheitsmoment eine Art von Masse ist, die bei drehenden Bewegungen in Frage kommt, und daher stammt auch der dafür gewählte Name. Ein wesentlicher Unterschied besteht nur insofern, als M für alle Richtungen von $\mathfrak{v}_0$ denselben Wert hat, während Θ von der Richtung der Winkelgeschwindigkeit $\mathfrak{u}$ abhängt. In Band IV wird die Abhängigkeit des Trägheitsmoments von der Richtung der Schwerpunktsachse näher untersucht werden.

Wenn der Schwerpunkt ruht, vereinfacht sich Gl. (79) zu

$$L = \tfrac{1}{2} \, \Theta \, u^2. \tag{80}$$

Dieser Ausdruck kann aber auch ganz allgemein beibehalten werden, wenn die Bewegung des starren Körpers nur in einer Rotation besteht, selbst wenn die Drehachse nicht, wie bisher vorausgesetzt war, durch den Schwerpunkt geht. Denn die Geschwindigkeit eines Punktes wird in diesem Falle ihrem Absolutbetrag nach stets durch den Ausdruck $u\,y$ angegeben und man hat

$$L = \tfrac{1}{2}\,\varSigma\,m\,u^2\,y^2 = \tfrac{1}{2}\,u^2\,\varTheta.$$

Die Abstände y der einzelnen Massenteilchen sind hier von der Umdrehungs-
achse aus zu rechnen, und auch das Trägheitsmoment $\varTheta$ ist auf diese Achse zu
beziehen. Diese Art der Berechnung der lebendigen Kraft ist namentlich dann
bequem, wenn ein Maschinenteil dauernd um dieselbe feste Achse rotiert.
Bezeichnet man den Abstand des Schwerpunktes von der Drehachse mit a, so
ist seine Geschwindigkeit gleich $u\,a$ zu setzen, und nach Gl. (79) kann daher die
lebendige Kraft auch in der Form

$$L = \tfrac{1}{2}\,M\,u^2 a^2 + \tfrac{1}{2}\varTheta_0\,u^2$$

angeschrieben werden, wenn man das auf die Schwerpunktsachse bezogene Trägheitsmoment zum Unterschied von dem vorigen mit $\varTheta_0$ bezeichnet. Der Vergleich
mit Gl. (80) liefert die Beziehung

$$\varTheta = \varTheta_0 + M\,a^2 \qquad\qquad (80\,\mathrm{a})$$

zwischen den Trägheitsmomenten $\varTheta$ und $\varTheta_0$ für zwei zueinander parallele Achsen,
von denen die eine durch den Schwerpunkt geht, während die andere den Abstand
a davon hat. Von dieser Gleichung wird öfters Gebrauch gemacht.
Wird die Rotation eines starren Körpers um eine feste Achse durch ein Kräftepaar vom Moment $P\,p$ beschleunigt, so besteht eine einfache Beziehung zwischen
diesem Moment und der Winkelbeschleunigung $d\,u/d\,t$, die aus dem Satz von
der lebendigen Kraft wie folgt abgeleitet wird. Die Arbeit des Kräftepaars, dessen
Ebene senkrecht zur Drehachse stehen möge, während der im Zeitteilchen $d\,t$
erfolgenden Drehung um den Winkel $u\,d\,t$ ist nach § 22 gleich $P\,p\,u\,d\,t$. Bezeichnet
man also die Zunahme der lebendigen Kraft L während $d\,t$ mit $d\,L$, so ist nach
dem Satz von der lebendigen Kraft

$$d\,L = P\,p\,u\,d\,t \quad\text{oder}\quad \frac{d\,L}{d\,t} = P\,p\,u.$$

Andererseits erhält man durch Differentation des Ausdruckes von L nach t aus
Gl. (80)

$$\frac{d\,L}{d\,t} = u\,\varTheta\,\frac{d\,u}{d\,t},$$

und durch Gleichsetzen beider Werte folgt

$$\varTheta\,\frac{d\,u}{d\,t} = P\,p. \qquad\qquad (81)$$

Diese Gleichung tritt an die Stelle der dynamischen Grundglei-
chung bei der drehenden Bewegung. Die Masse ist ersetzt durch das
Trägheitsmoment, die Beschleunigung durch die Winkelbeschleunigung und die
Kraft durch das Moment des Kräftepaars.

Aufgaben

16. Aufgabe. Man soll den Schwerpunkt eines symmetrischen Parabelsegments ermitteln.
Lösung. In diesem Falle führt die Rechnung leicht zum Ziel. Man wähle die Sehne
als X-Achse, einen Endpunkt als Ursprung. Wird die Länge der Sehne mit l und die
Pfeilhöhe des Bogens mit f bezeichnet, so lautet die Parabelgleichung

$$y = \frac{4\,f}{l^2}\,(l\,x - x^2).$$

Für den Abstand s des Schwerpunktes von der Sehne hat man nach § 27

$$s = \frac{1}{2} \frac{\int y^2\, dx}{\int y\, dx}.$$

Für das erste Integral erhält man

$$\int_0^l y^2\, dx = \frac{16\, f^2}{l^4} \int_0^l (l^2 x^2 - 2\, l\, x^3 + x^4)\, dx = \frac{16\, f^2}{l^4} \left[l^2 \frac{x^3}{3} - 2\, l \frac{x^4}{4} + \frac{x^5}{5} \right]_0^l = \frac{16\, f^2}{l^4} \cdot \frac{l^5}{30} = \frac{8}{15} f^2\, l.$$

Ebenso findet man

$$\int_0^l y\, dx = \frac{4\, f}{l^2} \int_0^l (l\, x - x^2)\, dx = \frac{2}{3} f\, l$$

und hiermit

$$s = {}^2\!/_5\, f.$$

17. Aufgabe. *Nach einem von Prof. Selzel angegebenen Verfahren zur Ermittlung des Schwerpunktes eines Trapezes teilt man, wie in Abb. 56 angegeben, die Höhe in drei gleiche Teile, zieht durch die Teilpunkte die Parallelen AB und CD zu den Grundlinien, verbindet C mit B und sucht den Schnittpunkt E der Verbindungslinie mit der im gleichen Sinne verlaufenden Trapezdiagonalen FG auf. Eine Parallele zu den Grundlinien durch E ist dann eine Schwerlinie. Man soll den Beweis für diese Behauptung führen.*

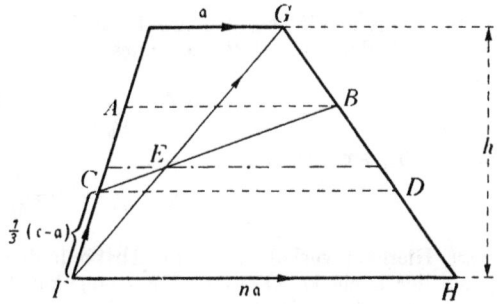
Abb. 56.

Lösung. Unter Benutzung derselben Bezeichnungen mit kleinen deutschen Buchstaben, wie sie schon bei der ähnlichen Betrachtung in § 27, Abb. 50, S. 100, gebraucht wurden, erhält man für die Strecke $A\,B$, die als Vektor aufgefaßt $\overline{A\,B}$ geschrieben werden möge,

$$\overline{A\,B} = \frac{2\,\mathfrak{a}}{3} + \frac{1}{3}\, n\,\mathfrak{a}: \quad \text{daher} \quad \overline{C\,B} = \frac{1}{3}\,(\mathfrak{c} - \mathfrak{a}) + \overline{A\,B} = \frac{1}{3}\,(\mathfrak{c} + \mathfrak{a} + n\,\mathfrak{a}).$$

Bezeichnen wir mit x und y zwei vorläufig unbekannte Brüche, so können wir setzen

$$\overline{C\,E} = x \cdot \overline{C\,B} = \frac{x}{3}\,(\mathfrak{c} + \mathfrak{a} + n\,\mathfrak{a}) \quad \text{und} \quad \overline{F\,E} = y\,\mathfrak{c}.$$

Da aber $\overline{F\,E}$ die geometrische Summe aus $\overline{F\,C}$ und $\overline{C\,E}$ ist, folgt

$$y\,\mathfrak{c} = \frac{1}{3}\,(\mathfrak{c} - \mathfrak{a}) + \frac{x}{3}\,(\mathfrak{c} + \mathfrak{a} + n\,\mathfrak{a}).$$

Durch Ordnen nach den Vektoren $\mathfrak{a}$ und $\mathfrak{c}$ geht diese Gleichung über in

$$\mathfrak{c}\,(3y - x - 1) + \mathfrak{a}\,(1 - x\,(n + 1)) = 0.$$

Da aber $\mathfrak{a}$ und $\mathfrak{c}$ verschieden gerichtet sind, muß jedes Glied für sich zu Null werden woraus sich die Unbekannten x und y berechnen zu

$$x = \frac{1}{n + 1} \quad \text{und} \quad y = \frac{n + 2}{3\,(n + 1)}.$$

In demselben Verhältnis y wie die Diagonale FG wird auch die Höhe h des Trapezes geteilt. Für den Abstand von E bis zur Grundlinie FH hat man daher

$$h\, \frac{n + 2}{3\,(n + 1)},$$

und die Abstände von CD und AB sind

$$h\,\frac{1}{3\,(n+1)} \quad \text{und} \quad h\,\frac{n}{3\,(n+1)},$$

d. h. sie verhalten sich umgekehrt wie die Flächen der Dreiecke, deren Schwerpunkte auf den Parallelen AB und CD enthalten sind. Damit ist die Behauptung bewiesen. — Natürlich läßt sich der Beweis auch noch anders führen; der hier gegebene soll zugleich als Übung im Rechnen mit gerichteten Größen dienen.

Anmerkung. Einfacher findet man die zu den Grundlinien parallele Schwerlinie eines Trapezes nach einem von Schmitz im Zentralblatt der Bauverwaltung 1914, S. 348 beschriebenen Verfahren. Man verbindet in Abb. 56a, die sonst mit Abb. 56 übereinstimmt, die Drittelspunkte B und D der Seite GH mit den Eckpunkten I und F; dann ist der Schnittpunkt K der Verbindungslinien ein Punkt der gesuchten Schwerlinie. Zum Beweis genügt es, den Abschnitt KL auf der Linie SS mit den beiden parallelen Seiten IG oder a und FH oder b des Trapezes zu vergleichen, indem man die Proportionen

$$\frac{KL}{a}=\frac{u}{{}^1/_3\,h} \quad \text{und} \quad \frac{KL}{b}=\frac{v}{{}^1/_3\,h}$$

anschreibt, aus denen

$$\frac{u}{v}=\frac{b}{a}$$

folgt. Hiernach verhalten sich die Abstände der Linie SS von den horizontalen Schwerlinien der Dreiecke IFG und HFG umgekehrt wie die Dreiecksgrundlinien, also auch umgekehrt wie die Dreiecksflächen. Das ist aber nach § 22 die Bedingung für die Richtungslinie der Resultierenden der durch die Dreiecksschwerpunkte in horizontaler Richtung gelegten, den Flächen oder ihren Massen proportionalen Kräfte, womit die Behauptung bewiesen ist.

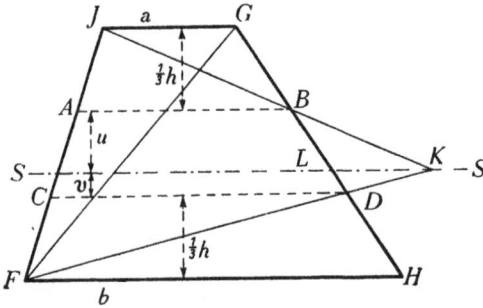

Abb. 56 a.

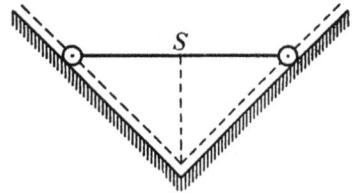

Abb. 57.

18. Aufgabe. Eine an den Enden mit Rollen versehene Stange, deren Schwerpunkt in der Stangenmitte liegt, stützt sich, wie in Abb. 57 gezeichnet, gegen zwei unter 45° geneigte Ebenen. Ist das Gleichgewicht stabil oder labil, wenn die Stange horizontal steht?

Lösung. Die Rollenmittelpunkte verschieben sich parallel zu den stützenden Ebenen. Wenn die Stange in eine andere Lage gebracht wird, schneidet sie von dem durch die beiden Parallelen gebildeten Winkelraume ein rechtwinkliges Dreieck ab. Die Verbindungslinie der Mitte der Hypotenuse mit der gegenüberliegenden Ecke ist aber bei jedem rechtwinkligen Dreieck gleich der Hälfte der Hypotenuse. Bei jeder Lage der Stange behält also der Schwerpunkt denselben Abstand von dem Scheitel des rechten Winkels, d. h. er bewegt sich auf einem Kreisbogen, der von diesem Punkt als Mittelpunkt aus beschrieben werden kann. Einer unendlich kleinen Verschiebung der Stange aus ihrer horizontalen Lage entspricht daher eine Senkung des Schwerpunktes, die von der zweiten Ordnung unendlich klein ist. Damit ist das Gleichgewicht als labil erkannt.

19. Aufgabe. *Auf eine feste Kugelfläche vom Halbmesser R wird oben ein Körper gelegt, der eine ebene Unterfläche hat, so daß der Schwerpunkt senkrecht über dem Auflagerpunkt liegt. Wie hoch darf der Schwerpunkt liegen, ohne daß das Gleichgewicht labil wird?*

Lösung. Für eine kugelförmige Begrenzung des oben aufgelegten Körpers fanden wir in § 29 die dem indifferenten Gleichgewicht entsprechende Höhe x des Schwerpunktes

$$x = \frac{R\,r}{R+r}.$$

Setzt man hierin $r = \infty$, so verschwindet im Nenner R gegen r, und man kann den Faktor r in Zähler und Nenner wegheben. Daraus folgt $x = R$. Das Gleichgewicht ist stabil, wenn x kleiner als R ist. — Man kann auch die frühere Betrachtung für den hier vorliegenden Fall in derselben Weise wiederholen.

20. Aufgabe. *Ein Eisenbahnwagen von 10000 kg Gewicht hat 4 Räder, die näherungsweise als bloße kreisförmige Reifen von zusammen 1000 kg Gewicht angesehen werden sollen. Um wieviel wird die Masse des Eisenbahnwagens wegen der Rotation der Räder scheinbar bei der Fahrt erhöht?*

Lösung. Der Wagenkasten führt eine Translation aus; die Bewegung der Räder läßt sich in die gleiche Translation und in die Drehung um den Schwerpunkt zerlegen. Für die Drehwucht der Räder hat man

$$L_r = \tfrac{1}{2}\,u^2\,\Theta = \tfrac{1}{2}\,u^2\,M\,r^2,$$

denn bei einem Reifen hat jedes Massenteilchen denselben Abstand r vom Schwerpunkt. Die Fortschreitungswucht der Räder ist

$$L_t = \tfrac{1}{2}\,M\,v^2.$$

Zwischen u und v besteht die Gleichung $v = ur$, denn der gerade auf den Schienen aufsitzende Teil des Radumfangs muß sich infolge der Rotation u um ebensoviel rückwärts als infolge der Translation v vorwärts bewegen, wenn nur Rollen und kein Gleiten der Räder auf den Schienen vorkommen soll. Hiernach ist im vorliegenden Falle

$$L_r = L_t.$$

Zur gesamten lebendigen Kraft des Wagens tragen demnach die Radreifen soviel bei, als wenn sie doppelt soviel Masse hätten und nur die Translation mitmachten. Will man daher den Eisenbahnwagen zur Berechnung der lebendigen Kraft als materiellen Punkt behandeln, so ist die Masse der Radreifen doppelt zu zählen; d. h. das Gewicht des Wagens ist scheinbar um 1000 kg erhöht.

21. Aufgabe. *Auf einen zentrisch gelagerten homogenen Zylinder von 40 cm Durchmesser und 2000 kg Gewicht wirkt ein statisches Moment von 10 mkg. Wie lange dauert es, bis der Zylinder eine Drehzahl von 120 Umdrehungen in der Minute angenommen hat?*

Lösung. Wir berechnen zunächst das Trägheitsmoment Θ des Zylinders für die Zylinderachse. Man denke sich im Querschnitt des Zylinders zwei Kreise mit den Halbmessern x und $x + dx$ eingetragen; alle dazwischen liegenden Massenteilchen haben den gleichen Abstand x von der Drehachse (abgesehen von verschwindend kleinen Unterschieden, auf die es jetzt nicht ankommt). Bezeichnen wir die Länge des Zylinders mit l, den Halbmesser mit r, die spezifische Masse mit μ, so ist die Gesamtmasse $M = \pi r^2 l \mu$ und die zwischen den beiden Kreisen liegende Masse gleich $2\pi x\,dx\,l\mu$. Der Beitrag dieser Masse zum Trägheitsmoment ist daher $2\pi x^3 dx l\mu$ und hiernach

$$\Theta = \int\limits_0^r 2\,\pi\,x^3\,d\,x\,l\,\mu = 2\,\pi\,l\,\mu\,\frac{r^4}{4} = M\,\frac{r^2}{2}.$$

Der quadratische Durchschnittswert der Massenabstände von der Zylinderachse ist hiernach $r/\sqrt{2} = r\sqrt{2}/2$. Man bezeichnet ihn als den Trägheitsradius; wäre die ganze Masse in diesem Abstand von der Drehachse vereinigt, so bliebe das Trägheitsmoment ebenso groß als es tatsächlich ist.

Die lebendige Kraft bei der Winkelgeschwindigkeit u ist

$$L = \frac{1}{2} u^2 \Theta = M \frac{u^2 r^2}{4}.$$

Nach Gl. (81) ist aber

$$\Theta \frac{d u}{d t} = P p.$$

Da Pp konstant sein sollte, trifft dies hiernach auch von der Winkelbeschleunigung du/dt zu. Die Bewegung ist also eine gleichförmig beschleunigte Rotation. Für die Beschleunigung erhalten wir, wenn noch das Gewicht $Q = Mg$ eingeführt wird,

$$\frac{d u}{d t} = \frac{P p}{\Theta} = \frac{2 P p}{M r^2} = \frac{2 P p g}{Q r^2} = \frac{2 \cdot 10 \,\text{mkg} \cdot 9\,81 \,\text{m/s}^2}{2000 \,\text{kg} \cdot 0{,}04 \,\text{m}^2} = 2{,}45 \frac{1}{\text{s}^2}.$$

Andererseits entspricht die Drehzahl von 120 Umdrehungen pro Minute, die der Zylinder erlangen soll, der Winkelgeschwindigkeit

$$u = (2 \pi \cdot 120/60) \,1/\text{s} = 12{,}57 \,1/\text{s}.$$

Die Zeit t, die verstreichen muß, bis diese Geschwindigkeit erreicht ist, folgt nun aus

$$2{,}45 \cdot t = 12{,}57 \quad \text{zu} \quad t = 5{,}13 \,\text{s}.$$

22. Aufgabe. Aus drei gleich langen und gleich schweren Stangen, die gelenkförmig miteinander verbunden sind, ist eine dreigliedrige Kette gebildet, die an den Punkten A und B (*Abb. 58*) *aufgehängt wird. Man soll die Gleichgewichtsfigur der Kette unter dem Einfluß der Eigengewichte der Stangen ermitteln.*

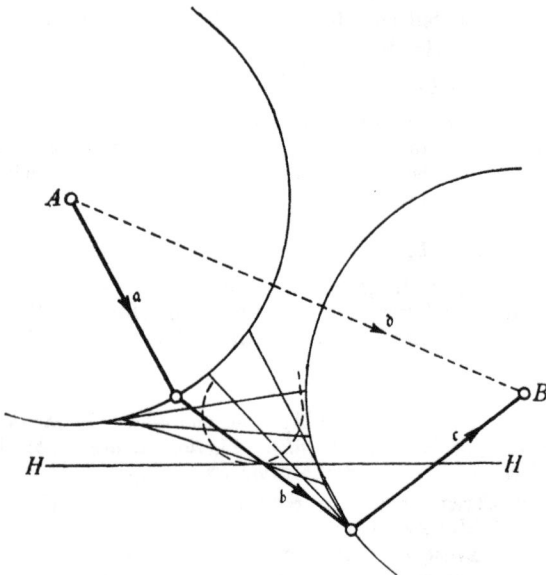

Abb. 58.

Lösung. Im stabilen Gleichgewicht muß der Schwerpunkt der ganzen Kette möglichst tief liegen, damit bei einer unendlich kleinen virtuellen Gestaltänderung der Kette die Arbeit der äußeren Kräfte zu einer von der zweiten Ordnung unendlich kleinen negativen Größe wird. Der von A nach dem Schwerpunkt der ersten Stange gezogene Radiusvektor ist $\mathfrak{a}/2$, der nach dem Schwerpunkt der zweiten Stange $\mathfrak{a} + \mathfrak{b}/2$, der nach dem Schwerpunkt der dritten Stange $\mathfrak{a} + \mathfrak{b} + \mathfrak{c}/2$, wofür auch $(\mathfrak{a} + \mathfrak{b} + \mathfrak{d})/2$ gesetzt werden kann. Für den Radiusvektor $\mathfrak{s}$ des Schwerpunkts der ganzen Kette erhält man daher den Ausdruck

$$\mathfrak{s} = \frac{1}{3} \left(\frac{\mathfrak{a}}{2} + \mathfrak{a} + \frac{\mathfrak{b}}{2} + \frac{\mathfrak{a} + \mathfrak{b} + \mathfrak{d}}{2} \right) + \frac{1}{6} (4 \,\mathfrak{a} + 2 \,\mathfrak{b} + \mathfrak{d}).$$

Nun soll unter allen geometrisch möglichen Lagen der Kette jene ausgesucht werden, für die $\mathfrak{s}$ die größte nach abwärts gerichtete Komponente hat. Da $\mathfrak{d}$ ein für allemal gegeben ist, muß die genannte Bedingung auch für $\mathfrak{s} - \frac{1}{6} \,\mathfrak{d}$ und auch für

$$\frac{3}{2} \left(\mathfrak{s} - \frac{1}{6} \,\mathfrak{b} \right) = \mathfrak{a} + \frac{\mathfrak{b}}{2}$$

erfüllt sein. Der Endpunkt des Vektors $\mathfrak{a} + \mathfrak{b}/2$ ist aber der Mittelpunkt der mittleren Stange. Dieser Mittelpunkt muß daher bei der Gleichgewichtsgestalt ebenfalls eine möglichst tiefe Lage einnehmen.

Wir schlagen von A und B aus zwei Kreise mit den Stangenlängen als Halbmessern, tragen zwischen beiden Kreisen mit dem Zirkel verschiedene mögliche Lagen der mittleren Stange ein, suchen jedesmal deren Mitte auf und verbinden die so erhaltenen Punkte durch eine Kurve. An diese in der Abbildung punktiert eingetragene Kurve legen wir eine horizontale Tangente HH. Deren Berührungspunkt gibt die tiefste Lage an, die die Stangenmitte einnehmen kann, und von diesem Punkt aus kann man sofort die Gleichgewichtsfigur der Kette zeichnen.

Anmerkung. Will man die Aufgabe analytisch lösen, so kommt man auf eine Gleichung sechsten Grades, die ebenfalls nur durch Probieren aufgelöst werden kann. Das angegebene graphische Verfahren verdient daher den Vorzug. Daß die Bedingungsgleichung einen so hohen Grad einnimmt, hängt damit zusammen, daß außer der einen Gleichgewichtsfigur, die wir suchen, unter Umständen auch noch andere, teils labile, teils stabile möglich sind. Diese können übrigens auf dem angegebenen graphischen Wege ebenfalls ohne weiteres ermittelt werden, indem man die von dem Mittelpunkt der mittleren Stange beschriebene Kurve nach beiden Seiten hin vervollständigt und alle zu ihr möglichen horizontalen Tangenten aufsucht.

VIERTER ABSCHNITT

Energieumwandlungen

§ 32. Berechnung des Schwungrades einer Dampfmaschine

Durch die Einführung des Energiebegriffes haben die Naturwissenschaften seit der Mitte des vorigen Jahrhunderts sehr tief gehende Umwandlungen erfahren. Die Mechanik ist davon am wenigsten berührt worden, obschon sie selbst den ersten Anstoß zur Aufstellung des Energiebegriffes gegeben hat. Tatsächlich war nämlich, als die neue Lehre kurz vor der Mitte des neunzehnten Jahrhunderts aufgestellt wurde, die Mechanik bereits im Besitz aller Vorstellungen dieser Lehre, soweit sie sich nur auf rein mechanische Vorgänge beziehen. So stammt die Überzeugung von der Unmöglichkeit eines perpetuum mobile schon aus dem achtzehnten Jahrhundert, und Betrachtungen über die Umwandlung verschiedener mechanischer Energieformen ineinander sind auch schon um viele Jahre der Entdeckung des mechanischen Wärmeäquivalents vorausgegangen. Durch diese Untersuchungen der Mechanik ist der Boden für die Aufstellung des Energieumwandlungsgesetzes erst vorbereitet worden.

Wenn aber auch durch die Einführung der energetischen Betrachtungsweise auf allen anderen Gebieten der Physik keine größeren Umwälzungen in der Mechanik hervorgebracht wurden, so war doch die Folge damit verbunden, daß man seitdem im allgemeinen solche Sätze oder Formeln der Mechanik für die Lösung von Aufgaben bevorzugt, die mit dem Energiebegriff unmittelbar zusammenhängen. Oft stehen nämlich verschiedene Wege zur Lösung einer Aufgabe offen, die in ihren Ansprüchen an Zeit und Mühe nicht viel voneinander abweichen. So kann man z. B. den Momentensatz oder das Prinzip der virtuellen Geschwindigkeiten oft mit gleichem Vorteil gebrauchen. Gewöhnlich gibt man aber dann dem Prinzip der virtuellen Geschwindigkeiten den Vorzug, weil es unmittelbar von Energiegrößen handelt. Eine Behandlung der Mechanik, bei der man es sich angelegen sein läßt, alle nicht mit Energiegrößen im möglichst unmittelbaren Zusammenhang stehenden Sätze oder Betrachtungen zugunsten der anderen tunlichst in den Hintergrund zu drängen, ist schon häufig empfohlen worden; sie wird als die energetische bezeichnet. In einem folgenden Paragraphen werde ich auf diesen Punkt noch etwas näher eingehen.

Hier soll vor allem die Untersuchung über die Arbeitsaufspeicherung im Schwungrad der Dampfmaschine — oder überhaupt einer Kraftmaschine mit periodisch wechselnder Arbeitsleistung —' dargelegt werden, die einst vorbildlich für alle anderen energetischen Betrachtungen gewesen und die auch heute noch von größter praktischer Bedeutung ist.

Zur Umwandlung der hin- und hergehenden Bewegung des Dampfkolbens in die rotierende Bewegung der Kurbelwelle verwendet man gewöhnlich den Kurbelmechanismus mit Kurbelstange, zuweilen auch die Kurbelschleife, bei der die Kurbelstange fehlt oder, wie man auch sagen kann, durch eine Anordnung ersetzt ist, die einer unendlich langen Kurbelstange gleichwertig ist. Aber auch bei dem gewöhnlichen Kurbelmechanismus pflegt man darauf zu achten, daß die Kurbelstange ziemlich groß im Vergleich zur Länge der Kurbel selbst ist; gewöhnlich nimmt man die Kurbelstange nicht gern weniger als etwa fünfmal so lang als die Kurbel. Je größer dieses Verhältnis ist, desto mehr nähert sich das Verhalten des Kurbelmechanismus dem einer Kurbelschleife oder dem eines Kurbelmechanismus mit unendlich langer Kurbelstange. Für diesen besonderen Fall werden alle Rechnungen über den Kurbelmechanismus am einfachsten, und sehr häufig begnügt man sich damit, die unter der Voraussetzung unendlich langer Kurbelstangen abgeleiteten Formeln näherungsweise auch auf den gewöhnlichen Kurbelmechanismus anzuwenden. Immer darf zwar der Fehler, den man damit begeht, nicht vernachlässigt werden. Jedenfalls ist es aber am besten, wenn man sich mit diesen Untersuchungen zuerst einmal unter Voraussetzung des einfachsten Falles vertraut macht. Wenn dies geschehen ist, steht nachher nichts im Wege, die Rechnungen auf den allgemeineren Fall zu übertragen.

Die augenblickliche Stellung des in Abb. 59 gezeichneten Kurbelmechanismus wird am einfachsten durch die Angabe des Winkels φ beschrieben, den die Kurbelrichtung mit der Zylinderachse bildet. Wir wollen annehmen, daß die Maschine so umläuft, daß der Winkel φ mit der Zeit zunimmt. Die Winkelgeschwindigkeit der Kurbelwelle kann in erster Annäherung als konstant betrachtet werden, da ihre Schwankungen durch die Anwendung des Schwungrades in engen Grenzen gehalten werden.

Der Winkel ψ zwischen der Richtung der Kurbelstange und der Zylinderachse folgt aus

$$\sin \psi = \sin \varphi \cdot \frac{r}{l}$$

und hieraus

$$\cos \psi = \sqrt{1 - \sin^2 \varphi \, \frac{r^2}{l^2}}.$$

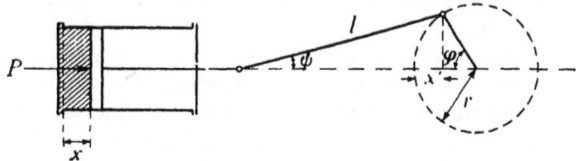

Abb. 59.

Da r^2/l^2 ein kleiner Bruch ist, kann man die Wurzel nach dem binomischen Satz entwickeln und sich darauf beschränken, die beiden ersten Glieder beizubehalten; man hat dann

$$\cos \psi = 1 - \frac{\sin^2 \varphi}{2} \frac{r^2}{l^2} = 1 - \frac{1 - \cos 2\varphi}{4} \cdot \frac{r^2}{l^2}.$$

Um die Formeln noch weiter zu vereinfachen, genügt es für eine erste Annäherung $\cos \psi = 1$ zu setzen. Genau richtig wäre dies zwar nur für eine unendlich lange Kurbelstange; wenn $l = 5r$ ist, beträgt der Fehler aber höchstens 2 Prozent.

Der Kolbenweg x von der äußersten Stellung, der sogenannten „Totpunktlage", aus ist gleich der Summe von l und r vermindert um die dritte Seite des durch beide Strecken gebildeten Dreiecks, also

$$x = l + r - l \cos \psi - r \cos \varphi$$

oder, mit $\cos \psi = 1$,

$$x = r - r \cos \varphi,$$

d. h. bei unendlich langer Kurbelstange ist der Kolbenweg gleich der Projektion x' des Weges der Kurbelwarze auf die Zylinderachse. Der im Zeitelement dt beschriebene Kolbenweg dx folgt hieraus durch Differentiieren

$$dx = r \sin \varphi \, d\varphi = r \sin \varphi \, u \, dt,$$

wenn die nahezu konstante Winkelgeschwindigkeit der Kurbelwelle mit u bezeichnet wird. Auf den Kolben wirkt der Dampfdruck P, und die von ihm im Zeitelement dt geleistete Arbeit ist gleich·

$$P\,dx = P\,r\,u\,dt \cdot \sin \varphi.$$

Gleichen Zeitteilchen dt entspricht demnach eine wechselnde Arbeitsleistung, auch dann, wenn P konstant ist, wegen des mit der Zeit veränderlichen Faktors $\sin \varphi$. Andererseits wird aber von der Maschine eine der Zeit nach konstante Arbeitslieferung zum Antrieb der von ihr ausgehenden Transmission verlangt. Zu gewissen Zeiten, nämlich bei kleinen Werten von $\sin \varphi$, reicht die Arbeit des Dampfes allein nicht aus, um die Bewegungswiderstände zu überwinden, während zu anderen Zeiten ein Überschuß von Arbeitsleistung des Dampfes zur Verfügung steht. Den Ausgleich bewirkt das Schwungrad, das während der Überschußperiode beschleunigt wird und die hierbei aufgespeicherte Energie während der darauf folgenden Periode der Minderleistung zur Überwindung der Bewegungswiderstände wieder abgibt.

Man muß vor allem berechnen, wie groß der Arbeitsbetrag ist, der abwechselnd im Schwungrad aufgespeichert und wieder daraus entnommen wird. Dieser hängt von dem Gesetz ab, nach dem sich der Dampfdruck P mit der Stellung φ des Mechanismus ändert, also von der Steuerung der Dampfmaschine, namentlich von dem Füllungsgrad. Bei den im „Viertakt" arbeitenden Gaskraftmaschinen wird von vier aufeinander folgenden Kolbenhüben (zwei Hin- und zwei Rückgängen) nur während eines Hubes eine positive Arbeit von P geleistet. Bei solchen Maschinen ist die von dem Schwungrad aufzunehmende Energie besonders groß. Jedenfalls ist die Berechnung dieses Energiebetrages unter Berücksichtigung der besonderen Einrichtung der Maschine durchzuführen. Hier kommt es aber nicht darauf an, eine spezielle Theorie der einzelnen Maschinen zu geben, sondern nur die Methode im allgemeinen auseinanderzusetzen. Es genügt daher, wenn an dem einfachsten Beispiel gezeigt wird, wie sich die Rechnung weiter gestaltet. Zu diesem Zweck nehme ich an, daß die Maschine doppeltwirkend ist, d. h. daß bei jedem Kolbenhub, sowohl vorwärts als rückwärts, dieselbe Arbeit des Dampfes geleistet wird, und daß sie ferner mit voller Füllung arbeite, daß also P konstant sei.

In diesem Falle ist die Arbeit des Dampfes für eine volle Umdrehung der Kurbelwelle gleich $4\,Pr$; die durchschnittliche Arbeit, die zur Überwindung aller Bewegungswiderstände zu Gebote steht, ist für eine Drehung um $d\varphi$ daher

$$4\,Pr\,\frac{d\varphi}{2\,\pi} \quad \text{oder} \quad 4\,Pr\,\frac{u\,dt}{2\,\pi}.$$

Wir finden die Kurbelstellung φ, bei der die Periode der Minderleistung in die Periode der Mehrleistung oder umgekehrt übergeht, wenn wir diesen durchschnittlichen Arbeitsbetrag dem während dt von dem Dampf wirklich geleisteten gleichsetzen, also

$$P\,u\,dt\,\sin\varphi' = 4\,Pr\,\frac{u\,dt}{2\,\pi}$$

und hieraus

$$\sin\varphi' = \frac{2}{\pi} \quad \text{oder} \quad \varphi' = 0{,}690 = 39^0\,32'$$

oder auch $\varphi' = 140^0 28'$, $\varphi' = 219^0 32'$, $\varphi' = 320^0 28'$, wenn wir alle Stellungen während eines ganzen Umlaufes in Betracht ziehen.

Die Arbeit des Dampfes von $\varphi' = 39^0 32'$ bis $\varphi' = 140^0 28'$, also während einer Überschußperiode, ist gleich $2\,Pr\,\cos\varphi'$ oder, wenn man den Wert von $\cos\varphi' =$

0,771 einsetzt, gleich 1,542 Pr. Die durchschnittliche Arbeitsleistung für eine Drehung um diesen Winkel ist aber nur

$$\frac{2\,Pr}{\pi}\,(\pi - 2\,\varphi') = 1,122\,Pr.$$

Der Unterschied zwischen beiden beträgt 0,42 Pr, und dies ist die im Schwungrad aufzuspeichernde Energie.

Auf ähnliche Art hat man auch für jede andere Art der Dampfzuführung diesen Arbeitsbetrag festzustellen; er soll jetzt, um die folgenden Rechnungen unabhängig von dem gewählten speziellen Beispiel zu machen, mit A bezeichnet werden.

Das Schwungrad hat die kleinste Winkelgeschwindigkeit u_{min} am Ende einer Periode der Minderleistung und die größte u_{max} am Ende der Mehrleistung. Der Unterschied der lebendigen Kräfte für beide Geschwindigkeiten ist der aufzuspeichernden Arbeit A gleichzusetzen, also

$$A = \tfrac{1}{2}\,\Theta\,(u_{max}^2 - u_{min}^2).$$

Als Ungleichförmigkeitsgrad γ der Maschine wird das Verhältnis zwischen der Geschwindigkeitsschwankung $u_{max} - u_{min}$ und der durchschnittlichen Geschwindigkeit u bezeichnet; also

$$\gamma = \frac{u_{max} - u_{min}}{u}.$$

Da ferner $u = (u_{max} + u_{min})/2$ gesetzt werden kann, geht die Gleichung für A über in

$$A = \gamma\,u^2\,\Theta. \tag{82}$$

Der zulässige Ungleichförmigkeitsgrad hängt von dem Zweck ab, für den die Maschine bestimmt ist. In manchen Fällen, z. B. beim Antrieb von Dynamomaschinen für elektrische Beleuchtung, muß γ sehr klein sein ($\frac{1}{100}$ oder noch weniger), weil sich die Geschwindigkeitsschwankungen sonst störend bemerkbar machen würden; in anderen Fällen wird danach weniger gefragt, und man kann sich dann mit einem kleineren Schwungrad begnügen. In jedem Falle ist γ als gegeben oder vorgeschrieben anzusehen. Da auch A schon berechnet ist und die Winkelgeschwindigkeit u bei dem Entwurf der Maschine von vornherein angenommen wurde, bildet das dem Schwungrad zu gebende Trägheitsmoment Θ die einzige Unbekannte in Gl. (82).

§ 33. Der Massendruck des Dampfmaschinengestänges

Bei den Berechnungen des vorausgehenden Paragraphen ist auf manche Umstände, die mit dem Gang einer Dampfmaschine zusammenhängen, noch keine Rücksicht genommen worden, und es würde auch viel zu weit führen, wenn diese Fragen hier alle im einzelnen besprochen werden sollten. Auf eine von ihnen, die namentlich bei schnell laufenden Kolbenmaschinen von großer Bedeutung ist, soll aber hier noch hingewiesen werden.

Stillschweigend wurde nämlich im vorigen Paragraphen die Masse des Gestänges, also der aus dem Kolben, der Kolbenstange, dem Kreuzkopf und der Kurbelstange bestehenden beweglichen Teile des Kurbelmechanismus, vernachlässigt. Denn darauf kommt es hinaus, wenn die von dem Dampf geleistete Arbeit unmittelbar mit der durchschnittlichen Arbeitsleistung verglichen und der Unterschied zwischen beiden gleich der Arbeitsaufnahme oder -abgabe des Schwungrads gesetzt wird. Tatsächlich hat aber auch das Gestänge eine gewisse Masse und eine gewisse lebendige Kraft, die zwar viel kleiner als die des Schwungrads, dafür aber viel stärkeren Schwankungen unterworfen ist. Es ist daher in vielen Fällen unzulässig, diesen Einfluß der Masse des Gestänges zu vernachlässigen und die Rechnungen des vorigen Paragraphen ohne jede Verbesserung anzuwenden. Eine wichtige Rolle spielt die im Gestänge angehäufte Energie namentlich auch bei den Untersuchungen über den Leerlauf, bei dem die Arbeit des Dampfdruckes nur die inneren Bewegungswiderstände der Maschine zu überwinden hat. Die Arbeitsübertragung, die zwischen dem Gestänge und dem Schwungrad erforderlich ist, um die Umlaufszahl der Maschine auch beim Leerlauf aufrechtzuerhalten, kann nämlich recht beträchtlich sein. Damit erklärt es sich, daß die zur Überwindung der inneren Bewegungswiderstände verbrauchte Arbeitsleistung beim Leerlauf oft kaum oder nur wenig kleiner ist als bei belasteter Maschine.

Zur Berücksichtigung der Masse und der lebendigen Kraft des Gestänges kann man zwei Wege einschlagen. Im ersten Falle drückt man die lebendige Kraft als Funktion der Kolbenstellung x oder der Kurbelstellung φ aus und schlägt sie der lebendigen Kraft des Schwungrades zu, worauf im übrigen an der früheren Betrachtung nichts weiter geändert zu werden braucht; im zweiten Falle berechnet man dagegen jenen Anteil des Dampfdruckes P, der dazu verbraucht wird, das Gestänge zu beschleunigen, oder auch den durch die Verzögerung des Gestänges bedingten Zuwachs von P und rechnet weiterhin so, als wenn das Gestänge ohne Masse, der Dampfdruck P aber entsprechend niedriger oder höher wäre. In der Regel ist dieses letzte Verfahren am bequemsten und es soll daher auch hier befolgt werden. — Aus der Gleichung des vorigen Paragraphen

$$x = r - r \cos\varphi$$

folgt durch Differentiation

$$\frac{d\,x}{d\,t} = r \sin\varphi\, u$$

und durch nochmaliges Differentiieren

$$\frac{d^2\,x}{d\,t^2} = r \cos\varphi\, u^2.$$

Dies ist ohne weiteres die Beschleunigung der nur geradlinig hin- und hergehenden Teile. Bei der Kurbelstange kommt allerdings noch eine Beschleunigungskomponente in der zu x senkrechten Richtung hinzu, die für die einzelnen Punkte der Stange von verschiedener Größe ist. Um die senkrecht zur Richtung von P stehenden Kräfte, die überdies viel kleiner sind als die anderen, brauchen wir uns aber jetzt nicht zu kümmern. Bezeichnen wir die Masse des Gestänges mit M, so haben wir für den bei positivem Vorzeichen zur Beschleunigung des Gestänges aufzuwendenden Anteil des Dampfdruckes P oder bei negativem Vorzeichen für die im gleichen Sinne mit P vom Gestänge ausgehende Kraft den Ausdruck

$$M r \cos\varphi\, u^2.$$

Diese Kraft wird als der „Massendruck" des Gestänges bezeichnet. Der Massendruck wird zu Null in der Mitte des Hubs und er wird am größten in den Totpunktlagen, wo $\varphi = 0$ oder $= \pi$ wird; der größte Wert ist

$$M r u^2,$$

d. h. genau so groß wie die Zentrifugalkraft, wenn man sich die ganze Masse des Gestänges an der Kurbelwarze vereinigt denkt. In allen Zwischenlagen ist der

Massendruck proportional mit cos φ, also proportional mit der Horizontalprojektion der Kurbel.

Am anschaulichsten stellt man den Einfluß des Massendrucks durch ein Diagramm, wie in Abb. 60, dar. Bei voller Füllung hat der Dampfdruck P bei jeder Kolbenstellung denselben Wert; trägt man also P als Ordinate zur Abszisse x ab, so erhält man ein Rechteck. Im Anfang des Hubes ist der Massendruck von dem Dampfdruck in Abzug zu bringen und am Ende des Hubes geht der Massendruck im gleichen Sinne mit P. Man erhält so durch Abtragen von $M\,u^2\,r$ das in Abb. 60 gezeichnete Trapez. Weiterhin kann nun das Gestänge als masselos betrachtet werden, wenn man nur die Ordinate des Trapezes als den zu jeder Kolbenstellung gehörigen Dampfdruck betrachtet. Da der Massendruck von dem Quadrat der Winkelgeschwindigkeit u abhängig ist, tritt er besonders bei sehr schnell umlaufenden Maschinen hervor.

Bei einem anderen Dampfverteilungsgesetz ist natürlich ganz ähnlich zu verfahren; im Anfang des Hubes wirkt der Massendruck in der Größe $M u^2 r$ dem Dampfdruck entgegen und bei jeder anderen Stellung ist er der Entfernung von der Mittellage proportional.

Es steht auch gar nichts im Wege, die in der Voraussetzung einer unendlich langen Kolbenstange liegende Vernachlässigung fallen zu lassen und nach der im Eingang dieses Paragraphen angegebenen genaueren Formel für x zu rechnen. Die Rechnungen werden dann nur etwas länger, bieten aber sonst keinerlei Schwierigkeiten. Nur die eine Bemerkung möge hier noch Platz finden, daß die beste Methode zur genaueren Berechnung aller Erscheinungen, die mit dem Kurbelmechanismus und mit den bei dem Betrieb einer Dampfmaschine vorkommenden schwingenden Bewegungen zusammenhängen, in der Entwicklung aller Größen nach Fourierschen Reihen besteht, die nach den Kosinus der Vielfachen des Winkels φ fortschreiten. Die Theorie der Fourierschen Reihen wird aber erst in den mathematischen Vorlesungen des zweiten Studienjahres entwickelt, und ich kann sie daher hier noch nicht als bekannt voraussetzen.

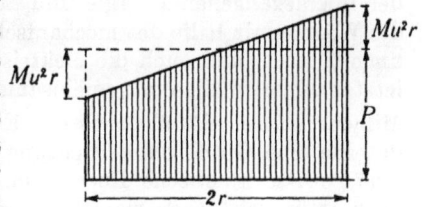

§ 34. Die Energieströme

Die vorausgehenden Betrachtungen haben uns schon dazu geführt, die Aufspeicherung der mechanischen Energie im Schwungrad und im Gestänge und überhaupt das Wandern der Energie zwischen den einzelnen Teilen der Maschine, wie es namentlich beim Leerlauf der Maschine zwischen dem Schwungrad und dem Gestänge deutlich hervortritt, näher ins Auge zu fassen. Sobald man sich mit diesen Betrachtungen näher vertraut gemacht hat, liegt es nahe, dem Verbleib der Energie in ähnlicher Weise nachzuspüren, wie den Bewegungen einer körperlichen Substanz. In der Tat wird auch von manchen Vertretern der neueren energetischen Betrachtungsweisen die Energie geradezu als eine Substanz bezeichnet. Unter einer Substanz versteht man nämlich das, was bei allem Wechsel beständig bleibt, und dieses Merkmal trifft für die Energie nach dem Gesetz ihrer Erhaltung vollständig zu; man darf sich nur nicht auf die mechanische Energie beschränken, sondern muß alle Formen, unter 'denen die Energie auftritt, dabei in Betracht ziehen.

Im Bereich der gewöhnlichen Mechanik treten drei Arten der Energie auf, die kinetische Energie oder lebendige Kraft bewegter Massen, die potentielle Energie der Schwere und die in Gestalt von Formänderungsarbeit elastischer Körper auf-

gespeicherte potentielle Energie. Die Arbeit einer Kraft ist nicht als eine besondere
Energieform zu betrachten. Sie kommt nur bei der Übertragung der Energie
von einem Körper auf einen anderen oder bei der Umwandlung einer Energieform
in eine andere vor. Gerade deshalb dient aber die geleistete Arbeit als das Maß
der übergegangenen Energie und aller Energiegrößen überhaupt. So wird auch
die Wärme mit Hilfe des mechanischen Wärmeäquivalents auf eine Arbeitsgröße
umgerechnet, und auch die elektrische und die magnetische Energie werden in
letzter Linie in diesem gemeinsamen Maße aller Energiearten ausgedrückt.

Mit der Masse teilt übrigens die Energie ganz allgemein auch die Eigenschaft,
daß sie eine Größe ohne Richtung ist. Ein dahinfliegendes Geschoß hat zwar
eine gewisse kinetische Energie und zugleich eine gewisse Richtung. Es wäre
aber irrtümlich, wenn man der Energie selbst aus diesem Grund eine Richtung
zuschreiben wollte. Gerichtet ist bei dem Geschoß die Bewegungsgröße $m\mathfrak{v}$;
die Energie wird daraus durch innere geometrische Multiplikation mit $\mathfrak{v}/2$ gefunden, und das innere Produkt ist eine richtungslose Größe.

Anders ist es mit dem Energiestrom; bei diesem geben wir nicht nur an, wieviel
Energie in einem gegebenen Augenblick irgendwo enthalten ist, sondern auch,
nach welcher Richtung hin sich diese an sich richtungslose Größe überträgt. Es
ist damit geradeso wie mit dem Strom einer Wassermenge. Die Masse des Wassers
ist an sich eine richtungslose Größe; sobald wir aber angeben, wohin sie sich
bewegt, gelangen wir zu dem neuen Begriff der gerichteten Wasserströmung.

Es ist bisher noch nicht gelungen, eine einwandfreie kurze Definition des Energiebegriffes zu geben. Man begnügt sich deshalb gewöhnlich damit, die aus der
Experimentalphysik allgemein bekannten Energieformen als Beispiele anzuführen
und dann zu sagen, daß alles Energie ist, was sich in eine dieser Formen nach
einem festen Verhältnis umwandeln läßt, ohne solche Umwandlung aber unveränderlich ist. Ein Nachteil ist übrigens in dem Fehlen einer kurzen und bün-
digen Definition des Energiebegriffes kaum zu erblicken. Auch eine ganz einwandfreie Definition der körperlichen Substanz dürfte noch niemand gelungen
sein. Wir vereinigen in dem Begriff des Körpers nur eine große Reihe verschiedener Erfahrungen unter einem einheitlichen Bilde, und ähnlich ist es auch mit
dem Begriff der Energie.

Wenn wir nun die Wanderung der Energie verfolgen und uns dabei auf rein
mechanische Vorgänge beschränken, so haben wir auch hier drei verschiedene
Arten der Energieübertragung ins Auge zu fassen. Ein bewegter Körper nimmt
die lebendige Kraft, die er besitzt, mit sich, und dadurch verschiebt sich die
Energie gegen den festen Raum. Ebenso nimmt der bewegte Körper auch seine
Formänderungsenergie mit sich, wenn er sich, wie etwa eine aufgezogene Uhr-
feder, in einem Spannungszustand befindet. In beiden Fällen spricht man von
einem Mitführungs- oder Konvektionsstrom.

Eine andere Art der Energieübertragung ist die durch einen Spannungszustand
vermittelte. In einer Druckwasserleitung z. B., mit deren Hilfe Motoren, hydraulische Aufzüge u. dgl. betrieben werden, wird die am Anfang der Leitung an
den Pumpen geleistete mechanische Arbeit dem Wasserstrom entlang nach der
Verbrauchsstelle übertragen. Auch hier muß eine Bewegung eintreten, damit
der Energiestrom erfolgen kann. Ein Konvektionsstrom liegt aber trotzdem
nicht vor. Man denke sich nämlich für den Augenblick eine Ruhepause, das
Wasser in der Leitung etwa ohne Spannung. Sobald wir jetzt am Anfang die
Pumpen arbeiten lassen, wird die diesen zugeführte Energie zunächst dem Rohre
entlang geführt und hier in Formänderungsarbeit des sich elastisch dehnenden

Rohres und auch des etwas kompressiblen Wassers verwandelt. Nachdem der erforderliche Spannungszustand erreicht ist, was gewöhnlich sehr schnell geschehen sein wird — etwas länger würde es dauern, wenn irgendwo ein Windkessel eingeschaltet wäre — kann die Arbeit am Ende der Leitung abgenommen werden. Während dieser Zeit hat sich nur eine geringe Wassermenge in der Leitung verschoben; die am Anfang der Druckleitung zugeführte Energie hat aber schon den ganzen Weg zurückgelegt. Die Energie bewegt sich also hier nicht so, als wenn sie an die einzelnen Wasserteilchen gebunden wäre, und mit diesen, sondern sie eilt dem sie übertragenden Körper weit voraus. Diese Art der Energieübertragung sei als eine Leitungsströmung bezeichnet. Diese Bezeichnung empfiehlt sich namentlich deshalb, weil sie an die Energieübertragung durch einen elektrischen Strom erinnert, bei dem die Energie ebenfalls längs des stromführenden Drahtes. fortgeleitet wird.

Neben dieser Leitungsströmung der Energie geht freilich zugleich ein Konvektionsstrom vor sich, der aber von jenem wohl zu unterscheiden ist. Trägt man z. B. eine gespannte Feder, etwa die in einer Taschenuhr, mit sich fort, so transportiert man mit ihr zusammen auch die in ihr aufgespeicherte Energie, und diese Energiewanderung bildet offenbar einen Konvektionsstrom. So ist auch das Wasser in der Druckwasserleitung ähnlich einer Feder etwas zusammengedrückt und es besitzt eine gewisse Formänderungsenergie, die es beim Fließen durch die Leitung mit sich führt. Dieser Teil der ganzen Energieströmung ist freilich ein Konvektionsstrom; er ist aber ganz unerheblich gegenüber der durch den Spannungszustand längs der Wassermasse fortgeleiteten Energie.

Auch durch ein Seil, mit dessen Hilfe man einen Gegenstand unter Überwindung irgendeines Widerstandes fortzieht, geht ein Energiestrom, und es ist sehr zu beachten, daß hier die Strömungsrichtung der Bewegungsrichtung des Seiles entgegengesetzt ist. Ein Konvektionsstrom läuft auch hier daneben her, indem jedes Seilstück die ihm durch die Anspannung verliehene potentielle Energie mit sich führt, und der Konvektionsstrom ist natürlich mit der Bewegung des Seiles gleich gerichtet. Der Leitungsstrom ist aber im allgemeinen viel stärker und verfolgt die entgegengesetzte Richtung.

Bei einem Riemen, durch den die Energie von einer Welle auf die andere übertragen wird, ist das eine Riemenstück stärker gespannt als das andere. Entgegengesetzt der Bewegung leitet jedes der beiden Riemenstücke einen Energiestrom, die aber der verschiedenen Riemenspannung wegen verschieden groß sind. Die der getriebenen Welle im ganzen zugeführte Energie ist gleich dem Unterschied zwischen beiden Strömen.

Eine Transmissionswelle ist dazu bestimmt, Energie ihrer Längsrichtung nach fortzuleiten, und überhaupt sind die Transmissionseinrichtungen einer Werkstätte mit ihren Ausrückvorrichtungen usw. als Energieleitungen mit Schaltvorrichtungen zu betrachten, die den Drahtleitungen und Ausschaltern einer elektrischen Transmission entsprechen. Der Unterschied besteht nur darin, daß im letzten Falle die Energie nicht durch einen Spannungszustand und eine Bewegung sichtbarer oder wägbarer Massen, sondern durch einen Vorgang innerhalb des leeren Raumes erfolgt, der anscheinend jenem bei der mechanischen Transmission der Energie verwandt ist, wenn er auch nicht in allen Einzelheiten offensichtlich zutage tritt.

Der Spannungszustand in der Transmissionswelle äußert sich in einer Verdrehung. Auch mit ihm ist zunächst ein Konvektionsstrom der potentiellen Energie der Welle verbunden, der in geschlossenen kreisförmigen Bahnen verläuft. Daneben tritt aber ein weit größerer Energiestrom auf, der in der Längsrichtung der Welle fortgeleitet wird. Man kann hier auch nach der Verteilung des Energiestromes über den Querschnitt der Welle fragen. Die äußeren Teile des Wellenquerschnittes sind am stärksten gespannt und sie besitzen auch die größte Geschwindigkeit. Aus beiden Gründen ist die Dichte des Energiestromes in den Umfangsschichten der Welle am größten. Sie nimmt von da aus nach der Mitte hin ab, wo sie zu Null wird.

Wenn eine Welle von einer anderen mit Hilfe von Zahnrädern angetrieben wird, leitet zunächst die antreibende Welle die Energie bis zum Zahnrad. Von da wird sie durch die Arme des Zahnrades nach außen zum Zahnkranz geleitet und sie tritt an der Berührungsstelle der Zähne zum anderen Rad über, von wo sie nun in gleicher Weise auf die getriebene Welle weiterströmt.

Obschon wir uns jetzt auf die Energieübertragung bei rein mechanischen Vorgängen beschränken wollten, müssen wir doch darauf achten, daß überall, wo Reibung auftritt, ein Teil der zugeführten Energie zu deren Überwindung gebraucht wird. Der Strom der mechanischen Energie erlischt an diesen Stellen; wir wissen zwar, daß dafür Wärmeenergie entwickelt wird, brauchen uns aber um diese zunächst nicht weiter zu kümmern.

Die dritte Art der Energieübertragung neben der Konvektionsströmung und der Leitungsströmung ist die durch Fernkräfte, also namentlich durch die Schwerkraft, vermittelte. Wir kennen zwar die Wirkungsgesetze der Schwere; wie die Schwerkraft zustande kommt, ob durch unmittelbare Übertragung in die Ferne, oder ob durch Vermittlung eines Äthers, wie er als Träger der Lichtschwingungen und der elektromagnetischen Erscheinungen angenommen wird, muß aber selbst heute immer noch dahingestellt bleiben. Wir wissen daher auch noch nichts über die Bahnen, die die Energie in solchen Fällen einschlägt. Man kann also etwa annehmen, daß die potentielle Energie eines in die Höhe gehobenen Steines in dem Äther, der den Raum zwischen Stein und Erde ausfüllt, auf irgendeine uns bisher unbekannte Art aufgespeichert ist, und daß beim Fallen des Steins die Energie aus diesem Medium in den fallenden Stein einwandert.

Als Einheit des Energiestromes wird in der Technik gewöhnlich die Pferdestärke verwendet. Die Dimension des Energiestromes ist eine Arbeitsmenge geteilt durch eine Zeit, also im technischen Maßsystem mkg/s. Die Pferdestärke im metrischen Maßsystem ist 75 mkg/s. Ursprünglich stammt die Bezeichnung (horse power, abgekürzt geschrieben HP) aus England, wo sie von Watt eingeführt wurde. Man muß aber beachten, daß eine englische Pferdestärke nicht genau mit der französischen oder deutschen übereinstimmt. Sie hat nämlich 550 englische Fußpfund in der Sekunde, und das macht in metrischen Maßen 76,04 mkg/s.

Neben der Pferdestärke wird aber in der Elektrotechnik sehr häufig auch das aus dem physikalischen Maßsystem übernommene Watt oder Kilowatt gebraucht; ebenso an Stelle des mkg als Einheit der Energie selbst das Erg oder ein Vielfaches davon, das Joule. Der Übersicht wegen sind diese verschiedenen Maße unten in einer Tabelle zusammengestellt. Dabei erinnere ich zuvor daran, daß in der Physik als Krafteinheit das Dyn gilt, also jene Kraft, die einem Gramm Masse die Beschleunigung von 1 cm in der Sekunde erteilt. Die Arbeit eines Dyn auf einem Wege von 1 cm ist ein Erg. Da diese Einheit sehr klein ist, gebraucht man an ihrer Stelle gewöhnlich ein Vielfaches, nämlich das Zehnmillionenfache davon und nennt dieses ein Joule. Ein Energiestrom, durch den in jeder Sekunde 1 Joule übertragen wird, heißt ein Watt und das Tausendfache hiervon ein Kilowatt. Nach diesen Bemerkungen wird die folgende Tabelle ohne weiteres verständlich sein. Die Umrechnungen beziehen sich auf einen Ort der Erde, an dem g = 9,81 m/s² ist.

Zusammenstellung
der physikalischen und technischen Maßeinheiten.

Größe	Technisch	Physikalisch
Kraft	1 kg = 981 000 dyn	1 dyn (1 Kilobar = rund 981 000 dyn, entsprechend 1 kg des technischen Maßsystems)
Energie (Arbeit)	$1 \text{ mkg} = 981 \cdot 10^{} \text{ erg}$ $= 9,81 \text{ Joule}$	$1 \text{ Joule} = 10^7 \text{ erg}$
Energiestrom (Leistung)	$1 \text{ PS} = 75 \,\dfrac{\text{mkg}}{\text{s}}$ $= 735,7 \,\dfrac{\text{Joule}}{\text{s}}$ $= 735,7 \text{ Watt}$ $= 0,7357 \text{ Kilowatt}$	$1 \text{ Watt} = 10^7 \,\dfrac{\text{erg}}{\text{s}} = 1 \,\dfrac{\text{Joule}}{\text{s}}$ $1 \text{ Kilowatt} = 1000 \text{ Watt} = 10^{10} \,\dfrac{\text{erg}}{\text{s}}$ $= \text{rund } 102 \,\dfrac{\text{Kilobar m}}{\text{s}}$

Aufgaben

23. Aufgabe. *Wie groß ist die potentielle Energie einer gespannten Feder, die unter einer Last von 1000 kg um 10 cm nachgibt, ohne daß die Elastizitätsgrenze überschritten wird? Wie lange reicht die in ihr aufgespeicherte Energie aus, um eine kleine Maschine zu treiben, wenn dazu der hundertste Teil einer Pferdestärke genügt?*
Lösung. Während des Spannens der Feder legt der Angriffspunkt der Kraft einen Weg von 10 cm zurück, und die Kraft wächst dabei im gleichen Verhältnis mit dem Weg von 0 bis 1000 kg an. Der Durchschnittswert der Kraft für den ganzen Weg ist daher 500 kg, und die geleistete Arbeit, die in der Feder aufgespeichert wird, beträgt 50 mkg. Zum Treiben der Maschine reicht diese Energie aus für eine Zeit von

$$\frac{50 \text{ mkg}}{0,01 \cdot 75 \text{ mkg/s}} = 66^2/_3 \text{ s}.$$

24. Aufgabe. *Wie groß ist der Energiestrom in einer unter 50 atm Überdruck stehenden Wasserleitung, wenn durch jeden Querschnitt in der Sekunde 10 Liter Wasser fließen?*
Lösung. Wir berechnen zunächst, wieviel Nutzarbeit an der Pumpe aufgewendet werden muß, um 1 Liter Wasser in die Leitung hineinzutreiben. Der Querschnitt des Pumpenkolbens sei F, der Überdruck in Atmosphären in der Leitung (die Atmosphäre zu 1 kg auf 1 qcm gerechnet) sei p, dann ist die Kraft, mit der der Pumpenkolben niedergedrückt werden muß, gleich Fp und die für einen Kolbenweg h aufgewendete Arbeit gleich Fph. Das Produkt Fh gibt aber das in die Leitung eingepreßte Wasservolumen V an, und die dafür aufgewendete Arbeit kann daher auch Vp geschrieben werden. Für $V = 10000$ ccm und $p = 50$ atm wird die Arbeit

$$10000 \text{ cm}^3 \cdot 50 \text{ kg/cm}^2 = 500000 \text{ cmkg} = 5000 \text{ mkg}.$$

Der Energiestrom in der Leitung beträgt hiernach 5000 mkg/s oder $66^2/_3$ PS.

FÜNFTER ABSCHNITT

Die Reibung

§ 35. Die gleitende Reibung

Zwischen zwei festen Körpern, die sich in einer kleinen ebenen Fläche berühren, wird im allgemeinen Falle eine Kraft übertragen, die schief zur Berührungsnormalen steht. Zerlegt man diese Kraft in zwei rechtwinklig zueinander stehende Komponenten, von denen die eine in der Richtung der Normalen geht, während die andere in die Berührungsfläche fällt, so wird die erste als der Normaldruck und die zweite als die gleitende Reibung zwischen beiden Körpern bezeichnet. Diese Begriffsfestsetzung gilt sowohl für zwei Körper, die längs der Berührungsfläche aufeinander gleiten, als für zwei Körper, die gegeneinander in Ruhe bleiben. Beide Fälle bedürfen indessen weiterhin einer gesonderten Besprechung.

Gleiten die Körper gegeneinander, so ist die Reibung, wie die Erfahrung lehrt, stets entgegengesetzt zur relativen Gleitgeschwindigkeit gerichtet. Wenn also z. B. beide Körper übereinander liegen und der obere sich gegen den unteren nach rechts hin bewegt, so ist die an dem oberen Körper angreifende Reibung nach links gerichtet. Derselbe Bewegungsvorgang kann aber auch dahin beschrieben werden, daß sich der untere Körper relativ zum oberen nach links hin bewegt, und die an dem unteren Körper angreifende Reibung ist daher nach rechts gerichtet. Aus dem Wechselwirkungsgesetz geht übrigens schon hervor, daß der Reibung an einem Körper eine gleich große und entgegengesetzt gerichtete am anderen Körper gegenüber stehen muß. Wenn man die Richtung der Reibung in einer Zeichnung durch einen Pfeil kenntlich machen will, muß man daher stets hinzufügen, auf welchen von beiden Körpern sich die Angabe beziehen soll.

Weiter lehrt die Erfahrung, daß die Reibung zwischen festen Körpern, die aufeinandergleiten, unter gewöhnlichen Umständen in erster Linie von der Größe des Normaldruckes abhängig ist, der zwischen beiden Körpern in der Berührungsfläche übertragen wird. Sie steigt mit dem Normaldruck, und zwar in der Regel ziemlich genau proportional mit ihm. Man muß indessen hinzufügen, daß gelegentlich auch Abweichungen von dieser Regel zu beobachten sind, und zwar namentlich dann, wenn der Normaldruck entweder sehr klein oder auch wenn er sehr groß wird. Im letzten Falle gilt dies insbesondere dann, wenn der Druck so groß wird, daß er bleibende Formänderungen der Körper hervorbringt. In den meisten Fällen der Anwendung darf man aber mit hinreichender Genauigkeit die Reibung proportional mit dem Normaldruck annehmen. Dann besteht zwischen dem Normaldruck N und der Reibung F die Beziehung

$$F = \mu N. \tag{83}$$

Der dabei auftretende Proportionalitätsfaktor μ ist eine reine Zahl, die man als den Reibungskoeffizienten (auch Reibungsziffer oder Reibungszahl) bezeichnet.

Früher hat man dafür häufig den Buchstaben f gebraucht (Anfangsbuchstabe des Wortes Friktion), und ich selbst habe ihn in den älteren Auflagen ebenfalls benutzt. Später habe ich aber, dem Vorschlage des Ausschusses für die einheitliche Bezeichnung von Formelgrößen entsprechend, den Buchstaben μ dafür gesetzt.

Durch theoretische Betrachtungen kann der Reibungskoeffizient nicht ermittelt werden. Er kann nur aus Versuchen abgeleitet werden, und dabei zeigt sich, daß er je nach den besonderen Umständen starken Schwankungen unterworfen ist. Er hängt nicht nur von der Art der Körper und der Rauhigkeit ihrer Oberflächen, sondern auch noch von anderen Umständen manchmal sehr wesentlich ab, insbesondere von der Benetzung der Oberflächen oder von einer Schmierung, die man etwa angewendet hat, und auch von der Geschwindigkeit, mit der die Gleitbewegung erfolgt. Darauf werde ich noch zurückkommen. In den meisten Fällen muß man sich mit einer ganz ungefähren Schätzung des Reibungskoeffizienten begnügen oder, wenn diese zu unsicher erscheint, selbst Versuche anstellen, die unter ganz denselben näheren Bedingungen ausgeführt werden, wie sie dem Falle entsprechen, auf den man ihre Ergebnisse anwenden will. Hierdurch haftet der Lehre von der Reibung eine beklagenswerte Unvollkommenheit an. Denn die praktische Aufgabe der Mechanik besteht gerade darin, die mit viel Mühe, Zeit- und Kostenaufwand verbundene Anstellung von Versuchen zur Entscheidung jedes Einzelfalles oder das Nachforschen in den zahlreichen Beschreibungen ausgeführter Versuche, bei denen meist zweifelhaft bleibt, ob sie unter genau den gleichen Umständen stattfanden, soweit als möglich entbehrlich zu machen. Auf dem Gebiete der Reibung ist aber, soweit es sich um den Wert des Reibungskoeffizienten handelt, diese Aufgabe der Mechanik trotz vieler Bemühungen bisher nur unzulänglich gelöst worden, und es ist auch leider kaum zu hoffen, daß hierin eine wesentliche Besserung herbeigeführt werden könnte.

Aus dem vorher angeführten Erfahrungssatz, daß die Reibung stets entgegengesetzt zur relativen Gleitgeschwindigkeit gerichtet ist, läßt sich sofort eine für viele Anwendungen wichtige Folgerung ziehen. Man betrachte einen Körper, der mit einem starken Normaldruck gegen eine ruhende ebene Unterlage gepreßt ist und längs dieser gleitet. Es ist dabei gleichgültig, ob der Körper unter dem Einfluß einer Kraft, die in die Gleitrichtung fällt und groß genug ist, um die Reibung zu überwinden, seine Bewegung mit gleichförmiger Geschwindigkeit ausführt, oder ob er vermöge der Trägheit eine ihm vorher erteilte Translationsbewegung mit verzögerter Geschwindigkeit fortsetzt. Auf diesen Körper lasse man nun noch eine andere Kraft einwirken, die viel kleiner ist als die Reibung und die in der Bewegungsebene rechtwinklig zur Gleitrichtung liegt. Dann muß der Körper eine Ablenkung aus seiner Bewegungsrichtung im Sinne dieser kleinen Kraft erfahren. Wäre die anfängliche Gleitbewegung nicht vorhanden, so könnte freilich die kleine Kraft keine Verschiebung in ihrer Richtung hervorbringen, da die Reibung sie daran verhindern würde. Wenn aber die gleitende Bewegung in der ersten Richtung bereits besteht, so ist die von Anfang an in voller Größe wirkende Reibung der Richtung nach völlig bestimmt, indem sie der Gleitrichtung entgegengesetzt gerichtet sein muß. Sie kann daher, solange sich an der Bewegungsrichtung nichts ändert, keine Komponente in der Richtung der rechtwinklig dazu angreifenden kleinen Kraft haben. So klein daher die ablenkende kleine Kraft auch sein mag im Verhältnis zur Reibung, so muß sie doch unter den angegebenen Umständen ein Gleiten in ihrer Richtung herbeiführen. Unter ihrem Einfluß muß die Richtungsablenkung der Gleitbewegung, falls ihr nicht durch andere Hindernisse ein Ende gemacht wird, so lange andauern, bis die damit ebenfalls in ihrer Richtung geänderte Reibung eine Komponente entgegen der Richtung der ablenkenden Kraft erlangt hat, die dieser Kraft weiterhin das Gleichgewicht hält.

Die Erfahrung bestätigt diese Schlußfolgerung. Hierin liegt zugleich der Beweis für die Richtigkeit des Vordersatzes, daß die gleitende Reibung der Gleitgeschwindigkeit stets entgegengesetzt gerichtet ist.

Mit geringen Änderungen läßt sich die hier zunächst nur für den einfachsten Fall durchgeführte Betrachtung auch auf andere Fälle übertragen. In der Maschinentechnik macht man davon Gebrauch, um einen Maschinenteil nach einer bestimmten Richtung hin zu verstellen, wenn nur kleine Kräfte dafür zur Verfügung stehen, wie sie etwa von einem Regulator ausgeübt werden können. Diese Kräfte würden für sich nicht ausreichen, um eine beträchtliche Reibung zu überwinden, die sich der Verstellung des Maschinenteils entgegensetzt. Man hilft sich dann damit, den Widerstand der Reibung gegen die gewünschte Bewegungsrichtung dadurch auszuschalten, daß man mit anderen Mitteln dauernd eine Gleitbewegung des Maschinenteils unterhält, die rechtwinklig zu jener Richtung steht, in der die Verstellung erfolgen soll.

Bisher war angenommen worden, daß sich die beiden Körper, zwischen denen die Reibung auftritt, in einer kleinen ebenen Oberfläche berühren sollten. Ist die Berührungsfläche gekrümmt, so muß man sie sich in kleinere Elemente zerlegt denken, die genau genug als eben betrachtet werden können, und Gl. (83) auf jedes einzelne Flächenelement anwenden. Auch wenn die Berührungsflächen eben, aber von größerer Ausdehnung sind, so daß man nicht stillschweigend voraussetzen kann, daß überall dieselben Bedingungen vorliegen, kann eine solche Zerlegung in einzelne Elemente notwendig werden. Das gilt nicht nur, wenn die Oberflächenbeschaffenheit nicht überall die gleiche ist, sondern auch, wenn die Gleitgeschwindigkeit an verschiedenen Stellen verschieden gerichtet ist. Wenn nur der Normaldruck ungleichmäßig über die Fläche verteilt ist, kann man aber von der Zerlegung gewöhnlich absehen, so lange wenigstens, als man die Gültigkeit von Gl. (83) für jedes Element annehmen darf. Die gesamte Größe der Reibung hängt jedenfalls unter dieser Voraussetzung von der Verteilung des Normaldrucks über die Berührungsfläche nicht ab.

Zwischen Körpern, die gegeneinander in Ruhe bleiben, ist die Reibung sowohl der Größe als der Richtung nach im allgemeinen unbestimmt, d. h. beide hängen von den besonderen Umständen des einzelnen Falles ab. Diese Unbestimmtheit wird jedoch durch die folgenden Aussagen, die aus der Erfahrung abgeleitet sind, eingeschränkt. Zunächst tritt die Reibung zwischen ruhenden Körpern nur in solcher Größe auf, wie sie erforderlich ist, um ein Gleiten zu verhüten. Dabei kann aber die Reibung einen Maximalwert nicht überschreiten, der ebenfalls durch Gl. (83) angegeben wird. Der Reibungskoeffizient μ ist jedoch für den Fall der Ruhe besonders zu bestimmen; er findet sich meist etwas, aber nicht viel größer als für den Fall einer Gleitbewegung mit geringer Geschwindigkeit. Von der Richtung der Reibung zwischen ruhenden Körpern läßt sich nur aussagen, daß sie der Richtung jener Gleitbewegung entgegengesetzt ist, die ohne die Mitwirkung der Reibung eintreten müßte. Diese Aussage reicht jedoch häufig nicht aus, um die Richtung der Reibung eindeutig daraus abzuleiten. Dagegen lassen sich die bei den praktischen Anwendungen auftretenden Aufgaben über das unter Mitwirkung der Reibung zustande kommende Gleichgewicht von Körpern meistens in genügender Weise auf Grund des folgenden Satzes lösen: Wenn

das Gleichgewicht von Körpern, die miteinander in Berührung
stehen, durch die Reibungen ohne Überschreitung des aus Gl. (83)
hervorgehenden Maximalwertes und durch eine dem Erfolg gün-
stige Richtung der Reibungen überhaupt hergestellt werden kann,
darf man sicher sein, daß das Gleichgewicht in der Tat aufrechterhalten bleibt.

Dieser Satz läßt sich nur durch eine Berufung auf die Erfahrung begründen.
Nach allem, was darüber bekannt geworden ist, darf man ihn als zuverlässig
betrachten. Er reicht zwar nicht aus, um alle Fragen zu beantworten, die man
über das Gleichgewicht unter Mitwirkung der Reibung zu stellen veranlaßt sein
kann; aber in den meisten Fällen erfährt man doch daraus, was man zu wissen
wünscht, vorausgesetzt wenigstens, daß der Reibungskoeffizient μ als hinlänglich
genau bekannt angesehen werden darf.

Der Reibungskoeffizient hängt unter sonst gleichen Umständen von der Gleitgeschwindigkeit ab, und zwar in ganz verschiedener Weise je nach der Art der
Schmierung. Man muß genau unterscheiden zwischen der Reibung zwischen
festen Körpern, die miteinander in Berührung stehen, und zwischen der Schmiermittelreibung, die dann an deren Stelle tritt, wenn durch eine „vollkommene" Schmierung die festen Körper ganz voneinander getrennt sind, so
daß sie nur durch Vermittlung der trennenden Schmierschicht Kräfte aufeinander übertragen können. Hier betrachten wir zunächst den ersten Fall; der
zweite, der davon ganz verschieden ist, aber leicht mit ihm verwechselt wird,
soll nachher noch besprochen werden.

Wenn sich die Oberflächen der festen Körper ohne Schmierung
berühren oder wenn sie nur wenig angefettet sind, nimmt der
Reibungskoeffizient ab, wenn die Gleitgeschwindigkeit zunimmt.
Bei Geschwindigkeiten von etwa $\frac{1}{2}$ bis zu 5 m in der Sekunde, wie sie bei den
technischen Anwendungen sehr häufig vorkommen, hängt jedoch die Reibung,
wie es scheint, nur sehr wenig von der Geschwindigkeit ab. Das ist der Grund,
aus dem man bei den im Maschinenbau üblichen Berechnungen sehr häufig auf
die Abhängigkeit des Reibungskoeffizienten von der Geschwindigkeit überhaupt
keine Rücksicht zu nehmen braucht. Man ist nämlich ohnehin gewöhnlich im
Zweifel darüber, wie hoch mit Rücksicht auf den Zustand der Oberflächen der
Reibungskoeffizient anzunehmen ist, um so mehr, als im Laufe des Betriebs der
Maschine dieser Zustand oft starken Schwankungen unterworfen sein kann. Diesen
gegenüber tritt die innerhalb der angegebenen Geschwindigkeitsgrenzen jedenfalls nur ganz geringfügige Abhängigkeit von der Gleitgeschwindigkeit ganz
zurück. Nur darauf wird gewöhnlich geachtet, daß bei ganz kleinen Geschwindigkeiten und namentlich bei der Geschwindigkeit Null, also bei relativer Ruhe der
beiden Körper, der Reibungskoeffizient etwas größer ist, als bei einer Geschwindigkeit von einigen Metern in der Sekunde. In diesem Sinne unterscheidet man
zwischen einem „Reibungskoeffizienten der Ruhe" und einem „Reibungskoeffizienten der Bewegung".

In den technischen Kalendern und in anderen tabellarischen Zusammenstellungen,
die jedem Techniker zur Hand sind, findet man die üblichen Annahmen über die
Größe des Reibungskoeffizienten für die häufiger vorkommenden Fälle verzeich-
net. Es hätte keinen Zweck, diese Ziffern hier ebenfalls aufzunehmen; ich kann
mich mit einem Hinweis auf jene Zusammenstellungen, die jedem zugänglich
sind, begnügen. Dagegen möchte ich nochmals davor warnen, diesen Angaben
ein zu großes Vertrauen zu schenken, wenn es sich um mehr als um eine unge-

fähre Abschätzung handelt. Wo es wesentlich auf den genauen Wert der Reibung ankommt, wird der Praktiker bei dem heutigen Zustand unseres Wissens die Anstellung eigener Versuche kaum entbehren können.

Über eine Gleitgeschwindigkeit von 5 m in der Sekunde hinaus und namentlich bei Geschwindigkeiten von etwa 15 bis 30 m oder darüber, wie sie beim Eisenbahnbetrieb vorkommen, nimmt aber der Reibungskoeffizient beträchtlich ab. Darauf ist sehr zu achten bei der Beurteilung der Bremswirkung an Eisenbahnzügen. Wenn man die Bremsklötze stark genug anzieht, werden die Räder an jeder Drehung gehindert. Der Eisenbahnzug fährt dann wie ein Schlitten auf dem Geleise dahin. Die hierbei als verzögernde Kraft auftretende Reibung ist abhängig von der Größe des Reibungskoeffizienten zwischen Rad und Schiene und nach dem, was über diesen bemerkt wurde, folgt, daß die Bremswirkung um so geringer ausfällt, je größer die Fahrgeschwindigkeit ist. Man würde sich einer sehr gefährlichen Täuschung hingeben, wenn man in diesem Falle den Einfluß der Geschwindigkeit außer acht lassen wollte.

Zieht man dagegen die Bremsklötze weniger stark an, so rollen die Räder noch. In diesem Falle ist die Gleitgeschwindigkeit zwischen Rad und Schiene entweder Null oder wenigstens kleiner als die Zugsgeschwindigkeit. Dies hat wieder einen größeren Wert des Reibungskoeffizienten zur Folge. Man kommt daher zu dem etwas unerwarteten Schluß, daß durch ein geringeres Anziehen der Bremsklötze eine größere Bremswirkung erzielt wird, als durch ein sehr starkes Anziehen. In der Tat wird aber dieser Schluß auch durch die Erfahrung bestätigt. Es ist nicht nur ohne Zweck, sondern geradezu schädlich, wenn man, um ein schnelles Anhalten des Zuges herbeizuführen, die Bremsklötze so stark anzieht oder durch Umsteuerung der Maschine mit dem Gegendampf so stark auf die Treibräder einwirkt, daß sie entweder ganz festgestellt sind oder sich gar im verkehrten Sinne umdrehen. Die größte Bremswirkung wird vielmehr erzielt, wenn die Räder gerade an der Grenze des Gleitens sind.

Eine Zusammenstellung von Versuchsergebnissen für die Ermittlung der Abhängigkeit der Reibungszahl μ von der Gleitgeschwindigkeit findet man im Organ für Fortschritte des Eisenbahnwesens, Band 50, S. 330, 1913. Danach wird für die Geschwindigkeiten

$v =$	10	30	60	90	105 km/h
$\mu =$	0,1923	0,1403	0,1083	0,0930	0,0878

zwischen Rad und Schiene gefunden.

Ein wesentlich anderer Zusammenhang besteht übrigens für die Reibung zwischen Leder und Eisen, die für die Berechnung der Riementriebe von Wichtigkeit ist. In diesem Falle nimmt nämlich die Reibungszahl μ sehr merklich zu, wenn die Gleitgeschwindigkeit steigt. Ein Riementrieb kann daher eine bedeutend größere Leistung übertragen, wenn man einen größeren „Schlupf" zuläßt. Vgl. hierzu die Abhandlung von Skutsch in Dinglers Polyt. Journ. 1914, S. 273, sowie die sehr umfassenden Versuche des Berliner Materialprüfungsamtes über die „Reibung von Riemenleder auf gußeisernen Riemenscheiben" in den „Mitteilungen" des Amtes, 31. Jahrg., S. 262, 1920.

Alle diese Bemerkungen beziehen sich auf ungeschmierte oder wenig angefettete Oberflächen der Körper. Eine besondere Betrachtung erfordert dagegen die vorher schon erwähnte vollkommene Schmierung. Insofern die Reibung wesentlich durch den inneren Gleitwiderstand des Schmiermittels bedingt wird, wächst sie mit der Geschwindigkeit. Dies wird aus den an einer anderen Stelle zu besprechenden Eigenschaften der zähen Flüssigkeiten verständlich.

Eins der wirksamsten Schmiermittel ist das Wasser. Abgesehen davon, daß es häufig nicht angewendet werden kann, weil es ein Rosten der metallischen Oberflächen herbeiführen würde, steht aber seiner Anwendung als Schmiermittel die Schwierigkeit entgegen, solche Anordnungen zu treffen, daß dauernd eine trennende Wasserschicht zwischen beiden Körpern, die gegeneinander gleiten sollen, bestehen bleiben kann. Unter gewöhnlichen Umständen wird durch den zwischen den Körpern übertragenen Normaldruck die Wasserschicht seitlich herausgedrängt, womit wieder eine Reibung zwischen den zur Berührung miteinander kommenden festen Körpern selbst auftritt. Bei reichlicher Zuführung eines zähen Öles an einer geeigneten Stelle gelingt es viel leichter als bei Wasser, eine vollkommene Schmierung zu erzielen, d. h. eine dauernde Trennung der festen Körper durch eine dazwischen liegende Flüssigkeitsschicht herbeizuführen.

Indessen ist auch mit Wasser unter geeigneten Umständen eine vollkommene Schmierung zu erreichen. Wenn z. B. ein Körper auf einer ebenen Bodenfläche ähnlich wie ein Schlitten gleiten soll, braucht man nur, um ein Heraustreten des Wassers aus der trennenden Schmierschicht zu verhüten, durch Anbringen von seitlichen Wänden ein Gefäß zu bilden, das so hoch mit Wasser zu füllen ist, daß der Bodendruck ausreicht, um dem in der Schmierschicht übertragenen Druck das Gleichgewicht zu halten. In diesem Falle sagen wir, daß der Körper in dem Gefäß schwimmt. In der Tat darf man auch bei einem Schiffe, das auf einem See schwimmt, im Zusammenhang mit diesen Betrachtungen sagen, daß das Wasser des Sees zwischen dem Schiffsboden und dem Seegrund als eine Schmierschicht angesehen werden kann, die beide festen Körper, die relativ zueinander gleiten sollen, dauernd trennt und so das herstellt, was man eine ,,vollkommene" Schmierung nennt. Die große wirtschaftliche Überlegenheit des Wassertransports von Gütern, bei denen es nicht auf eine schnelle Beförderung ankommt, gegenüber dem Landtransport ist vor allem darin begründet, daß man den Widerstand der Reibung selbst bei den Eisenbahnen, die hierin noch am günstigsten sind, längst nicht so weit herabsetzen kann, als dies durch die trennende Wasserschicht bei dem Schiff ohne weiteres geschieht.

Das Schiff, von dem ich hier sprach, bildet zwar nur einen Grenzfall, der für den Gegenstand, um den es sich hier handelt, zur besseren Erläuterung herangezogen werden sollte. Aber man sieht ein, daß es möglich sein wird, sich diesem Falle durch passende Einrichtungen mehr oder weniger zu nähern und damit ähnliche Vorteile zu erreichen. In der Tat kann man in allen Fällen, bei denen eine vollkommene Schmierung unterhalten werden kann, sagen, daß der zu stützende Körper in der schmierenden Flüssigkeit schwimmt, in ganz demselben Sinne wie bei dem Schiff.

In der neueren Maschinentechnik macht man öfters von Ölpumpen Gebrauch, die das Schmieröl unter hohem Druck zwischen zwei gegeneinander gleitende Maschinenteile einführen, und zwar in solcher Menge, daß die an den Rändern der Berührungsflächen austretende Flüssigkeit genügend ersetzt werden kann. Auch andere Einrichtungen werden verwendet, um wenigstens annähernd den Zustand der vollkommenen Schmierung dauernd zu unterhalten. Zuerst war es wohl die Elektrotechnik, die bei den Lagern der Dynamomaschinen erhebliche Erfolge im Sinne einer Annäherung an die vollkommene Schmierung erzielte.

Aus Versuchen, die über die Reibungsverluste in Dynamomaschinen angestellt wurden, hat Dettmar (Elektrotechn. Zeitschr. 1899, S. 380) für Zapfen mit Ölschmierung folgende Reibungsgesetze abgeleitet:

I. Bei konstanter Lagertemperatur und bei konstantem Druck wächst der Reibungskoeffizient mit der Wurzel aus der Wellengeschwindigkeit und somit die Reibungsarbeit mit der $1{,}5^{\text{ten}}$ Potenz der Geschwindigkeit.

II. Bei konstanter Lagertemperatur und konstanter Wellengeschwindigkeit ist der Reibungskoeffizient umgekehrt proportional dem Lagerdrucke, sofern dieser 30—44 kg auf 1 qcm nicht überschreitet. Die Reibung ist daher unterhalb dieser Grenze unabhängig vom Druck.

III. Bei konstantem Druck und konstanter Wellengeschwindigkeit ist der Reibungskoeffizient umgekehrt proportional der Lagertemperatur.

Nach späteren Versuchen von Lasche (Zeitschr. d. Vereins D. Ing. 1902, S. 1889) gilt indessen der erste Satz nur für Gleitgeschwindigkeiten (oder Umfangsgeschwindigkeiten der Zapfen) bis zu etwa 2,5 m/s. Von da ab bis zu 10 m/s wächst der Reibungskoeffizient proportional mit der fünften Wurzel aus der Geschwindigkeit und von 10 m/s bis zur größten beobachteten Geschwindigkeit von 20 m/s kann er als konstant betrachtet werden.

Nach diesen Erfahrungen, die auch mit früheren Arbeiten von Tower, Thurston und Browne in guter Übereinstimmung stehen, ist Gl. (83) bei sehr gut geschmierten Zapfen innerhalb der angegebenen Grenzen ungültig. Daß nach Satz III der Reibungskoeffizient von der Temperatur abhängig ist, hängt ohne Zweifel damit zusammen, daß die Zähigkeit einer Flüssigkeit mit steigender Temperatur abnimmt. Die Temperatur ist in diesem Satz vom Eispunkt (0°C) an zu rechnen Für die Temperatur Null würde hiernach die Reibung unendlich groß werden. Schon dieser Umstand weist darauf hin, daß dem Satz jedenfalls nur eine beschränkte Gültigkeit zugesprochen werden kann.

Daß bei den Maschinen, die zu den Versuchen verwendet wurden, zum mindesten sehr nahe eine vollkommene Schmierung erreicht wurde, läßt sich aus dem Umstand schließen, daß bei nicht zu großen Belastungen die Reibung unabhängig vom Druck gefunden wurde, was bei einer auch nur teilweisen Berührung der festen Körper jedenfalls nicht zu erwarten wäre. — In vielen anderen Fällen einer zwar reichlichen, aber doch nicht als nahezu vollkommen anzusehenden Schmierung wird man anzunehmen haben, daß sich der Normaldruck teils zwischen den festen Körpern selbst, die an einzelnen Stellen miteinander in Berührung kommen, teils durch die Vermittlung der Flüssigkeit überträgt. Auch die gesamte Reibung wird sich dann aus zwei Teilen zusammensetzen, die ganz verschiedenen Gesetzen gehorchen. Wahrscheinlich gilt dies z. B. auch für die Reibung zwischen Rad und Schiene beim Eisenbahnwagen, wenn die Schienen angefeuchtet sind, oder bei einem Automobilrad auf feuchtem Pflaster. Gerade in solchen Fällen, die praktisch recht wichtig sind, ist man bei dem heutigen Zustand unseres Wissens nicht im Stand, die Größe des zu erwartenden Reibungskoeffizienten mit genügender Sicherheit anzugeben.

Die Schmiermittelreibung, also die Reibung bei vollkommener Schmierung läßt sich übrigens auf Grund der Gesetze für die Bewegung zäher Flüssigkeiten auch theoretisch noch eingehender behandeln. Eine solche Untersuchung ist allerdings ziemlich verwickelt; im 6. Band dieser Vorlesungen (S. 437 der 4. Aufl.) kann man Näheres darüber finden.

Beachtenswert ist der ungewöhnlich niedrige Reibungskoeffizient zwischen Stahl und Eis, der freilich jedem Schlitten- oder Schlittschuhfahrer wohl bekannt ist. Auf Grund einer Untersuchung von O. Reynolds nimmt man an, daß er durch die sogenannte Regelation zustande komme. Durch hohen Druck an den Schlittenkufen wird nämlich der Schmelzpunkt erniedrigt, so daß das Eis durch den Druck verflüssigt werden kann,

wenn die Lufttemperatur nicht zu weit unter dem Gefrierpunkt liegt. Dann würde
die Reibung zwischen festen Körpern durch eine Flüssigkeitsreibung ersetzt werden,
indem das durch den Druck verflüssigte Schmelzwasser als Schmiermittel diente. Es
mag dahingestellt bleiben, ob die Schmelzpunkterniedrigung durch den Druck zur
Erklärung aller hierher gehörigen Erscheinungen vollständig ausreicht.

Übrigens läßt sich in ganz ähnlicher Weise die Reibung zwischen zwei mit hohem Druck
aufeinander gepreßten Körpern durch eine Zwischenschicht von Stearin, Paraffin,
Wachs o. dgl. bedeutend herabsetzen. Diese Körper sind unter gewöhnlichen Umständen
nicht als Schmiermittel zu betrachten. Unter hinreichend hohem Druck fängt aber eine
aus ihnen gebildete dünne Schmierschicht zu fließen an, und sobald dies geschieht,
nimmt der Reibungskoeffizient derart niedrige Werte an, wie man sie mit gewöhnlichen
Schmiermitteln überhaupt nicht zu erreichen vermag.

§ 36. Reibungswinkel und Reibungskegel

Die ganze an der Berührungsstelle zweier Körper übertragene Kraft, also die
Resultierende aus dem Normaldruck und der Reibung, bildet mit der Richtung
der Normalen einen gewissen Winkel, der seinen größten Wert erlangt, wenn die
Reibung am größten ist. Dieser größtmögliche Winkel heißt der Reibungswinkel
und soll mit φ bezeichnet werden. Er steht in einem einfachen Zusammenhang
mit dem Reibungskoeffizienten. Bei der Zusammensetzung von N und F entsteht
nämlich ein rechtwinkeliges Dreieck, in dem der Winkel φ der Kathete F gegenüber liegt. Man hat also

$$\operatorname{tg} \varphi = \frac{F}{N} = \mu. \tag{84}$$

Alle Linien, die mit der Normalen den Winkel φ einschließen, liegen auf einer
Kreiskegelfläche, und der von ihr begrenzte Kegel wird der Reibungskegel genannt. In jedem Flächenelement der Berührungsfläche muß demnach der ganze
übertragene Druck entweder innerhalb des Reibungskegels oder auf der ihn be-
grenzenden Kegelfläche liegen. Der letzte Fall tritt immer dann ein, wenn entweder ein Gleiten wirklich stattfindet oder wenn der Grenzzustand des Gleichgewichts erreicht ist.

Mit Hilfe des Reibungswinkels oder des Reibungskegels lassen sich viele Aufgaben
über das Gleichgewicht in sehr einfacher Weise lösen. Man erkennt dies am besten
an einigen Beispielen.

In Abb. 61 stelle AB eine Leiter oder eine
Stange dar, die sich bei B gegen den rauhen
Fußboden, bei A gegen eine Mauer stützt. Sie
trage ein Gewicht Q oder auch mehrere Gewichte,
deren Resultierende Q ist, wobei das Eigengewicht schon mit eingerechnet sein soll. Es
fragt sich, ob die Leiter abrutscht oder ob sie
durch die Reibung im Gleichgewicht gehalten
wird. — Zur Lösung der Aufgabe ziehe man in
A und B Normalen zur Mauer- bzw. zur Fußbodenfläche und trage nach beiden Seiten den
Reibungswinkel φ ab. Dieser selbst muß als
gegeben angesehen oder, wenn der Reibungskoeffizient gegeben ist, aus Gl. (84) zuvor berechnet werden. Beide Winkelräume, zu denen
man auf diese Weise gelangt, haben ein Viereck
gemeinsam, das in Abb. 61 durch Schraffierung

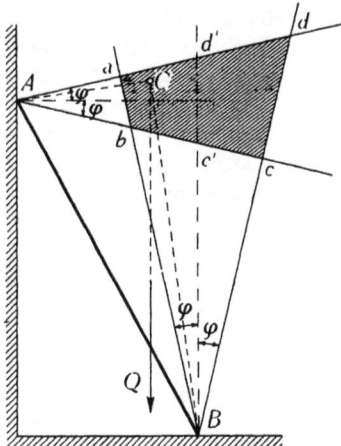

Abb. 61.

hervorgehoben ist. Nun verlängere man die Richtungslinie von Q und sehe zu, ob sie die Viereckfläche durchschneidet. Tut sie dies, dann ist die Leiter im Gleichgewicht. Wählt man nämlich einen auf Q und in der Viereckfläche liegenden Punkt C willkürlich aus, verbindet C mit A und B und zerlegt Q nach den Richtungen beider Verbindungslinien, so erhält man Auflagerkräfte bei A und B, die mit Q Gleichgewicht herstellen können und die noch innerhalb beider Reibungskegel liegen. Das Gleichgewicht ist also möglich, ohne daß irgendwo die Reibung ihren Maximalwert überschreitet, und nach dem allgemeinen Grundsatz, der im vorigen Paragraphen als durch die Erfahrung verbürgt eingeführt wurde, ist damit auch nachgewiesen, daß das Gleichgewicht tatsächlich besteht. Zugleich erkennt man, daß das Gleichgewicht noch auf sehr viele Arten möglich ist, je nach der Wahl des Punktes C.

Wenn ein Mann auf der Leiter hinaufsteigt, verschiebt sich in Abb. 61 die Richtungslinie von Q nach links hin und wenn sie aus der Viereckfläche heraustritt, rutscht die Leiter ab. Sie muß abrutschen, wenn das Leitergewicht unbedeutend gegenüber der Belastung und diese weit genug nach oben gelangt ist. Wenn das Leitergewicht nicht zu klein gegenüber der Belastung und der Reibungswinkel ziemlich groß ist, kann der Mann die Leiter aber auch bis oben hin besteigen, ohne daß die Richtungslinie der Resultierenden Q aus beiden Gewichten aus der Viereckfläche heraustritt. Wenn ferner die Leiter so steil aufgestellt ist, daß sie selbst in den Reibungskegel bei B hineinfällt, ist überhaupt bei jeder Stellung der Last Gleichgewicht möglich.

Wenn die lotrechte Kraft Q rechts von der durch B gelegten Lotrechten angreift, wird im Auflagepunkt A eine Zugkraft übertragen. Die Leiter wird unter dieser Kraft von der Wand abgehoben. Man kann das Abheben durch eine Führungsschiene verhüten, durch deren Vermittlung Zugkräfte im Punkt A übertragen werden. Das schraffierte Viereck a, b, c, d bezieht sich auf eine Leiter mit Führungsschiene. Für eine Leiter ohne Führungsschiene ist nur dann Gleichgewicht vorhanden, wenn die lotrechte Kraft Q das Viereck a, b, c', d' schneidet. Wenn die lotrechte Kraft das Viereck c', c, d, d' schneidet, ist die Leiter ohne Führungsschiene nicht im Gleichgewicht. (Den Hinweis auf die vorstehende Ergänzung verdankt der Herausgeber Herrn Professor Dr. R. Kraus, Schanghai.)

Diese ganze Betrachtung ist an sich ebenso schön abgerundet als irgendeine andere der Mechanik und sie ist ohne Zweifel von großem Nutzen für die Beurteilung der ganzen Sachlage. Leider steht ihrer unmittelbaren Anwendung nur wieder der Umstand im Wege, daß man sich in den meisten Fällen im unklaren darüber befinden wird, auf welchen Wert des Reibungswinkels φ oder des Reibungskoeffizienten μ man rechnen darf.

Bei dem eben behandelten Beispiel war stillschweigend angenommen worden, daß die Mittellinie der Leiter oder Stange in der zur Mauer- und zur Fußbodenfläche senkrechten Zeichenebene enthalten sei. Man brauchte sich deshalb nur um die Winkelräume zu kümmern, nach denen die beiden Reibungskegel von der Zeichenebene geschnitten werden. Die Stange kann aber auch schief zu dieser Ebene aufgestellt sein, ohne daß sich das Verfahren deshalb wesentlich zu ändern brauchte. Es genügt in diesem Falle, nur den Raum ins Auge zu fassen, der in beiden Reibungskegeln zugleich liegt; solange die Richtungslinie von Q diesen Raum durchschneidet, besteht Gleichgewicht. Praktisch führt man diese Untersuchung am besten in der Art aus, daß man durch die Mittellinie der Stange und die Richtungslinie von Q eine Ebene legt, die beide Reibungskegel nach Winkelräumen schneidet. Man findet dann in der Ebene ein Viereck, das in beiden Winkelräumen enthalten ist, und sieht zu, ob die Richtungslinie von Q durch die Vierecksfläche geht. Freilich ist hier zu beachten, daß der Öffnungswinkel der Winkelräume jetzt kleiner ist als 2φ. Es kann auch sein, daß jene Ebene ganz außerhalb eines der beiden Reibungskegel liegt; dann ist bei keiner Stellung von Q Gleichgewicht möglich.

Ein anderer Fall wird durch Abb. 62 verdeutlicht. Eine Stange AB liegt in einer zur Mauer AC senkrechten Ebene und stützt sich in A gegen die Mauer. Außerdem wird sie durch ein Seil CD gehalten. Es fragt sich, ob sie unter der Last Q im Gleichgewicht bleibt oder ob ein Gleiten bei A eintritt.

Zur Lösung beachte man, daß sich drei Kräfte an einem Körper nur dann im Gleichgewicht halten können, wenn sich die Richtungslinien in einem Punkt schneiden. Von Q und von der durch das Seil auf die Stange übertragenen Kraft kennt man die Richtungslinien. Man suche deren Schnittpunkt E auf; dann muß auch die bei A übertragene Auflagerkraft durch E gehen. Gleichgewicht besteht demnach, wenn E im Innern, oder im Grenzfall auch noch, wenn es auf dem Um-

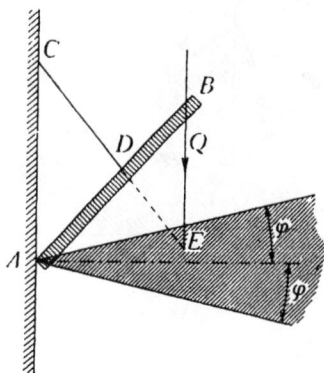

Abb. 62.

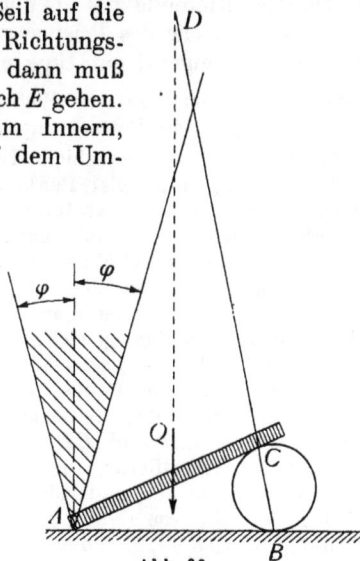

Abb. 63.

fang des Reibungskegels liegt. Im vorliegenden Falle ist übrigens auch die Größe der Reibung eindeutig bestimmt, da nur auf eine einzige Art das Gleichgewicht hergestellt werden kann.

Ganz ähnlich ist der durch Abb. 63 veranschaulichte Fall. Eine Walze ruht auf dem Fußboden, und auf sie stützt sich bei C eine Stange, die mit dem anderen Ende A auf dem Fußboden ruht. Die Stange trägt eine Last Q, die groß gegenüber dem Gewicht der Walze sein soll. Die Walze muß, wenn ihr Gewicht vernachlässigt wird, unter dem Einfluß von zwei Kräften, die sich bei B und C auf sie übertragen, im Gleichgewicht sein. Die Richtungslinien dieser Kräfte fallen demnach mit der Verbindungslinie BC zusammen. Andererseits greifen an der Stange drei Kräfte an, von denen zwei der Richtungslinie nach bekannt sind. Man verlängere BC bis zum Schnittpunkt D. Dann muß der Auflagerdruck bei A in die Richtung AD fallen. Das Gleichgewicht ist gesichert, wenn AD in den zu A gehörigen Reibungskegel fällt und wenn außerdem die Richtung von BC sowohl bei B als bei C von der Normalen nicht um mehr als den Reibungswinkel abweicht. Wenn die Last Q nach C hin fortschreitet, wird schließlich D aus dem Reibungskegel von A treten, worauf ein Gleiten bei A erfolgt. — Hat übrigens die Walze ein größeres Gewicht, das nicht mehr vernachlässigt werden

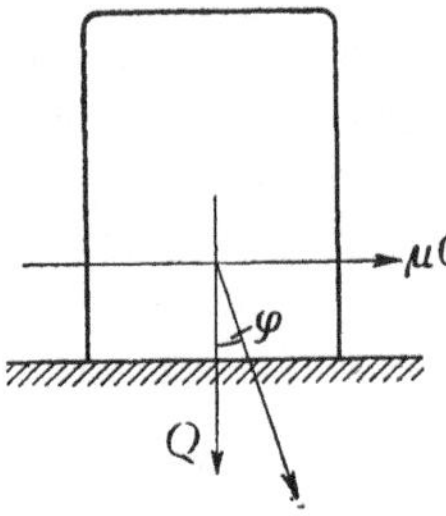

Abb. 64.

kann, so wird dadurch nur der in B übertragene Druck nach der Normalen hin abgelenkt, so daß hier das Gleiten erschwert wird, während sich an den anderen Stellen nichts ändert. In Abb. 64 ist ein Prisma gezeichnet, das auf den Fußboden gestellt ist. Eine horizontale Kraft, die tief genug daran angreift, verschiebt das Prisma auf dem Fußboden, während es bei höherer Lage umkippt; man soll untersuchen, welcher von beiden Fällen eintritt. — Zum Verschieben des Prismas ist mindestens eine Kraft von der Größe μQ erforderlich, worin μ der Reibungskoeffizient der Ruhe,

ist. Die Resultierende aus μQ und Q bildet mit Q den Reibungswinkel φ; wenn sie die Grundfläche des Prismas schneidet, tritt ein Verschieben, und wenn sie außerhalb vorbeigeht, ein Umkippen ein.

Einem Aufsatz von Burls im Engineering, 14. April 1899, S. 499, entnehme ich noch eine hierher gehörige Betrachtung über das Gleichgewicht auf der schiefen Ebene.

In Abb. 65 sei AB die schiefe Ebene, auf der in O ein mate ieller Punkt unter Einwirkung einer äußeren Kraft im Grenzzustand des Gleichgewichts stehen soll. Man ziehe die Normale ON und trage von dieser zu beiden Seiten den Reibungswinkel φ ab. Dann trage man auf der Lotrechten OC das Eigengewicht des materiellen Punktes in einem passenden Maßstab ab und ziehe von C aus Parallelen zu den Grenzlinien des Reibungskegels. Diese Parallelen CD und CE schließen einen durch Schraffierung hervorgehobenen Winkelraum ein, und jede Strecke OP oder OQ, die von O aus bis zu den Schenkeln gezogen ist, gibt die Größe der äußeren Kraft an, die man in der betref-

Abb. 65.

fenden Richtung auf den materiellen Punkt wirken lassen muß, um diesen im Grenzzustand des Gleichgewichts zu erhalten.

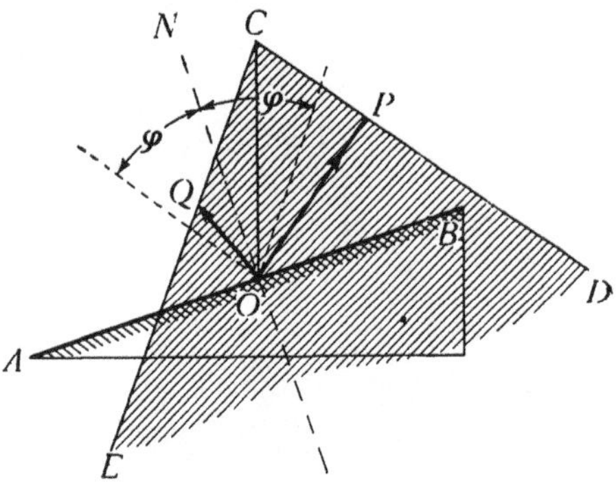

Der Beweis folgt (einfacher als in der Quelle) daraus, daß der Druck der schiefen Ebene im Grenzzustand den Winkel φ mit der Normalen bilden muß und daß daher das Dreieck COP oder COQ ohne weiteres das Kräftedreieck für das Gleichgewicht zwischen diesem Druck, dem Eigengewicht und der gesuchten äußeren Kraft darstellt.

§ 37. Reibung in Führungen

Diese Reibung ist zwar ganz ähnlich zu beurteilen, wie bei den vorausgegangenen Fällen; wegen der besonderen praktischen Wichtigkeit soll sie aber noch eigens besprochen werden. In Abb. 66 sei AB eine Führung, also eine Stange von prismatischer Gestalt und C ein Körper, der diese gut passend umschließt, so daß er sich längs der Führung verschieben kann. Seitlich, etwa an einem Arm, der mit C verbunden ist, greife eine Kraft Q an, die auch als Resultierende mehrerer Lasten aufgefaßt werden kann. Es fragt sich, ob Q ein Verschieben herbeiführen kann, oder ob ein Festklemmen zu erwarten ist.

Im ersten Augenblick, nachdem Q aufgebracht ist, wird jedenfalls eine kleine Bewegung eintreten, da der Körper C zunächst ganz locker auf der Führungsstange aufsitzen soll. Diese Bewegung von C wird zum Teil in einer fort-

schreitenden Bewegung, zum Teil in einer
drehenden Bewegung um den Schwerpunkt
bestehen, da die Richtungslinie von Q nicht
durch den Schwerpunkt von C geht. Infolge
der Drehung legt sich C an den Stellen E
und D an die Führungsstange an. Es werden
Auflagerkräfte an diesen Stellen entstehen,
die eine weitere Bewegung verhindern, wenn
sie imstande sind, Gleichgewicht mit Q herzustellen, ohne daß die Reibung ihren Maximalwert zu übersteigen braucht. Man konstruiere die zu D und E gehörigen Reibungs-

Abb. 66.

kegel und suche den ihnen gemeinschaftlichen Raum auf. In der Zeichnung entsprechen den Reibungskegeln zwei Winkelräume, und die in beiden enthaltene
Fläche ist durch Schraffierung hervorgehoben. Wenn die Richtungslinie von Q
durch die schraffierte Fläche geht, tritt ein Festklemmen ein.

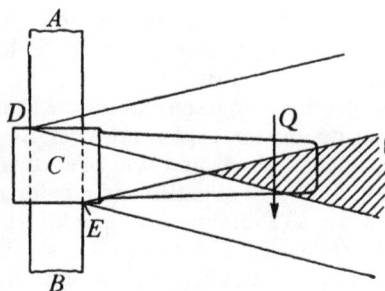

Man erkennt hieraus zunächst, daß das Festklemmen um so eher eintritt, je
weiter seitlich Q liegt. Außerdem kommt es aber auch wesentlich auf Länge und
Breite der Führung, also auf den Abstand der
Punkte D und E im Sinne der Achse und quer
dazu an. In manchen Fällen ist das Festklemmen
erwünscht, da man C durch die Reibung festhalten will. Dann wird man die Führung breit
und kurz (d. h. klein in der Richtung der Achse
und groß quer zur Achse) zu wählen haben.
Will man im Gegenteil, daß die Bewegung
durch die Reibung möglichst wenig gehindert
wird, so muß man die Führung lang in der
Richtung der Achse machen und den Querschnitt der Führung klein wählen.

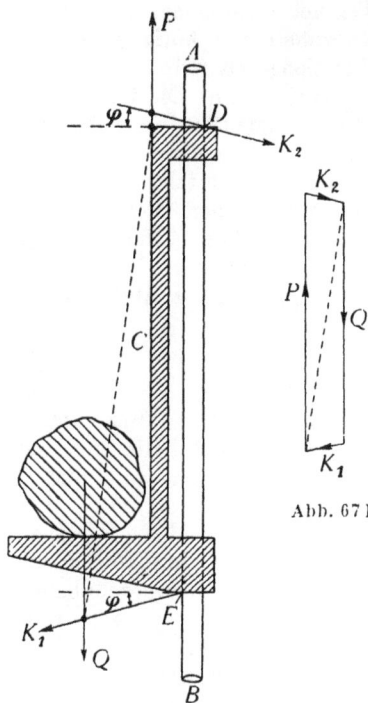

Abb. 67 b.

Ein weiteres Beispiel wird dies noch besser
aufklären. In Abb. 67a sei ein Fahrstuhl C
längs einer Stange AB geführt. Eine Last Q,
in die das Gewicht des Fahrstuhls schon mit
eingerechnet ist, soll durch ein am oberen Ende
angebrachtes Seil mit der Kraft P in die Höhe
gehoben werden. Da die Bewegung hier durch
die Reibungen möglichst wenig gehindert werden
soll, muß man die Führung möglichst lang
machen. Es ist aber nicht nötig, daß die
Führungsstange auf die ganze Länge der Führung wirklich umschlossen wird; es genügt
schon, wenn man den oberen und den unteren
Teil der Führung ausführt und den mittleren Teil

Abb. 67 a.

wegläßt, wie es in der Zeichnung angegeben ist. Der Körper C legt sich zunächst
wieder, wie im vorigen Beispiel, in den Punkten D und E an die Führungsstange
an. Wenn die Bewegung des Fahrstuhls nach oben im Gang ist, bildet der
Auflagerdruck an beiden Stellen den Reibungswinkel φ mit der Normalen. Damit
kennt man die Richtungen der von der Führungsstange auf den Fahrstuhl übertragenen Kräfte K_1 und K_2, denn es ist klar, daß beide eine Reibungskomponente

in jener Richtung besitzen, die der Aufwärtsbewegung entgegengesetzt ist. Bei gleichförmiger Bewegung des Fahrstuhls nach oben müssen die vier daran angreifenden Kräfte P, Q, K_1, K_2 im Gleichgewicht miteinander stehen. Man suche die Schnittpunkte von K_1 mit Q und von K_2 mit P auf. Die Resultierende aus den ersten beiden muß der Resultierenden aus den beiden letzten das Gleichgewicht halten, und die Richtungslinien von beiden Resultierenden fallen daher auf die Verbindungslinie der beiden vorher erwähnten Schnittpunkte. In Abb. 67 a ist die Verbindungslinie punktiert eingetragen. Man kann jetzt den in Abb. 67 b gezeichneten Kräfteplan konstruieren, indem man zuerst ein Dreieck aus der gegebenen Kraft Q mit K_1 und der Resultierenden aus beiden bildet und dann in einem zweiten, daran gereihten Kräftedreieck die Resultierende nach den Richtungen von P und K_2 zerlegt. Damit findet man die Kraft P, die zum Betrieb des Aufzuges erforderlich ist. — Je weiter man den Angriffspunkt des Seiles der Richtungslinie von Q nähert, desto kleiner wird die Kraft P, und wenn P und Q in die gleiche Richtung fallen, verschwinden die Reibungen und P wird gleich Q.

Natürlich kann man P auch durch Rechnung ermitteln, so daß die wirkliche Ausführung der Zeichnung im Maßstab entbehrlich wird. Wer eine wohlbegründete Scheu vor dem Reißbrett und dem Zeichenstift empfindet, weil er sich im Zeichnen nicht sicher fühlt, wird diesen Weg lieber einschlagen. Er kann dann etwa so verfahren, daß er K_1 und K_2 von vornherein in horizontale und vertikale Komponenten zerlegt. Die Horizontalkomponenten müssen einander gleich sein, da alle übrigen Kräfte in vertikaler Richtung gehen. Die Reibungen folgen daraus durch Multiplikation mit dem Reibungskoeffizienten. Schreibt man nun eine Momentengleichung an für einen Momentenpunkt, der auf der Richtungslinie von P liegt, so kommt darin nur die Größe der Horizontalkomponenten von K_1 und K_2 als Unbekannte vor. Nach deren Ermittlung folgt auch P durch eine Komponentengleichung für die vertikale Richtung. — Anschaulicher bleibt aber in solchen Fällen immer das zeichnerische Verfahren; man kann bei ihm am besten überschauen, welchen Einfluß auf das Resultat irgendeine Änderung in der ganzen Anordnung herbeiführt.

§ 38. Reibung zwischen Zahnrädern

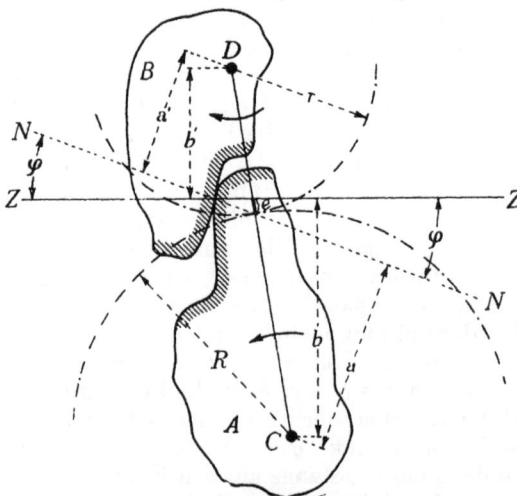

Abb. 68.

In Abb. 68 sind zwei Scheiben A und B gezeichnet, die sich um die Wellenmittelpunkte C und D zu drehen vermögen. Von den Umrißlinien beider Scheiben kommt es nur auf die durch Schraffierung hervorgehobenen beiden Kurven an, die miteinander im Eingriff stehen, während die übrige Begrenzung gleichgültig ist. Wenn sich die untere Scheibe entgegengesetzt dem Uhrzeigersinn dreht, schiebt sie die obere Scheibe vor sich her und nötigt sie, sich im Uhrzeigersinn zu drehen. Dabei gleiten die Scheibenumfänge an der Eingriffsstelle gegeneinander. Die

Richtungslinie ZZ des zwischen beiden Scheiben übertragenen Zahndrucks schließt daher mit der Berührungsnormalen NN in jedem Augenblick den Reibungswinkel φ ein.

Wenn der Reibungswinkel gleich Null wäre, würde ZZ mit NN zusammenfallen. Dann wäre das statische Moment des Zahndrucks Z für die untere Scheibe gleich Za und für die obere Scheibe gleich Za', beide Momente auf die Drehpunkte der Scheiben bezogen. Dreht sich dann die untere Scheibe um einen kleinen Winkel $d\psi$, so ist die Arbeit, die zur Überwindung des Zahndruckes an ihrer Welle geleistet werden muß, gleich $Za\,d\psi$, und auf die obere Scheibe wird, wenn deren Drehungswinkel mit $d\psi'$ bezeichnet wird, die Arbeit $Za'd\psi'$ übertragen. Wenn keine Reibungen vorkommen, die Arbeit verzehren könnten, müssen beide Arbeiten gleich sein, und man hat daher

$$a'\,d\psi' = a\,d\psi.$$

Die Normale NN teilt die Verbindungslinie CD der beiden Wellenmittelpunkte in zwei Abschnitte, die mit R und r bezeichnet sind. Da $R:r = a:a'$, folgt daher auch

$$r\,d\psi' = R\,d\psi.$$

Zieht man mit den Halbmessern R und r von den Wellenmittelpunkten aus zwei sich berührende Kreise, die man sich mit den Scheiben verbunden denkt, so bewegt sich bei der Drehung der unteren Scheibe um den Winkel $d\psi$ ein Punkt des damit verbundenen Kreisumfangs um den Weg $R\,d\psi$, während der Umfang des oberen Kreises den Weg $r\,d\psi'$ beschreibt. Da beide Wege, wie wir sahen, gleich sind, rollen demnach beide Kreise aufeinander, ohne zu gleiten.

Die Relativbewegung von zwei in der bezeichneten Weise im Eingriff miteinander stehenden Scheiben kann daher für jeden Augenblick in anschaulicher Weise dadurch beschrieben werden, daß man durch den Schnittpunkt der Eingriffsnormalen mit der Verbindungslinie der Wellenmittelpunkte jene beiden Kreise zieht. Die gegenseitige Bewegung der Scheiben erfolgt dann so, daß die beiden Kreise, die man als die Teilkreise bezeichnet, aufeinander rollen. Bei beliebiger Gestalt der miteinander im Eingriff stehenden Scheibenumfänge ändern sich die Kreise und das Verhältnis der Winkelgeschwindigkeiten beider Scheiben von einer Lage zur anderen. Von Zahnrädern verlangt man aber, daß das Winkelgeschwindigkeitsverhältnis konstant bleibt, und man muß, um dies zu erreichen, die Zahnumrisse so wählen, daß die Eingriffsnormale in jeder Lage durch denselben Punkt der Verbindungslinie CD geht. In der Lehre von den Verzahnungen wird diese Aufgabe gelöst; hier haben wir uns nicht weiter mit ihr zu befassen.

Bisher nahmen wir an, daß die Scheibenumfänge ohne Widerstand aufeinander gleiten könnten. Jetzt wollen wir die zwischen ihnen auftretende Reibung in Berücksichtigung ziehen. An der Relativbewegung beider Scheiben gegeneinander kann dies nichts ändern, da sie nur von dem geometrischen Zusammenhang, der sich gleich geblieben ist, abhängt. In der Tat hätte man auch den Nachweis, daß die Relativbewegung durch das Rollen der Teilkreise aufeinander dargestellt werden kann, durch rein geometrische Betrachtungen erbringen können, ohne dabei auf die Arbeit des Zahndruckes einzugehen. Hier geschah dies nur, um die folgende Betrachtung vorzubereiten.

Die Richtungslinie ZZ des Zahndruckes Z schließt jetzt mit der Eingriffsnormalen NN den Reibungswinkel φ ein. Das Moment des Zahndruckes für die untere Scheibe ist Zb und die für eine Drehung um den Winkel $d\psi$ aufzuwendende

Arbeit daher $Z\,b\,d\psi$. Andererseits ist die auf die obere Scheibe übertragene Arbeit gleich $Z b' d\psi'$. Diese beiden Arbeiten sind nicht mehr einander gleich; ihr Unterschied ist vielmehr gleich der zur Überwindung der Reibung verbrauchten Arbeit. Für das Verhältnis η beider Arbeiten, das man als den **Wirkungsgrad** der Zahnräder oder überhaupt zweier in dieser Weise im Eingriff miteinander stehenden Scheiben bezeichnet, erhält man zunächst

$$\eta = \frac{b'\,d\,\psi'}{b\,d\,\psi} = \frac{b'R}{b\,r}.$$

Bezeichnet man den Abschnitt der Verbindungslinie CD beider Wellenmittelpunkte, der zwischen der Eingriffsnormalen NN und der Wirkungslinie ZZ des Zahndruckes liegt, mit e, so ist auch, wie man aus der Abbildung erkennt,

$$\frac{b'}{b} = \frac{\,{}^{\bullet}r - e}{R + e} \quad \text{und daher} \quad \eta = \frac{R\,r - e\,R}{R\,r + e\,r}.$$

Um möglichst wenig Arbeitsverluste zu erhalten, muß man η so groß machen als es angeht. Man sieht aber, daß dies nur durch Verkleinerung von e erreicht werden kann, und da e mit der Entfernung des Eingriffspunktes von CD wächst, muß man die Eingriffsdauer tunlichst beschränken. Der Wirkungsgrad der Zahnräder wird daher um so besser werden, je mehr Zähne man nimmt und je kleiner man daher die einzelnen Zähne macht, denn je kleiner die Zähne sind, um so kürzer wird die Strecke, bis zu der hin der Eingriff bestehen bleibt, und um so kleiner wird damit die Strecke e am Ende des Eingriffs. Jedenfalls wird man daher die Teilung der Zahnräder, d. h. jenen Teilkreisbogen, der zwischen den Mitten zweier aufeinanderfolgender Zähne liegt, so klein zu machen haben, als es die ·Rücksicht auf die Festigkeit der Zähne gestattet.

Wenn e, wie es bei den gewöhnlich gebrauchten Zahnrädern zutrifft, klein gegen die Teilkreishalbmesser ist, kann man übrigens durch Ausführung der Division an dem für η aufgestellten Ausdruck unter Fortlassung der mit höheren Potenzen von e behafteten Glieder für η auch den Näherungswert

$$\eta = 1 - e\,\frac{R + r}{R\,r}$$

benützen. Im übrigen ist zu beachten, daß sich η mit e und daher mit der Stellung der Zahnräder zueinander ändert. Um einen mittleren Wirkungsgrad zu erhalten, muß man auch für e einen Mittelwert einsetzen.

§ 39. Zapfenreibung und Reibungskreis

Auf einen Tragzapfen, also auf einen Körper von zylindrischer Gestalt, der von einem ihn auf dem Umfang umschließenden Lager umgeben ist, wirke eine äußere Kraft Q. Wenn Q durch den Mittelpunkt des Zapfens geht, herrscht Gleichgewicht. Auf jedem Flächenteilchen des Umfangs wird ein Normaldruck N (Abb. 69) übertragen, dessen Richtung durch den Zapfenmittelpunkt geht, und die geometrische Summe dieser Auflagerkräfte ist Q gleich und entgegengesetzt gerichtet. Reibungen sind zur Aufrechterhaltung des Gleichgewichts nicht nötig und sie treten daher auch nicht auf. Man hat

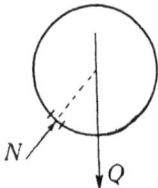

Abb. 69.

$$\Sigma \mathfrak{R} = -\,\mathfrak{Q}, \quad \text{aber} \quad \Sigma N > Q.$$

Es kommt auf die Verteilung der Auflagerkräfte N über den Zapfenumfang an, um wieviel ΣN größer ist als Q. Der Unterschied ist um so geringer, je mehr sich N auf den unteren Teilen der Berührungsfläche des Zapfens zusammendrängt. Wir setzen

$$\Sigma N = \alpha Q, \quad \text{wobei} \quad \alpha > 1$$

ist. — Wir wollen jetzt annehmen, daß die Belastung Q des Zapfens ein wenig exzentrisch angreife. Ohne Zuhilfenahme der Reibungen kann dann kein Gleichgewicht mehr bestehen, denn die Normalkräfte N können immer nur eine Resultierende ergeben, die durch den Kreismittelpunkt geht. Da eine Bewegung des Schwerpunktes nicht stattfindet, muß zwar auch jetzt noch $\Sigma \mathfrak{N} = - \mathfrak{Q}$ sein, aber die Resultierende der $\mathfrak{N}$ und die Belastung $\mathfrak{Q}$ bilden jetzt ein Kräftepaar miteinander, dessen Moment gleich Qq ist, wenn q den senkrechten Abstand der Richtungslinie von $\mathfrak{Q}$ vom Zapfenmittelpunkt bedeutet. Dieses Kräftepaar bringt eine beschleunigte Drehbewegung des Körpers hervor, zu dem der Zapfen gehört.

Anders wird die Sache, wenn Reibungen hinzukommen. Diese können das Gleichgewicht aufrechterhalten, solange die Exzentrizität q der Belastung nicht zu groß wird. Es wird sich vor allen Dingen darum handeln, den zur Grenzlage des Gleichgewichtes gehörigen größten Wert von q zu ermitteln. — An Stelle der Normalkräfte $\mathfrak{N}$ treten jetzt Kräfte $\mathfrak{K}$ am Zapfenumfang auf, die mit der Richtung von $\mathfrak{N}$ den Reibungswinkel φ einschließen (Abb. 70). Wenn Gleichgewicht gegen Drehen zwischen den Kräften $\mathfrak{K}$ und der Zapfenbelastung $\mathfrak{Q}$ bestehen soll, muß die Summe der Momente aller $\mathfrak{K}$ bezogen auf den Mittelpunkt des Zapfens gleich dem Moment Qq der Zapfenbelastung sein. Um die Momentengleichung anzuschreiben, denken wir uns jedes $\mathfrak{K}$ in eine Normalkomponente N und in die Reibung F zerlegt.

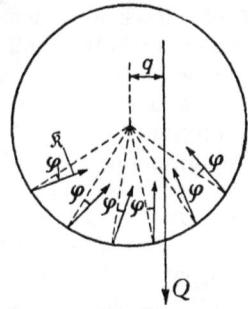
Abb. 70.

Die erste Komponente trägt zur Momentengleichung nichts bei, da sie durch den Momentenpunkt geht. Das Moment der Reibung F ist gleich Fr, wenn der Zapfenhalbmesser mit r bezeichnet wird. Die Gleichgewichtsbedingung lautet daher

$$r \Sigma F = Qq \quad \text{oder} \quad r \mu \Sigma N = Qq.$$

Für ΣN kann man wie vorher αQ setzen, wobei α ein Zahlenfaktor ist, von dem man zunächst nur weiß, daß er etwas größer ist als Eins. Damit erhält man für die Grenzlage des Gleichgewichts

$$q = r \mu \alpha.$$

Anstatt nun μ für sich und α für sich zu ermitteln, ist es zweckmäßiger, das Produkt aus beiden unmittelbar aus einem Versuch zu entnehmen. Man schreibt also an Stelle der vorigen Gleichung

$$q = r \mu', \qquad \qquad (85)$$

wobei nun $\mu' = \mu \alpha$ als der **Zapfenreibungskoeffizient** bezeichnet wird. Dieser muß demnach etwas größer sein als der Reibungskoeffizient μ. Tatsächlich findet man freilich die Angabe von μ' oft erheblich niedriger als die von μ für die gleichen Materialien und den gleichen Zustand der Oberflächen. Das kommt indessen nur davon her, daß bei Zapfen die Bearbeitung und Schmierung gewöhnlich besser ist als bei ebenen Flächen.

Schlägt man mit dem nach Gl. (85) berechneten Wert von q als Halbmesser einen Kreis um den Zapfenmittelpunkt, so besteht immer Gleichgewicht, solange die Richtungslinie der Zapfenbelastung diesen Kreis entweder schneidet oder ihn wenigstens berührt. Dieser Kreis heißt der Reibungskreis des Zapfens. Bei gleichförmiger Drehung des Zapfens berührt der Zapfendruck stets den Reibungskreis, denn die Reibung nimmt alsdann überall ihren Größtwert an.

Der Reibungskreis leistet ähnliche Dienste wie in den vorigen Paragraphen der Reibungskegel. Die wichtigste Anwendung findet er bei der Untersuchung einer zur Übertragung von Zug- oder Druckkräften dienenden Stange, die an beiden Enden mit Zapfen drehbar befestigt ist. Wenn keine Reibungen vorkämen, müßte die Resultierende aller am Umfang eines Zapfens übertragenen Kräfte durch den Zapfenmittelpunkt gehen. Vernachlässigt man das Gewicht der Stange, so bleiben nur diese beiden Zapfendrücke, die im Gleichgewicht miteinander stehen müssen. Daraus folgt, daß die Stange nur eine Kraft zu übertragen vermag, deren Richtungslinie durch beide Zapfenmittelpunkte geht, die also mit der Stangenmittellinie zusammenfällt. Von diesem Satz macht man bei vielen Berechnungen Gebrauch. Er bleibt aber nicht genau richtig, wenn man auf die Reibungen am Zapfenumfang achten muß. Wir wissen dann nur, daß der Zapfendruck an jedem Ende mit dem Reibungskreis mindestens einen Punkt gemeinsam haben muß. Jede Linie, die die Reibungskreise beider Zapfen schneidet oder wenigstens berührt, ist danach eine mögliche Richtungslinie der von der Stange übertragenen Kraft. Die größte Abweichung von der Richtung der Stangenmittellinie entspricht einer inneren gemeinschaftlichen Tangente an beide Reibungskreise. In Abb. 71 ist die Stange mit den Reibungskreisen der Zapfen und den inneren gemeinschaftlichen Tangenten gezeichnet. Um eine deutliche Figur zu erhalten, mußten die Zapfendurchmesser und außerdem auch der Zapfenreibungskoeffizient ungewöhnlich groß angenommen werden; die Reibungskreise sind punktiert gezeichnet. In der Regel sind die Zapfen und ihre Reibungskreise von viel kleinerem Durchmesser im Vergleich zur Stangenlänge, als in der Zeichnung angenommen wurde. Man erkennt, daß dann in der Tat auch mit Berücksichtigung der Reibung die Richtungslinie der von der Stange übertragenen

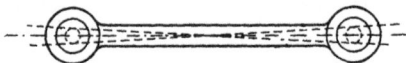

Abb. 71.

Kraft nur wenig von der Stangenmittellinie abweichen kann. Es ist daher bei den meisten Berechnungen vollständig gerechtfertigt, beide Richtungslinien als zusammenfallend anzunehmen.

Eine Stange dieser Art ist z. B. auch die Kurbelstange einer Dampfmaschine. Wenn die Maschine nicht zu schnell umläuft, so daß die zur Beschleunigung der Kurbelstangenmasse erforderlichen Kräfte vernachlässigt werden dürfen, und wenn auch das Gewicht der Kurbelstange außer acht gelassen wird, kommen nur zwei Kräfte an der Stange vor, die von den beiden Zapfen auf sie übertragen werden. Bei der Untersuchung des Kurbelmechanismus im vorigen Abschnitt, die auf die Zapfenreibung keine Rücksicht nahm, konnte daher angenommen werden, daß die Kraftübertragung in der Richtung der Verbindungslinie beider Zapfenmittelpunkte erfolge. Jetzt erkennen wir aber, daß diese Annahme nicht streng richtig ist; die Richtungslinie der übertragenen Kraft fällt vielmehr mit einer gemeinschaftlichen Tangente der Reibungskreise beider Zapfen zusammen. Es hängt von der augenblicklichen Stellung des Mechanismus und dem Umlaufssinn ab, welche der vier gemeinschaftlichen Tangenten in Frage kommt.

Bei der in Abb. 59 (S. 129) angenommenen Stellung und einer mit der Uhrzeigerbewegung übereinstimmenden Drehung der Kurbel ist der Winkel ψ in Zunahme und der zwischen der Kurbelstange und der Kurbel eingeschlossene Winkel $180^0 - (\varphi + \psi)$ in Abnahme begriffen. Daraus folgt, daß der Zapfendruck am Querhaupt den Reibungskreis oben und der Zapfendruck an der Kurbel den ihm zugehörigen Reibungskreis unten berühren muß. Man erkennt das am einfachsten, wenn man sich die Kurbelstange zerschnitten denkt und an jedem Stumpf eine Kraft so anbringt, daß sie relativ zu dem damit verbundenen Glied, das man sich hierbei feststehend denken kann, eine Drehung in jener Richtung bewirkt, die eine Zunahme oder Abnahme der betreffenden Winkel herbeiführt. In der betrachteten Stellung fällt daher die Richtung des übertragenen Druckes mit einer inneren Tangente beider Reibungskreise zusammen, und zwar mit jener, die mit der Zylinderachse einen kleineren Winkel als ψ bildet. Sobald die Bewegung so weit vorgeschritten ist, daß ψ wieder abnimmt, während der andere Winkel ebenfalls noch in der Abnahme begriffen ist, berührt die Richtungslinie der von der Kurbelstange übertragenen Kraft beide Reibungskreise von unten, und bei der Rückkehr nach vollendetem Kolbenhub tritt ebenfalls wieder ein Richtungswechsel der Kraftrichtung gegenüber der Stangenmittellinie ein. — Gewöhnlich ist es aber nicht nötig, bei der Berechnung der Dampfmaschine auf diese Richtungsunterschiede Rücksicht zu nehmen, da sie wegen der großen Länge der Kurbelstange gegenüber den Halbmessern der Reibungskreise nur geringfügig sind. Größer wird die Abweichung bei einer Exzenterstange. Ein Exzenter ist als ein Kurbelzapfen von besonders großem Zapfendurchmesser aufzufassen. Wegen des großen Zapfendurchmessers ist auch der Reibungskreis verhältnismäßig groß, und die an ihn gelegte Tangente weicht daher, namentlich bei geringer Länge der Exzenterstange, merklich von der Richtung der Stangenmittellinie ab.

§ 40. Reibung an Stützzapfen

Wenn sich zwei Körper nur in einem Punkt berühren, kann eine Bewegung des einen relativ zum anderen auch in einer Drehung um die gemeinsame Normale der sich berührenden Oberflächen bestehen. Der sich einer solchen Drehung entgegenstellende Widerstand wird als **bohrende Reibung** bezeichnet. Ein solcher Widerstand kann sich indessen nur dann bemerklich machen, wenn beide Körper mit einem gewissen Normaldruck aufeinandergepreßt sind. Tatsächlich kann nun ein endlicher Druck zwischen zwei Körpern nicht in einem einzigen Punkte, sondern nur in einer, wenn auch noch so kleinen, Fläche übertragen werden, da sich alle Körper beim Aufeinanderdrücken etwas abplatten. Wenn jetzt eine Drehung um die Normale erfolgen soll, müssen die in der Druckfläche miteinander in Berührung stehenden Teilchen beider Körper übereinandergleiten. Man erkennt daraus, daß die sogenannte bohrende Reibung eine zusammengesetzte Erscheinung bildet, die sich auf den Widerstand gegen Gleiten zurückführen läßt.

Praktisch kommt ein Widerstand gegen Drehung um die Berührungsnormale namentlich bei den sogenannten Stützzapfen oder stehenden Zapfen vor. Dabei soll als stehender Zapfen ganz allgemein ein Zapfen verstanden werden, dessen Belastung in die Richtung der Drehachse fällt. Bei dem liegenden Zapfen, auf den sich die Untersuchungen des vorigen Paragraphen bezogen, steht die Belastung Q rechtwinklig zur Zapfenachse, und der Druck wird zwischen der zylindrischen Zapfenoberfläche und den Lagerschalen übertragen. Bei genauer Einstellung des stehenden Zapfens, durch die ein Klemmen im Lager vermieden wird, tritt dagegen in der zylindrischen Fläche kein Druck und daher auch keine Reibung von merklichem Betrag auf. Druckübertragung und Reibung sind vielmehr auf die kreisförmige Basisfläche, die wir als eben voraussetzen wollen, beschränkt.

Wenn der Zapfenradius mit r bezeichnet wird (Abb. 72), kommt bei gleichförmiger

Druckverteilung auf die Flächeneinheit der Normaldruck $Q/\pi\, r^2$ und die ihm entsprechende, der Bewegung entgegengerichtete Reibung ist gleich $Q\,\mu/\pi\, r^2$. Alle Reibungen lassen sich zu einem Kräftepaar vereinigen, dessen Moment M gleich der Summe der Momente aller einzelnen Reibungen für irgendeinen Momentenpunkt ist. Zur Berechnung von M legen wir den Momentenpunkt am besten auf den Mittelpunkt der Tragfläche des Zapfens. Ziehen wir zwei Kreise mit den Radien x und $x + dx$, so haben alle in diesem unendlich schmalen ringförmigen Flächenstreifen auftretenden Reibungen denselben Hebelarm x; ihr Beitrag zu dem Reibungsmoment M ist

$$\frac{Q\,\mu}{\pi\, r^2}\cdot 2\,\pi\, x\, d\, x\cdot x.$$

Wir erhalten M durch Bildung der Summe aller dieser Ausdrücke für die Werte von $x = 0$ bis $x = r$. Diese Summe wird durch Ausführung des bestimmten Integrals zwischen den genannten Grenzen erhalten, also

Abb. 72.

$$M = \frac{2\,Q\,\mu}{r^2}\int_0^r x^2\, d\, x = \frac{2}{3}\,Q\,\mu\, r. \qquad (86)$$

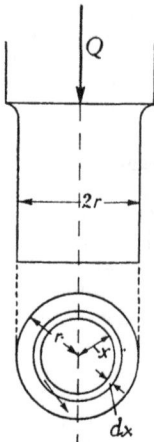

Das Reibungsmoment ist demnach für gleiche Belastung und gleichen Reibungskoeffizienten beim stehenden Zapfen kleiner als beim liegenden. Es wird (wie auch beim liegenden Zapfen) um so kleiner, je kleiner der Zapfenradius oder der Halbmesser r der Tragfläche gemacht wird. Man führt daher die Zapfen, wenn es sich um möglichste Beschränkung des Einflusses der Reibung handelt, so klein aus, als es die Rücksicht auf die Festigkeit des Materials, auf die Abnutzung, auf die Möglichkeit einer ausreichenden Schmierung und der Ableitung der entstehenden Reibungswärme gestattet.

Auf den Einfluß der Abnutzung ist bei den Zapfenlagern wohl zu achten. Konstruktive Erwägungen sind hier zwar nicht weiter auszuführen; es muß aber darauf hingewiesen werden, daß schon die vorher eingeführte Annahme einer gleichförmigen Verteilung des Normaldruckes durch die Abnutzung in Frage gestellt wird. Die Abnutzung, die der Zapfen im Betrieb erfährt, hängt nämlich an jeder Stelle zunächst von dem Normaldruck, zugleich aber auch von der relativen Geschwindigkeit ab, mit der das Gleiten der Oberflächen aufeinander erfolgt. Nun ist beim stehenden Zapfen die Geschwindigkeit nach außen hin größer als in der Nähe der Mitte. Sobald infolgedessen die Abnutzung außen weiter vorgeschritten ist als innen, wird die Druckübertragung ungleichförmig, wenn sie auch vorher gleichförmig war. Die äußeren Teile werden auf Kosten der inneren entlastet, und damit nimmt das Reibungsmoment ab. Dies ist übrigens nicht der einzige Grund dafür, daß die Reibung bei einem „eingelaufenen" Zapfen geringer wird als im Anfang. Wenn der Zapfen vorher nicht genau paßte und sich infolgedessen im Lager etwas klemmte, wird das Material an den betreffenden Stellen etwas abgenutzt, so daß er nachher lockerer sitzt.

Anmerkung. Auch für die Tragzapfen lassen sich ähnliche Betrachtungen über den Einfluß der beim Einlaufen entstehenden Abnutzung anstellen. In diesem Falle ist die Gleitgeschwindigkeit überall am Umfarg gleich groß. Die Abnutzung hängt daher nur vom Normaldruck ab, dem man sie proportional setzt. Ferner wird auch die Reibung proportional dem Normaldruck und daher auch proportional der Abnutzung an jeder Stelle angenommen. Von der Abnutzung darf man voraussetzen, daß sie nur an den Lagerschalen und nicht an dem aus härterem Material bestehenden Zapfen eintritt. Auf Grund dieser Voraussetzungen läßt sich das Moment der Reibungen am eingelaufenen Zapfen näher berechnen; siehe die Abhandlung von Prof. Camerer in der Zeitschrift des Ver. D. Ing. 1901, S. 1501.

§ 41. Rollende Reibung

Auch wenn zwei Körper, zwischen denen ein Druck übertragen wird, aufeinander rollen, tritt ein Bewegungswiderstand auf. Bei harten Körpern ist er aber viel kleiner als die gleitende Reibung, und sehr häufig kann er daher ganz vernachlässigt werden. Von besonderer Wichtigkeit ist die rollende Reibung bei der Bewegung der Fuhrwerke. Der Zugwiderstand, der bei der Bewegung eines Wagens auf ebener, geradliniger Fahrbahn überwunden werden muß, besteht indessen nicht allein aus der rollenden Reibung der Räder. Auch die Reibung an den Zapfen, durch die die Lagerung der Räder gegen das Wagengestell bewirkt wird, äußert sich im Zugwiderstand. Um dies zu erkennen, sei von der rollenden Reibung zunächst ganz abgesehen. Wenn der Wagen stillsteht, empfängt das Rad einen durch den Zapfenmittelpunkt gehenden Druck, dessen Gegendruck am Zapfen mit dem an der Aufsitzstelle des Rades vom Boden her übertragenen Druck im Gleichgewicht ist. Sobald der Wagen fährt, geht aber der Zapfendruck nicht mehr durch den Zapfenmittelpunkt, sondern er bildet, wie wir aus den Untersuchungen in § 39 wissen, eine Tangente an den Reibungskreis. Mit dieser Kraft muß der Bodendruck immer noch im Gleichgewicht stehen, wir finden daher die Richtung des Bodendrucks, indem wir von der Aufsitzstelle des Rades aus eine Tangente an den Reibungskreis ziehen. In Abb. 73 ist diese Tangente eingetragen; dabei ist der Zapfenumfang ganz weggelassen und der Reibungskreis der Deutlichkeit wegen viel größer gezeichnet, als er im Verhältnis zum Rad zu sein pflegt.

Die Vertikalkomponente des Bodendrucks ist gleich der Belastung Q des Rades, wenn wie seither schon das Gewicht des Rades gegenüber seiner Belastung der Einfachheit wegen vernachlässigt wird. Die Horizontalkomponente H finden wir bei kleinem Reibungskreis genau genug aus der Proportion

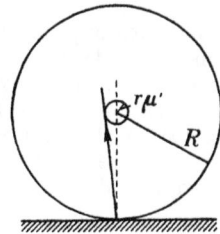

Abb. 73.

$$\frac{H}{Q} = \frac{r\,\mu'}{R}, \quad \text{also} \quad H = Q\frac{r\,\mu'}{R}.$$

Wenn der Wagen in gleichförmiger Bewegung begriffen sein soll, müssen alle von außen her auf ihn übertragenen Kräfte im Gleichgewicht miteinander stehen. Die vorhergehende Gleichung gibt daher sofort auch die Zugkraft H an, die zur Überwindung der Zapfenreibung am Wagen aufgewendet werden muß, wenn man nun unter Q das Gewicht des ganzen Wagens versteht. Dabei ist vorausgesetzt, daß alle Räder gleichen Halbmesser R und gleichen Zapfenradius r haben. Wenn die Hinterräder größer sind als die Vorderräder, wie bei den gewöhnlichen Straßenfuhrwerken, läßt sich H leicht aus zwei Gliedern nach der Vorschrift der vorausgehenden Gleichung zusammensetzen. Man erkennt auch, daß es vorteilhaft ist, große Räder zu verwenden und daß es sich empfiehlt, den größeren Rädern den Hauptteil der Last aufzubürden. In Kreisen von Praktikern bestehen in dieser Hinsicht noch häufig irrige Meinungen, die auf falsch gedeuteten Beobachtungen beruhen. Daß die Theorie der Bewegung der Fuhrwerke mit den Tatsachen in guter Übereinstimmung steht, ist schon durch viele sorgfältige Versuche erwiesen worden.

Um den Einfluß der rollenden Reibung zu untersuchen, möge jetzt umgekehrt angenommen werden, daß die Zapfen vollkommen glatt seien, damit wir es nur mit einem einzigen Bewegungswiderstand zu tun haben. Die rollende Reibung hängt wesentlich von der Formänderung ab, die Fahrbahn und Rad unter dem

Einfluß des zwischen ihnen übertragenen Druckes erfahren. Bei eisernen Reifen ist das Rad viel widerstandsfähiger gegen eine Formänderung als die Fahrbahn, namentlich bei der Fahrt auf einem weichen, nachgiebigen Boden. Ich will diesen Fall zunächst voraussetzen.

In Abb. 74 ist angenommen, daß das Rad ein Gleis in den Boden einschneidet, der als plastisch vorausgesetzt wird. Rad und Boden berühren sich jetzt nicht mehr in einer engbegrenzten Stelle, die näherungsweise als Punkt im Radaufriß angesehen werden könnte, sondern längs eines Kreisbogens, der um so größer ist, je tiefer das Gleis, je nach-
giebiger also der Boden ist. Längs dieses ganzen Kreis-
bogens verteilt sich auch der Bodendruck, den das Rad erfährt. Die Resultierende muß, wenn der Zapfen vollkommen glatt ist, des Gleichgewichts wegen durch den Zapfenmittelpunkt gehen. Sie hat eine horizontale Komponente, die sich genau genug aus der Proportion

$$\frac{H}{Q} = \frac{e}{R} \quad \text{zu} \quad H = Q\,\frac{e}{R}$$

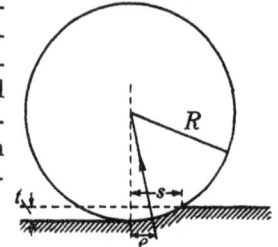

Abb. 74.

berechnet, wenn mit e der als klein anzusehende Abstand des Angriffspunktes des resultierenden Bodendrucks von dem lotrechten Radhalbmesser bezeichnet wird.

Nimmt man an, daß der Bodendruck in jedem Flächenelement der Berührungsfläche proportional der dort schon bewirkten Eindrückung ist, so kann man e noch etwas näher berechnen, so daß es als Funktion der Tiefe des eingeschnittenen Gleises dargestellt wird. Es genügt dabei, falls die Tiefe t des Gleises klein ist gegen den Radhalbmesser R, den Kreisbogen als einen Parabelbogen von der Pfeilhöhe t und der halben horizontalen Sehne s zu betrachten. Die Tiefe der Einsenkung im Abstand x vom lotrechten Radhalbmesser sei y, dann ist

$$y = t\,\frac{s^2 - x^2}{s^2}$$

oder, da $s^2 = 2\,R t$ gesetzt werden kann, auch

$$y = \frac{2\,R\,t - x^2}{2\,R}.$$

Wenn nun der Bodendruck an jeder Stelle proportional mit y ist, geht die Resultierende durch den Schwerpunkt des halben Parabelsegments. Daher ist

$$e \int_0^s y\,d x = \int_0^s x\,y\,d x \quad \text{und hieraus} \quad e = \frac{3\,s}{8} = \frac{3}{8}\,\sqrt{2\,R\,t}.$$

Auch der Einfluß der Größe des Rades auf die Gleistiefe kann unter der angenommenen Voraussetzung berechnet werden. Da die Last Q gegeben ist, muß bei jeder Radgröße das halbe Parabelsegment denselben Flächeninhalt haben; daher ist

$$t\,s = C,$$

wo nun die Konstante C nur noch von der Belastung Q und von der Nachgiebigkeit des Bodens abhängt. Hiermit wird

$$s^3 = 2\,R\,C \quad \text{und dann} \quad e = \frac{3}{8}\,\sqrt[3]{2\,R\,C}.$$

Hiernach wachst zwar e mit dem Radhalbmesser, das Verhältnis e/R, von dem die Zugkraft H abhängt, nimmt aber mit wachsendem R ab und die rollende Reibung wird daher ebenfalls kleiner bei größeren Rädern. Freilich ist die Voraussetzung, auf der diese Rechnungen beruhen, daß der Druck an jeder Stelle proportional mit y sei, ziemlich unsicher, und man darf daher kein zu großes Gewicht auf die daraus abgeleiteten Formeln legen.

Wenn der Boden nicht so vollkommen plastisch ist, wie ich bis jetzt annahm, wird er hinter dem Rad wieder etwas in die Höhe gehen. Der Kreisbogen, längs dessen der Bodendruck übertragen wird, erstreckt sich jetzt auch etwas nach rückwärts und der Abstand e der Resultierenden von dem lotrechten Radhalbmesser wird kleiner. Damit nimmt auch der Zugwiderstand ab.

Es fragt sich jetzt, wie sich die Verhältnisse gestalten, wenn der Boden vollkommen elastisch ist. Der Kreisbogen, in dem die Berührung stattfindet, erstreckt sich jetzt ebenso weit nach hinten als nach vorn, und es könnte scheinen, als wenn die rollende Reibung damit ganz verschwinden müßte. Sie wird nun zwar in der Tat viel kleiner als vorher, aber nicht ganz zu Null. Beim Druck des Rades auf den vollkommen elastischen Boden findet nämlich nicht nur eine Zusammendrückung in senkrechter Richtung, sondern damit zugleich auch eine Dehnung in der Längsrichtung statt. Infolgedessen ist der von dem Rad bei einer Umdrehung auf dem Boden zurückgelegte Weg nicht einfach gleich dem Radumfang, sondern etwas kleiner. Es muß daher mit dem Rollen an einzelnen Stellen zugleich ein geringes Gleiten zwischen Radumfang und Bodenoberfläche eintreten. Die Erscheinung ist ganz ähnlich jener, die dem Praktiker unter dem Namen „Schlupf" als Gleiten des Riemens unter dem Einfluß der elastischen Dehnung längs des Scheibenumfangs bei einem Riementrieb bekannt ist. Die Resultierende aus den Normalkräften, die längs der Berührungsfläche übertragen werden, und den mit ihnen verbundenen gleitenden Reibungen geht auch jetzt wieder in etwas schräger Richtung, so daß ein Abstand e herauskommt. Berücksichtigt man ferner gleichzeitig Zapfenreibung und rollende Reibung, so erhält man die in Abb. 75 gezeichnete Richtung des resultierenden Bodendrucks. Unten hat der Bodendruck den Abstand e von dem lotrechten Radhalbmesser und oben berührt er den Reibungskreis des Zapfens. Beide Abweichungen von der lotrechten Richtung sind im allgemeinen viel kleiner, als sie in Abb. 75 gezeichnet wurden; sie beeinflussen sich daher auch nicht merklich gegenseitig. Man findet demnach den Zugwiderstand im ganzen durch Summierung der in beiden Fällen gefundenen Horizontalkomponenten H, also

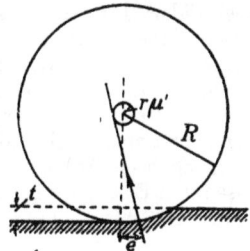

Abb. 75.

$$H = Q \, \frac{r \, \mu' + e}{R} = \mu'' Q. \qquad (87)$$

Der als Faktor von Q auftretende Bruch ist hier mit μ'' bezeichnet, und dieser Faktor kann nun zur Berechnung des Bewegungswiderstandes H aus der Belastung Q geradeso verwendet werden, als wenn es sich um eine gewöhnliche gleitende Reibung handelte. Es ist nämlich für die Anwendung viel bequemer, μ'' unmittelbar aus einem Zugversuch mit einem Wagen auf gegebener Fahrbahn zu ermitteln, als μ' und e gesondert zu bestimmen und daraus μ'' zu berechnen. Um sich ein Urteil über den Einfluß zu bilden, den verschiedene Umstände auf die Größe von μ'' äußern, ist es aber natürlich nötig, daß man weiß, aus welchen einzelnen Teilen sich μ'' zusammensetzt.

Ganz allgemein ist übrigens aus den vorausgehenden Betrachtungen klar, daß die rollende Reibung bei vollkommen harten und genau bearbeiteten Berührungsflächen zu Null werden müßte und daß man sich dieser Grenze um so mehr nähert, je weniger nachgiebig Fahrbahn und Rad sind. Dies ist der Grund, weshalb der Zugwiderstand auf einem Eisenbahngleis niedriger ist als auf einer Asphaltstraße und auf dieser wieder niedriger als auf einer gepflasterten Straße oder gar auf einem Feldweg. Bei holperigem Pflaster kommt übrigens noch ein Grund zur Erhöhung des Zugwiderstandes hinzu, der bisher noch keine Erwähnung fand. Wenn das Wagenrad von einem höher liegenden Stein in eine Lücke abfällt, muß es nachher wieder gehoben werden; auch hierbei tritt ein Abstand e auf, ähnlich wie bei einer weichen, gleisbildenden Fahrbahn.

Bis jetzt wurde immer nur von der rollenden Reibung bei Wagenrädern gesprochen. Man schiebt aber auch in anderen Fällen häufig Walzen und Kugeln, namentlich solche aus sehr hartem Gußstahl, zwischen die Oberflächen von zwei gegeneinander gleitenden Körpern, um die gleitende Reibung durch die viel kleinere rollende zu ersetzen. Als Koeffizient der rollenden Reibung tritt hierbei nur der Faktor e/R auf; die Größe von e hängt aber so sehr von dem Material und seiner Bearbeitung ab, daß man keine allgemeineren Angaben darüber machen kann. Mehr noch als sonst auf dem Gebiet der Reibung ist man in diesen Fällen auf die Anstellung von besonderen Versuchen angewiesen, wenn man einen zuverlässigen Aufschluß über die Größe der rollenden Reibung haben will, auf die man in einem gegebenen Falle zu rechnen hat.

Auch die gleitende Reibung spielt bei der Bewegung der Räderfuhrwerke zuweilen eine wichtige Rolle, namentlich bei den Treibrädern der Lokomotive. Wenn ein Eisenbahnzug abfahren soll, läßt man Dampf in die Zylinder strömen und dreht damit die Treibräder um. Wenn der Zug für die Lokomotive zu schwer ist, drehen sich aber nur die Treibrader, ohne daß der Zug von der Stelle kommt; die Treibräder gleiten dann auf den Schienen. Ein Weiterfahren kann nur eintreten, wenn die gleitende Reibung zwischen Treibradern und Schienen größer ist als der Zugwiderstand. Durch innere Kräfte allein kann sich ein Körper uberhaupt nicht in Bewegung setzen; die äußere Kraft, die den Eisenbahnzug in Bewegung bringt, ist die gleitende Reibung an den Umfängen der Treibräder. Ihre Größe ist abhängig von dem Raddruck. Man erkennt daraus, daß die Lokomotive ein gewisses Gewicht haben muß, um ihren Zweck zu erfüllen. Um das ganze Gewicht der Lokomotive hierfür auszunützen, kuppelt man oft alle ihre Räder durch besondere Kuppelstangen miteinander, so daß sie alle als Treibräder dienen. Jenen Teil des Gewichtes einer Lokomotive, der von den Treibrädern aufgenommen wird, bezeichnet man als ihr Adhäsionsgewicht. Die größtmögliche Zugkraft einer Lokomotive ist gleich ihrem Adhäsionsgewicht multipliziert mit dem Reibungskoeffizienten zwischen Eisen und Eisen, der bei trockenen Schienen und geringer relativer Gleitgeschwindigkeit etwa zu $1/_7$ bis $1/_4$ angenommen werden kann.

§ 42. Seilreibung

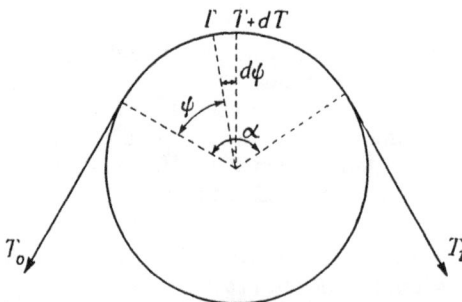

Abb. 76 a.

Ein Seil oder ein Riemen sei um einen feststehenden zylindrischen Körper (etwa um einen Baumstamm) geschlungen. Die Spannungen der beiden freien Seilenden seien mit T_0 und T_1 bezeichnet (vgl. Abb. 76a). Es fragt

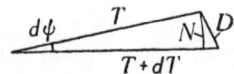

Abb. 76 b.

sich, um wieviel größer T_1 sein muß als T_0, wenn gerade der Grenzzustand des Gleichgewichts erreicht sein soll. Dabei wird vorausgesetzt, daß der zylindrische Körper selbst unwandelbar festgehalten ist, so daß er sich unter dem Einfluß der größeren Kraft T_1 nicht zu drehen vermag. Eine Störung des Gleichgewichts ist also nur dadurch möglich, daß das Seil über den Zylinderumfang gleitet. Hierbei muß die gleitende Reibung zwischen dem Seil und dem Zylinder überwunden werden.

Nach irgendeiner Stelle des von dem Seile berührten Zylinderumfangs sei ein Radius gezogen, der mit dem zum Berührungspunkt von T_0 gehenden Radius einen Winkel ψ einschließt. Die Seilspannung T an der Stelle ψ wird der Größe nach zwischen T_0 und T_1 liegen. Wenn ψ um $d\psi$ wächst, nimmt auch T um dT zu. Der Unterschied dT ist gleich der Reibung, die in dem zu $d\psi$ gehörigen Teil des Umfangs übertragen wird. In Abb. 76b ist das Kräftedreieck für die an dem betreffenden Seilelement angreifenden Kräfte T, $T + dT$ und D gezeichnet. D ist der ganze Druck, der von dem Zylinder auf das Seilelement ausgeübt wird; im Grenzzustand des Gleichgewichts schließt die Richtung von D mit der Normalen, also mit der Verlängerung des Radius, den Reibungswinkel ein. Wir zerlegen D in die Normalkomponente N und in die Reibung, die wie aus Abb. 76b sofort hervorgeht, gleich dT ist.

Aus Abb. 76b folgt ferner

$$N = T\,d\psi.$$

Durch Multiplikation mit dem Reibungskoeffizienten μ erhalten wir daraus die Reibung, also

$$dT = \mu\,T\,d\psi.$$

Wir formen diese Gleichung so um, daß sie nach T aufgelöst werden kann. Zunächst hat man

$$\frac{dT}{T} = \mu\,d\psi.$$

Die linke Seite ist das Differential des natürlichen Logarithmus von T, die rechte Seite das Differential von $\mu\psi$. Wenn beide Differentiale einander gleich sein sollen, können sich ihre Stammgrößen nur um eine Konstante voneinander unterscheiden. Wir gehen zu diesen Stammgrößen über, d. h. wir integrieren die Gleichung und erhalten

$$\lg T = \mu\psi + C,$$

wobei C die vorläufig unbekannte Integrationskonstante bildet. Um sie zu bestimmen, beachten wir, daß die Gleichung für jeden Wert von ψ, der zwischen O und α liegt, gültig bleiben muß. Für $\psi = 0$ geht aber T in T_0 über, und man hat daher

$$C = \lg T_0.$$

Aus der Grenzbedingung ist daher C ermittelt, und die vorhergehende Gleichung nimmt nach Einsetzen des gefundenen Wertes die Form an

$$\lg \frac{T}{T_0} = \mu\,\psi.$$

Um T selbst als Funktion des Winkels ψ darzustellen, gehen wir von dem Logarithmus zur Exponentialfunktion über und erhalten

$$\frac{T}{T_0} = e^{\mu\psi} \quad \text{oder} \quad T = T_0\,e^{\mu\psi}.$$

Diese Gleichung gilt auch noch für $\psi = \alpha$, also für die Ablaufstelle des Seils. Dort nimmt T den Wert T_1 an, und man findet

$$T_1 = T_0\, e^{\mu\alpha}. \tag{88}$$

Damit ist die gestellte Aufgabe gelöst. Man erkennt, daß T_1 sehr schnell mit dem umspannten Bogen α wächst. Wenn man diesen Bogen groß genug macht, kann man daher einer großen Kraft T_1 durch eine sehr kleine Kraft T_0 das Gleichgewicht halten. Der Reibungskoeffizient μ von Seilen oder Riemen auf Holz- oder Eisenflächen ist ohnehin ziemlich groß. Man nehme ihn etwa gleich 0,5; dann wird $e^{\mu\alpha}$ für $\alpha = \pi$, also für eine halbe Umschlingung, rund gleich 5. Für eine ganze Umschlingung, also für $\alpha = 2\pi$, wird dann T_1 schon gleich $25\,T_0$ und für eine zweimalige Umschlingung wird $T_1 = 625\,T_0$. Man macht von diesem starken Anwachsen des Verhältnisses zwischen den Spannungen beider Seilenden unter anderem Gebrauch, um ein landendes Schiff festzuhalten. Wenn das zu diesem Zweck dienende Seil mehrmals um einen starken Pfahl geschlungen wird, vermag ein einzelner Mann, der das Seilende anfaßt, das Abgleiten gegenüber der großen Kraft, mit der das Schiff an dem Seil zieht, zu verhüten.

Auch bei der Berechnung der Riementriebe macht man von Gl. (88) Gebrauch. Hier steht die Riemenscheibe allerdings nicht fest. Das Gleiten des Riemens auf dem Scheibenumfang muß aber ebenfalls verhütet werden. Daher darf T_1 nicht größer als der in Gl. (88) gegebene Wert werden, und um eine gewisse Sicherheit gegen das Abgleiten zu haben, macht man es etwas kleiner. Zugleich erkennt man, daß beide Riementrumme gespannt sein müssen. Die Differenz beider Riemenspannungen ist die am Scheibenumfang wirkende treibende Kraft. — Eine andere Anwendung von Gl. (88) ist die zur Berechnung der Bandbremsen. Die Differenz $T_1 - T_0$ wirkt hier als verzögernde Kraft am Umfang der Bremsscheibe. Bei der Konstruktion der Bandbremse weiß man, wie groß die verzögernde Kraft sein muß; man hat damit eine Gleichung für die beiden Unbekannten T_0 und T_1, und eine zweite wird durch Gl. (88) gegeben. Es handelt sich dann nur noch darum, den Bremshebel, an dem das eine Ende des Bremsbandes oder auch beide Enden (bei der Differentialbremse) befestigt sind, so zu konstruieren, daß die Enden durch die Bedienungsmannschaft genügend angespannt werden können. Die weitere Ausführung dieser Betrachtungen gehört der Maschinenlehre an.

Um die Reibung zu steigern, kann man das Seil auch in eine Keilnut legen, die am Scheibenumfang angebracht ist. Abb. 77 deutet dieses im Querschnitt an. Der Normaldruck N im vorigen Falle zerlegt sich hier in zwei Komponenten, die sich auf die Seitenflächen der Nut übertragen. Je spitzer der Winkel β zwischen den Seitenflächen ist, desto größer wird die numerische Summe beider Komponenten gegenüber N und in demselben Verhältnis wächst auch die Reibung. Wenn $\beta = 60^0$ ist, hat sich die Reibung nahezu verdoppelt. Ganz trifft dies nicht zu, weil auch die Komponenten, in die N zerlegt wird, den Reibungswinkel mit den Normalen zu den Seitenflächen der Keilnut einschließen. Zur Berechnung zerlegt man zunächst eine Kraft N nach diesen beiden Richtungen und ermittelt das Verhältnis der numerischen Summe beider Komponenten zu N. In demselben Verhältnis ist dann μ zu vergrößern und dieser vergrößerte Wert in Gl. (88) einzuführen, womit die Aufgabe auf die frühere zurückgeführt ist.

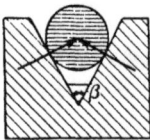

ABB. 77.

§ 43. Seilsteifigkeit

Ein Seil ist nicht unbedingt biegsam. Der Widerstand gegen die Biegung macht sich um so mehr bemerklich, je kleiner der Krümmungshalbmesser ist, zu dem das Seil gebogen werden soll. Dieser Widerstand kann zum Teil elastischer, zum Teil plastischer Art sein. Wenn er ganz elastisch ist, hat das Seil stets dasselbe Bestreben, sich wieder gerade zu strecken. Wird es auf eine Rolle gebracht, so spreizt es sich an der Auflaufstelle um ebensoviel ab, als an der Ablaufstelle. Es bildet sich an beiden Stellen eine Übergangskurve aus, die den allmählichen Übergang vom Krümmungsradius ∞ in der geraden Strecke bis zum Krümmungshalbmesser r der Rolle vermittelt. Nach den Lehren der Elastizitätstheorie kann die Gestalt der Übergangskurve ohne Schwierigkeit ermittelt werden. Um eine genauere Berechnung dieser Art handelt es sich hier aber nicht, sondern nur um eine ungefähre Abschätzung darüber, welche Erscheinungen man etwa zu erwarten hat.

Ein Widerstand von plastischer Art wird bei einem gewöhnlichen Hanfseil nicht eigentlich dadurch hervorgerufen, daß das Material im einzelnen plastisch wäre, wie etwa ein knetbarer Tonklumpen. Die einzelnen Fasern, aus denen das Seil zusammengedreht ist, verschieben sich vielmehr bei einer Biegung gegeneinander, und dabei sind die Reibungen zwischen den Fasern zu überwinden. Diese inneren Reibungen widersetzen sich jeder Änderung der gerade vorhandenen Gestalt und insofern bewirken sie, daß sich das Seil im ganzen ähnlich wie ein knetbarer Körper verhält. Wenn der Biegungswiderstand des Seils ausschließlich von plastischer Art ist, muß es sich an der Stelle, wo es auf die Rolle aufläuft, immer noch abspreizen, so daß der Krümmungshalbmesser allmählich bis auf r abnimmt. An der Ablaufstelle sucht es dagegen den Krümmungshalbmesser r beizubehalten, und es entsteht eine Übergangskurve von S-förmiger Gestalt. Verlängert man die Mittellinien der geraden Seilstrecken, so läuft die auf der Auflaufseite außerhalb des Kreises vorbei, den die Seilmittellinie auf der Rolle bildet, während die auf der Ablaufseite den Kreis schneidet. .

In Wirklichkeit liegt nun das Verhalten eines Seiles zwischen dem rein elastischen und dem rein plastischen. Auf jeden Fall wird dann auf der Auflaufseite ein Abspreizen stattfinden, da hier beide Ursachen in demselben Sinne wirken. Auf der Ablaufseite wirken sie aber im entgegengesetzten Sinne, und es hängt nun von den besonderen Eigenschaften des Seiles ab, welche von beiden überwiegt. Bei Hanfseilen nimmt man häufig an, daß sich beide ungefähr die Waage halten, so daß sich das ablaufende Seil weder abspreizt noch der Rolle zuwendet.

Bei den Berechnungen über die Seilreibung spielt die Seilsteifigkeit keine große Rolle. Sie bewirkt nur, daß der im vorigen Paragraphen mit α bezeichnete umspannte Bogen etwas verkleinert wird. Unter gewöhnlichen Umständen macht dies aber nur wenig aus, und gegenüber der Unsicherheit, in der man sich ohnehin über die Größe des Reibungskoeffizienten μ befindet, kommt die kleine Verbesserung, die durch die Berücksichtigung der Seilsteifigkeit herbeigeführt werden könnte, kaum in Betracht.

Anders ist es aber bei den Seilrollen. Diese sind um einen in der Rollenmitte angebrachten Zapfen leicht drehbar befestigt. Ohne Berücksichtigung der Seilsteifigkeit und der Zapfenreibung erfordert die Gleichgewichtsbedingung, die in Form einer auf den Zapfenmittelpunkt bezogenen Momentengleichung angeschrieben werden kann, daß beide Seilspannungen einander gleich sein müssen. In Wirklichkeit muß nun freilich schon der Zapfenreibung wegen die Spannung des ablaufenden Seiles etwas größer sein als die des auflaufenden, um eine Drehung der Rolle in diesem Sinne hervorzubringen oder sie aufrechtzuerhalten. Das Moment der Zapfenreibung ist aber nicht sehr groß, da der Zapfenhalbmesser in der Regel viel kleiner ist als der Rollenhalbmesser. Deshalb kann auch die Zapfenreibung allein nur einen geringen Unterschied zwischen den Spannungen beider Seilenden herbeiführen, und diesem Unterschied gegenüber kann der Einfluß der Seilsteifigkeit' sehr ins Gewicht fallen.

Wie die Seilsteifigkeit hier wirkt, ist aus den vorausgehenden Erörterungen über das Verhalten des Seiles an der Auflauf- und an der Ablaufstelle leicht zu erkennen. Sie bedingt eine Vergrößerung des Hebelarmes der Seilspannung auf der Auflaufseite, während der Hebelarm auf der Ablaufseite je nach dem mehr elastischen oder mehr plastischen Verhalten des Seiles entweder weniger vergrößert ist als dort oder ungeändert bleibt oder auch kleiner wird. Jedenfalls ist aber der Hebelarm auf der Auflaufseite größer geworden als der auf der Ablaufseite, falls sich nicht etwa das Seil vollkommen elastisch verhalten sollte, was nicht zu erwarten ist. Dem größeren Hebelarm entspricht aber eine kleinere Kraft, und die Seilsteifigkeit bewirkt daher, daß die treibende Kraft größer sein muß als die überwundene.

Auch die energetische Betrachtung des Vorgangs führt übrigens zu dem gleichen Schluß. Zur Biegung des Seiles muß eine gewisse Arbeitsmenge aufgewendet werden. Wenn die Biegung vollkommen elastisch ist, wird diese nachher vollständig zurückgewonnen, und die Seilsteifigkeit ist ohne Einfluß. Je mehr sich das Seil plastisch verhält, um so größer ist dagegen die verlorene mechanische Energie, und wenn es ganz plastisch ist, muß beim Geradestrecken ebenfalls wieder Arbeit aufgewendet werden, anstatt daß solche zurückgewonnen würde.

Je größer der Rollenhalbmesser im Vergleich zur Seildicke und zum Zapfenhalbmesser ist, um so weniger kann sich die Seilsteifigkeit einerseits und die Zapfenreibung andererseits bemerklich machen, und um so kleiner ist daher der Unterschied zwischen der Spannung des treibenden und des getriebenen Seilendes. Bei der Anwendung der Seilrollen wünscht man diesen Unterschied möglichst klein zu haben. Man vergleicht daher in einem gegebenen Falle das Verhältnis zwischen beiden Kräften mit dem Werte Eins, den es haben müßte, wenn sich die Reibung und die Seilsteifigkeit ganz vermeiden ließen. Dieses Verhältnis wird als das Güteverhältnis oder als der Wirkungsgrad der Rolle bezeichnet. Wählt man dafür den Buchstaben η, so hat man

$$S_1 = \eta S_0, \tag{89}$$

wenn S_0 die treibende und S_1 die widerstehende Kraft bedeuten. Der Wirkungsgrad η ist demnach ein echter Bruch, der gewöhnlich nur um einige Hundertstel kleiner ist als Eins. Welche Umstände den Wert von η bedingen, ist vorher näher erörtert worden. Die Berechnung von η auf Grund dieser Betrachtungen ist aber kaum zu empfehlen; es ist viel zuverlässiger, wenn man η unmittelbar durch Versuche bestimmt, die leicht anzustellen sind. Natürlich kann man aber nur solche Versuchswerte verwenden, die unter möglichst gleichen Umständen in bezug auf die Größe des Rollenhalbmessers und die Beschaffenheit des Seiles und des Zapfens angestellt wurden. Die Aufgabe der Mechanik kann hier nur darin bestehen, auf diese Umstände und die Art, wie sie sich geltend machen, hinzuweisen und dadurch den Blick für die richtige Benutzung der Versuchswerte zu schärfen. Eine Aufzählung verschiedener Versuchsresultate selbst hätte hier gar keinen Zweck; in dieser Hinsicht muß, wie schon in früheren Fällen, auf die Hilfsbücher für den Konstrukteur hingewiesen werden.

Wenn ein Seil der Reihe nach um mehrere, etwa um n Rollen geschlungen ist, wie bei einem Flaschenzug, hat man für die letzte Seilspannung S_n, wie aus der wiederholten Anwendung von Gl. (89) hervorgeht,

$$S_n = \eta^n S_0.$$

Man sieht daraus, daß der Wirkungsgrad mit der Zahl der Rollen schnell abnimmt. — Bei einem gewöhnlichen Flaschenzug trägt die untere Flasche eine Last Q, die von n Seilspannungen aufgenommen wird. Die Gleichgewichtsbedingung besteht darin, daß die Summe dieser Seilspannungen gleich Q ist. Wird also, wie seither, die Spannung des von der oberen Flasche ablaufenden Seiles, von dem aus der Antrieb erfolgt, mit S_0 bezeichnet, so hat man

$$\eta S_0 + \eta^2 S_0 + \eta^3 S_3 + \cdots + \eta^n S_0 = Q,$$

und nach Summierung der Potenzreihe erhält man daraus

$$Q = S_0 \cdot \frac{\eta^{n+1} - \eta}{\eta - 1}.$$

Wenn $\eta = 1$ wäre, hätte man $Q = n S_0$, und der Wirkungsgrad η' des ganzen Flaschenzugs ist daher

$$\eta' = \frac{\eta^{n+1} - \eta}{n(\eta - 1)}.$$

Auf weitere Berechnungen dieser Art soll hier nicht eingegangen werden.

§ 44. Die Reibung an der flachgängigen Schraube

Ich betrachte zunächst den einfachsten Fall, der durch Abb. 78 veranschaulicht ist. Eine Schraube mit flachem Gewinde von geringem Steigungswinkel bewegt sich in einer Mutter, die im Gestell angebracht ist, und drückt einen Körper mit einer Kraft Q zusammen. Der Antrieb erfolgt durch eine senkrecht zur Schraubenachse stehende Kraft P, die am Umfang eines Handrades vom Halbmesser p angreift.

Wir müssen zunächst auf die zwischen der Spindel und der Mutter übertragenen Auflagerkräfte achten. Von vornherein ist klar, daß der axiale Druck Q ein Anpressen der oberen Seiten des Spindelgewindes an die nach abwärts gekehrten Schraubenflächen des Muttergewindes veranlaßt. Ohne Dazwischenkunft der Reibung wäre der Druck normal zur Schraubenfläche, also nahezu parallel zur Schraubenachse gerichtet. Wenn die Kraft P nur auf einer Seite des Handrades angreift, kommt dann noch ein Auflagerdruck in der Querrichtung hinzu. Dieser ist aber gegenüber dem anderen verhältnismäßig klein, da Q weit größer ist als P. Er kann auch ganz vermieden werden, wenn man an Stelle von einer Kraft P zwei treibende Kräfte an gegenüberliegenden Seiten des Handrades wirken läßt, so daß also ein Kräftepaar den Antrieb der Schraube übernimmt. Jedenfalls soll auf den im anderen Falle entstehenden Querdruck und die durch ihn hervorgerufenen Reibungen nicht weiter geachtet werden. Die Projektion des Normaldruckes N auf die Schraubenachse sei mit N' bezeichnet. Wenn keine Reibungen auftreten, hat man

$$\Sigma N' = Q$$

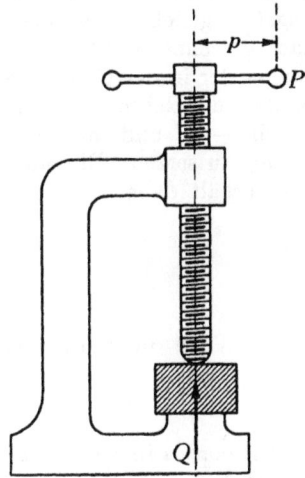

Abb. 78.

als Gleichgewichtsbedingung gegen Verschieben in der Richtung der Schraubenachse. Nahezu gilt diese Gleichung auch noch, wenn Reibungen vorhanden sind. Denn diese fallen in die Richtung der Schraubenfläche, stehen also bei einer Schraube von geringem Steigungswinkel beinahe senkrecht zur Schraubenachse. Wir wollen uns zunächst mit dieser Annäherung begnügen; um so mehr können wir dann $N' = N$ setzen, denn bei kleinem Neigungswinkel unterscheidet sich eine Strecke von ihrer Projektion nur um eine Größe, die von der zweiten Ordnung klein ist. Wir bilden jetzt die numerische Summe aller Reibungen F. Jedes F ist gleich $N\mu$, und daher wird

$$\Sigma F = \mu \Sigma N = \mu Q.$$

Nun denke man sich der Schraube eine Bewegung erteilt. Die Summe der Arbeitsleistungen aller an ihr wirkenden Kräfte muß dabei gleich Null sein. Für die Durchführung der Rechnung ist es am bequemsten, die Schraubenspindel gerade eine volle Umdrehung machen zu lassen. Die Arbeit der Kraft P (oder eines Kräftepaares vom Momente Pp) wird hierbei gleich $P2p\pi$ und positiv, wenn die Bewegung im Sinne von P erfolgt. Wenn die Ganghöhe der Schraube mit h bezeichnet wird, ist die Arbeit von Q gleich $-Qh$, da hier der Weg entgegengesetzt gerichtet ist wie die Kraft. Die Normalkräfte N leisten keine Arbeit, da die Bewegung rechtwinklig zu ihrer Richtung erfolgt. Die Reibungen F widersetzen sich der Bewegung. Der Weg des Angriffspunktes ist gleich der Länge der zugehörigen Schraubenlinie für einen Umgang. Dieser Weg ist etwas größer für die mehr nach auswärts liegenden Teile der Schraubenfläche als für die dem Kern benachbarten. Da die Unterschiede nicht groß sind und ohnehin auf eine ungefähr gleichförmige Verteilung von N und daher auch von F der Gewindetiefe nach gerechnet werden kann, genügt es, wenn wir überall die Länge l eines Umganges der in der Gewindemitte liegenden Schraubenlinie als Weg des Angriffspunktes der Reibungen F in Ansatz bringen. Die Arbeit einer Kraft F ist demnach gleich $-Fl$ und die Summe der Reibungsarbeiten daher gleich $-l\Sigma F$ oder $-l\mu Q$ zu setzen. Die Summe aller dieser Arbeitsleistungen muß Null sein, und man erhält daher

$$P2p\pi - Qh - Ql\mu = 0,$$

woraus

$$P = Q\,\frac{h + l\,\mu}{2\,p\,\pi} \tag{90}$$

folgt. Wenn die Reibungen ganz vermieden werden könnten, hätte man

$$P = Q\,\frac{h}{2\,p\,\pi},$$

indem man μ in Gl. (90) gleich Null setzt. Der Wirkungsgrad der Schraube ist hiernach

$$\eta = \frac{h}{h + l\,\mu}. \tag{91}$$

Da der Gewindeumfang l gewöhnlich erheblich größer als die Ganghöhe h ist, macht $l\mu$ auch selbst bei ziemlich kleinem Reibungskoeffizienten ziemlich viel aus gegenüber h, und der Wirkungsgrad der Schrauben — wenigstens solcher von geringer Ganghöhe — ist daher in der Regel gering.

Denkt man sich die Schraube in der umgekehrten Richtung, also im Sinne der Kraft Q bewegt, so kehren sich die Vorzeichen der Arbeiten von P und Q um, das Vorzeichen der Reibungsarbeit bleibt aber negativ, denn die Reibung widersetzt sich der Bewegung nach jeder Richtung hin. Die Arbeitsgleichung wird daher

$$- P\,2\,p\,\pi + Q\,h - Q\,l\,\mu = 0,$$

und hieraus folgt für das Aufschrauben

$$P = Q\,\frac{h - l\,\mu}{2\,p\,\pi}.$$

Wenn $l\mu$ größer ist als h, wird P negativ, d. h. Q selbst genügt nicht, um die Rückwärtsbewegung der Schraube herbeizuführen, sondern es muß noch eine Kraft $- P$ dazu kommen, die das Aufschrauben unterstützt. Ein Mechanismus dieser Art, bei dem der Nutzwiderstand Q nach Wegfall der treibenden Kraft P nicht ausreicht, um einen Rückgang zu veranlassen, wird als selbstsperrend bezeichnet. Die Schraube ist selbstsperrend, wenn $l\mu$ mindestens gleich h ist. In diesem Falle wird aber der Wirkungsgrad gleich 0,5 und daher kann die Bedingung dafür, daß die Schraube selbstsperrend sein soll, auch dahin ausgesprochen werden, daß ihr Wirkungsgrad den Wert 0,5 nicht übersteigen darf.

Daß dies hier so sein muß, geht auch aus einer energetischen Betrachtung hervor, die zugleich den Vorzug hat, daß sie sich in derselben Weise auf viele Fälle von ähnlicher Art anwenden läßt. Sobald nämlich η kleiner ist als 0,5, wird der größere Teil der durch die treibende Kraft P zugeführten Energie zur Überwindung der Reibungen verbraucht und nur der kleinere Teil dient zur Überwindung des Nutzwiderstandes Q. Unter der hier zutreffenden Voraussetzung, daß die Reibungsarbeit für den Rückwärtsgang dieselbe bleibt wie für den Vorwärtsgang, reicht daher die von Q geleistete Arbeit zur Deckung des Arbeitsaufwands für die Reibungen nicht aus, und es muß daher noch anderweitig Energie zugeführt werden, um die Rückwärtsbewegung zu ermöglichen.

Es muß jedoch hinzugefügt werden, daß die Reibungsarbeit nicht bei allen Mechanismen für beide Bewegungsrichtungen gleich groß zu sein braucht und unter solchen Umständen kann daher ein Mechanismus auch dann noch selbstsperrend sein, wenn sein Wirkungsgrad für den Vorwärtsgang größer ist als 0,5. In Aufgabe 34 ist ein Beispiel behandelt, bei dem dies zutrifft.

Auf einen Bewegungswiderstand ist bei den vorausgehenden Betrachtungen noch nicht geachtet worden, der unter Umständen sehr erheblich werden kann. Es ist dies die Reibung zwischen dem unteren Ende der Spindel und dem von der Schraube zusammengedrückten Körper. An der Berührungsstelle wird der erhebliche Druck Q übertragen, und daher kommen hier auch Reibungen von großem Betrage vor. Um ihren Einfluß zunächst möglichst auszuschließen, war das untere Spindelende in Abb. 78 abgerundet gezeichnet, so daß sich der Druck nur auf einer kleinen Fläche übertragen kann. Man hat es dann mit einer „bohrenden" Reibung zu tun, bei der die Reibungswege und hiermit auch die Reibungsarbeiten so gering sind, daß sie in der Arbeitsgleichung unberücksichtigt bleiben konnten. Das ist aber natürlich nicht immer so, und bei der Berechnung eines Schraubenmechanismus muß man sorgfältig auf alle Flächen achten, zwischen denen sich ein Normaldruck von erheblicher Größe übertragen kann. Für jede Druckübertragungsfläche, die hinzukommt, ist noch ein neues Glied in die Arbeitsgleichung einzuführen. Es würde zu weit führen, alle Anordnungen, die in Frage kommen können, hier im einzelnen durchzusprechen; es ist aber auch nicht nötig, da die Aufstellung der Arbeitsgrößen, die in die Gleichgewichtsbedingung einzuführen sind, nach den früher dafür gegebenen Lehren immer leicht möglich ist.

Bei Schrauben von kleiner Ganghöhe, wie sie gewöhnlich verwendet werden, genügt in der Regel die vorausgehende einfachere Betrachtung. In anderen Fällen muß sie aber durch eine genauere ersetzt werden, was jetzt geschehen soll. Zur Verdeutlichung ist in Abb. 79a ein einzelner Gewindeumlauf und in Abb. 79b eine Abwicklung der zugehörigen mittleren Schraubenlinie (in anderem Maßstab) gezeichnet. Der Steigungswinkel, der mit α bezeichnet ist, kann jetzt eine beliebige Größe (zwi-

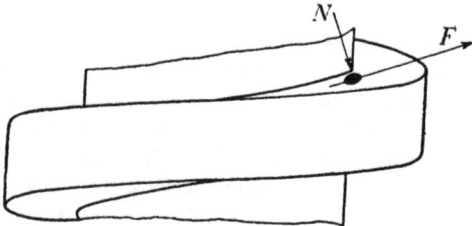

Abb. 79 a.

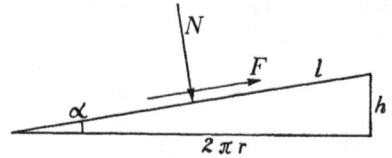

Abb. 79 b.

schen 0 und einem Rechten) haben. Wir dürfen jetzt nicht mehr die Projektion N' von N auf die Achse gleich N und die Projektion F' von F gleich Null annehmen. Vielmehr hat man

$$N' = N \cos \alpha; \quad F' = F \sin \alpha = N\mu \sin \alpha.$$

Die Pfeile von N und F sind so in die Figur eingetragen, wie sie den Kräften von der Mutter her auf die Spindel entsprechen; dabei ist F so gerichtet, daß es sich dem Einschrauben widersetzt, wie aus dem Vergleich von Abb. 79 mit Abb. 78 leicht zu erkennen ist. Die Bedingungsgleichung für das Gleichgewicht der an der Spindel wirkenden Kräfte gegen Verschieben in der Richtung der Achse lautet jetzt

$$Q + \Sigma F' - \Sigma N' = 0$$

oder nach Einsetzen der Werte von F' und N'

$$Q + \mu \sin\alpha \, \Sigma N - \cos\alpha \, \Sigma N = 0.$$

Hieraus folgt

$$\Sigma N = \frac{Q}{\cos \alpha - \mu \sin \alpha} \quad \text{und} \quad \Sigma F = \mu \, \Sigma N = \frac{Q \mu}{\cos \alpha - \mu \sin \alpha}.$$

Unter ΣF ist hier wieder die numerische Summe der Reibungen, also die Summe ohne Berücksichtigung der Richtungen verstanden. Die Arbeitsgleichung für das Einschrauben um einen Umlauf lautet jetzt

$$P \, 2 \, p \, \pi = Q \, h + \frac{Q \mu}{\cos \alpha - \mu \sin \alpha} \, l.$$

Daraus folgt für das zum Einschrauben erforderliche Moment $P p$

$$P p = Q \frac{h \cos \alpha - h \mu \sin \alpha + \mu \, l}{2 \, \pi \, (\cos \alpha - \mu \sin \alpha)}.$$

Man kann diese Gleichung auf eine einfachere Form bringen, wenn man h und l im mittleren Halbmesser r des Gewindes (gerechnet von der Schraubenachse bis zur Gewindemitte) ausdrückt. Man hat nämlich $h = 2 \pi r \, \mathrm{tg}\,\alpha$ und $l = 2\pi r / \cos\alpha$. Setzt man dies ein, kürzt mit 2π und dividiert Zähler und Nenner mit $\cos \alpha$, so geht die Gleichung über in

$$P p = Q r \frac{\mathrm{tg} \, \alpha + \mu}{1 - \mu \, \mathrm{tg} \, \alpha}. \tag{92}$$

Auch dies wird noch vereinfacht, wenn man an Stelle des Reibungskoeffizienten μ den Reibungswinkel φ mit Hilfe der Beziehung $\mu = \operatorname{tg}\varphi$ einführt. Nach der Formel für die Tangente einer Winkelsumme wird

$$Pp = Qr \operatorname{tg}(\alpha + \varphi). \tag{93}$$

Mit $\varphi = 0$ gilt die Gleichung für den Fall, daß kein Arbeitsverlust durch Reibungen vorkommt. Der Wirkungsgrad der Schraube mit flachem Gewinde wird daher nach der genaueren Berechnung

$$\eta = \frac{\operatorname{tg}\alpha}{\operatorname{tg}(\alpha + \varphi)}. \tag{94}$$

Die zum Einschrauben erforderliche Kraft P erhöht sich infolge der Reibungen um soviel, als wenn der Steigungswinkel α der Schraube um den Reibungswinkel φ vergrößert wäre.

Bei größerem Steigungswinkel kann die Schraube auch durch die axiale Kraft Q angetrieben werden, so daß das Moment Pp durch sie überwunden wird. Für diesen Fall kehrt sich der Pfeil der Reibung F in Abb. 79 um. Man hat dann als Gleichgewichtsbedingung gegen Verschieben in der Richtung der Achse

$$Q - \mu \sin\alpha \, \Sigma N - \cos\alpha \, \Sigma N = 0$$

und erhält daraus

$$\Sigma N = \frac{Q}{\cos\alpha + \mu \sin\alpha} \quad \text{und} \quad \Sigma F = \frac{Q\mu}{\cos\alpha + \mu \sin\alpha}.$$

Damit wird die Arbeitsgleichung für eine Umdrehung der Spindel

$$Q h = P 2 p \pi + \frac{Q\mu}{\cos\alpha + \mu \sin\alpha} l,$$

woraus durch Auflösen folgt

$$Q = P 2 p \pi \frac{\cos\alpha + \mu \sin\alpha}{h \cos\alpha + h \mu \sin\alpha - \mu l}.$$

Die Umrechnung von h und l auf r liefert

$$Q = \frac{P p (1 + \mu \operatorname{tg}\alpha)}{r (\operatorname{tg}\alpha - \mu)}.$$

Führt man noch den Reibungswinkel φ ein, so wird daraus

$$Q = \frac{P p}{r} \cotg(\alpha - \varphi). \tag{96}$$

Damit der Antrieb durch Q überhaupt möglich sei, muß der Steigungswinkel α größer als der Reibungswinkel φ sein. Der Wirkungsgrad der Schraube bei diesem Antrieb ist

$$\eta = \frac{\operatorname{tg}(\alpha - \varphi)}{\operatorname{tg}\alpha}. \tag{97}$$

Auch bei dieser Betrachtung ist vorausgesetzt, daß andere Reibungen, als die im Gewinde, nicht berücksichtigt zu werden brauchen. Kommen auch noch andere vor, so sind entsprechende weitere Glieder in die Arbeitsgleichung einzuführen.

§ 45. Die Reibung an der scharfgängigen Schraube

Der Gewindequerschnitt sei ein gleichschenkliges Dreieck, dessen Ebene überall durch die Schraubenachse geht. Die Schenkellänge sei mit s und die Höhe des Dreiecks, also die Gewindetiefe, mit t bezeichnet (vgl. Abb. 80). Zuerst sei wieder angenommen, daß der Steigungswinkel der Schraube klein ist und daß die sich hieraus ergebenden Vernachlässigungen als zulässig angesehen werden können. Die Projektion N' von N auf die Achse folgt dann aus der Proportion

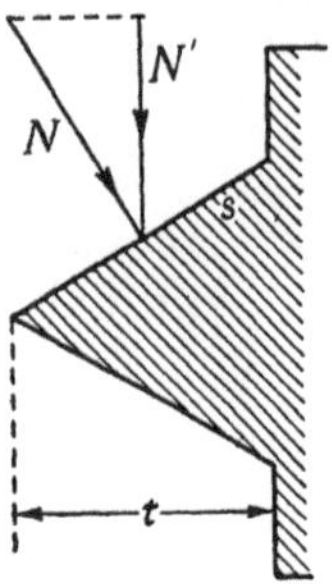

$$\frac{N'}{N} = \frac{t}{s}, \quad \text{also} \quad N' = N\,\frac{t}{s}.$$

Als Komponentengleichung für die Richtung der Schraubenachse erhält man

$$\Sigma\,N' = Q \quad \text{und hieraus} \quad \Sigma\,N = \frac{s}{t}\,Q, \quad \text{also} \quad \Sigma\,F = \frac{s}{t}\,Q\,\mu.$$

Abb. 80.   Die Arbeitsgleichung lautet jetzt

$$P\,2\,p\,\pi = Q\,h + \frac{s}{t}\,Q\,\mu\,l$$

woraus P folgt. Der Wirkungsgrad ist

$$\eta = \frac{h}{h + \dfrac{s}{t}\,\mu\,l}. \tag{98}$$

Er ist unter sonst gleichen Umständen wegen des Faktors s/t im zweiten Glied des Nenners kleiner als bei der flachgängigen Schraube. Dies ist der Grund, weshalb man bei Bewegungsschrauben das flache Gewinde bevorzugt. Bei Befestigungsschrauben ist aber ein möglichst großer Einfluß der Reibungen gerade erwünscht. Dazu kommt noch, daß der dreieckige Gewindequerschnitt bei gleicher Ganghöhe und gleicher Gangtiefe eine größere Festigkeit des Gewindes zur Folge hat, als der quadratische oder rechteckige. Aus beiden Gründen wählt man für Befestigungsschrauben fast stets das scharfe Gewinde.

Die genauere Rechnung führt zu etwas verwickelteren Formeln. In Abb. 81 sei SS ein kleines Stück der mittleren Schraubenlinie, Q der Gewindequerschnitt, der aber jetzt rechtwinklig zu S gezogen sein möge, und N die Richtung der Normalen. Die Richtungen von N, Q, S stehen rechtwinklig zueinander. Der Winkel von N mit der Schraubenachse sei mit γ bezeichnet. S bildet mit der Schraubenachse den Winkel $(\pi/2 - a)$, wenn α der Steigungswinkel der Schraubenlinie ist. Dieser Winkel kann ebenso wie der Winkel β, den die Gewindeseite Q mit der Schraubenachse einschließt, als gegeben angesehen werden. Nach einem bekannten Satz der Stereometrie (oder der analytischen Geometrie des Raumes) ist

$$\cos^2\gamma + \cos^2\beta + \cos^2\left(\frac{\pi}{2} - \alpha\right) = 1,$$

und hieraus folgt

$$\cos\gamma = \sqrt{\cos^2\alpha - \cos^2\beta}.$$

Demnach ist die Achsenprojektion N' von N

$$N' = N\sqrt{\cos^2\alpha - \cos^2\beta}.$$

Für die Projektion F' von F findet man, wie früher,

$$F' = F\sin\alpha = N\mu\sin\alpha.$$

Die Komponentengleichung für die Achsenrichtung lautet

$$Q + \mu\sin a\,\Sigma\,N - \sqrt{\cos^2\alpha - \cos^2\beta}\,\Sigma\,N = 0.$$

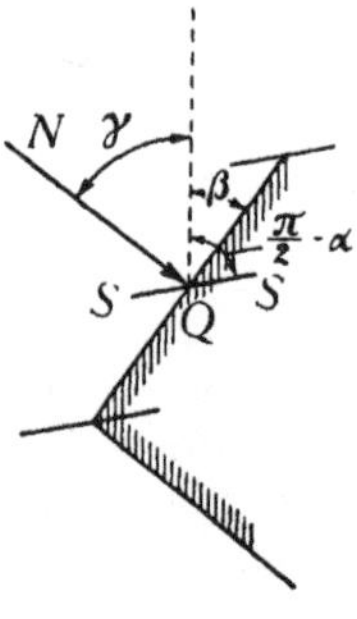

Abb. 81.

Daraus folgt

$$\Sigma\,N = \frac{Q}{\sqrt{\cos^2\alpha - \cos^2\beta} - \mu\sin\alpha}$$

und

$$\Sigma\,F = \frac{Q\mu}{\sqrt{\cos^2\alpha - \cos^2\beta} - \mu\sin\alpha}.$$

Die Arbeitsgleichung geht hiermit uber in

$$P\,2\,p\,\pi = Q\,h + \frac{Q\,\mu\,l_{\bullet}}{\sqrt{\cos^2\alpha - \cos^2\beta} - \mu\sin\alpha}\,,$$

woraus das Verhältnis von P und Q sowie der Wirkungsgrad genau wie früher gefunden werden können. Der in Abb. 81 verwendete Buchstabe Q kommt in den letzten Formeln in anderer Bedeutung vor, wodurch man sich nicht stören lassen darf.

Aufgaben

25. Aufgabe. Auf zwei schiefen Ebenen A und B (Abb. 82 a) ruhen die Gewichte P und Q, die durch ein Seil verbunden sind, das über die feste Rolle C geht. Wie groß oder wie klein darf Q gerade noch sein, ohne daß eine Störung des Gleichgewichts eintritt, wenn P, der Reibungskoeffizient und alle Winkel in der Figur gegeben sind?

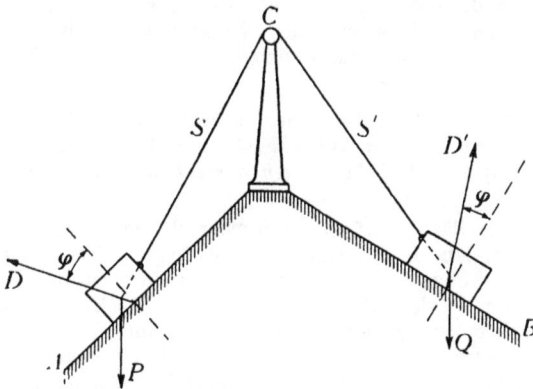

Abb. 82 a.

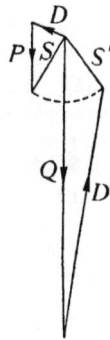

Abb. 82 b.

Lösung. Der Wirkungsgrad der Rolle weicht nicht viel von der Einheit ab. Im Vergleich zu den beträchtlichen gleitenden Reibungen der Gewichte P und Q auf den schiefen Ebenen kann daher der Bewegungswiderstand der Rolle in erster Annäherung vernachlässigt werden. Die Seilspannungen S und S' sind dann als gleich zu betrachten. Um den größten Wert von Q zu finden, der mit dem Gleichgewicht noch verträglich ist, trage man an die Normalen der schiefen Ebenen den Reibungswinkel φ nach jenen Richtungen hin an, wie es in der Abbildung geschehen ist. Der bei P in dieser Richtung übertragene Auflagerdruck D muß im Gleichgewicht mit dem Gewicht von P und der Seilspannung S stehen. Man zeichnet ein Kräftedreieck für diese drei Kräfte (vgl. Abb. 82 b), findet daraus S, macht S' ebenso groß und reiht Q und D' daran. Damit erhält man Q_{max}. Der kleinste Wert von Q wird erhalten, wenn man die Reibungswinkel nach den entgegengesetzten Seiten von den Normalen aus abträgt und für die so bestimmten Richtungen von D und D' die Konstruktion in Abb. 82 b wiederholt. — Wenn es nötig ist, kann man übrigens auch den Wirkungsgrad der Rolle, der ebenfalls gegeben sein muß, leicht berücksichtigen. Anstatt S' gleich S in Abb. 82 b zu machen, muß man $S' = S : \eta$ eintragen, um den größten Wert von Q zu finden. Bei der Wiederholung der Konstruktion zur Ermittlung des kleinsten Wertes von Q ist $S' = S \cdot \eta$ zu setzen.

Auch die rechnerische Behandlung der Aufgabe macht an und für sich gar keine Schwierigkeiten. Man muß dann nur alle vorkommenden Kräfte durch Multiplikation mit den betreffenden Winkelfunktionen in ihre horizontalen und vertikalen Komponenten zerlegen und jedes Kräftedreieck durch Anschreiben von zwei Komponentengleichungen ersetzen, die hierauf nach den Unbekannten aufgelößt werden können. Die Durchführung der Rechnung erfordert aber erheblich mehr Zeit und Mühe als die Zeichnung.

26. Aufgabe. Unter welchen Umständen bleibt eine auf den rauhen Fußboden gestellte und auf einer Seite belastete Bockleiter (Abb. 83) im Gleichgewicht?

Lösung. Die beiden Leiterarme sind oben drehbar miteinander befestigt. Der unbelastete Leiterarm möge als gewichtslos angesehen werden; der an seinem unteren Ende auf ihn übertragene Auflagerdruck muß alsdann den Reibungskreis des oberen Zapfens berühren. Da aber dieser Kreis sehr klein ist gegenüber der Länge der Leiter, fällt der Auflagerdruck genau genug mit der Richtung des unbelasteten Leiterarmes zusammen. Wenn der Winkel ψ, den diese Richtung mit der Normalen zum Fußboden bildet, den Reibungswinkel φ nicht überschreitet, besteht Gleichgewicht, sonst tritt ein Abrutschen ein. — Verbindet man die Leiterarme unten durch eine Schnur, um das Abrutschen zu verhüten, so ist das Gleichgewicht natürlich für jeden Wert des Reibungswinkels und des Winkels ψ gesichert. Die Spannung der Schnur, die erforderlich ist, um das Gleichgewicht aufrechtzuerhalten, kann ebenfalls leicht ermittelt werden.

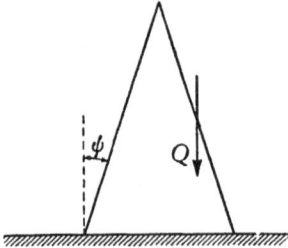

Abb. 83.

27. Aufgabe. Wie groß darf höchstens der Winkel sein, den die beiden Seitenflächen eines Keils miteinander bilden, wenn der Keil selbstsperrend sein soll, so daß er nämlich durch keinen senkrecht zur Mittelebene auf die Widerlagsbacken ausgeübten Druck herausgetrieben werden kann?

Lösung. Die Normale zu einer Seitenfläche darf nicht um mehr als um den Reibungswinkel φ von der Normalen zur Mittelebene abweichen. Daraus folgt, daß der Winkel zwischen den Keilseiten höchstens 2φ betragen darf. — Hierbei ist es übrigens unwesentlich, daß der Körper, der festgeklemmt werden soll, gerade ein Keil ist. Auch eine Stange, etwa ein Spazierstock, kann zwischen zwei Seitenwände in einem Zimmer von schiefwinkligem Grundriß festgeklemmt werden, wenn der Winkel zwischen beiden Wänden kleiner als 2φ ist. Zwischen zwei rechtwinklig zueinander stehenden Wänden ist dies nicht möglich, da der Reibungswinkel auch bei den rauhesten Oberflächen nicht bis auf 45° ansteigt.

28. Aufgabe. Um wieviel können sich die beiden Kräfte voneinander unterscheiden, die auf einen gleicharmigen Hebel durch zwei Zugstangen wie in Abb. 84 übertragen werden, ohne daß eine Störung des Gleichgewichtes eintritt?

Lösung. Im Grenzzustand des Gleichgewichtes seien P und Q die auf die Endzapfen des Hebels übertragenen Kräfte und es sei $P > Q$. Der Auflagerdruck im Mittelzapfen ist dann gleich $P + Q$. Alle drei Kräfte berühren die Reibungskreise ihrer Zapfen. Wenn die größere Kraft P am linken Ende des Hebels wirkt, berührt die Richtungslinie von P den zugehörigen Reibungskreis an der rechten Seite. Auch die Richtungslinie von Q berührt den Reibungskreis rechts und die Richtungslinie von $P + Q$ im Mittelzapfen berührt den Reibungskreis links. Man

Abb. 84.

erkennt dies, wenn man darauf achtet, in welchem Sinn die Drehung bei einer Störung des Gleichgewichtes erfolgt. Nun schreibe man eine Momentengleichung an für einen Momentenpunkt, der auf der Richtungslinie des Auflagerdruckes $P + Q$ am Mittelzapfen liegt. Der Hebelarm von P ist $p - \mu'(r + r')$ und der von Q ist $p + \mu'(r + r')$; die Momentengleichung lautet also

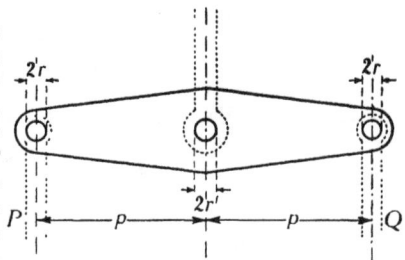

$$P\left(p - \mu'(r + r')\right) = Q\left(p + \mu'(r + r')\right).$$

Daraus folgt

$$\frac{\tfrac{1}{2}(P - Q)}{\tfrac{1}{2}(P + Q)} = \frac{\mu'(r + r')}{p}.$$

Ohne Reibung ware $P = Q$. Der Bruch auf der rechten Seite gibt demnach an, um wieviel sich jede von beiden Kräften wegen der Reibung von ihrem Durchschnittswert im Verhältnis zu diesem Durchschnittswert unterscheiden kann, ehe das Gleichgewicht gestört wird. — Zu genauen Abwägungen wäre ein mit Zapfen nach Abb. 84 konstruierter Hebel natürlich nicht zu brauchen. Bei Wagen ersetzt man vielmehr die Zapfen durch Schneiden aus hartem Stahl, so daß nur die in diesem Falle sehr geringfügige rollende Reibung ins Spiel kommt.

29. Aufgabe. Durch einen Riementrieb soll auf eine Riemenscheibe eine Umfangskraft ΣF oder $T_1 - T_0$ von 100 kg übertragen werden. Wie groß müssen T_1 und T_0 sein, wenn der Riemen die Scheibe auf dem halben Umfang umschlingt und wenn der Reibungskoeffizient mit 0,3 in Ansatz gebracht wird, wobei schon eine gewisse Sicherheit gegen Abgleiten gegeben ist?

Lösung. Nach Gl. (85) hat man hier

$$T_1 = T_0\, e^{0,3\,\pi} = T_0\, e^{0,942} = 2,565\, T_0.$$

Andererseits ist nach den Bedingungen der Aufgabe

$$T_1 - T_0 = 100 \text{ kg}.$$

Durch Auflösung beider Gleichungen folgt

$$T_0 = 64 \text{ kg}; \quad T_1 = 164 \text{ kg}.$$

30. Aufgabe. Über einen feststehenden Zylinder A (Abb. 85) ist ein Seil geschlungen, an dessen Enden der Balken B aufgehängt ist. Der Balken trägt eine Last Q, in die das Eigengewicht des Balkens schon mit eingerechnet ist. Wie groß darf der Abstand q von Q bis zur Mitte höchstens werden, ohne daß das Seil zu gleiten anfängt?

Lösung. Für die Seilspannungen S_1 und S_2 erhält man nach dem Momentensatz

$$S_1 = Q\,\frac{r-q}{2r}; \qquad S_2 = Q\,\frac{r+q}{2r}.$$

Die Grenze des Gleichgewichtes ist erreicht, wenn

$$S_2 = S_1 e^{\mu\pi} \qquad \text{oder} \qquad r + q = (r - q)\, e^{\mu\pi}$$

wird. Daraus folgt für den Wert von q, der nicht überschritten werden darf,

$$q = r \cdot \frac{e^{\mu\pi} - 1}{e^{\mu\pi} + 1}.$$

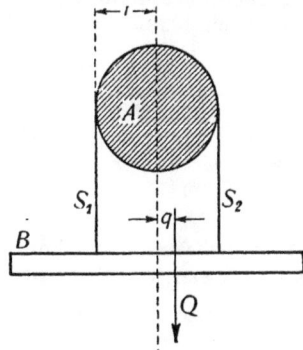

Abb. 85.

31. Aufgabe. Eine Schraubenwinde (Abb. 86; das Gestell ist weggelassen) besteht aus einem Schneckenrad mit Schnecke. Auf der Schneckenradwelle sitzt eine Seiltrommel, an der die Last Q in die Hohe gezogen wird, und auf der Schneckenwelle eine Kurbel, von der der Antrieb erfolgt. Man soll den Ausdruck für den Wirkungsgrad der Vorrichtung aufstellen.

Lösung. Die in die Richtung der Schneckenwelle fallende Komponente des Zahndrucks zwischen Schneckenrad und Schnecke sei mit Z bezeichnet. Dann hat man für das Rad die Gleich-

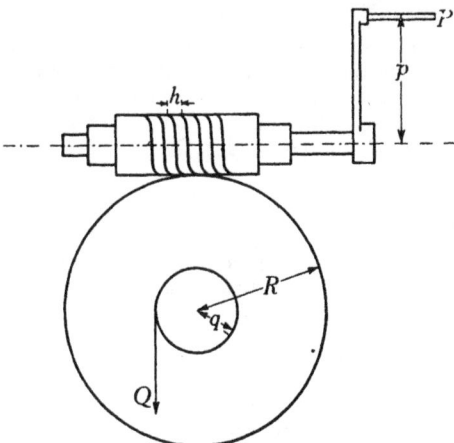

Abb. 86.

gewichtsbedingung
$$ZR = Q(q' + r\mu').$$

Hier ist q' gleich dem Halbmesser der Windetrommel plus der halben Seildicke (diese beiden zusammen seien q) plus dem Maß des Abspreizens des Seiles. Mit r ist der Zapfenradius und mit μ' der Zapfenreibungskoeffizient bezeichnet. Für die Schraube hat man
$$P2p\pi = Zh + Z\mu l + Z\mu u.$$

Hier ist wie früher h die Ganghöhe und l die Länge eines mittleren Gewindeumlaufs. Das letzte Glied auf der rechten Seite gibt die zur Überwindung der Reibung zwischen dem Gestell und der Sitzfläche der Schneckenwelle erforderliche Arbeit an. Die Schneckenwelle muß nämlich so gestützt werden, daß sie gegen ein Verschieben nach links hin durch den Zahndruck Z gesichert ist. Sie überträgt hier den erheblichen Druck Z, und der mittlere Wert des Umfanges der Druckfläche ist mit u bezeichnet. — Die Elimination von Z aus beiden Gleichungen liefert
$$Q = \frac{P2p\pi}{h + \mu l + \mu u} \cdot \frac{R}{q' + r\mu'}.$$

Setzt man die Reibungskoeffizienten gleich Null und $q' = q$, so erhält man
$$Q_0 = \frac{P2p\pi}{h} \cdot \frac{R}{q}.$$

Das Verhältnis zwischen Q und Q_0 gibt den Wirkungsgrad an, also
$$\eta = \frac{h}{h + \mu l + \mu u} \cdot \frac{q}{q' + r\mu'}.$$

Für die beiden Faktoren, aus denen sich η zusammensetzt, kann man besondere Bezeichnungen einführen. Setzt man
$$\eta_1 = \frac{h}{h + \mu l + \mu u} \qquad \text{und} \qquad \eta_2 = \frac{q}{q' + r\mu'},$$

so wird η_1 der Wirkungsgrad der Schraube und η_2 der Wirkungsgrad des Wellrades genannt. Eine solche Darstellung des gesamten Wirkungsgrades als ein Produkt der Wirkungsgrade der einzelnen Teile, aus denen sich eine Vorrichtung zusammensetzt, in der Form
$$\eta = \eta_1 \cdot \eta_2$$

ist sehr gebräuchlich und nützlich, weil dadurch der Einfluß jedes Teiles auf den ganzen Erfolg übersichtlich zur Anschauung gebracht wird.

32. Aufgabe. *Eine Kugel wird auf eine schiefe Ebene aufgesetzt (Abb. 87) und dann losgelassen. Sie wird nach abwärts rollen. Man soll untersuchen, ob sie nur rollt oder ob sie auch gleitet.*

Lösung. Wenn die Kugel rollen soll, muß sie neben der fortschreitenden Bewegung des Schwerpunktes parallel zur schiefen Ebene eine Drehung um die Schwerpunktsachse annehmen. Bezeichnet v in irgendeinem Augenblick die Geschwindigkeit des Schwerpunktes und u die Winkelgeschwindigkeit der Drehung, so muß, damit sie rollt,

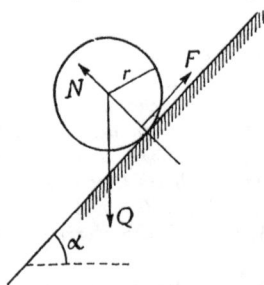

Abb. 87.

$$u r = v \qquad \text{und daher auch} \qquad r\frac{du}{dt} = \frac{dv}{dt}$$

sein. Zur Hervorbringung der Winkelbeschleunigung du/dt ist ein Moment M der äußeren Kräfte in bezug auf den Schwerpunkt nötig, das nach Gl. (81)
$$M = \Theta \frac{du}{dt}$$

ist. Wir berechnen zunächst das Trägheitsmoment Θ der Kugel für einen Durchmesser. Für drei zueinander senkrechte Durchmesser sind die Trägheitsmomente gleich und ihre Summe 3Θ ist nach dem Pythagoräischen Lehrsatz doppelt so groß als die Summe aller Massenelemente multipliziert mit dem Quadrat der Abstände vom Kugelmittelpunkt. Man denke sich eine Kugelschale vom Halbmesser x und der Dicke dx. Wenn m die Masse der ganzen Kugel ist, kommt davon auf die Kugelschale die Masse

$$d\,m = m \cdot \frac{4\,\pi\,x^2\,d\,x}{{}^4/_3\,\pi\,r^3} = m\,\frac{3\,x^2\,d\,x}{r^3}\,.$$

Der Beitrag der Kugelschale zu ${}^3/_2\,\Theta$ wird daraus durch Multiplikation mit x^2 gefunden. Daher ist

$$\Theta = \frac{2\,m}{r^3}\int\limits_0^r x^4\,d\,x = \frac{2\,m\,r^2}{5}\,.$$

Setzt man diesen Wert ein, so wird das zur Hervorbringung der Winkelbeschleunigung erforderliche Moment

$$M = \frac{2\,m\,r^2}{5} \cdot \frac{d\,u}{d\,t}\,.$$

Das Gewicht Q der Kugel und der Normaldruck N der schiefen Ebene gehen durch den Schwerpunkt und haben daher kein Moment. Das Moment M ist daher nur das Moment der gleitenden Reibung F an der Berührungsstelle. Da der Hebelarm von F gleich r ist, hat man

$$F = \frac{2\,m\,r}{5} \cdot \frac{d\,u}{d\,t}\,.$$

Der Normaldruck N muß gleich der Projektion des Gewichtes Q auf die Richtungslinie von N sein, weil sich der Schwerpunkt in der Richtung der Normalen nicht verschieben kann. Daraus folgt $N = Q \cos \alpha$. Bildet man dagegen die Komponentensumme in der Richtung parallel zur schiefen Ebene, so muß sie nach dem Satz von der Bewegung des Schwerpunktes gleich $m\,dv/dt$ sein; also

$$Q \sin \alpha - F = m\,\frac{d\,v}{d\,t}\,.$$

Wir bilden jetzt das Verhältnis zwischen F und N, wobei der Wert von Q aus der letzten und der von F aus der vorhergehenden Gleichung zu entnehmen ist:

$$\frac{F}{N} = \frac{\dfrac{2\,m\,r}{5} \cdot \dfrac{d\,u}{d\,t}}{\cot g\,\alpha\left(\dfrac{2\,m\,r}{5} \cdot \dfrac{d\,u}{d\,t} + m\,\dfrac{d v}{d t}\right)}\,.$$

Wenn nur Rollen und kein Gleiten entstehen soll, muß aber die vorher aufgestellte Gleichung

$$r\,\frac{d\,u}{d\,t} = \frac{d\,v}{d\,t}$$

erfüllt sein. Setzen wir dies in die vorhergehende Gleichung ein, so wird

$$\frac{F}{N} = \text{tg}\,\alpha \cdot \frac{{}^2/_5}{{}^2/_5 + 1} = {}^2/_7\,\text{tg}\,\alpha\,.$$

Dieses Verhältnis darf den Reibungskoeffizienten μ der gleitenden Reibung nicht übersteigen. Solange die Neigung der schiefen Ebene klein ist, wird daher die Kugel nur rollen, ohne zu gleiten. Sobald sie aber so steil geworden ist, daß

$$\text{tg}\,\alpha > {}^7/_2\,\mu$$

wird, gleitet sie. Für $\mu = {}^2/_7$ müßte also der Neigungswinkel größer als 45^0 sein, um ein Gleiten neben dem Rollen zu ermöglichen.

33. Aufgabe. Ein Eisenbahnfahrzeug ruhe mit vier Rädern, die alle gleichmäßig belastet sein mögen, auf den Schienen. An irgendeiner Stelle greife quer zur Längsrichtung eine horizontale Kraft P an. Läßt man die Kraft allmählich an Größe zunehmen, so wird schließlich, wegen des Spielraumes zwischen Radflanschen und Schienen, eine mit Gleiten der

Räder auf den Schienen verbundene geringe Verschiebung und Drehung des Fahrzeuges eintreten. Um welches Momentanzentrum erfolgt diese Bewegung und wie groß muß P werden, damit sie eintreten kann?

Lösung. Wenn die Kraft P ziemlich hoch über der Schienenoberkante angreift, bringt sie auch eine merkliche Änderung in den Raddrücken hervor. Diese ließe sich zwar auch berücksichtigen, der Einfachheit wegen soll jedoch hier davon abgesehen werden.

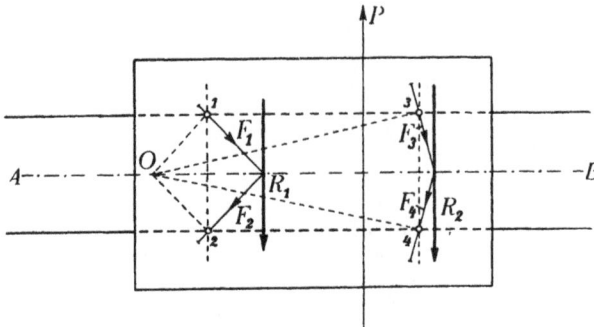

Abb. 88

In Abb. 88 ist der Wagenkasten im Grundriß durch ein Rechteck dargestellt. AB ist die Längsachse des Wagens und zugleich die Achse des Schienengleises. Die Punkte 1, 2, 3, 4 seien die Auflagerpunkte der Räder auf den Schienen. Der Symmetrie wegen wird das Momentanzentrum der bei einer Störung des Gleichgewichtes eintretenden ebenen Bewegung des Wagens jedenfalls auf der Symmetrieachse AB liegen.

Man nehme zunächst versuchsweise irgendeinen Punkt O auf AB als Momentanzentrum an. An der Grenze des Gleichgewichtes sind die gleitenden Reibungen F_1, F_2 usw., da die Radbelastungen als gleich angenommen wurden, auch unter sich gleich und jede von ihnen ist gleich $N\mu$, wenn N die Radbelastung und μ den Koeffizienten der gleitenden Reibung angibt. Die Richtung der Reibung F_1 ist der Drehbewegung um das Momentanzentrum, an deren Grenze wir stehen, entgegengesetzt gerichtet, steht also senkrecht zu der von O nach 1 gezogenen Verbindungslinie; ebenso ist F_2 senkrecht zu $O2$ usw.

Nun mussen an der Grenze des Gleichgewichtes die vier Reibungen F mit der in die Höhe der Schienenoberkante verlegten Kraft P im Gleichgewicht stehen. Die Reibungen F_1 und F_2 lassen sich zur Resultierenden R_1, ebenso F_3 und F_4 zu R_2 vereinigen. Dann kann man noch die Resultierende aus R_1 und R_2 bilden. Fällt deren Richtungslinie mit der gegebenen Richtungslinie von P zusammen, so zeigt dies, daß man bei der willkürlichen Wahl von O zufällig die richtige Lage getroffen hat. Im allgemeinen wird aber diese Probe nicht stimmen. Man wahlt dann einen anderen Punkt O, führt für diesen die Kräftezusammensetzung von neuem aus und wiederholt das Verfahren so lange, bis man genau genug die richtige Lage von O gefunden hat. Dies läßt sich leicht und schnell bewerkstelligen. Nachdem die Lage von O gefunden ist, ergibt sich auch die Größe, die die Kraft P uberschreiten muß, damit Gleiten eintritt; sie ist ebenso groß wie die Resultierende der F.

Anmerkung. Läßt man die vereinfachenden Annahmen, von denen wir ausgingen (Gleichheit des Raddruckes usw.), fallen, oder ruht der Wagen auf 6 oder 8 Rädern mit gegebenen Radlasten usw., so kommt man auf dem angegebenen Weg ebenfalls noch verhältnismäßig leicht zum Ziel. Verlangt man dagegen, daß ein Probieren bei der Lösung vermieden werden soll, so kommt man auf sehr verwickelte Rechnungen, die sich praktisch kaum durchführen lassen. Schon bei dem einfachen Beispiel der Aufgabe wird man bei rechnerischer Formulierung der für die Lage von O angegebenen Bedingung auf eine Gleichung dritten Grades geführt; in anderen Fallen ist die Bedingungsgleichung von noch viel höherem Grad. Daher kann nur die vorher angegebene Lösung mit Probieren für den praktischen Gebrauch empfohlen werden. — Wie in der Doktorarbeit des Herrn Übelacker (abgedruckt im Organ für die Fortschritte des Eisenbahnwesens, 1903) gezeigt wurde, ist die Lösung der Aufgabe von Bedeutung für die Theorie der Bewegung von Lokomotiven in Gleiskrümmungen.

34. Aufgabe. Auf die Keile A und B der in Abb. 89 gezeichneten Keilverbindung wirken an den Enden die Kräfte P und Q. Durch Einschalten von Rollen soll die Reibung in den Führungen der beiden Keile so weit vermindert sein, daß sie vernachlässigt werden kann, während der Koeffizient μ der gleitenden Reibung zwischen den beiden Keilen gleich 0,2 gesetzt werden soll. Wie groß ist der Wirkungsgrad der Vorrichtung in den beiden Fällen, daß entweder P oder Q die treibende Kraft ist?

Lösung. Der Druck zwischen beiden Keilen sei allgemein mit D bezeichnet, und zwar insbesondere mit D_0 für den Fall, daß in der Eingriffsfläche zwischen beiden Keilen keine Reibung übertragen wird. D_0 steht daher senkrecht zur Eingriffsfläche und diese Kraft ist in Abb. 89 mit jenem Pfeil eingetragen, mit dem sie an dem Keil B angreift. Wenn eine Bewegung zustande kommen soll, bei der P die treibende Kraft ist, nimmt die Richtung D_1 an, die mit D_0 den Reibungswinkel φ einschließt, und zwar nach jener Richtung hin, die aus der Abbildung ersichtlich ist. Soll dagegen die Bewegung im Sinne der Kraft Q erfolgen, so kehrt sich der Pfeil der Reibung um, und der Druck D nimmt die Richtung D_2 an, die mit D den Winkel φ nach der anderen Seite hin einschließt.

In jedem der drei Fälle ist die Projektion von D auf die Richtung von P gleich P, weil die Führungskräfte, die an A angreifen, nach Voraussetzung keine Komponente in dieser Richtung besitzen. Aus demselben Grund ist ebenso die Projektion von D auf die Richtung von Q gleich dem in dem betreffenden Falle zutreffenden Wert von Q.

Nimmt man P in allen drei Fällen von derselben Größe an und bezeichnet man die zugehörigen Werte von Q mit $Q_0 Q_1 Q_2$, so daß also Q_0 der Bewegung ohne

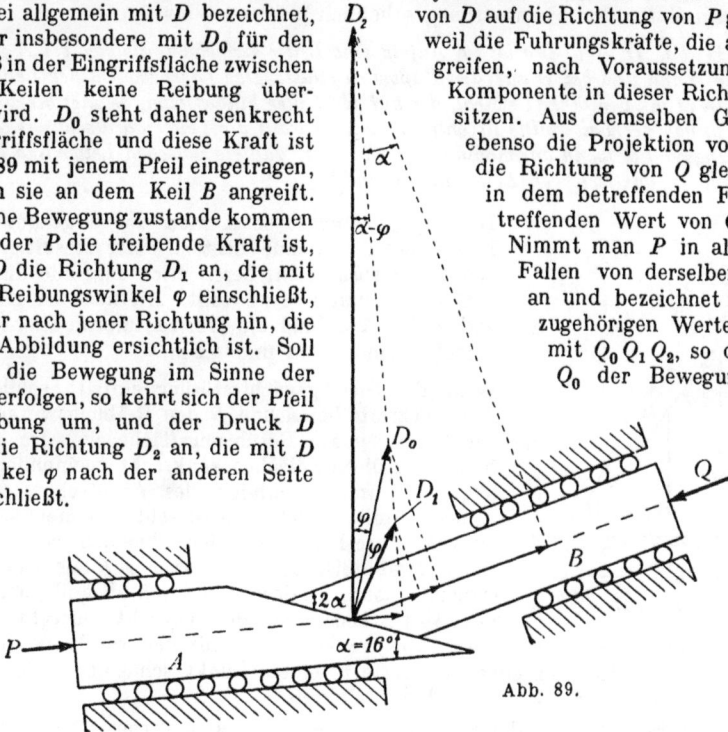

Abb. 89.

Reibung entspricht, während Q_1 den Widerstand bedeutet, den P als treibende Kraft überwinden kann, und Q_2 die treibende Kraft, die umgekehrt P als Widerstand überwindet, so erhält man auf Grund der vorhergehenden Bemerkung die Gleichungen

$$P = D_0 \sin \alpha; \qquad P = D_1 \sin (\alpha + \varphi); \qquad P = D_2 \sin (\alpha - \varphi)$$
$$Q_0 = D_0 \sin 2\,\alpha; \qquad Q_1 = D_1 \sin (2\,\alpha + \varphi); \qquad Q_2 = D_2 \sin (2\,\alpha - \varphi),$$

woraus durch Ausschaltung von D

$$Q_0 = P\,2 \cos \alpha; \qquad Q_1 = P \frac{\sin (2\,\alpha + \varphi)}{\sin (\alpha + \varphi)}; \qquad Q_2 = P \frac{\sin (2\,\alpha - \varphi)}{\sin (\alpha - \varphi)}$$

folgt. Für den Wirkungsgrad η_1 der Bewegung in der Richtung von P ergibt sich hieraus

$$\eta_1 = \frac{Q_1}{Q_0} = \frac{\sin (2\,\alpha + \varphi)}{2 \cos \alpha \sin (\alpha + \varphi)},$$

und ebenso erhält man

$$\eta_2 = \frac{Q_0}{Q_2} = \frac{2 \cos \alpha \sin (\alpha - \varphi)}{\sin (2\,\alpha - \varphi)}.$$

In Abb. 89 ist der Winkel α gleich 16°; mit tg $\varphi = 0,2$ liefert für diesen Fall die Zahlenrechnung $\eta_1 = 0,778$; $\eta_2 = 0,445$. Für den Fall, daß $\alpha = \varphi$ wird, erhält man $\eta_2 = 0$,

d. h. die Vorrichtung wird selbstsperrend in der Bewegungsrichtung von Q, während η_1 übergeht in

$$\eta_1 = \frac{\sin 3\varphi}{2\cos\varphi\sin 2\varphi} = \frac{1}{2} + \frac{1-\operatorname{tg}^2\varphi}{4}.$$

Für $\operatorname{tg}\varphi = 0{,}2$ wird dies $\eta_1 = 0{,}74$. Dieses Beispiel, auf das mich Herr Prof. Thoma schon vor langen Jahren aufmerksam gemacht hat, ist deshalb lehrreich, weil es zeigt, daß ein Mechanismus für den Rückwärtsgang selbstsperrend sein kann, auch wenn der Wirkungsgrad für den Vorwärtsgang erheblich größer ist als 0,5.

34a. Aufgabe. In Abb. 89a ist im Aufriß eine Leiter gezeichnet, die sich bei A gegen eine senkrechte Wand und bei B auf den Fußboden stützt. Das Eigengewicht der Leiter beträgt 30 kg. Ein Mann von 60 kg Gewicht, der auf der Leiter hinaufsteigt, gelangt bis zum Punkt C, der 3 m von der Leitermitte M entfernt liegt, worauf die Leiter abrutscht. Wie groß ist die Reibungszahl μ, wenn angenommen werden darf, daß sie zwischen Leiter und Fußboden ebenso groß ist wie zwischen Leiter und Wand?

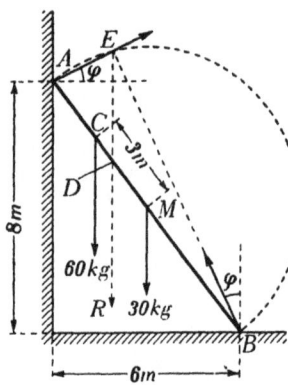

Abb. 89 a.

Lösung. Zunächst setzt man das Eigengewicht der Leiter und die fremde Last zu einer Resultierenden R von 90 kg zusammen, deren Richtungslinie die Strecke CM im Verhältnis 1 : 2 teilt. Hiernach ist $AD = 3$ m und $BD = 7$ m. und die Horizontalprojektionen beider Strecken sind 1,8 m und 4,2 m.

Wenn die Gleichgewichtsstörung eintritt, schließen die Auflagerkräfte bei A und B den Reibungswinkel φ mit der Normalen zur Berührungsfläche ein. Da aber die beiden Berührungsflächen senkrecht zueinander stehen, folgt, daß im Augenblick des Abrutschens auch die beiden Auflagerkräfte senkrecht zueinander stehen müssen. Ihre Richtungslinien schneiden sich daher auf einem Halbkreis, den man über AB als Durchmesser errichten kann. Andererseits blieb aber bis zum Beginn des Abrutschens das Gleichgewicht aufrecht erhalten, und daher müssen sich die beiden Auflagerkräfte auch mit der Resultierenden R der übrigen an der Leiter angreifenden Kräfte in einem Punkt schneiden. Dieser Punkt ist der Schnittpunkt E von R mit dem Halbkreis.

Die Horizontalprojektionen der Strecken AE und BE waren vorher schon festgestellt; die Vertikalprojektionen ergeben sich daraus durch Multiplikation mit $\operatorname{tg}\varphi$ oder $\operatorname{cotg}\varphi$. Man gelangt so zur Gleichung 4,2 $\operatorname{cotg}\varphi - 1{,}8\operatorname{tg}\varphi = 8$ oder, wenn man φ in der Reibungszahl μ ausdrückt, $1{,}8\mu^2 + 8\mu = 4{,}2$ woraus $\mu = 0{,}47$ folgt.

SECHSTER ABSCHNITT

Elastizität und Festigkeit

§ 46. Elastizitätsgrad

Nicht immer genügt es, einen festen Körper als starr zu betrachten. Sehr häufig ist man genötigt, auf die kleinen Formänderungen zu achten, die durch den Angriff äußerer Kräfte hervorgerufen werden, z. B. immer dann, wenn man die als Formänderungsarbeit in dem Körper aufgespeicherte Energie in Berücksichtigung ziehen muß. Wenn auch der Weg, den der Angriffspunkt einer den Körper umgestaltenden Kraft zurücklegt, gewöhnlich nur klein ist, so ist dafür die Kraft, die zu einer irgendwie merklichen Gestaltänderung aufgewendet werden muß, in der Regel groß, und das Produkt aus beiden Faktoren erlangt daher einen Wert, der nicht vernachlässigt werden darf.

Wenn die Formänderungsarbeit umkehrbar im Körper aufgespeichert ist, so daß man sie beim vollständigen Rückgang der Gestaltsänderung vollständig wieder als mechanische Energie zurückgewinnen kann, wird die Formänderung als eine vollkommen elastische bezeichnet. Auch der Körper selbst heißt vollkommen elastisch, wenn er unter gewöhnlichen Umständen nur vollkommen elastische Formänderungen erfährt. Kein Körper bleibt indessen unter allen Umständen vollkommen elastisch. Sobald die Kräfte, die an ihm wirken, ein gewisses Maß überschreiten, wird weder die Gestaltsänderung nach Entfernung der Kräfte wieder rückgängig, noch läßt sich die Formänderungsarbeit vollständig zurückgewinnen. Die Grenze, bis zu der hin sich ein Körper vollkommen elastisch verhält, wird als Elastizitätsgrenze bezeichnet. Freilich ist diese Grenze dadurch noch nicht bestimmt gekennzeichnet; es hängt vielmehr von der Feinheit der Mittel ab, mit denen wir das Verhalten eines Körpers untersuchen, welche Abweichungen vom vollkommen elastischen Verhalten noch beobachtet werden können. Je feinere Messungen ausgeführt werden, desto tiefer müssen wir die Elastizitätsgrenze rücken. Für die Mechanik entsteht aber hieraus keine Schwierigkeit. So wie früher in erster Annäherung ein fester Körper als materieller Punkt und in zweiter Annäherung als starrer Körper betrachtet wurde, können wir ihn jetzt in dritter Annäherung als vollkommen elastisch betrachten, während es einer vierten Stufe der Untersuchung vorbehalten bleiben kann, die Abweichungen von der vollkommenen Elastizität zu untersuchen. Jede dieser Stufen gibt uns innerhalb gewisser Grenzen vollständig befriedigenden Aufschluß über das wirkliche Verhalten von Naturkörpern; wir dürfen nur bei der Anwendung dieser Lehren niemals die Grenzen außer acht lassen, die ihrer Gültigkeit gezogen sind. Die Mechanik des vollkommen elastischen Körpers kann demnach unbekümmert darum, ob es wirklich in aller Strenge vollkommen elastische Körper in der Natur gibt, selbständig durchgeführt werden, indem wir es einer gesonderten Erwägung überlassen, ob die Voraussetzungen, von denen sie ausgeht, in einem gegebenen Falle hinreichend genau zutreffen. Dabei kann indessen sofort bemerkt werden,

daß fast alle festen Körper, sofern sie nicht ein ganz ausgesprochen plastisches
Verhalten aufweisen, bei hinlänglich kleinen Kräften und Formänderungen gewöhnlich genau genug als vollkommen elastisch betrachtet werden können.

Unter dem Elastizitätsgrad eines unvollkommen elastischen Körpers versteht
man das Verhältnis zwischen der umkehrbar aufgespeicherten Formänderungsarbeit zu der ganzen Arbeit, die man zur Herbeiführung dieser Formänderung
aufwenden mußte. Ein vollkommen plastischer Körper hat demnach den
Elastizitätsgrad Null, ein vollkommen elastischer den Elastizitätsgrad Eins. Um
den Elastizitätsgrad durch den Versuch zu bestimmen, pflegte man früher Kugeln
aus den Stoffen, die man untersuchen wollte, herzustellen und diese aus einer
gewissen Höhe auf eine schwere, horizontal aufgelagerte Eisenplatte herabfallen zu lassen. Man beobachtete, um wieviel sie wieder in die Höhe sprangen,
und setzte das Verhältnis der Sprunghöhe zur Fallhöhe gleich dem Elastizitätsgrad.

Diese Ermittlung steht in ungefährer Übereinstimmung mit der für den Elastizitätsgrad gegebenen Begriffserklärung. Denn das Gewicht mit der Fallhöhe
multipliziert liefert die dem Körper vor dem Aufprall auf die Platte innewohnende
lebendige Kraft; diese aber setzt sich beim Stoß in Formänderungsarbeit um,
bis die größte Abplattung der Kugel erreicht ist, worauf rückwärts wieder die
Formänderungsarbeit in lebendige Kraft verwandelt und diese auf das Ansteigen
der Kugel verwendet wird. Man erkennt aber, daß der Elastizitätsgrad bei einem
solchen Versuch zu klein gefunden werden muß. Abgesehen von anderen Energie-
verlusten, etwa durch den Luftwiderstand, kommt hierbei namentlich in Betracht,
daß in dem Augenblick unmittelbar nach dem Abprallen der Kugel, sowohl in
dieser als in der Platte, die Formänderung noch keineswegs vollständig wieder
rückgängig geworden ist, und daß ferner auch die Teilchen der Platte in diesem
Augenblick noch eine gewisse kinetische Energie besitzen. Diese kann ebensowenig wie die noch aufgespeicherte Formänderungsarbeit auf die schon abgeflogene
Kugel in Form von lebendiger Kraft übertragen werden, selbst wenn die Formänderung vollkommen elastisch gewesen sein sollte. Es liegt dann nicht an einem
Mangel an vollkommener Elastizität, sondern an der Gelegenheit zur Umwandlung
in mechanische Arbeit, wenn die Formänderungsenergie nicht vollständig in
dieser Gestalt zurückgewonnen wird. Außerdem aber liefert der Versuch mit
den Kugeln deshalb ein ziemlich unvollkommenes Bild von dem Elastizitätsgrad,
weil sich ein ziemlich starker Druck auf einer kleinen Aufschlagstelle überträgt,
womit die Elastizitätsgrenze an dieser Stelle in der Regel schon überschritten
wird, wenn man die Kugeln auch nur aus geringen Höhen (von etwa einem
Meter oder darunter) herabfallen läßt.

Um ein zuverlässiges Urteil über den Elastizitätsgrad eines Materials bei nicht
zu großen Beanspruchungen zu erhalten, muß man daher vor allem eine Form
wählen, die größere Wege und daher auch größere Formänderungsarbeiten zuläßt,
ohne daß die Elastizitätsgrenze überschritten wird. Körper dieser Art bezeichnet
man als Federn (Spiralfedern, Pufferfedern, S-förmige Federn usw.). Man belaste
eine solche Feder und merke sich das Maß der Zusammendrückung nach Erreichung
gewisser Belastungsstufen. Dann trage man die Last allmählich wieder ab und
beobachte von neuem die zu jeder Belastungsstufe gehörige Zusammendrückung.
Das Material der Feder ist vollkommen elastisch, wenn die Zusammendrückung
beim Abtragen der Belastung ebenso groß ist, wie sie unter der gleichen Last
während des Auftragens gefunden wurde. Daß es Körper gibt, die innerhalb
ziemlich weiter Grenzen als vollkommen elastisch betrachtet werden können,

geht schon aus dieser Bemerkung deutlich genug hervor; denn eine Federwaage müßte sich als' ganz unzuverlässig und unbrauchbar erweisen, wenn ihre Feder irgendwie erheblich von der vollkommenen Elastizität abwiche.

§ 47. Festigkeit stabförmiger Körper

Im dritten Band dieser Vorlesungen wird die Festigkeitslehre, die wegen ihrer vielfachen Anwendungen in der Praxis zu den wichtigsten Teilen der technischen Mechanik gehört, ausführlich behandelt. Hier kommt es nur darauf an, einige der einfachsten Fälle zu besprechen und dadurch auf die spätere eingehende Untersuchung vorzubereiten. Deshalb begnüge ich mich hier damit, die Festigkeit gerader stabförmiger Körper zu erörtern.

Man unterscheidet sechs einfache Arten der Beanspruchung eines Stabes, nämlich die Beanspruchungen auf Zug, auf Druck, auf Schub, auf Biegung, auf Torsion oder Verwindung und auf Knicken. — Wenn ein Stab in eine Festigkeitsmaschine gespannt und auseinander gezogen wird, erfährt er Verlängerungen Δl, die mit der Zugkraft P wachsen. Allgemein läßt sich diese Abhängigkeit dadurch ausdrücken, daß man setzt

$$\Delta l = f(P)^{\textbf{·}} \quad \text{oder auch} \quad P = \varphi(\Delta l).$$

Die letzte Form, in der die zwischen P und Δl bestehende Gleichung nach P aufgelöst ist, wird gewöhnlich vor der anderen bevorzugt. Das durch die Funktionen f oder φ ausgedrückte Abhängigkeitsgesetz kann durch den Versuch festgestellt werden. Dieser lehrt aber, daß es bei verschiedenen Körpern verschieden ist. Ein Stab aus Walzeisen oder aus Stahl erfährt anfänglich Längenänderungen, die im gleichen Verhältnis mit den Lasten wachsen (Gesetz von Hooke). Später wächst aber Δl schneller als P. Man bringt die Versuchsergebnisse am besten dadurch zur Anschauung, daß man in passend gewählten Maßstäben Δl als Abszisse und das zugehörige P als Ordinate in ein Diagramm einträgt. Manche Festigkeitsmaschinen sind auch mit Registriereinrichtungen versehen, durch die die Kurve, deren Gleichung $P = \varphi(\Delta l)$ ist, selbsttätig aufgezeichnet wird. Abb. 90 gibt den ungefähren Verlauf eines solchen Diagramms für Walzeisen oder Stahl an. Das erste Stück OA ist geradlinig, entsprechend dem proportionalen Anwachsen von P mit Δl oder umgekehrt.

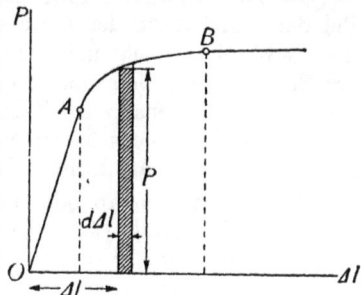

Abb. 90.

Dann kommt ein krummliniges Stück AB, während dessen Δl immer schneller mit P wächst. Gewöhnlich folgt dann auf B eine im Vergleich zu den beiden früheren sehr lange, nahezu horizontale Linie, von der in der Abbildung nur der Anfang gezeichnet ist. Sehr häufig hebt sich dann im späteren Verlauf die Diagrammlinie wieder etwas steiler an. Sie erreicht dann ein Maximum, von dem sie sich wieder nach abwärts senkt, um darauf abzubrechen, weil der Stab zerreißt. Das Bestehen eines solchen Maximums ist natürlich nur in einer Festigkeitsmaschine zu bemerken. Hätte man die Last unmittelbar an dem Stabe aufgehängt, so müßte er sofort mit Erreichung des Maximums brechen, weil sich die an ihm hängende Last nicht vermindert. In der Festigkeitsmaschine ist dies aber anders. Sie zwingt den Stab nur, eine gewisse Längenänderung Δl anzunehmen, die wir ihm nach Belieben vorschreiben

können, solange der Bruch dabei noch nicht eintritt. Die Kraft, die dazu erforderlich ist, ihn in diesem Zustand Δl zu erhalten, ist nicht durch fremde
Bedingungen, sondern durch das Verhalten des Stabes selbst geregelt. Das
ursprünglich Gegebene ist also bei dem Versuch in der Festigkeitsmaschine
nicht die Last, sondern die erreichte Längenänderung Δl, und die Kraft wird —
gewöhnlich durch eine Hebelübersetzung — als von Δl abhängige Veränderliche
gemessen. Daher kommt auch die vorher erwähnte Bevorzugung der Gleichung
$P = \varphi(\Delta l)$ vor ihrer Umkehrung.

Die zu dem Punkt A des Diagramms gehörige Belastung wird als die Proportionalitätsgrenze, die dem Punkt B entsprechende als die Streckoder Fließgrenze und die höchste erreichte Last als die Bruchgrenze bezeichnet. Bei einem Druckversuch stehen die Verkürzungen Δl in einem ähnlichen
Zusammenhang mit den Lasten P; die dem Punkt B des Diagramms entsprechende Belastung heißt dann die Quetschgrenze.

Wenn Δl um $d \Delta l$ beim Steigen der Belastung anwächst, leistet P die Arbeit
$P d \Delta l$. Die ganze zur Formänderung aufgewendete Arbeit A der äußeren Kraft
ist daher

$$A = \int_0^{\Delta l_1} P \, d\Delta l, \qquad (100)$$

wenn Δl_1 die zuletzt erreichte Längenänderung ist. Im Diagramm wird die
Arbeit $P d \Delta l$ durch die Fläche des in Abb. 90 schraffierten schmalen Streifens
von der Grundlinie $d \Delta l$ und der Höhe P angegeben. Unter der Brucharbeit
versteht man die ganze bis zum Bruch aufgewendete Arbeit der Kraft P. Diese
wird durch die ganze Fläche zwischen der Abszissenachse und der bis zum Bruch
fortgesetzten Diagrammlinie dargestellt.

Bei der Beurteilung der Güte eines Baustoffes kommt es meistens ebensosehr
und gewöhnlich noch mehr auf die Größe der Brucharbeit, als auf die Größe
der Bruchlast an. Je größer die Brucharbeit wird, desto zäher wird das Material
genannt. Im Gegensatz zur Zähigkeit steht die Sprödigkeit. Eine scharfe Grenze
zwischen beiden Eigenschaften gibt es ebensowenig wie zwischen Kälte und Wärme.
Die Zähigkeit ist namentlich wichtig bei Körpern, die Stößen ausgesetzt sind.

Bei einem Gußeisenstab oder bei einem Steinprisma, das einem Zug ausgesetzt
wird, fällt die gerade Linie OA im Diagramm gewöhnlich fort. Die Diagrammlinie beginnt vielmehr sofort mit der krummen Linie AB, und auch die nahezu
horizontale Strecke hinter B ist entweder sehr verkürzt oder sie fehlt auch ganz.
Darum ist auch die Brucharbeit gering, und die genannten Körper sind daher
im allgemeinen als spröde zu bezeichnen. Bei Holz überwiegt gewöhnlich umgekehrt die gerade Linie OA. Bald hinter A wird das Verhalten ziemlich unregelmäßig, da gewöhnlich schon einige Fasern zu reißen anfangen, während die übrigen
noch länger zusammenhalten.

Die Lage der Elastizitätsgrenze läßt sich aus einem einfachen Zugversuch, bei
dem man mit der Steigerung der Belastung bis zum Bruch fortfährt, nicht
ermitteln. Dazu ist es nötig, ab und zu innezuhalten und den Stab wieder zu
entlasten. Man begnügt sich gewöhnlich damit, festzustellen, ob der Stab wieder
so genau, als es die Meßvorrichtungen zu erkennen gestatten, seine anfängliche
Gestalt erlangt. Wenn dies zutrifft, nimmt man an, daß er sich bis dahin vollkommen elastisch verhalten hat. Eigentlich müßte man auch während des Zurückgehens die zu jedem Δl gehörige Kraft P ermitteln. Man denke sich die Diagrammlinie in Abb. 90 bis zu irgendeinem Punkt C beschrieben und nun die Entlastung

vorgenommen. Man erhält dann während des Zurückgehens eine zweite Diagrammlinie. Fällt diese mit der ersten genau zusammen, so war die Formänderung vollkommen elastisch. Im anderen Falle schließen beide Diagrammlinien eine Fläche miteinander ein, die die nicht in Form von mechanischer Arbeit zurückgewonnene Energie angibt. Das Verhältnis der zwischen den Diagrammlinien und der Abszissenachse eingeschlossenen Flächen gibt den Elastizitätsgrad an.

Gußeisen und Steine verhalten sich bei einer erstmaligen Belastung erheblich anders als nach mehrmaliger Wiederholung derselben Belastung. Wenn diese nicht zu groß ist und oft genug aufgebracht wurde, wird auch bei diesen Körpern die Formänderung zuletzt ziemlich vollkommen elastisch. Freilich fehlt auch dann immer noch das gerade Anfangsstück OA der Diagrammlinie.

Der Bruch eines Stabes kann nicht nur durch einmaliges Aufbringen der größten Belastung, sondern auch schon durch eine weit geringere Last herbeigeführt werden, wenn diese oft genug aufgebracht und wieder entfernt wird. Je größer die Last selbst ist, desto geringer ist die Zahl der hierzu erforderlichen Wiederholungen. Es gibt aber eine Grenze, unterhalb der auch durch noch so häufige Wiederholung kein Bruch mehr herbeigeführt wird. Hier sei darüber nur im allgemeinen bemerkt, daß sich die Grenze gewöhnlich ungefähr mit der Elastizitätsgrenze deckt.

Bei Walzeisen, Stahl und Holz stimmt die Elastizitätsgrenze ungefähr mit der Proportionalitätsgrenze überein. Gewöhnlich begnügt man sich daher damit, nur die letzte unmittelbar zu messen und die erste ihr gleich zu setzen. In den meisten Fällen hat man es bei Festigkeitsberechnungen mit diesen Stoffen zu tun. Dabei bleiben die Lasten, die man als zulässig ansieht, der Sicherheit wegen beträchtlich unter der Proportionalitätsgrenze. Man braucht sich dann nur um das gradlinige Stück OA der Diagrammlinie zu kümmern. Der Zusammenhang zwischen Δl und P kann daher in der Form

$$\Delta l = r\,P \qquad (101)$$

angeschrieben werden, wo nun r eine dem gegebenen Stab eigentümliche Konstante ist. Gl. (101) spricht das Hookesche Gesetz aus. Die Konstante r hängt von der Länge l, dem Querschnitt F und dem Material des Stabes ab. Daß sie der Länge des Stabes proportional sein muß, läßt sich leicht daraus erkennen, daß jedes n^{tel} der Stablänge einem Stababschnitt zugehört, der sich unter den gleichen Bedingungen befindet wie die übrigen, und daß daher auch ein n^{tel} der ganzen Längenänderung darauf entfallen muß. Ein Stab vom doppelten Querschnitt läßt sich als aus zwei nebeneinander liegenden Stäben bestehend auffassen, von denen jeder die Hälfte der ganzen Belastung aufnimmt und daher auch nur um halb soviel gestreckt wird, als wenn er die ganze Last allein zu tragen hätte. Daraus läßt sich vermuten, daß die Längenänderung und daher die Konstante r der Querschnittsfläche umgekehrt proportional ist. Ich sagte ausdrücklich „vermuten", denn bei der angestellten Überlegung wird die Voraussetzung eingeführt, daß sich die ganze Last gleichmäßig über den Querschnitt verteile, was von vornherein nicht ohne weiteres feststeht. In der Tat zeigt aber der Versuch, daß die Konstante r durch die Formel

$$r = \frac{l}{EF} \qquad (102)$$

dargestellt werden kann, in der E nur noch vom Material des Stabes abhängt. Aus diesem Versuchsergebnis kann erst rückwärts darauf geschlossen werden, daß sich bei Stäben unter solchen Bedingungen, wie sie bei der Anstellung jener

Versuche vorkommen, die Last in der Tat wenigstens nahezu gleichförmig über
den ganzen Querschnitt verteilen muß.

Führt man den Wert von r in Gl. (101) ein, so geht diese über in

$$\Delta l = \frac{P\,l}{E\,F}. \tag{103}$$

Der Quotient P/F gibt an, wieviel Belastung auf die Flächeneinheit des Querschnitts kommt. Wir bezeichnen diese Größe als die spezifische oder auch als
die bezogene Spannung[1]) und gebrauchen dafür den Buchstaben σ, setzen also

$$\sigma = \frac{P}{F}. \tag{104}$$

Hiermit läßt sich Gl. (103) in der übersichtlicheren Form

$$\frac{\Delta l}{l} = \frac{\sigma}{E} \tag{105}$$

anschreiben. Das Verhältnis der Längenänderung Δl zur ursprünglichen Länge l
wird die spezifische oder bezogene Längenänderung genannt. Das Verhältnis ist
eine unbenannte Zahl, gewöhnlich ein sehr kleiner Bruch. Daraus folgt, daß
auch σ und E Größen von derselben Dimension sein müssen und daß ferner E
eine bezogene Spannung von sehr großem Wert im Vergleich zu σ sein muß.
Gewöhnlich drückt man die bezogenen Spannungen in Atmosphären (abgekürzt
atm oder at) aus, worunter man eine Kraft von 1 kg auf 1 qcm versteht. Die
Materialkonstante E heißt der Elastizitätsmodul, und sie ist ebenfalls in dieser
Einheit auszumessen. Beiläufig sei erwähnt, daß für Walzeisen und Stahl der
Elastizitätsmodul gewöhnlich zwischen 2000000 und 2200000 atm liegt. Die
Proportionalitätsgrenze für, mittelweiches Flußeisen liegt etwa bei 1800 atm,
die Bruchgrenze bei 4000 atm und die als zulässig angesehene Belastung bei·800 bis
1000 atm. Als Sicherheitskoeffizient wird oft das Verhältnis zwischen der Bruch-
last und der zulässigen Belastung bezeichnet. Nach dem, was vorher über den
Einfluß einer oft wiederholten Belastung bemerkt wurde, hat aber eine solche
Bezeichnung ernste Bedenken gegen sich; es erscheint vielmehr angemessener,
das Verhältnis zwischen der Proportionalitätsgrenze und der zugelassenen Belastung als Sicherheitskoeffizient zu bezeichnen.

Sobald man sich über die zulässige Beanspruchung σ_{zul} des Materials entschieden
hat, kann man nach Gl. (104) leicht den Querschnitt berechnen, den man einer
Zugstange geben muß, die eine gewisse Last P übertragen soll. Dabei laufen
indessen zwei Voraussetzungen unter, die man nicht aus den Augen verlieren
darf. Zunächst nämlich muß die äußere Kraft P jedenfalls zentrisch angebracht
sein, d. h. so, daß ihre Richtungslinie mit der Stabmittellinie in eine Gerade
fällt. Denn nur in diesem Falle ist eine gleichmäßige Verteilung der Spannungen
über den Querschnitt, wie sie bei Gl. (104) vorausgesetzt wird, überhaupt möglich.
Legt man nämlich einen Schnitt durch den Stab, so müssen die im Schnitt
übertragenen Spannungen im Gleichgewicht mit der äußeren Kraft P an einem
Stabteil stehen. Die Resultierende von Spannungen, die sich gleichförmig über
den Querschnitt verteilen, geht aber durch den Schwerpunkt des Querschnitts,
und durch diesen Punkt muß daher auch die Kraft P gehen, um Gleichgewicht
mit jener herzustellen.

---

[1]) Die Bezeichnung „spezifische" Spannung, Längenänderung o. dgl. ist dem spezifischen Gewicht
nachgebildet. Sprachlich ist diese Übertragung aber nicht ganz einwandfrei, da es sich hier nicht
um eine „Spezies" handelt. Besser ist daher die Bezeichnung „bezogene" Spannung usw., da sie
nur eine Abkürzung für die ausführlichere Umschreibung „auf die Flächeneinheit o. dgl. bezogen"
bildet.

Aber auch dann, wenn P zentrisch wirkt, ist noch keine unbedingte Gewißheit dafür geboten, daß sich die Spannungen gleichmäßig über den Querschnitt verteilen müssen. Man weiß nur, daß dies bei längeren Stäben, wie schon vorher bemerkt wurde, zutrifft, und zwar offenbar, weil sich hier alle Fasern, in die man sich den Stab zerlegt denken kann, ihres Zusammenhanges wegen um gleich viel strecken müssen. Bei gleichen Längenänderungen müssen diese Fasern nach dem Elastizitätsgesetz auch gleiche Spannungen erfahren. Bei kurzen Stäben und namentlich bei Stabenden, wo die äußeren Kräfte P übertragen werden, können dagegen je nach den besonderen Umständen ungleichförmige Dehnungen der Fasern und daher ungleichförmige Spannungsverteilungen sehr leicht eintreten. Bei der Anwendung von Gl. (104) muß daher stets eine Erwägung darüber vorausgehen, ob im gegebenen Falle auf eine gleichförmige Spannungsverteilung zu rechnen ist. —

Eine oft behandelte Aufgabe über die gewöhnliche Zugfestigkeit möge hier noch Platz finden. Ein Seil, das in einen tiefen Schacht hinabhängt, hat nämlich ein sehr erhebliches Eigengewicht gegenüber der Nutzlast, die von ihm getragen wird. Oben muß das Seil stark genug sein, um die um das Eigengewicht vermehrte Nutzlast zu tragen. Wollte man aber das Seil auch bis unten hin ebenso stark machen, so würde dies nicht nur unnützen Materialaufwand und damit verbundene Kosten verursachen, sondern das obere Seilende würde dadurch auch höher belastet als nötig ist. Um diesen Schaden zu vermeiden, läßt man den Querschnitt des Seiles nach unten hin derart abnehmen, daß überall die zulässige Beanspruchung des Materials erreicht wird. Man soll das Gesetz ermitteln, nach dem der Querschnitt F eines solchen „verjüngten" Seiles mit der Entfernung x vom unteren Ende her zunimmt.

Bezeichnet man die zulässige bezogene Spannung des Seiles mit x, die Last am unteren Ende mit P_0 und die um das zugehörige Eigengewicht erhöhte Last in der Höhe x mit P, so hat man

$$P_0 = xF_0 \, ; \quad P = xF.$$

Läßt man x um dx wachsen, so steigt P um das Gewicht des zu dx gehörigen Seilstücks. Das Volumen dieses Seilstücks ist $F\,dx$ und das Gewicht gleich $\gamma F\,dx$, wenn mit γ das spezifische oder bezogene Gewicht bezeichnet wird. Man hat demnach

$$dP = \gamma F\,dx \quad \text{und auch} \quad dP = x\,dF.$$

Der Vergleich beider Werte liefert

$$\gamma F\,dx = x\,dF,$$

eine Gleichung, die nach F aufgelöst werden muß. Zu diesem Zweck bringen wir sie zunächst auf folgende Form

$$\frac{dF}{F} = \frac{\gamma}{\varkappa}\,dx.$$

Links steht das Differential von $\lg F$. Wenn die Differentiale gleich sein sollen, können sich die Stammgrößen nur um eine Konstante unterscheiden. Hiernach folgt

$$\lg F = \frac{\gamma}{\varkappa}\,x + C.$$

Die Integrationskonstante C bestimmt sich aus der Bedingung, daß die Gleichung auch für $x = 0$, also für das untere Seilende zutreffen muß. Dort wird aber F zu F_0 und daraus folgt $C = \lg F_0$. Setzt man dies ein, so erhält man

$$\lg \frac{F}{F_0} = \frac{\gamma}{\varkappa}\,x$$

oder, indem man vom Logarithmus zum Numerus übergeht,

$$F = F_0 \cdot e^{\frac{\gamma}{\varkappa}\,x}, \tag{106}$$

womit die Aufgabe gelöst ist.

Für die Beanspruchung auf Druck bleiben im allgemeinen dieselben Betrachtungen gültig wie für die Zugfestigkeit. Der Hauptunterschied besteht darin, daß ein auf Zug beanspruchter Stab beliebig lang sein kann, ohne an Tragfähigkeit einzubüßen, während sich ein gedrückter Stab seitlich ausbiegt, wenn er im Vergleich zu seinen Querschnittsabmessungen zu lang gemacht wird. Diese Erscheinung wird als Ausknicken bezeichnet und später besonders besprochen. Jedenfalls darf die Festigkeit eines zentrisch auf Druck beanspruchten Stabes nur dann nach Gl. (104) berechnet werden, wenn kein Ausknicken zu befürchten ist. Die Druckfestigkeit ist gewöhnlich mindestens ebenso groß, oft aber erheblich größer als die Zugfestigkeit, so namentlich bei den Steinen und den künstlich hergestellten steinartigen Massen. Auch beim Gußeisen ist die Druckfestigkeit beträchtlich größer als die Zugfestigkeit. Eine Ausnahme macht das Holz. Bei diesem ist die Druckfestigkeit gewöhnlich etwas kleiner als die Zugfestigkeit. Wenn nichts anderes darüber gesagt wird, ist übrigens die Angabe der Zugoder Druckfestigkeit beim Holz immer so zu verstehen, daß die Längsrichtung des Stabes parallel zur Faserrichtung ist und daß also auch die Kraft in dieser Richtung geht. Ein Stab, der aus dem Baumstamm quer zur Hauptrichtung herausgeschnitten würde, hätte viel kleinere Zug- und Druckfestigkeit. Auch eine Schwelle, auf die sich ein Ständer stützt, der auf die Schwelle eine große Last senkrecht zur Faserrichtung überträgt, ist daher weit mehr gefährdet als der Ständer[1]). Die Zerstörung durch Druck in der Längsrichtung findet übrigens beim Holz dadurch statt, daß sich die dunkel gefärbten, härteren Fasern seitlich ausbiegen und in die weichere und heller gefärbte Zwischenmasse eindringen. Die Erscheinung läßt sich ungefähr als ein Ausknicken der härteren Fasern ansehen, die durch das weiche Zwischenmittel nicht mehr gehindert werden kann.

Von besonderer Bedeutung ist die Druckfestigkeit für Bausteine. Sie wird gewöhnlich an würfelförmigen Stücken ermittelt, die sorgfältig bearbeitet, bei Hartsteinen mit der Diamantsäge geschnitten sind und an den beiden Druckflächen vor dem Versuch noch mit einem Diamanten abgedreht werden, um eine möglichst genau ebene Fläche herzustellen. Das Zerdrücken findet zwischen Stahlplatten statt ohne Zwischenlagen. Die so ermittelte Druckfestigkeit wird auch als die Würfelfestigkeit des Steines bezeichnet. Die bezogene Belastung, die den Bruch herbeiführt, ist nämlich hier nicht unabhängig von der Gestalt, also von der Länge und dem Querschnitt des Körpers. Das ist auch leicht erklärlich, wenn man bedenkt, daß das Zerdrücken des Steins notwendig mit einem seitlichen Ausweichen des Materials verbunden ist und daß die an die Druckplatten unmittelbar angrenzenden Teile durch die Reibung an den Druckplatten an einem Ausweichen gehindert sind. Nach den Versuchen von Bauschinger kann die spezifische Bruchbelastung für prismatische Stücke von der Höhe h, dem Querschnitt F und dem Querschnittsumfang u gleich

$$\sqrt{\frac{\sqrt{F}}{{}^1/_4\,u}}\left(\lambda + \nu\,\frac{\sqrt{F}}{h}\right)$$

gesetzt werden. Für einen quadratischen Querschnitt von der Seite a geht dies über in

$$\lambda + \nu\,\frac{a}{h}\,.$$

---

[1]) Bei weichem Holz ist die Druckfestigkeit quer zur Faser nur etwa ein Zehntel von der in der Längsrichtung, bei hartem Holz ungefahr ein Drittel. Für die Schwelle, von der die Rede war, ist die Beanspruchung jedoch nicht ganz so gefährlich, als es nach diesen Verhältniszahlen scheinen könnte. Der Teil der Schwelle, auf den der Druck von dem Ständer unmittelbar übertragen wird, erfahrt nämlich durch den Zusammenhang mit den daruber hinaus reichenden Teilen eine Stützung, die ihn befähigt, eine je nach den Umständen zwei bis dreimal so große Last aufzunehmen, als wenn der Zusammenhang gelöst wäre und der unmittelbar unter dem Ständer liegende Schwellenteil der Last allein zu widerstehen hätte.

Die Konstanten λ und ν sind für jedes Material durch besondere Versuche zu ermitteln. Die Würfelfestigkeit ist gleich der Summe beider Konstanten. Für ein kleines h nimmt die Festigkeit einen großen Wert an. Der Wert ∞ für $h = 0$ hat keine Bedeutung. Für eine ziemlich große Höhe nähert sich die Festigkeit dem Werte λ. Indessen darf man h nicht so groß wählen, daß ein Ausknicken in Frage käme. Überhaupt ist die Bedeutung einer solchen empirischen Formel nicht zu überschätzen. Sie soll nur einen ungefähren Anhaltspunkt geben. Jedenfalls warnt sie davor, die Würfelfestigkeit ohne weiteres für die Beurteilung der Tragfähigkeit eines aus den Steinen aufgeführten Pfeilers als maßgebend anzusehen. Ein Zahlenbeispiel hierzu kommt unter den Aufgaben vor.

Bei der Schubfestigkeit kommt es mehr auf die Gestalt des Querschnittes an, für den ein Abscheren zu befürchten ist, als auf die übrige Gestaltung des Körpers. Von Wichtigkeit ist die Schubfestigkeit namentlich bei der Berechnung der Nieten. Freilich kommt neben der Beanspruchung auf Abschieben der einen Niethälfte über die andere immer auch eine Beanspruchung auf Biegung hinzu. Die Hebelarme der biegenden Kräfte sind aber hier so klein, daß die Schubfestigkeit die Hauptrolle spielt. Gewöhnlich berechnet man die Nieten ebenfalls nach Gl. (104). Man setzt also eine gleichförmige Verteilung der Kraft, die der Nietbolzen zu übertragen hat, auf den ganzen in Frage kommenden Querschnitt voraus. Freilich ist diese Voraussetzung hier viel weniger gerechtfertigt als bei der zentrischen Zug- oder Druckbeanspruchung. Man kann aber den Fehler, den man damit begeht, dadurch unschädlich machen, daß man die zulässige Schubbelastung, die man der Berechnung zugrunde legt, aus Versuchen entnimmt, die selbst mit Nietverbindungen der gleichen Art angestellt sind. Für gewöhnliche Nieten, bei denen nur die Festigkeit und nicht die Dichtheit der Naht in Betracht kommt, kann hiernach eine Schubbelastung von etwa 700 atm als zulässig betrachtet werden.

§ 48. Biegung, Knickung und Verwindung

Ein Stab, der wesentlich auf Biegung beansprucht ist, wird gewöhnlich als Balken bezeichnet. Legt man einen Querschnitt mm durch den Balken (Abb. 91), der ihn in zwei Teile trennt, so müssen die im Querschnitt übertragenen Spannungen im Gleichgewicht mit den äußeren Kräften an einem Balkenteil stehen. Gewöhnlich wählt man den links vom Schnitt liegenden Balkenteil zur Untersuchung des Gleichgewichts aus. Die äußeren Kräfte an diesem Balkenteil sind die daran angreifenden Lasten und der Auflagerdruck A, der in dem durch Abb. 91 dargestellten Falle mit Hilfe einer Momentengleichung sofort berechnet werden kann. Alle diese Kräfte kann man sich parallel nach dem Schwerpunkt des Querschnitts mm verlegt denken. Sie geben dort eine Resultierende, die mit V bezeichnet werden soll und die gleich dem Auflagerdruck A vermindert um die Summe der Lasten links vom Schnitt ist. Außerdem tritt wegen der Parallelverlegung noch ein resultierendes Kräftepaar auf, dessen Moment gleich der Summe der Momente der links vom Schnitt liegenden äußeren Kräfte bezogen auf den Querschnittsschwerpunkt ist. Dieses Moment heißt das Biegungsmoment und sei mit M bezeichnet. Damit Gleichgewicht am linken Balkenteil bestehe, müssen sich auch die im Querschnitt mm übertragenen Spannungen zu einer durch den Schwerpunkt gehenden Resultierenden $-V$ und einem Kräftepaar vom Moment $-M$ vereinigen lassen.

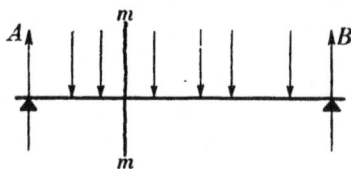

Abb. 91.

Früher war bemerkt worden, daß man von den Sätzen über die Zusammensetzung von Kräften am starren Körper bei Aufgaben der Festigkeitslehre nur mit Vorsicht Gebrauch machen dürfe. Hier sind wir aber zu der vorgenommenen Zusammenfassung der äußeren Kräfte zu der Resultierenden V und dem Moment M berechtigt, weil es sich nur darum handelt, die allgemeinen Gleichgewichtsbedingungen für die am linken Balkenteil angreifenden Kräfte aufzustellen. Dafür macht es aber keinen Unterschied, wenn dieser Balkenteil als starrer Körper betrachtet wird, da es gar nicht mehr auf die inneren Kräfte ankommt, die sonst innerhalb dieses Balkenteils auftreten. Die Spannungen im Querschnitt mm sind zwar für den ganzen Balken innere, für den linken Balkenteil treten sie aber, nachdem der rechte Balkenteil abgeschnitten ist, als äußere auf. Die Resultierende V wird als die Schwerkraft für den Querschnitt mm bezeichnet. Sie bewirkt, daß im Querschnitt Schubspannungen übertragen werden. Bei den gewöhnlichen Biegungsaufgaben kommt es aber auf diese Schubspannungen nicht an, weil sie viel kleiner sind als die Normalspannungen, die dem Biegungsmoment M das Gleichgewicht halten. Wir wollen uns daher hier nur um die Normalspannungen kümmern.

Die vorher gerade Stabachse biegt sich unter der Belastung ein wenig durch, so daß sie ihre Hohlseite nach oben hin kehrt. Die Linie, in die sie übergeht, wird als die elastische Linie des Balkens bezeichnet. Denkt man sich vor der Belastung zwei zur Stabachse senkrechte Querschnitte gezogen, so haben alle zur Stabachse parallel laufenden Fasern zwischen beiden Querschnitten gleiche Längen. Nach der Formänderung sind sie aber nicht mehr gleich lang; auf der Hohlseite der elastischen Linie, also bei den oberen Fasern tritt eine Verkürzung, bei den unteren eine Verlängerung ein. Wir schließen daraus, daß die oberen Fasern gedrückt, die unteren gezogen sind, und daß die Größe dieser Spannungen wächst, je weiter die Fasern von der Mitte entfernt sind. Nach welchem Gesetz diese Zunahme mit dem Abstand von der Mitte erfolgt, ist nicht ohne weiteres klar. Wenn man die Vermutung aufstellt, daß die Querschnitte bei der Formänderung nicht merklich gebogen werden, wird man zwar zu dem Schluß geführt, daß die Längenänderung und daher bei Gültigkeit des Hookeschen Gesetzes auch die Spannung im gleichen Verhältnis mit dem Abstand von der Mitte wachsen müßte. Dieser Schluß ist aber ebenso unsicher wie die Vermutung, auf der er beruht. Wenn man in einem solchen Zweifel über das wirkliche Gesetz ist, tut man immer am besten, zunächst zu versuchen, ob man mit der einfachsten Annahme darüber auskommt. Da wir nun nicht im Zweifel darüber sein können, daß die Spannungen mit der Entfernung von der Mitte wachsen, besteht die einfachste Annahme, die wir machen können, darin, daß die Spannung proportional der Entfernung von der Mitte ist. Als Mitte ist hier allgemein jene Stelle im Querschnitt zu verstehen, an der keine Längenänderung stattfand und an der daher auch die Spannung gleich Null ist, — oder die sogenannte „neutrale" Stelle. Wir nehmen also an, daß zwischen den bezogenen Spannungen σ und σ' in zwei Fasern mit den Abständen y und e von der neutralen Stelle die Proportion

$$\frac{\sigma}{\sigma'} = \frac{y}{e} \qquad (107)$$

bestehe. Denkt man sich eine Linie im Querschnitt parallel zur Lastrichtung gezogen und an jedem Punkt rechtwinklig zu ihr eine Strecke abgetragen, die den Wert von σ an jener Stelle in einem geeigneten Maßstab darstellt (vgl. Abb. 92), so erhält man nach Gl. (107) eine gerade Linie. Die durch Gl. (107) ausgesprochene wird daher auch als die lineare Spannungsverteilung be-

zeichnet. Gl. (107) wird übrigens auch als gültig angesehen, wenn y und e nach verschiedenen Seiten von
der neutralen Stelle aus liegen, was durch einen Gegensatz im Vorzeichen zum Ausdruck gebracht wird.
Dann haben auch σ und σ' verschiedene Vorzeichen,
d. h. eine von beiden Spannungen bedeutet Zug, die
andere Druck.

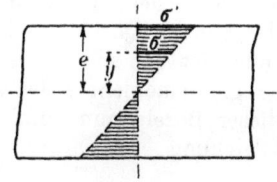

Die durch Gl. (107) ausgedrückte Annahme der
linearen Spannungsverteilung hat sich im großen

Abb. 92.

ganzen bewährt. Die auf ihr aufgebauten Rechnungen führen nämlich in
der Regel zu einer befriedigenden Übereinstimmung mit der Erfahrung. In
manchen Fällen kommen freilich Abweichungen vor, namentlich beim Gußeisen und bei Steinen, also bei Körpern, die dem Hookeschen Gesetz auch
schon bei kleineren Lasten nicht gehorchen. Durch die Anstellung von bloßen
Bruchversuchen läßt sich übrigens kein sicheres Urteil über die mehr oder
weniger genaue Gültigkeit von Gl. (107) bei den gewöhnlich vorkommenden
kleineren Lasten gewinnen. Es kann vielmehr kaum ein Zweifel darüber bestehen,
daß sich das Gesetz der Spannungsverteilung ändert, wenn die Lasten soweit
erhöht werden, daß der Bruch bevorsteht.

Das beste Verfahren besteht darin, daß man zunächst Gl. (107) als gültig ansieht
und die sich aus dieser Annahme ergebenden Rechnungsresultate unmittelbar
mit der Erfahrung vergleicht. Durch Einführung passender Koeffizienten kann
man den etwa begangenen Fehler nachträglich unschädlich machen. In dieser
Hinsicht ist namentlich zu merken, daß die gewöhnlichen Formeln bei Gußeisen-
balken zu Bruchspannungen auf der Zugseite führen, die ungefähr doppelt so
groß sind als die Bruchbelastungen bei einem Zugversuch. Bei Steinen ist der
Unterschied viel geringer, wenn man den wahren Wert der Zugfestigkeit einsetzt;
bei gewöhnlichen Zugversuchen wird dieser nämlich viel zu klein gefunden, weil
sich eine gleichmäßige Verteilung der Spannungen über den Querschnitt nur
schwer erreichen läßt. Bei Walzeisen, Stahl und auch bei Holz stimmen dagegen
die aus Biegungsversuchen abgeleiteten Festigkeitswerte mit den aus Zug- und
Druckversuchen gewonnenen in der Regel ziemlich gut überein.

Wenn der Querschnitt des Balkens eine in die Lastebene fallende Symmetrieachse hat, müssen alle Punkte, für die $\sigma = 0$ ist, auf einer zu dieser senkrecht
stehenden Geraden liegen, die als Nullinie bezeichnet werden soll. — Das Gleichgewicht der am linken Balkenteil angreifenden Kräfte gegen Verschieben in
horizontaler Richtung erfordert, daß die algebraische Summe aller Normalspannungen gleich Null ist. Dies liefert die Gleichung

$$\int \sigma \, dF = \frac{\sigma'}{e} \int y \, dF = 0 \quad \text{oder} \quad \int y \, dF = 0.$$

Die Summierung erstreckt sich über den ganzen Querschnitt. In der letzten Form
sagt aber die Gleichung aus, daß die Nullinie durch den Schwerpunkt des
Querschnitts gehen muß. Ich möchte hier erwähnen, daß ich diese Folgerung
auch bei Balken aus Gußeisen und aus Steinen von rechteckigem Querschnitt
durch unmittelbare Messung der Längenänderungen geprüft habe und sie dabei
nahezu bestätigt fand.

Die Normalspannungen σ liefern ein Kräftepaar, dessen Moment ebensogroß sein
muß wie das Biegungsmoment. Diese Bedingung wird durch die Momentengleichung

$$M = \int y \, \sigma \, dF = \frac{\sigma'}{e} \int y^2 \, dF$$

ausgesprochen. Die sich über den ganzen Querschnitt erstreckende Summe aus den mit den Quadraten der Abstände von der Schwerlinie multiplizierten Flächenteilen ist uns schon aus den Untersuchungen in § 31 bekannt. Sie liefert das Trägheitsmoment J des Querschnitts für die Nullinie als Achse. Mit Einführung dieser Bezeichnung und durch Auflösen nach σ' erhalten wir aus der vorigen Gleichung

$$\sigma' = \frac{M}{J} e. \tag{108}$$

Damit ist unsere Aufgabe im wesentlichen gelöst. Wir können auf Grund von Gl. (108) die an irgendeiner Stelle des Querschnitts auftretende Normalspannung leicht berechnen. Gewöhnlich fragt man nur nach der größten Spannung, die im Querschnitt vorkommt, weil von ihr die Bruchgefahr abhängt. Am größten wird σ' in der größten Entfernung e von der Nullinie, also in der untersten oder obersten Faser. Oft ist es bequem, an Stelle von J den Wert

$$W = \frac{J}{e}$$

zu benutzen, in dem e den Abstand der äußersten Faser angibt. Dieser Wert wird als das Widerstandsmoment des Querschnitts bezeichnet. Ebenso wie J läßt sich auch W für jede Querschnittsform ein für allemal vorausberechnen. Nach Einführung von W geht Gl. (108) über in

$$\sigma' = \frac{M}{W}. \tag{109}$$

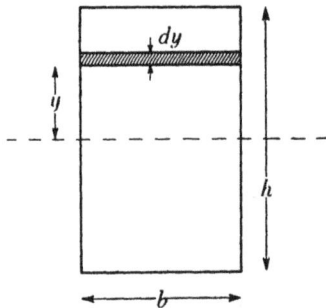

Für den rechteckigen Querschnitt soll die Berechnung von J und W sofort ausgeführt werden. Ein Streifen von der Breite b, der Höhe dy und dem Abstand y von der Nullinie (Abb. 93) liefert zu J den Beitrag $b\,dy \cdot y^2$. Daher ist

$$J = b \int_{-h/2}^{+h/2} y^2\, dy = \frac{b h^3}{12}. \tag{110}$$

Hieraus folgt

$$W = \frac{b h^2}{6} \quad \text{und} \quad \sigma = \frac{6 M}{b h^2}.$$

Abb. 93.

Um die größte Spannung zu finden, die überhaupt im Stabe vorkommt, muß man natürlich jenen Querschnitt aufsuchen, in dem M seinen größten Wert annimmt. Bei einer gleichförmig verteilten Belastung liegt der gefährliche Querschnitt in der Mitte, bei einer Einzellast an der Angriffsstelle der Einzellast.

Man kann sich aber auch die Aufgabe stellen, den Querschnitt des Stabes an jeder Stelle dem dort bestehenden Biegungsmoment anzupassen, so daß in allen Querschnitten gleichzeitig die größte zulässige Kantenspannung erreicht wird. Ein solcher Stab wird als ein Körper von gleicher Festigkeit bezeichnet. Als Beispiel sei der in Abb. 94 gezeichnete Fall eines durch eine Einzellast in der Mitte beanspruchten Balkens betrachtet. Im Abstand x vom linken Auflager hat das Biegungsmoment die Größe $(P/2)x$. Daher muß nach Gl. (109), wenn die zulässige Kantenspannung mit K bezeichnet wird,

$$W = \frac{P x}{2 K}$$

gewählt werden, womit das Widerstandmoment des Querschnitts als Funktion
von x dargestellt ist. Beachtet man noch, daß W eine Länge zur 3. Potenz bedeutet und bei geometrisch ähnlichen Querschnitten daher mit der 3. Potenz
einer Seite oder eines Durchmessers wächst, so folgt, daß z. B. der Durchmesser

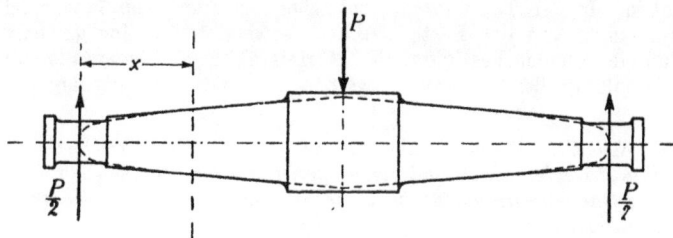

Abb. 94.

eines kreisförmigen Querschnitts (bei den sog. Tragachsen) der dritten Wurzel
aus x proportional gewählt werden muß. Die theoretische Umrißlinie bildet
hiernach eine kubische Parabel, die in der Abbildung punktiert angegeben ist.
Die wirkliche Umrißlinie ist einfacher, wird aber so gewählt, daß sie sich der theoretischen gut anschließt. An den Zapfen verliert natürlich die ganze Betrachtung
ihre Gültigkeit, schon weil, selbst wenn das Biegungsmoment zu Null wird, immer
noch Schubspannungen im Querschnitt übertragen werden müssen, auf die in
der Berechnung keine Rücksicht genommen ist.

Bei der Verwendung von gewalzten Eisenbalken ist man an die vorrätigen Sorten
gebunden. Für diese sind die Trägheits- und Widerstandsmomente zum voraus
berechnet und in den Profiltabellen und Preislisten aufgeführt. Die Festigkeits-
berechnung gestaltet sich daher in solchen Fällen gewöhnlich sehr einfach. Gegeben sind in der Regel die Spannweite l und die Last Q. Wenn sich diese gleichförmig über die Trägerlänge verteilt, wird das Biegungsmoment im gefährlichen
Querschnitt (in der Mitte)

$$M = \frac{Ql}{8}.$$

Die Spannweite l drücke man in cm, die Last Q in kg aus. Nun kennt man noch
die zulässige Belastung des Walzeisens (ungefähr 1000 atm). Durch Einsetzen
von σ' und M in Gl. (109) erhält man das erforderliche Widerstandsmoment W
auf cm bezogen. Dann schlägt man in der Profiltabelle nach und sucht die
passende Größennummer aus. Ist W in mm ausgedrückt, so beachte man, daß
die Dimension von W eine Länge zur 3. Potenz ist. Beim Übergang von mm
auf cm muß man daher drei Stellen abschneiden.

Aufgaben

35. Aufgabe. Für Luftziegel fand Bauschinger
$$\lambda = 20{,}6 \; atm, \quad \nu = 15{,}8 \; atm.$$

*Wieviel kann ein daraus errichteter Pfeiler vom Querschnitt 25 × 50 cm und 4 m Höhe
tragen, wenn der Sicherheit wegen nur 0,1 der Bruchlast für zulässig angesehen wird?*

Lösung. Der Querschnitt F ist hier gleich 1250 cm², daher $\sqrt{F} = 35{,}4$ cm; der Umfang $u = 150$ cm, daher $u/4 = 37{,}5$ cm. Die spezifische Bruchbelastung folgt daraus zu

$$\sqrt{\frac{35{,}4}{37{,}5}} \left(20{,}6 + 15{,}8 \cdot \frac{35{,}4}{400} \right) = 21{,}3 \; atm.$$

Die zulässige Belastung P ist daher

$$P = 2,13 \cdot 1250 = 2660 \text{ kg.}$$

Anmerkung. Bei dieser Berechnung ist übrigens stillschweigend vorausgesetzt, daß die Mörtelbänder zwischen den einzelnen Steinschichten eine ausreichende Druckfestigkeit haben. In der Tat wird die zulässige Belastung von Mauerpfeilern häufig ziemlich unabhängig von der Festigkeit der verwendeten Steine gewählt, weil man annimmt, daß sie von der Festigkeit des Mörtels abhänge. Jedenfalls sollte aber die Belastung niemals größer genommen werden, als aus der vorhergehenden Rechnung folgt.

36. Aufgabe. Ein Wasserturm von 20 m Höhe ist aus Steinen errichtet, die überall mit 10 atm beansprucht werden sollen und deren spezifisches Gewicht gleich 2 ist. Wievielmal so groß muß der Querschnitt am Fuß sein wie am oberen Ende, das die Wasserbelastung unmittelbar aufnimmt?

Lösung. Nach Gl. (106), die für Druckbelastung ebenso wie für Zug gültig bleibt, ist

$$F = F_0\, e^{\frac{\gamma}{\varkappa}\, x} .$$

Hier ist, wenn wir alle Längen in m ausdrücken, $\gamma = 2000 \text{ kg/m}^3$, $\varkappa = 100\,000 \text{ kg/m}^2$ und $x = 20 \text{ m}$. Daher wird

$$F = F_0\, e^{0,4} = 1,492\, F_0.$$

Der horizontale Mauerquerschnitt des Turmes muß also wegen des Eigengewichts unten um nahezu 50% größer sein als oben.

SIEBENTER ABSCHNITT

Der Stoß fester Körper

§ 49. Der gerade zentrale Stoß

Ein Stoß findet statt, wenn sich zwei Körper aufeinander zu bewegen und dabei mit den Oberflächen in Berührung kommen. Die Undurchdringlichkeit der Körper gibt dann einen geometrischen Grund für eine plötzliche Änderung der Relativbewegung ab. Jeder sachliche Grund für die Änderung einer Bewegung ist aber eine Kraft. Die hier auftretende Kraft wird als der Stoßdruck bezeichnet. Da die Änderung der Bewegung sehr schnell erfolgt, die Beschleunigung oder Verzögerung der sich stoßenden Körper daher sehr groß ist, erlangt auch der Stoßdruck in der Regel einen sehr großen Wert. Daher kommt es, daß beim Stoß leicht ein Bruch oder wenigstens eine bleibende Formänderung der gestoßenen Körper eintritt. Davon macht man in der Technik oft mit Vorteil Gebrauch, z. B. beim Arbeiten mit dem Hammer. Wenn die beiden aufeinander stoßenden Körper vollkommen starr wären, müßte die Geschwindigkeitsänderung ohne jeden Zeitaufwand erfolgen; die Beschleunigung oder Verzögerung und hiermit auch der Stoßdruck würden dann unendlich groß werden. — Einer unendlich großen Kraft vermag aber kein Körper zu widerstehen; er müßte, wenn er keiner anderen Formänderung fähig wäre, mindestens zerbrechen. Man erkennt daraus, daß es bei der Behandlung des Stoßes nicht genügen kann, sich beide Körper als starr vorzustellen. Oft wird zwar in der Mechanik von den Stoßgesetzen für starre Körper gesprochen; aber mit Unrecht. Das Bild des starren Körpers ist bei der Untersuchung der Stoßvorgänge ganz unzureichend, um die Erscheinungen der Wirklichkeit darzustellen.

Der Stoßdruck ist wie jede andere Kraft dem Wechselwirkungsgesetz unterworfen. Er ist also für beide Körper von gleicher Größe und von entgegengesetzter Richtung. Wegen des großen Wertes, den er gewöhnlich erreicht, übertrifft er die unabhängig von dem Stoß sonst etwa noch an den gestoßenen Körpern angreifenden Kräfte so bedeutend, daß man während des Stoßes diese oft ganz vernachlässigen kann. Man sieht dann am besten von vornherein von diesen Kräften, also z. B. von dem Gewicht der Körper, vollständig ab und behandelt die Aufgabe so, als wenn die Körper frei, also unbeeinflußt von allen anderen aufeinander stießen. Unzulässig ist diese Betrachtung freilich dann, wenn der Stoß selbst dazu führt, daß an anderen Stellen, etwa an Auflagerungen oder Führungen, Zwangskräfte auftreten, die sonst nicht vorhanden wären. Denn diese können sehr wohl von gleicher Größenordnung mit dem Stoßdruck sein. Jedenfalls soll aber zunächst der Stoß von zwei völlig frei aufeinandertreffenden Körpern behandelt werden.

Beim Stoß kommt es nur auf die Relativbewegung beider Körper gegeneinander an. Denn eine Bewegung, die etwa beide gemeinsam miteinander ausführen, hat keinen Einfluß auf die Annäherung der Körper vor dem Stoße, die sich auch während des Stoßes infolge der Formänderung noch für kurze Zeit fortsetzt.

Sie ist daher auch ohne Einfluß auf den Stoßdruck und auf die von ihm bewirkten Geschwindigkeitsänderungen. Die gemeinsame Bewegung wird durch den Stoß nicht gehindert und nicht geändert, und man kann daher zunächst ganz von ihr absehen. Alle Fälle des Stoßes von zwei freien Körpern gegeneinander lassen sich daher darauf zurückführen, daß der eine Körper ruht, während der andere mit der relativ zu diesem Körper genommenen Bewegung auf ihn zukommt. Wir wollen diesen zur Vereinfachung der Beschreibung den stoßenden, den ruhenden Körper aber den gestoßenen nennen, obschon sich eigentlich beide gegenseitig stoßen. In der Tat hängt es ganz von unserem Belieben ab, welchen von beiden Körpern wir uns ruhend und welchen wir uns auf ihn zukommend denken wollen. Es wird also durch diese Verteilung beider Rollen kein grundsätzlicher Unterschied zwischen beiden Körpern gemacht.

Von dem eben beschriebenen Fall wollen wir jetzt ausgehen. Der Stoß beginnt, sobald die Oberfläche des stoßenden Körpers gerade in Berührung mit der Oberfläche des gestoßenen Körpers gekommen ist. In der Regel wird die Berührung zunächst nur in einem einzigen Punkt stattfinden. Bei einem von beiden Körpern kann dieser Punkt eine Ecke bilden. Ein zufälliges Zusammentreffen von zwei Ecken miteinander ist aber im allgemeinen nicht zu erwarten; jedenfalls wollen wir diesen Fall jetzt ausschließen. Wir nehmen vielmehr an, daß die Oberflächen beider Körper im Stoßangriffspunkt eine gemeinsame Berührungsebene haben. Im Berührungspunkt denken wir uns entweder zu dieser gemeinsamen Berührungsebene oder wenigstens zu der Oberfläche des einen Körpers, wenn der andere mit einer Ecke auftrifft. eine Normale gezogen, die wir als die Stoßnormale bezeichnen wollen.

Der Stoß wird gerade genannt, wenn der stoßende Körper nur eine Translationsbewegung besitzt, deren Richtung mit jener der Stoßnormalen zusammenfällt. An der Berührungsstelle bewegen sich dann beide Körper gerade aufeinander zu, und es fehlt jeder Bewegungsanteil, der ein Gleiten der einen Körperoberfläche gegen die andere zur Folge hätte. Dann ist auch keine Veranlassung zum Auftreten einer Reibung zwischen beiden Oberflächen gegeben. Der Stoßdruck fällt daher in die Richtung der Stoßnormalen.

Der Stoß wird ferner zentral genannt, wenn die Stoßnormale durch die Schwerpunkte beider Körper geht. Mit dem Fall, daß der Stoß gleichzeitig gerade und zentral ist, wollen wir uns in diesem Paragraphen näher beschäftigen. Er läßt sich am einfachsten erledigen, weil bei ihm gar keine Drehungen vorkommen. Denn auch während des Stoßes können beide Körper keine Drehbewegungen annehmen, da der Stoßdruck, der mit der Richtung der Stoßnormalen zusammenfällt, durch die Schwerpunkte beider Körper geht. Wenn es überhaupt genügte, die Körper als starr zu betrachten, könnte man sie daher im Falle des geraden zentralen Stoßes ebenso gut auch unter dem einfacheren Bild materieller Punkte auffassen. Beide Bilder genügen aber hier nicht wegen der Notwendigkeit, auf die Formänderungen zu achten, die die Körper während des Stoßes erleiden.

Am einfachsten stellt man sich beide Körper als zwei Kugeln vor, von denen die eine auf die andere in der Richtung der Verbindungslinie beider Mittelpunkte zukommt. Indessen ist eine solche spezielle Annahme gar nicht nötig, sondern nur, daß die vorher angeführten Merkmale des geraden zentralen Stoßes zutreffen.

Unmittelbar nach Beginn des Stoßes dauert die Relativbewegung beider Körper noch einige Zeit fort, indem sie stetig bis auf Null hin abnimmt. Solange sie noch nicht zu Null geworden ist, findet noch eine Annäherung der Schwerpunkte beider Körper gegeneinander statt. Diese Annäherung wird ermöglicht durch die

Formänderung, die beide Körper an der Berührungsstelle erfahren. Je größer die Abplattung schon geworden ist, desto größer wird auch die ihr entsprechende Kraft. Der Stoßdruck wächst daher während des Stoßes allmählich an, so lange, bis die größte Abplattung erreicht, also bis die Relativgeschwindigkeit der Körper zu Null geworden ist. Beide Körper haben dann gleiche Geschwindigkeit erlangt. Der gestoßene wurde durch den Stoßdruck beschleunigt, und die Geschwindigkeit des stoßenden wurde verzögert, bis beide Geschwindigkeiten einander gleich geworden sind. Die Zeit vom Beginn des Stoßes bis zu diesem Augenblick wird als die **erste Stoßperiode** bezeichnet.

Wir wollen zunächst die gemeinsame Geschwindigkeit u beider Körper am Ende der ersten Stoßperiode berechnen. Die Geschwindigkeit des stoßenden Körpers vor dem Stoße sei v_1, sein Gewicht Q_1 und das Gewicht des vorher ruhenden, gestoßenen Körpers sei Q_2. Nach dem Satz vom Antrieb Gl. (24) ist

$$\int \mathfrak{P}\, d\, t = m\, \mathfrak{v} - m\, \mathfrak{v}_0,$$

wenn der Stoßdruck in einem gegebenen Augenblick mit $\mathfrak{P}$ bezeichnet wird. Nach dem Wechselwirkungsgesetz ist aber $\mathfrak{P}$ für beide Körper von gleicher Größe und entgegengesetzter Richtung. Der Gewinn an Bewegungsgröße des einen Körpers ist daher gleich dem Verlust der Bewegungsgröße des anderen. Anstatt dessen kann man auch sagen, daß die Summe der Bewegungsgrößen beider Körper vor, während und nach dem Stoß in jedem Augenblick denselben Wert behält. Für das Ende der ersten Stoßperiode folgt daraus

$$\frac{Q_1 + Q_2}{g}\, u = \frac{Q_1}{g}\, v_1$$

und hieraus

$$u = \frac{Q_1 v_1}{Q_1 + Q_2}. \tag{115}$$

Auf den Fall, daß der eine Körper vor dem Stoß ruhte, läßt sich zwar, wie wir sahen, jeder andere zurückführen. Um die dazu erforderliche Betrachtung nicht jedesmal von neuem ausführen zu müssen, ist es aber zweckmäßig, sofort noch den anderen, häufig vorkommenden Fall ins Auge zu fassen, daß sich beide Körper vor dem Stoß in der Richtung der Verbindungslinie ihrer Schwerpunkte bewegten. Zunächst mögen sich beide in der gleichen Richtung bewegen. Der Körper Q_2 möge mit der Geschwindigkeit v_2 vorangehen und von dem Körper Q_1 mit der größeren Geschwindigkeit v_1 eingeholt werden. Dann folgt aus dem Satz vom Antrieb, wie vorher

$$\frac{Q_1 + Q_2}{g}\, u = \frac{Q_1}{g}\, v_1 + \frac{Q_2}{g}\, v_2$$

und hieraus

$$u = \frac{Q_1 v_1 + Q_2 v_2}{Q_1 + Q_2}. \tag{116}$$

Bewegten sich beide Körper vor dem Stoß aufeinander zu, also in entgegengesetzter Richtung, so ist v_2 der umgekehrten Richtung wegen negativ in diese Formeln einzuführen, während sich im übrigen nichts ändert. Ein positives Vorzeichen von u bedeutet dann, daß die gemeinsame Geschwindigkeit beider Körper am Ende der ersten Stoßperiode gleichgerichtet mit v_1 ist, ein negatives Vorzeichen, daß sie in die Richtung von v_2 fällt.

Die Bewegungsgröße bleibt also im ganzen beim Stoß ungeändert, was auch schon aus dem Satz von der Bewegung des Schwerpunktes des aus beiden

Körpern gebildeten Punkthaufens zu schließen gewesen wäre. Anders ist es aber mit der lebendigen Kraft. Diese erfährt während der ersten Stoßperiode einen Verlust, den wir mit Verl bezeichnen und den wir berechnen wollen. Vor dem Stoß war die lebendige Kraft beider Körper

$$\frac{Q_1 v_1{}^2}{2\,g} + \frac{Q_2 v_2{}^2}{2\,g}.$$

Am Ende der ersten Stoßperiode ist sie

$$\frac{Q_1 + Q_2}{2\,g}\, u^2 \quad \text{oder} \quad \frac{Q_1 + Q_2}{2\,g} \left(\frac{Q_1 v_1 + Q_2 v_2}{Q_1 + Q_2} \right)^2.$$

Der Verlust an lebendiger Kraft ist die Differenz beider Werte, also

$$2\,g\,\text{Verl} = Q_1 v_1{}^2 + Q_2 v_2{}^2 - \frac{(Q_1 v_1 + Q_2 v_2)^2}{Q_1 + Q_2}.$$

Zieht man die Glieder auf der rechten Seite zusammen und ordnet sie, so erhält man

$$\text{Verl} = \frac{Q_1 Q_2}{Q_1 + Q_2} \cdot \frac{(v_1 - v_2)^2}{2\,g}. \tag{117}$$

Auch diese Formel bleibt ohne weiteres anwendbar, wenn v_2 negativ, also entgegengesetzt mit v_1 gerichtet ist. Man erkennt, daß der Verlust nur von der Relativgeschwindigkeit $v_1 - v_2$ abhängt, was auch von vornherein zu erwarten war.

Der Verlust an lebendiger Kraft ist gleich der Arbeit, die zur Formänderung der Körper während der ersten Stoßperiode aufgewendet wurde. Wenn man das Gesetz kennt, nach dem sich der Stoßdruck P mit der bereits erreichten Abplattung ändert, kann man eine Gleichung aufstellen, die zur Berechnung von P verwendet werden kann. Die Summe der Abplattungen, also die Annäherung der Schwerpunkte beider Körper während der ersten Stoßperiode sei mit a bezeichnet. Weiß man, daß P in jedem Augenblick proportional mit der bereits erreichten Abplattung ist, so ist $\frac{1}{2} P a$ die zur Formänderung aufgewendete Arbeit, und man hat

$$^1/_2\, P a = \text{Verl} = \frac{Q_1 Q_2}{Q_1 + Q_2} \frac{(v_1 - v_2)^2}{2\,g}. \tag{118}$$

Dazu kommt noch eine Gleichung von der Form $P = c\,a$, in der der Proportionalitätsfaktor c als gegeben zu betrachten ist. Gl. (118) gestattet dann die Berechnung sowohl von P als von a.

Die Annahme, daß Stoßdruck und Abplattung proportional miteinander sind, ist z. B. zulässig, wenn zwei Eisenbahnwagen mit geringer Geschwindigkeit aufeinander stoßen, so daß die Formänderung im wesentlichen im Zusammendrücken der Pufferfedern besteht. Bei Aufgaben dieser Art kennt man gewöhnlich auch von vornherein den Zusammenhang zwischen P und a, also den Proportionalitätsfaktor c.

Setzt man a in Gl. (118) gleich Null, so folgt $P = \infty$, d. h. für starre Körper müßte der Stoßdruck unendlich groß sein, oder richtiger — da dieses Resultat keinen Sinn hat — für wenig deformierbare Körper muß der Stoßdruck sehr groß werden, was wir schon früher schlossen.

Das Hookesche Gesetz der Proportionalität zwischen der Formänderung und der Spannung von Körpern in Stabform gilt für manche Körper überhaupt nicht, für andere wenigstens nur bis zu einer gewissen Grenze. Schon daraus folgt, daß Gl. (118) nicht immer angewendet werden kann, da der Stoßdruck P, wenn er nicht durch Einschaltung von Federn, also durch ein großes a abgeschwächt ist, sehr groß wird. Aber auch abgesehen davon, also schon bei Stößen von geringer Geschwindigkeit, durch die ein Überschreiten der Proportionalitätsgrenze nicht herbeigeführt wird, kann selbst bei Körpern, die dem Hookeschen Gesetz gehorchen, nicht ohne weiteres $P = ca$ gesetzt werden. Jenes Gesetz gilt eben zunächst nur für Körper von stabförmiger Gestalt oder auch für einzelne Elemente eines anders gestalteten Körpers, es kann aber nicht ohne weiteres auf die gesamte Formänderung eines beliebig gestalteten Körpers übertragen werden. Wenn z. B. zwei Kugeln aufeinander gedrückt werden, nimmt nach einer Untersuchung von Hertz, über die im 5. Band dieser Vorlesungen näher berichtet ist, die Kraft mit der $3/2^{\text{ten}}$ Potenz der bereits erreichten Abplattung x zu, also

$$P = c\,x^{3/2}$$

und hieraus

$$\int_0^a P\,dx = c\int_0^a x^{3/2}\,dx = c\cdot {}^2/_5\,a^{5/2} = {}^2/_5\,a\,P_{\max},$$

und an Stelle von $0{,}5\,Pa$ auf der linken Seite von Gl. (118) ist demnach hier $0{,}4\,Pa$ einzuführen. Ganz anders gestaltet sich natürlich wieder der Zusammenhang zwischen P und x, wenn bleibende Formänderungen oder überhaupt Abweichungen vom Hookeschen Gesetz eintreten oder wenn etwa zwei plastische Körper aufeinander stoßen. Wenn es sich nur um eine ungefähre Abschätzung handelt, wird man aber in der Regel von Gl. (118) mit hinlänglicher Genauigkeit auch in solchen Fällen Gebrauch machen können.

Ich komme jetzt zum Verhalten der Körper nach Ablauf der ersten Stoßperiode. Dieses hängt vornehmlich vom Elastizitätsgrad ab. Wenn beide Körper vollkommen plastisch sind, ist der Stoß mit der ersten Stoßperiode bereits beendigt. Beide Körper setzen dann ihren Weg mit der gemeinsamen Geschwindigkeit u ohne weitere Änderung fort. Der Stoßdruck sinkt plötzlich bis auf Null herab, sobald sich die Körper nicht mehr einander nähern, denn ein Bestreben zur Rückbildung der vorher erlittenen Formänderung besteht beim plastischen Körper nicht.

Als Beispiel für einen rein plastischen Stoß möge hier das früher vielfach zur Messung der Geschwindigkeit von Geschossen verwendete ballistische Pendel angeführt werden. Man stelle sich einen Kasten vor, der etwa mit Erde angefüllt und an einer langen Stange als Pendel aufgehängt ist. Ein Geschoß, das in den Kasten eindringt und darin stecken bleibt, übt einen plastischen Stoß aus, und die nach Gl. (115) berechnete Geschwindigkeit u gibt sofort die Geschwindigkeit nach Beendigung des Stoßes an. Die Aufhängung des Kastens an der Stange als Pendel hat nur den Zweck, aus dem zu beobachtenden Pendelausschlag (nach dem Satz von der lebendigen Kraft) einen Schluß auf die Geschwindigkeit u am Ende des Stoßes zu ziehen und hiernach die Geschwindigkeit v_1 des Geschosses aus dem Pendelausschlag zu berechnen.

Ein solcher Stoß, der mit der ersten Stoßperiode bereits zu Ende ist, wird oft als ein Stoß starrer Körper ausgegeben, offenbar aber mit Unrecht. Ein starrer Körper kann ebensowohl als Grenzfall eines vollkommen elastischen Körpers mit sehr hohem Elastizitätsmodul wie als Grenzfall eines vollkommen plastischen Körpers von sehr großer Härte angesehen werden. Je nachdem das eine oder andere angenommen wird, gelangt man zu verschiedenen Schlüssen über das Verhalten starrer Körper beim Stoß. Dies zeigt eben nur von neuem, daß der Stoß starrer Körper kein physikalisch zulässiges Problem bildet.

Wenn der Elastizitätsgrad von Null verschieden ist, hört der Stoßdruck mit dem Ende der ersten Stoßperiode noch nicht auf. Die Formänderung wird wieder rückgängig, und die Schwerpunkte entfernen sich dabei voneinander. Die Zeit, während der dies geschieht, bis zu dem Augenblick, in dem 'sich die Körper wieder trennen, heißt die zweite Stoßperiode. Eine Trennung muß nämlich zuletzt wieder eintreten, denn die zu Anfang der zweiten Stoßperiode gleiche Geschwindigkeit u wird durch den Stoßdruck bei beiden Körpern im entgegengesetzten Sinn geändert. Die Geschwindigkeiten zu Ende der zweiten Stoßperiode, also auch am Ende des ganzen Stoßes, seien mit w_1 und w_2 bezeichnet. Wir wollen sie zunächst unter der Annahme berechnen, daß der Stoß vollkommen elastisch erfolgte.

Zur Berechnung von w_1 und w_2 stehen uns zwei Wege offen. Beim vollkommen elastischen Stoß wird die Formänderungsarbeit, die gleich dem in Gl. (117) berechneten Verlust an lebendiger Kraft ist, umkehrbar aufgespeichert und nach Ablauf des ganzen Stoßes hat sie sich wieder vollständig in lebendige Kraft zurückverwandelt. Die Unbekannten w_1 und w_2 sind daher durch die beiden Bedingungen bestimmt, daß die Summe der lebendigen Kräfte und auch, wie bei jedem Stoß, die Summe der Bewegungsgrößen nach dem Stoß so groß sein müssen wie vor dem Stoße. Das ist der eine Weg; beim anderen achtet man darauf, daß beim Rückgängigwerden der vollkommen elastischen Formänderung zu jeder Abplattung dieselbe Kraft gehört, wie beim Anwachsen der Formänderung während der ersten Stoßperiode. Jedem Augenblick der ersten Stoßperiode entspricht also ein Augenblick der zweiten Stoßperiode mit der gleichen Abplattung, dem gleichen Stoßdruck und daher auch der gleichen Beschleunigung oder Verzögerung für beide Körper. Aus der Gleichheit der Beschleunigungen in beiden Stoßperioden folgt auch, daß gleich viel Zeit verfließt, bis in der zweiten Stoßperiode eine gewisse Abplattung auf einen kleineren Wert abnimmt, als vorher in der ersten Stoßperiode erforderlich war, um die gleiche Zunahme zu bewirken. Die in beiden Stoßperioden einander entsprechenden Augenblicke sind daher zeitlich gleich weit vom Ende der ersten Stoßperiode entfernt. Beide Stoßperioden liegen der Zeit nach symmetrisch zu dem Augenblick, der ihre Grenzen bildet; die eine verhält sich etwa wie ein Spiegelbild zu der anderen.

Aus dieser Betrachtung folgen die Endgeschwindigkeiten w_1 und w_2 fast ohne Rechnung. Die Gesamtänderung der Geschwindigkeit muß nämlich in der zweiten Stoßperiode für jeden Körper ebenso groß sein wie in der ersten. Wenn sich also zuerst v_1 bis auf u, also um $v_1 - u$ änderte, so muß sich in der folgenden Stoßperiode u nochmals um $v_1 - u$ und im gleichen Sinne ändern; man hat also

$$w_1 = u - (v_1 - u) = 2u - v_1.$$

Einfacher ist es vielleicht noch, wenn man sagt, daß die Geschwindigkeit u an der Grenze beider Stoßperioden das arithmetische Mittel aus den Geschwindigkeiten vor und nach dem Stoß ist. Diese Aussage deckt sich mit der vorausgehenden Gleichung. Ebenso wird auch

$$w_2 = 2u - v_2,$$

und wenn man den Wert von u aus Gl. (116) einsetzt, erhält man

$$\left.\begin{aligned}
w_1 &= \frac{Q_1 v_1 + Q_2 (2 v_2 - v_1)}{Q_1 + Q_2} \\
w_2 &= \frac{Q_1 (2 v_1 - v_2) + Q_2 v_2}{Q_1 + Q_2}
\end{aligned}\right\} \qquad (119)$$

Es bleibt jetzt noch übrig, die Summe der lebendigen Kräfte am Ende des Stoßes, also den Ausdruck L

$$L = \frac{Q_1 w_1{}^2}{2\,g} + \frac{Q_2 w_2{}^2}{2\,g}$$

zu berechnen. Die unmittelbare Einführung der Werte von w_1 und w_2 aus den Gleichungen (119) führt zu einer langen und daher schwer zu übersehenden Rechnung. Ich behalte daher zunächst u bei und setze

$$L = \frac{Q_1}{2\,g} \cdot (2\,u - v_1)^2 + \frac{Q_2}{2\,g} (2\,u - v_2)^2$$

$$= 4\,u^2 \frac{Q_1 + Q_2}{2\,g} - 4\,u\, \frac{Q_1 v_1 + Q_2 v_2}{2\,g} + \frac{Q_1 v_1{}^2 + Q_2 v_2{}^2}{2\,g}\,.$$

Die beiden ersten Glieder auf der rechten Seite dieser Gleichung heben sich aber gegeneinander weg. Den Faktor $4\,u$ haben nämlich beide gemeinsam; außerdem kommt im ersten Glied der Faktor u noch einmal vor. Setzt man nun an Stelle dieses Faktors u den durch Gl. (116) gegebenen Wert von u, so geht in der Tat, wie man sofort erkennt, das erste Glied in denselben Ausdruck über, wie das zweite; beide heben sich also gegeneinander fort. Das hiernach allein übrig bleibende dritte Glied stellt die lebendige Kraft L_0 vor dem Stoß dar, und wir können daher an Stelle der vorausgehenden Gleichung auch

$$L = L_0 \tag{120}$$

schreiben. Wir haben uns damit nur überzeugt, daß man auch auf dem jetzt eingeschlagenen Weg zur Berechnung von w_1 und w_2 zu der Folgerung gelangt, daß die lebendige Kraft beider Körper nach dem Stoß ebenso groß ist wie vor dem Stoß. Für den vollkommen elastischen Stoß ist dies aber an sich selbstverständlich; wir hätten daher ebensogut auch w_1 und w_2 berechnen können, indem wir von Gl. (120) ausgegangen wären und die Gleichung der Bewegungsgrößen

$$Q_1 v_1 + Q_2 v_2 = Q_1 w_1 + Q_2 w_2$$

dazu genommen hätten.

§ 50. Anwendung auf Schlagwerke und Rammen

Bei einem Schlagwerk ist der in Gl. (117) berechnete, in Formänderungsarbeit umgewandelte Verlust an lebendiger Kraft gerade die Nutzarbeit, und man sucht daher diesen Betrag möglichst groß zu machen. Es gelingt nämlich nicht, die lebendige Kraft des auftreffenden Hammers oder Bärs vollständig in Formänderungsarbeit umzuwandeln, weil unter dem starken Stoßdruck auch der Amboß oder überhaupt die Unterlage des gestoßenen Körpers etwas nachgibt. Am Ende der ersten Stoßperiode haben daher Hammer, Werkstück und Amboß eine Geschwindigkeit u nach abwärts, die nachher unter dem sich ihr widersetzenden Bodendruck freilich schnell erlischt. Die zur Formänderung des Werkstückes verfügbare Energie wird um so größer, je schwerer der Amboß im Vergleich zum Hammer ist. Daraus ergibt sich die Vorschrift, den Amboß aus einem großen Metallstück herzustellen, das womöglich mit großen Fundamentmassen gut verankert sein soll, um auch diese zur Vergrößerung von Q_2 mitwirken zu lassen.

Unter dem Wirkungsgrad eines Schlagwerkes versteht man das Verhältnis der in Formänderungsarbeit verwandelten Energie zur kinetischen Energie des auftreffenden Hammers. Dieser Wirkungsgrad hängt auch von dem Werkstück ab. Um sich davon unabhängig zu machen, kann man ein Werkstück wählen, das für die Aufnahme der Formänderungsarbeit möglichst günstig ist; man findet dann den von der Konstruktion des Schlagwerkes allein abhängigen Wirkungsgrad. Hierzu eignet sich am besten ein Zylinder von weichem Kupfer, dessen Höhe man gleich dem Durchmesser macht. Der Zylinder wird unter dem Schlag des Hammers zusammengedrückt. Hat man nun andere Zylinder von derselben Stange unter einer Presse zusammengedrückt und die jedem Grad der Zusammendrückung entsprechende Kraft beobachtet, so folgt daraus die Formänderungsarbeit, die erforderlich ist, um die Zusammendrückung um ein gegebenes Maß herbeizuführen. Der Vergleich mit der lebendigen Kraft des auftreffenden Hammers liefert den gesuchten Wirkungsgrad.

Man kann den Wirkungsgrad auch anders definieren, nämlich so, daß dabei schon auf die Reibung in der Führung des Hammers Rücksicht genommen wird. Bei einem Hammer, der in einer Führung herabfällt, wird nämlich ein Teil der potentiellen Energie, die der Hammer infolge seines Hubes hatte, zur Überwindung der Reibungswiderstände in der Führung verbraucht. Der Hammer trifft daher schon mit geringerer Geschwindigkeit auf, als es den gewöhnlichen Fallgesetzen entsprechen würde. Nach dem, was früher über die Reibung in Führungen bemerkt wurde, folgt, daß man gut tut, die Hammerführung möglichst lang zu machen, um diesen Verlust zu verringern. Da es nun zu umständlich wäre, die Geschwindigkeit des auftreffenden Hammers unmittelbar zu messen, verfährt man am besten so, daß man die ursprünglich gegebene potentielle Energie des Hammers, also die Hubhöhe multipliziert mit dem Hammergewicht, in Vergleich stellt mit der auf den Kupferzylinder übertragenen Formänderungsarbeit. Ein zur Anstellung genauer Versuche bestimmtes Schlagwerk muß auf diese Art vor seiner Benutzung geeicht werden. Man kann dazu auch Normalkupferzylinder verwenden, deren Verhalten vorher schon festgestellt wurde und die aus einer sich mit solchen Prüfungen befassenden Versuchsanstalt bezogen sind.

Ein Schlagwerk von besonderer Art ist die zum Einschlagen von Pfählen bestimmte Ramme. Durch den Stoßdruck wird der Pfahl immer tiefer in den Boden getrieben. Je tiefer der Pfahl schon eingedrungen ist, desto größer ist die Kraft, die erforderlich ist, um ihn noch weiter zu treiben. Diese Kraft besteht nicht nur aus dem Widerstand, den die Pfahlspitze erfährt, sondern dazu kommt noch die beim tieferen Eindringen vermehrte Reibung am Umfang des Pfahls. Der von dem Pfahl eingenommene Raum war vorher von Erde ausgefüllt, die jetzt seitlich verdrängt und dadurch stark zusammengedrückt ist. Der Erdboden ist nämlich nicht eine vollkommen plastische Masse, sondern er ist in mehr oder minder hohem Grade elastisch. Er sucht sich daher wieder auszudehnen und übt einen großen Druck von der Seite her auf den Umfang des Pfahles aus, der ihn an der Ausdehnung hindert. Dieser Druck ist zunächst ein Normaldruck, also horizontal gerichtet. Ihm entspricht aber auch eine Reibung, die sich sowohl dem tieferen Eindringen des Pfahles als dem Herausziehen widersetzt. Die Reibung wird um so größer, je größer der Normaldruck ist, also je tiefer der Pfahl im Boden steckt. Beim tieferen Eindringen bleibt nämlich der Druck an den oberen Teilen des Umfangs bestehen, dazu kommt aber noch der Druck auf die unten hinzugetretene Umfangsfläche. Zugleich ist auch in den tieferen Schichten der Seitendruck der Erde gegen den Pfahlumfang im allgemeinen größer, weil die Erde dort schwerer seitlich verdrängt werden kann.

Wenn der Pfahl tief genug eingedrungen ist, vermag er eine große Last aufzunehmen, ohne weiter einzusinken. Bei der Theorie der Rammen handelt es sich vor allem darum, diese Tragfähigkeit P eines Pfahles zu berechnen, wenn die

Bedingungen, unter denen er eingeschlagen wurde, bekannt sind. Als gegeben ist dabei außer dem Gewicht des Pfahls Q' und des Rammbärs Q sowie der Hubhöhe H namentlich die Strecke h zu betrachten, um die der Pfahl unter einem der letzten Schläge weiter eingedrungen ist. Da das durch einen einzigen Schlag hervorgebrachte Eindringen des Pfahls gewöhnlich sehr klein ist, rechnet man anstatt dessen häufig mit dem Weg, der unter einer Anzahl n aufeinander folgender Schläge zurückgelegt wird. Diese Strecke wird von Zeit zu Zeit während der Ausführung der Rammarbeit gemessen und aus ihr ein Schluß auf die Tragfähigkeit P des Pfahles gezogen. In den folgenden Formeln soll indessen unter h überall der n^{te} Teil dieser Strecke, also die Abwärtsbewegung des Pfahles für einen Schlag, verstanden werden.

Die theoretische Überlegung, auf der die Rechnung beruht, läßt freilich in allen Fällen viel zu wünschen übrig. Man ist bisher noch nicht einmal darin übereingekommen, welcher Auffassung des Vorganges man den Vorzug geben soll. Die verschiedenen, ziemlich weit voneinander abweichenden Formeln, die heute im praktischen Gebrauch stehen, gründen sich nämlich auf zwei völlig voneinander verschiedene Vorstellungen, von denen jede ihre Anhänger zählt. Daß sich eine Entscheidung zwischen beiden noch nicht herbeiführen ließ, liegt zunächst daran, daß es auch sehr auf das besondere Verhalten des Bodens im einzelnen Falle ankommt, und ferner an der Schwierigkeit, die Grenze der Tragfähigkeit eines Pfahles unmittelbar durch einen Belastungsversuch zu messen, also die Folgerungen der beiden Theorien mit der Wirklichkeit zu vergleichen. Unter diesen Umständen bleibt zunächst nichts anderes übrig, als sich mit den Grundlagen beider Theorien bekannt zu machen.

Die erste Theorie geht davon aus, während der ersten Stoßperiode den Pfahl als freien Körper zu betrachten und die Geschwindigkeit u am Ende dieser Stoßperiode nach Gl. (116) zu berechnen, also

$$u = \frac{Q\,v}{Q+Q'} = \frac{Q}{Q+Q'}\,\sqrt{2\,g\,H}$$

zu setzen. Von jetzt ab berücksichtigt man erst den verzögernden Einfluß der Pfahlreibung, während man umgekehrt auf den noch in die zweite Stoßperiode hinein fortdauernden Stoßdruck keine Rücksicht mehr nimmt. Dadurch, daß man in der ersten Stoßperiode nur den Stoßdruck, in der zweiten nur die Pfahlreibung in Ansatz bringt, obschon beide einander entgegenwirkenden Kräfte den ganzen Stoß hindurch andauern, bringt man vielleicht in manchen Fällen einen Ausgleich zustande, durch den die bei den einzelnen Vernachlässigungen begangenen Fehler ziemlich aufgehoben werden. Sehr befriedigend ist ein solches Vorgehen freilich nicht.

Um auf Grund dieser Anschauung P zu berechnen, braucht man nur die zur Überwindung von P auf dem Wege h geleistete Arbeit gleich der lebendigen Kraft des Pfahles bei der Geschwindigkeit u zu setzen. Es fragt sich dabei, ob man auch die lebendige Kraft des Rammbärs am Ende der ersten Stoßperiode in Ansatz bringen soll. Diese Frage ist zu bejahen, denn wenn der Rammbär am Pfahlkopf haften bliebe, wäre er ohne Zweifel mitzurechnen; springt er aber in die Höhe, so erhält dadurch der Pfahl einen Antrieb nach der Gegenseite, wodurch das Eindringen noch mehr begünstigt wird, als wenn der Bär liegen bliebe. Die Gleichung lautet daher

$$P\,h = \frac{Q+Q'}{2\,g}\,u^2.$$

Setzt man hier u ein und löst nach P auf, so erhält man

$$P = \frac{Q^2}{Q + Q'} \cdot \frac{H}{h}. \tag{121}$$

Die dem Pfahl wirklich zugemutete Last nimmt man immer nur als einen kleinen Bruchteil (etwa ein Zehntel) der berechneten Tragfähigkeit P an. Dadurch werden die Bedenken gegen ein so willkürliches Rechenverfahren freilich erheblich abgeschwächt. Ganz lassen sie sich aber dadurch keineswegs beseitigen, denn es ist aus dem ganzen Rechnungsgang durchaus nicht zu erkennen, ob die Fehler unter Umständen nicht selbst so groß werden können, daß sie sich durch die Wahl der zehnfachen Sicherheit (oder einer ähnlichen) nicht mehr verdecken lassen.

Vor allem trägt die Formel (121) einem recht erheblichen Umstand gar keine Rechnung. Man denke sich nämlich den Rammbär von einer ganz geringen Höhe abgelassen. Wenn diese klein genug war, wird auch der Stoßdruck nicht ausreichen, um den Widerstand gegen das Eindringen des Pfahles zu überwinden. Der Pfahl wird dann, so oft man den Schlag auch wiederholen mag, überhaupt nicht weiter einsinken. Wollte man nun auf diesen Fall Gl. (121) anwenden, so erhielte man wegen $h = 0$ die Tragfähigkeit $P = \infty$, also nicht nur ein falsches Resultat, sondern auch ein Resultat, das durch die Wahl selbst eines beliebig hohen Sicherheitskoeffizienten nicht berichtigt werden könnte.

Unter solchen Verhältnissen, wie sie bei der Rammarbeit in der Praxis gewöhnlich vorliegen, scheint sich die Formel indessen im allgemeinen gut bewährt zu haben, und sie wird daher häufig angewendet. Freilich sieht man aus den letzten Bemerkungen, daß dabei eine gewisse Vorsicht am Platze ist.

Die zweite Theorie faßt die im herabfallenden Rammbär aufgespeicherte Energie ins Auge und forscht nach deren Verbleib. Gegeben ist ursprünglich die Energie QH, und in Nutzarbeit wird davon verwandelt der Betrag Ph. Wäre der Wirkungsgrad η im gegebenen Falle bekannt, so hätte man unmittelbar

$$Ph = \eta\, QH$$

und hieraus P.[1]) Um aber ein Urteil über den Wirkungsgrad η zu gewinnen, müssen wir uns Rechenschaft darüber geben, zu was der nicht in Nutzarbeit übergeführte Anteil der Energie QH verwendet wird. Ein Teil davon kommt ohne Zweifel auf den Stoßverlust beim Aufschlagen des Bärs auf den Pfahl, das nicht vollkommen elastisch — aber auch nicht ganz plastisch — erfolgt. Der Sinn der zuerst vorgetragenen Theorie kommt offenbar darauf hinaus, diesem Energieverlust, freilich auf Grund willkürlicher Annahmen, Rechnung zu tragen. Es gibt aber auch noch andere Wege, die von der Energie eingeschlagen werden. Sobald der Bär auffällt, wird der Pfahl zusammengedrückt. Zunächst bewegt sich dabei der Pfahlkopf nach abwärts und ihm folgen die weiter nach abwärts liegenden Teile. Diese nehmen dann auch den Boden, der an ihnen haftet, mit nach abwärts. Erst wenn der Stoßdruck groß genug geworden ist, beginnt ein Gleiten des Pfahles gegen den ihn umschließenden Boden.

Nehmen wir nun zunächst an, der Schlag sei so schwach, daß überhaupt kein Eindringen erfolgt. Die Energie QH wird dann während der ersten Stoßperiode

---

[1]) In amerikanischen Bauordnungen ist für die Berechnung der Tragfähigkeit von Pfahlen die Formel

$$P = \frac{QH}{2,5\,h}$$

vorgeschrieben. Hiernach ist $\eta = 1/_{2,5} = 0,4$ gewählt. Als zulässige Belastung des Pfahles gilt der sechste Teil von P. (Vgl. Zeitschr. d. Ver. D. Ing., 1899, S. 901.)

in Formänderungsarbeit des Pfahles und des mit ihm zusammenhängenden Erdbodens umgewandelt. In den von der Aufschlagstelle etwas weiter entfernten Teilen des Pfahles und auch im Erdboden selbst wird diese Formänderungsarbeit dem größeren Betrag nach umkehrbar aufgespeichert sein. Ein Verlust an mechanischer Energie ist zunächst im wesentlichen nur an der Aufschlagstelle selbst zu erwarten.

Die erste Stoßperiode ist zu Ende, sobald der frei über den Boden ragende Teil des Pfahles seine größte Zusammendrückung erlangt hat. Er beginnt sich von da ab wieder zu strecken und wirft den Rammbär nach oben. Während dieser Zeit wird ein Teil der elastischen Formänderungsarbeit in lebendige Kraft zurückverwandelt. Aber nicht die ganze umkehrbar aufgespeicherte Arbeit kann auf den Rammbär übertragen werden. Dieser trennt sich vom Pfahlkopf, sobald sich der Pfahlkopf langsamer zu bewegen beginnt. In diesem Augenblick besitzt auch der Pfahl und der benachbarte Boden eine gewisse lebendige Kraft, und diese kann ebensowenig wie die in der Folge noch ausgelöste potentielle Energie auf den schon abgeflogenen Rammbär übergehen. Man erkennt daraus, daß es durchaus kein Beweis für einen geringen Elastizitätsgrad ist, wenn der Bär nicht wieder so weit in die Höhe geworfen wird, als er herabgefallen war. Auch dann, wenn die Formänderung vollkommen elastisch gewesen wäre, hätte ein Teil der ihr entsprechenden Energie nicht wieder auf den Rammbär zurückwandern können. Dieser Teil verliert sich vielmehr erst nachträglich in Erschütterungen des Bodens, die auch auf die angrenzende Luft übergehen und den Schall hervorrufen, der dem Schlage folgt.

Eine genaue rechnerische Verfolgung des jetzt in allgemeinen Umrissen geschilderten Vorganges ist mit Schwierigkeiten verbunden. Es genügt hier nicht, wie im vorausgehenden Paragraphen, die Geschwindigkeiten aller materiellen Punkte eines jeden der beiden sich stoßenden Körper als nahezu gleich untereinander anzusehen. Man muß vielmehr darauf achten, daß in jedem Augenblick verschiedene Punkte des Pfahles und namentlich auch verschiedene Punkte des sich mit ihm elastisch verschiebenden Erdbodens verschiedene Geschwindigkeiten besitzen. Für den Pfahl selbst ließen sich diese Stoßwellen zwar hinreichend genau verfolgen, für den Erdboden fehlt es aber an den dazu nötigen Unterlagen. Man muß sich daher immer noch mit einer nur näherungsweise zutreffenden Theorie des Vorganges begnügen.

Als unwirksame Hubhöhe H_0 des Rammbärs möge jene bezeichnet werden, bei der noch kein Eindringen des Pfahles erfolgt, während eine geringe Vergrößerung genügt, um ein Eindringen herbeizuführen. Der Wert von H_0 kann in einem gegebenen Falle hinreichend genau und ohne besondere Schwierigkeit durch einen Versuch festgestellt werden. Wir wollen daher auf jede Schätzung des Wertes von H_0 verzichten, ihn uns vielmehr durch unmittelbare Beobachtung gegeben denken.

Sobald nun die Hubhöhe H größer ist als H_0, erfolgt ein Eindringen. Zuerst beginnt wie im vorigen Falle die Zusammendrückung des Pfahles und das elastische Nachgeben des Bodens. Die Arbeit, die hierauf zu verwenden ist, ehe noch das Eindringen des Pfahles beginnt, können wir gleich QH_0 setzen. Der Rest $Q(H - H_0)$ ist für die Leistung der Nutzarbeit verfügbar. Wir dürfen auch annehmen, daß er zum überwiegenden Teil darauf verwendet wird. Setzen wir also

$$Ph = Q(H - H_0), \tag{122}$$

so werden wir zwar die Tragfähigkeit P des Pfahles etwas, aber voraussichtlich nicht viel zu groß finden. Natürlich wird man auch von dem aus dieser Gleichung berechneten Wert von P nur einen Bruchteil als zulässige Belastung des Pfahles betrachten.

Hierbei ist noch darauf zu achten, daß sich der Zustand des durch den Pfahl zusammengedrückten Bodens nach erfolgtem Einrammen mit der Zeit ändern kann. Es können, namentlich bei einem schlüpfrigen Boden, der sich in seinem Verhalten einer sehr zähen Flüssigkeit nähert, kleine, sehr langsam erfolgende Bewegungen eintreten, durch die eine Änderung in dem Druck des Bodens auf den Pfahlumfa und hiermit eine Änderung in der Größe der Reibung, die sich dem weiteren Eindringen des Pfahles widersetzt, herbeigeführt wird. Schon aus diesem Grund ist nur mit Vorsicht von den vorausgehenden Rechnungen über die Tragfähigkeit der Pfähle Gebrauch zu machen.

§·51. Der gerade exzentrische Stoß

Hier betrachte ich wieder zwei Körper, die als frei angesehen werden können. Von den in § 49 angenommenen Voraussetzungen lasse ich nur die eine fallen, daß die Stoßnormale durch die Schwerpunkte beider Körper gehe. Es genügt, wenn ich zunächst den Fall untersuche, daß die Stoßnormale nur bei einem von beiden Körpern nicht durch den Schwerpunkt geht, während dies für den anderen immer noch zutreffen soll. Der allgemeinere Fall, daß der Stoß für beide Körper exzentrisch ist, läßt sich nachher leicht auf diesen zurückführen.

Dagegen soll der Stoß immer noch gerade sein. Wenn wir uns also den einen Körper vor dem Stoß als ruhend vorstellen, so soll der andere relativ zu ihm keine Drehung besitzen und sich in der Richtung der Stoßnormalen auf ihn zu bewegen.

Bei dem exzentrisch getroffenen Körper wird durch den Stoß eine Drehung hervorgebracht. Wir können uns den Stoßdruck $\mathfrak{P}$ durch eine im Schwerpunkt angreifende Kraft $\mathfrak{P}$ und durch ein Kräftepaar ersetzt denken. Die Kraft am Schwerpunkt erzeugt eine Translationsbewegung und das Kräftepaar eine Drehung um eine durch den Schwerpunkt gehende Achse. Es fragt sich zunächst, wie die Drehachse zur Ebene des Kräftepaares steht. Am nächsten liegt die Annahme, daß die Achse senkrecht zur Ebene des Kräftepaares stehe. Wenn die durch den Schwerpunkt und durch die Stoßnormale gelegte Ebene eine Symmetrieebene des exzentrisch getroffenen Körpers ist, folgt dies auch schon aus Symmetriegründen. Wir werden aber später sehen (in der Dynamik), daß jene Annahme keineswegs allgemein zutrifft; die Drehachse kann vielmehr auch schief zur Ebene des Kräftepaares stehen, das die Drehung hervorruft. Wir wollen uns deshalb hier auf den Fall beschränken, daß der exzentrisch getroffene Körper eine Symmetrieebene besitzt und daß die Stoßnormale in ihr enthalten ist, denn dann besteht kein Zweifel darüber, daß die Drehachse in der Tat normal zur Ebene des Kräftepaares ist.

In Abb. 95 ist der mit der Geschwindigkeit v_1 auftreffende Körper Q_1 von kugelförmiger, der exzentrisch getroffene Körper Q_2, den wir uns vor dem Stoß in

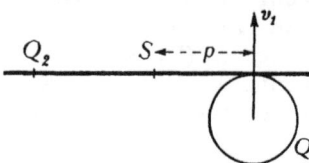

Abb. 95.

Ruhe denken, von stabförmiger Gestalt angenommen. Am Ende der ersten Stoßperiode haben beide Körper an der Berührungsstelle die gleiche Geschwindigkeit u. Beim Körper Q_2 setzt sich u zusammen aus der Translationsgeschwindigkeit u_0 und der Geschwindigkeit der Drehung um die Schwerpunktsachse, die gleich wp gesetzt werden kann, wenn w die Winkelgeschwindigkeit der Drehung ist. Zwischen u_0 und w besteht aber ein leicht nachzuweisender Zusammenhang. Für die Translations- und für die Winkelbeschleunigung hat man nämlich in jedem Augenblick

$$P = m_2 \frac{d u_0}{d t} \quad \text{und} \quad P p = \Theta \frac{a w}{d t},$$

wenn mit m_2 die Masse und mit Θ das auf die Drehachse bezogene Trägheitsmoment des Körpers Q_2 bezeichnet wird. Hiernach folgt

$$u_0 = \frac{1}{m_2} \int P \, d t; \quad w = \frac{p}{\Theta} \int P \, d t, \quad \text{also} \quad w = \frac{p \, m_2}{\Theta} u_0.$$

Für die Geschwindigkeit u der vom Stoß getroffenen Stelle selbst erhält man demnach

$$u = u_0 + w \, p = u_0 + \frac{p^2 \, m_2}{\Theta} u_0 = \left(\frac{1}{m_2} + \frac{p^2}{\Theta} \right) \int P \, d t.$$

Es fehlt nur noch die Ermittlung des Antriebes $\int P \, d t$ des Stoßdruckes für die erste Stoßperiode. Sie folgt aber leicht aus der Bedingung, daß der Körper Q_1 dieselbe Geschwindigkeit u angenommen haben muß. Nach dem Satz vom Antrieb ist

$$\int P \, d t = m_1 (v_1 - u),$$

und wenn man dies in die vorige Gleichung einsetzt und nach u auflöst, erhält man

$$u = \frac{m_1 \Theta + m_1 m_2 p^2}{m_2 \Theta + m_1 \Theta + m_1 m_2 p^2} \cdot v_1.$$

Zur Vereinfachung dieses Ausdruckes setze ich $\Theta = m_2 i^2$, so daß unter i der Trägheitshalbmesser des Körpers Q_2 zu verstehen ist. Außerdem führe ich an Stelle der Massen m_1 und m_2 die Gewichte Q_1 und Q_2 ein; dadurch geht der vorige Ausdruck über in

$$u = \frac{Q_1 v_1 (p^2 + i^2)}{Q_2 i^2 + Q_1 (p^2 + i^2)}. \tag{123}$$

Wir vergleichen dieses Resultat mit Gl. (115) für den geraden zentralen Stoß

$$u = \frac{Q_1 v_1}{Q_1 + Q_2}.$$

Zum Zweck des Vergleiches dividieren wir in Gl. (123) Zähler und Nenner mit $p^2 + i^2$; die Formel lautet dann

$$u = \frac{Q_1 v_1}{Q_1 + Q_2 \dfrac{i^2}{p^2 + i^2}}. \tag{124}$$

Wenn $p = 0$ ist, also für den zentralen Stoß, geht Gl. (124) in der Tat in Gl. (115) über. Im anderen Falle liefert aber Gl. (124) eine Geschwindigkeit u am Ende der ersten Stoßperiode, die ebenso groß ist wie für einen zentralen Stoß, wenn bei diesem an Stelle des ganzen Gewichtes Q_2 des exzentrisch getroffenen Körpers nur ein Gewicht

$$Q_2' = Q_2 \frac{i^2}{p^2 + i^2} \tag{125}$$

eingeführt wird. Die diesem Gewicht entsprechende Masse

$$m_2' = m_2 \frac{i^2}{p^2 + i^2} \tag{126}$$

wird die reduzierte Masse des exzentrisch getroffenen Körpers genannt. Für den Körper Q_1 ist es ganz gleichgültig, ob er die Masse m_2' zentrisch oder die Masse m_2 exzentrisch trifft

Die zweite Stoßperiode verläuft beim vollkommen elastischen Stoß wiederum so, daß sich die Geschwindigkeiten nochmals um ebensoviel ändern wie vorher während der ersten Stoßperiode. Man kann daher aus den vorher abgeleiteten Formeln auch die Endgeschwindigkeiten nach dem Stoß sofort in derselben Weise ermitteln wie in § 49 für den zentralen Stoß. Am einfachsten geschieht dies in der Weise, daß man die reduzierte Masse nach Gl. (125) oder (126) in die früheren Formeln (119) einführt.

Bei dieser ganzen Betrachtung wird allerdings vorausgesetzt, daß sich auch der exzentrisch getroffene Körper während des Stoßes nahezu wie ein starrer Körper bewege. Wenn eine merkliche Biegung des Stabes eintritt, gelten die abgeleiteten Formeln nicht mehr; die reduzierte Masse wird dann kleiner als nach Gl. (126), denn das getroffene Stabende kann schon etwas ausweichen, ohne dabei die ganze Masse des Stabes in Mitleidenschaft zu ziehen. Auf die Untersuchung von verwickelten Fällen dieser Art kann aber hier nicht eingegangen werden.

Die lebendige Kraft des exzentrisch getroffenen Körpers Q_2 am Ende der ersten Stoßperiode ist gleich

$$\tfrac{1}{2}\, m_2\, u_0{}^2 + \tfrac{1}{2}\, \Theta\, w^2 \quad \text{oder} \quad \tfrac{1}{2}\, m_2\, u_0{}^2 \left(1 + \frac{p^2\, m_2}{\Theta}\right).$$

Ersetzt man hier u_0 durch u mit Hilfe der vorher gefundenen Beziehung

$$u_0 \left(1 + \frac{p^2\, m_2}{\Theta}\right) = u$$

und führt die reduzierte Masse mit Hilfe von Gl. (126) ein, so geht der Ausdruck für die lebendige Kraft von Q_2 über in

$$\tfrac{1}{2}\, m_2'\, u^2,$$

d. h. auch die lebendige Kraft ist genau so groß, wie wenn der exzentrisch getroffene Körper durch einen zentrisch getroffenen von der reduzierten Masse m_2' ersetzt wäre. Auch die Formeln für den Verlust an lebendiger Kraft während der ersten Stoßperiode und für den Stoßdruck P in § 49 können daher beim exzentrischen Stoß sofort benutzt werden, indem man an Stelle von m_2 die reduzierte Masse m_2' einführt.

Hiermit ist der bisher besprochene Fall vollständig erledigt, und es bleibt nur noch übrig, den Fall zu erörtern, daß der Stoß für beide Körper exzentrisch ist. Die einzige Änderung, die dadurch herbeigeführt wird, besteht darin, daß nun für jeden von beiden Körpern in die Formeln für den zentralen Stoß an Stelle der ganzen Masse die reduzierte Masse nach Gl. (126) einzusetzen ist. Man erhält dadurch die Geschwindigkeit u der Stoßstelle am Ende der ersten Stoßperiode und findet daraus die Translations- und Rotationsgeschwindigkeit jedes Körpers mit Hilfe der vorher festgesetzten Beziehungen.

§ 52. Stoß gegen einen Körper mit fester Drehachse

Der Körper Q_2 möge jetzt in einem festen Gestell drehbar gelagert sein. Er sei vor dem Stoß in Ruhe, und der Körper Q_1 möge mit der Geschwindigkeit v_1 einen geraden Stoß auf ihn ausüben. Für den Körper Q_1 soll der Stoß zentral sein; wäre er es nicht, so könnte übrigens durch Einführung der reduzierten Masse der Fall leicht nach Anleitung des vorhergehenden Paragraphen auf den hier zu untersuchenden zurückgeführt werden. Beim Körper Q_2 ist es für die jetzt durchzuführende Betrachtung gleichgültig, ob der Stoß zentrisch oder exzentrisch erfolgt; wir wollen daher den allgemeineren Fall von vornherein zugrunde legen. Wenn die Stoßnormale die feste Drehachse von Q_2 schneidet, kann keine Bewegung von Q_2 eintreten; für Q_1 erfolgt dann der Stoß so, als wenn Q_1 auf eine mit der Erde fest verbundene Wand getroffen wäre. Auch dann, wenn die Stoßnormale parallel zur Drehachse gerichtet ist, bleibt dies gültig. Überhaupt kommt für den Körper Q_2 von dem Stoßdruck nur jene Komponente in Betracht, die rechtwinklig zu der durch die Drehachse und die Stoßstelle gelegten Ebene steht. Ich will mich daher mit der Untersuchung des Falles begnügen, daß die Stoßnormale in die eben bezeichnete Richtung fällt. Der Hebelarm des Stoßdruckes P sei wieder mit p, die am Ende der ersten Stoßperiode erlangte Winkelgeschwindigkeit mit w' bezeichnet. Dann hat man nach Gl. (81), S. 122

$$\Theta \frac{dw}{dt} = P\,p,$$

woraus für den Antrieb in der ersten Stoßperiode

$$\int P\,dt = \frac{\Theta}{p}\,w'$$

folgt. Zugleich läßt sich auch w' in der früher mit u bezeichneten Geschwindigkeit der Stoßstelle am Ende der ersten Stoßperiode ausdrücken. Die Stoßnormale sollte senkrecht zu dem nach der Stoßstelle von der Drehachse aus gezogenen Radiusvektor stehen. Daher ist der Hebelarm p des Stoßdruckes gleich der Entfernung der Stoßstelle von der Drehachse, und man hat

$$u = w'\,p.$$

Setzt man den sich hieraus ergebenden Wert von w' in die vorige Gleichung ein so erhält man

$$\int P\,dt = \frac{\Theta}{p^2}\,u.$$

Zugleich ist aber auch für den Körper Q_1

$$\int P\,dt = \frac{Q_1}{g}\,(v_1 - u),$$

und der Vergleich beider Ausdrücke liefert

$$u = \frac{Q_1 v_1}{g \dfrac{\Theta}{p^2} + Q_1}. \tag{127}$$

Auch in diesem Falle kann man sich den drehbar befestigten Körper Q_2 durch einen zentrisch getroffenen freien Körper ersetzt denken, dessen reduzierte Masse M_{red}, wie aus einem Vergleich mit Gl. (115) hervorgeht,

$$M_{\mathrm{red}} = \frac{\Theta}{p^2} = \frac{Q_2}{g}\left(\frac{i}{p}\right)^2 \tag{128}$$

zu setzen ist. Unter i ist in der letzten Form des Ausdrucks der Trägheitshalbmesser des Körpers Q_2 für die feste Drehachse zu verstehen. Wenn $p = i$ ist, erfolgt der Stoß für den Körper Q_1 so, als wenn Q_2 frei und zentral getroffen wäre. Auch die Stoßstelle von Q_2 nimmt dann genau dieselbe Geschwindigkeit an, als wenn dies der Fall wäre.

In der zweiten Stoßperiode wiederholt sich die vorige Geschwindigkeitsänderung, wenn der Stoß vollkommen elastisch ist; andernfalls ist sie entsprechend kleiner. Überhaupt ist durch Gl. (128) die Aufgabe auf den Fall des geraden zentralen Stoßes zurückgeführt.

§ 53. Der Mittelpunkt des Stoßes

Ein freier und vorher ruhender Körper Q_2, der exzentrisch getroffen wird, nimmt eine Bewegung an, die unmittelbar nach Ablauf des ganzen Stoßes im allgemeinsten Falle als eine Schraubenbewegung angesehen werden kann. Bei den gewöhnlich vorkommenden einfacheren Fällen verschwindet aber die Translationskomponente der Schraubenbewegung, und man hat es nur mit einer Rotation um irgendeine Momentanachse zu tun, die zu der durch den Schwerpunkt von Q_2 und die Stoßnormale gelegten Ebene senkrecht steht. Die Bewegung von Q_2 ist dann eine ebene Bewegung, und es genügt, ihre Projektion auf eine Ebene zu verfolgen, in der die Momentanachse als Punkt erscheint. Diesen Punkt, also den Pol der ebenen Bewegung unmittelbar nach dem Stoß, pflegt man als den Stoßmittelpunkt zu bezeichnen.

Da der Stoßmittelpunkt und die durch ihn gelegte Momentanachse während des Stoßes keine Geschwindigkeit erlangen, kann man sich den ursprünglich freien Körper auch längs dieser Achse drehbar befestigt denken, ohne etwas zu ändern. Man erkennt daraus, daß der Stoßmittelpunkt zugleich jener Punkt ist, durch den eine feste Drehachse gelegt werden kann, die während des Stoßes gar keinen Druck aufzunehmen hat.

Für den in § 51 behandelten Fall, daß der exzentrisch getroffene Körper Q_2 stabförmig ist, folgt die Lage des Stoßmittelpunktes aus einem Vergleich der Formeln (126) und (128) für die reduzierten Massen. Beide Werte müssen hier einander gleich sein. Dabei ist jedoch zu beachten, daß sich in § 51 der Hebelarm p, das Trägheitsmoment Θ und der Trägheitshalbmesser i auf die Schwerpunktsachse bezogen, während in § 52 dieselben Bezeichnungen in bezug auf die feste Drehachse genommen wurden. Zur Umrechnung dient die Bemerkung, daß in bezug auf den Schwerpunkt die lebendige Kraft nach Gl. (79) gleich

$$\tfrac{1}{2} m \, v_0^2 + \tfrac{1}{2} \Theta \, u^2$$

und in bezug auf die Momentanachse gleich

$$\tfrac{1}{2} \Theta' u^2$$

gesetzt werden kann, wenn jetzt Θ' das Trägheitsmoment für die Momentanachse ist. Der Abstand der Momentanachse vom Schwerpunkt sei z; dann ist $v_0 = u z$ und die Gleichsetzung beider Ausdrücke für die lebendige Kraft liefert

$$\Theta' = \Theta + m z^2, \quad \text{also auch} \quad i'^2 = i^2 + z^2$$

Setzen wir diesen Wert in Gl. (128) ein, ferner auch an Stelle von p den Wert $p' = p + z$, und beachten wir, daß Gl. (128) alsdann mit Gl. (126) übereinstimmen muß, so erhalten wir

$$\frac{i^2 + z^2}{(p + z)^2} = \frac{i^2}{p^2 + i^2},$$

und die Auflösung dieser Gleichung liefert für den gesuchten Abstand des Stoßmittelpunktes vom Schwerpunkt

$$z = \frac{i^2}{p}. \tag{129}$$

Man macht von dieser Formel zuweilen Gebrauch, um für einen Maschinenteil, der Stöße erfährt, die günstigste Lage der Drehachse aufzusuchen, nämlich jene, bei der die Drehachse selbst nicht beansprucht wird. Ist die Lage der Drehachse schon durch andere Bedingungen gegeben, so kann man oft durch eine passende Verteilung der Massen, also durch Anbringen von Übergewichten o. dgl. dafür sorgen, daß Gl. (129) erfüllt, der Stoß für die Achse also unschädlich gemacht wird. Auch bei einem Hammer, der von der Hand geführt wird, bei einem Beil o. dgl. ist eine solche Massenverteilung wünschenswert, daß die Angriffsstelle der Hand ungefähr mit dem Mittelpunkt des bei der Arbeit mit dem Werkzeug auftretenden Stoßes zusammenfällt, um einen Schlag gegen die Hand, die während des Stoßes als Drehachse dient, zu vermeiden. Bei den Werkzeugen dieser Art ist die genannte Bedingung gewöhnlich ziemlich gut erfüllt. Sobald man aber mit einem Beil ein Stück Holz angeschlagen hat, das nun am Beil haften bleibt, worauf man einen neuen Schlag ausführt, bei dem sich das Beil und das Holzstück gemeinsam bewegen, kann man bei ungeschickter Wahl der Aufschlagstelle einen sehr heftigen Stoß gegen die Hand empfinden.

§ 54. Der schiefe Stoß

Schief wird der Stoß genannt, wenn der eine Körper vor dem Stoß relativ zum anderen entweder eine Drehung ausführt oder auch wenn im anderen Falle die Bewegungsrichtung nicht mit der Richtung der Stoßnormalen zusammenfällt. Wir wollen zunächst annehmen, daß die Relativbewegung nur in einer Translation bestehe. Diese zerlege man in zwei Komponenten, von denen die eine in die Richtung der Stoßnormalen fällt, während die andere zu ihr senkrecht steht. In Abb. 96, in der beide Körper als Kugeln angenommen sind, ist diese Zerlegung angedeutet; Q_2 sei der Körper, den wir vor dem Stoße als ruhend ansehen, Q_1 der mit der Relativbewegung auf ihn stoßende.

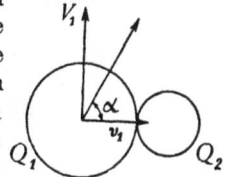

Abb. 96.

Von beiden Bewegungskomponenten bewirkt nur die in die Richtung der Stoßnormalen fallende eine Annäherung beider Körper. Wenn die Oberflächen vollkommen glatt wären, so daß keine Reibung zwischen ihnen übertragen werden könnte, hätte die Tangentialkomponente der Relativgeschwindigkeit überhaupt keinen Einfluß auf den Verlauf des Stoßes. Für den Körper Q_2 wäre es genau so, als wenn der Stoß gerade erfolgte, und von Q_1 würde sich die Normalkomponente ebenfalls in derselben Weise wie bei einem geraden Stoß ändern, während die Tangentialkomponente der Geschwindigkeit unverändert erhalten bliebe.

Durch die gleitende Reibung zwischen den Oberflächen tritt aber eine Abweichung von diesem Verhalten ein. Die Oberflächen beider Körper werden während des Stoßes stark aufeinander gedrückt, und die Stoßstelle von Q_1 wird durch die damit verbundene Reibung verhindert, über die Berührungsfläche von Q_2 zu gleiten. Hierdurch wird einerseits die Tangentialgeschwindigkeit der Berührungsstelle von Q_1 verringert, andererseits wird der Berührungsfläche von Q_2 eine Tangentialgeschwindigkeit in derselben Richtung erteilt. Wenn die Reibung ausreichte, um jedes Gleiten zu verhindern, müßten beide Körper an der Berührungsstelle dieselbe Tangentialgeschwindigkeit annehmen. Die Reibung, die diesen Ausgleich bewirkt, ist für beide Körper exzentrisch. Infolgedessen werden beide Körper in Drehung versetzt, und zwar drehen sich beide im selben Sinn, im Falle der Abb. 96 im Sinn der Uhrzeigerbewegung. Wenn die Stoßnormale nicht durch die Schwerpunkte beider Körper geht, kommt dazu noch dieselbe

Drehung wie beim geraden exzentrischen Stoß. Von diesem verwickelteren Falle wollen wir aber der Einfachheit wegen hier absehen.

Unmittelbar nach Beginn des Stoßes ist der Stoßdruck P noch verhältnismäßig klein, und mit ihm daher auch die Reibung. Bis dahin kann also noch keine merkliche Drehung beider Körper hervorgerufen worden sein. Zu Anfang des Stoßes tritt also jedenfalls ein Gleiten der Körper ein. Um zu einer angenäherten Lösung der Aufgabe auf möglichst einfachem Wege zu gelangen, sieht man daher von der Wirkung der Reibung auch während des ganzen Stoßes häufig ganz ab, behandelt also den Fall so, wie es vorher für den Fall vollkommen glatter Oberflächen angedeutet wurde. Die Lösung wird dann durch Anwendung der Formeln für den geraden Stoß in bezug auf die Normalkomponenten der Geschwindigkeit sofort gefunden, da die Tangentialkomponente überhaupt keine Änderung erfährt.

Wenn man sich damit nicht begnügen will, kann man die folgende Rechnung anstellen. Mit v_1 sei, wie früher, die Normalkomponente der Geschwindigkeit von Q_1 vor dem Stoß, mit V_1 die Tangentialkomponente bezeichnet. Im übrigen werden die Bezeichnungen von § 49 beibehalten. Man hat zunächst wieder

$$\int P\,dt = \frac{Q_1}{g}(v_1 - u) = \frac{Q_2}{g}u$$

und hiermit, wie in Gl. (115),

$$u = \frac{Q_1 v_1}{Q_1 + Q_2}.$$

Nun entspricht jedem Wert von P eine Reibung vom Höchstbetrag $P\mu$, wenn μ der Reibungskoeffizient ist. Unter der Voraussetzung, daß die Reibung während der ganzen ersten Stoßperiode in diesem Höchstbetrag auftritt, hat man

$$\Theta_1 \frac{dw_1}{dt} = P\mu p_1 \quad \text{und hieraus} \quad \Theta_1 w_1 = \mu p_1 \int P\,dt.$$

Darin bedeutet w_1 die Winkelgeschwindigkeit, die Q_1 am Ende der ersten Stoßperiode angenommen hat, Θ_1 das Trägheitsmoment von Q_1 für die Schwerpunktsachse, p_1 den Hebelarm der Reibung, also für den Fall einer kugelförmigen Gestalt den Halbmesser von Q_1. Drückt man den Antrieb von P in u aus, so geht die Gleichung über in

$$w_1 = \mu p_1 \frac{Q_2 u}{g \Theta_1}. \tag{130}$$

Ebenso wird für den Körper Q_2 gefunden

$$w_2 = \mu p_2 \frac{Q_2 u}{g \Theta_2}. \tag{131}$$

Außer der Drehung um den Schwerpunkt bewirkt aber die Reibung auch eine Änderung der Tangentialgeschwindigkeit. Für das Ende der ersten Stoßperiode sei die tangentiale Komponente der Schwerpunktsgeschwindigkeit des ersten Körpers mit U_1 und die des zweiten mit U_2 bezeichnet. Dann ist

$$\int P\mu\,dt = \frac{Q_1}{g}(V_1 - U_1) = \frac{Q_2}{g}U_2$$

und hieraus, wenn man wiederum den Antrieb $\int P\,dt$ in u ausdruckt,

$$\left.\begin{array}{l} U_1 = V_1 - \mu \dfrac{Q_2}{Q_1}u \\[2mm] U_2 = \mu u \end{array}\right\}. \tag{132}$$

Man kann sich jetzt Rechenschaft darüber geben, ob die Reibung in der Tat, wie es vorausgesetzt war, bis zum Ende der ersten Stoßperiode ihre volle mit dem Normaldruck P vertragliche Größe behalt. Die Tangentialkomponente der Geschwindigkeit von Q_1 an der Berührungsstelle ist nämlich

$$U_1 - w_1 p_1$$

oder nach den vorausgehenden Formeln

$$V_1 - \mu\, u\, \frac{Q_2}{Q_1} \cdot \frac{i_1{}^2 + p_1{}^2}{i_1{}^2},$$

wobei an Stelle des Tragheitsmoments Θ_1 der Trägheitsradius i_1 eingefuhrt ist. Ebenso erhält man für die Tangentialkomponente der Geschwindigkeit von Q_2 an der Berührungsstelle

$$U_2 + w_2 p_2,$$

also nach Einsetzen der Werte von U_2 und w_2

$$\mu\, u\, \frac{i_2{}^2 + p_2{}^2}{i_2{}^2}.$$

Die Voraussetzung über die Große der Reibung ist jedenfalls dann erfüllt, wenn auch am Ende der ersten Stoßperiode noch ein Gleiten der Oberflächen stattfindet oder auch, wenn es gerade in diesem Augenblick erst aufhört. Wir brauchen also nur die Ausdrücke für die beiden Tangentialkomponenten miteinander zu vergleichen, also zu untersuchen, ob die fur Q_1 gültige Tangentialkomponente noch größer oder höchstens gleich der für Q_2 berechneten ist. Es hängt von der Größe des Reibungskoeffizienten μ und von dem Winkel ab, den die Geschwindigkeit von Q_1 vor dem Stoß mit der Stoßnormalen bildet, ob dies zutrifft. Bezeichnet man diesen Winkel mit α, setzt also $V_1 = v_1\,\mathrm{tg}\,\alpha$, so bildet die Gleichung

$$v_1\,\mathrm{tg}\,\alpha - \mu\, \frac{Q_2 v_1}{Q_1 + Q_2} \cdot \frac{i_1{}^2 + p_1{}^2}{i_1{}^2} = \mu\, \frac{Q_1 v_1}{Q_1 + Q_2} \cdot \frac{i_2{}^2 + p_2{}^2}{i_2{}^2}$$

die Bedingung dafür, daß beide Oberflächen am Ende der ersten Stoßperiode gerade aufgehört haben, gegeneinander zu gleiten. Wenn die linke Seite der Gleichung größer ist als die rechte, wenn also der Stoß noch schiefer erfolgt, als es der Gleichung entspricht, bleiben die vorausgehenden Formeln ebenfalls richtig. Die Auflösung der Gleichung liefert

$$\mathrm{tg}\,\alpha = \mu \cdot \frac{1}{Q_1 + Q_2} \left(Q_2 \frac{i_1{}^2 + p_1{}^2}{i_1{}^2} + Q_1 \frac{i_2{}^2 + p_2{}^2}{i_2{}^2} \right). \tag{133}$$

Auf die Größe der Geschwindigkeit kommt es demnach nicht an, sondern nur auf ihre Richtung. Wenn der Stoß schief genug erfolgt, wenn also $\mathrm{tg}\,\alpha$ mindesten den eben berechneten Wert hat, kann man die vorausgehenden Formeln anwenden, und sie liefern dann alle erforderlichen Angaben zur Beschreibung der Bewegung beider Körper am Ende der ersten Stoßperiode. In der zweiten Stoßperiode treten dann noch weitere Geschwindigkeitsveränderungen im selben Sinne hinzu, die beim vollkommen elastischen Stoß ebenso groß werden können, we die der ersten Stoßperiode entsprechenden. Dabei muß aber beachtet werden, ob auch noch während der Dauer der zweiten Stoßperiode die Reibung in ihrem Höchstbetrag auftritt, d. h. ob sich das Gleiten der Oberflächen übereinander bis zum Ende des ganzen Stoßes fortsetzt.

Wenn $\mathrm{tg}\,\alpha$ den vorher berechneten Wert nicht entspricht, hört das Gleiten der Oberflächen schon während der ersten Stoßperiode auf. Die Rechnung muß für diesen Fall nach dem Muster der vorausgehenden von neuem angestellt werden. Man bestimmt zunächst den Augenblick, in dem die Tangentialgeschwindigkeiten beider Körper an der Berührungsstelle gerade gleich groß geworden sind. Von da ab hört die gleitende Reibung auf, und es findet nur noch eine Änderung der Normalkomponenten der Geschwindigkeiten statt.

Auch diese Rechnung soll noch in Kurze durchgeführt werden. In dem Augenblick der ersten Stoßperiode, um den es sich jetzt handelt, seien die Normalkomponenten der Geschwindigkeiten mit u_1 und u_2 bezeichnet, wobei jetzt zu beachten ist, daß u_2 noch nicht gleich u_1 geworden ist. Der bis zu diesem Augenblick gerechnete Antrieb des Stoßdruckes sei gleichfalls mit $\int P\,dt$ bezeichnet; es ist dies aber ein kleinerer Wert als der vorher darunter verstandene. Man hat

$$\int P\,d t = \frac{Q_1}{g}\,(v_1 - u_1) = \frac{Q_2}{g}\,u_2.$$

Für w_1, w_2, U_1, U_2 können wir die vorausgegangenen Rechnungen benutzen, wenn nur an Stelle von u jetzt überall u_2 geschrieben wird. Die Bedingung für die Gleichheit der Tangentialkomponenten der Geschwindigkeiten an der Berührungsstelle lautet dann

$$V_1 - \mu\,u_2\frac{Q_2}{Q_1}\cdot\frac{i_1{}^2 + p_1{}^2}{i_1{}^2} = \mu\,u_2 - \frac{i_1{}^2 + p_2{}^2}{i_2{}^2}.$$

In dieser Gleichung ist jetzt u_2 die einzige Unbekannte und kann durch Auflösen daraus berechnet werden. Setzt man den gefundenen Wert in die früheren Formeln ein, so erhält man w_1, w_2, U_1, U_2, zunächst in dem betreffenden Augenblick. Da sich diese Gıößen im weiteren Verlaufe des Stoßes nicht mehr ändern, hat man aber damit zugleich ihre endgültigen Werte. Für die Normalkomponenten der Geschwindigkeit endlich bleiben, wie schon im vorhergehenden Falle, die Formeln des geraden Stoßes ohne jede Änderung anwendbar.

Schließlich soll noch der Fall behandelt werden, daß sich der Körper Q_1 zwar in der Rıchtung der Stoßnormalen auf Q_2 zu bewegte, wie beim geraden zentralen Stoß, daß er dabei vor dem Stoß eine Rotation um eine senkrecht zur Stoßnormalen stehende Achse hatte. Die Körper mögen kugelförmig und von gleicher Gıöße und gleicher Masse vorausgesetzt werden, etwa wie zwei Billardbälle, die in der angegebenen Weise aufeinander stoßen. Unmittelbar nach Beginn des Stoßes findet dann jedenfalls wieder ein Gleiten der Oberflächen aufeinander statt, und wenn die Winkelgeschwindigkeit des stoßenden Körpers groß war, dauert das Gleiten während des ganzen Stoßes fort. Wir wollen dies jetzt voraussetzen; im anderen Fall ist so wie vorher zu verfahren.

Die Winkelgeschwindigkeit von Q_1 vor dem Stoß sei mit W_1 bezeichnet; im übrigen behalten wir die früheren Bezeichnungen bei. Man hat der Reihe nach

$$\int P\,d t = \frac{Q_1}{g}\,(v_1 - u) = \frac{Q_2}{g}\,u$$

und hieraus

$$u = \frac{Q_1\,v_1}{Q_2 + Q_2} = {}^1\!/_2\,v_1,$$

$$\Theta_1\,\frac{d\,w_1}{d\,t} = P\,\mu\,p_1 \quad\text{und hieraus}\quad \Theta\,(W_1 - w_1) = \mu\,p_1\int P\,d t$$

$$\text{oder auch}\quad w_1 = W_1 - \mu\,p_1\,\frac{Q_2\,u}{g\,\Theta_1}.$$

Ferner wie früher

$$w_2 = \mu\,p_2\,\frac{Q_2\,u}{g\,\Theta_2}.$$

Dann für die Tangentialkomponenten der Geschwindigkeiten der Schwerpunkte, die durch die Reibung in entgegengesetzten Richtungen hervorgebracht werden,

$$U_1 = U_2 = \mu\,u.$$

Das Trägheitsmoment einer Kugel vom Gewicht Q ist $\Theta = (Q/g)\cdot{}^2\!/_5\,r^2$. Für die beiden einander gleichen Kugeln vereinfachen sich daher die gefundenen Werte noch zu

$$w_1 = W_1 - {}^5\!/_4\,\mu\,\frac{v_1}{r}\,;\quad w_2 = {}^5\!/_4\,\mu\,\frac{v_1}{r}\,;\quad U_1 = U_2 = {}^1\!/_2\,\mu\,v_1.$$

Damit ist der Zustand am Ende der ersten Stoßperiode gegeben. Setzt man einen vollkommen elastischen Stoß voraus und bezeichnet die Werte am Ende des ganzen Stoßes durch Beifügung von Strichen, so wird

$$w_1' = W_1 - {}^5\!/_2\,\mu\,\frac{v_1}{r}\,;\quad w_2' = {}^5\!/_2\,\mu\,\frac{v_1}{r}\,;\quad U_1' = U_2' = \mu\,v_1.$$

Die Normalkomponente der Geschwindigkeit von Q_1 ist zu Null, die von Q_2 gleich v_1 geworden; d. h. beide Körper haben ihre Normalgeschwindigkeiten gegeneinander ausgetauscht.

Wir können uns jetzt auch davon überzeugen, wie groß die ursprüngliche Winkelgeschwindigkeit W_1 von Q_1 mindestens sein muß, wenn bis zum Ende des Stoßes ein Gleiten der Oberflächen anhalten soll, wie es bei der Ableitung dieser Formeln vorausgesetzt wurde. Es muß nämlich

$$w_1' \, r - U_1' \geqq w_2' \, r + U_2'$$

sein, also, wenn man die vorigen Werte einsetzt,

$$r \, W_1 - {}^5\!/\!_2 \, \mu \, v_1 - \mu \, v_1 \geqq {}^5\!/\!_2 \, \mu \, v_1 + \mu \, v_1,$$

$$W_1 \geqq 7 \, \mu \, \frac{v_1}{r}$$

als Bedingung für die Gültigkeit der vorausgehenden Formeln.

§ 55. Der Stoß gegen eine feste Wand

Eine feste Wand bildet einen Bestandteil der ganzen festen Erde; der Stoß gegen eine feste Wand ist daher als ein Stoß gegen die ganze Erde aufzufassen. Da die Masse der Erde ungemein groß gegen die Masse jedes irdischen Körpers ist, kann man für diesen Fall in den Formeln der früheren Paragraphen $Q_2 = \infty$ setzen. Dabei macht es auch nichts aus, wenn der Stoß für die Erde exzentrisch ist, denn auch die reduzierte Masse der Erde ist in allen Fällen, die überhaupt in Betracht kommen können, als unendlich groß gegenüber der Masse von Q_1 anzusehen. Beim geraden Stoße wird die Geschwindigkeit u am Ende der ersten Stoßperiode zu Null. Wenn der Stoß vollkommen elastisch erfolgt, wiederholt sich derselbe Geschwindigkeitswechsel während der zweiten Stoßperiode nochmals, und der Körper prallt mit derselben Geschwindigkeit von der festen Wand ab, mit der er auf sie aufgetroffen war.

Freilich ist diese Betrachtung, worauf schon früher (§ 46, S. 179) hingewiesen wurde, nicht ganz genau und oft sogar ganz unzulänglich. Bei den vorhergehenden Betrachtungen über den Stoß wurde nämlich keine Rücksicht darauf genommen, daß in einem gegebenen Augenblick während des Stoßes die Geschwindigkeiten verschiedener Punkte desselben Körpers wegen der Gestaltsänderung verschieden groß sein können, selbst wenn keine Drehbewegung dabei vorkommt. Die damit verbundene Vernachlässigung ist zwar in den meisten Fällen unbedenklich, aber nicht immer. Bei den eingehenderen Untersuchungen über den Stoß zwischen festen Körpern, die früher im 4. Band dieses Werkes zu finden waren, die aber später in den 6. Band übernommen wurden, ist auf diesen Umstand Rücksicht genommen worden, soweit es für den dabei verfolgten Zweck nötig erschien. Jedenfalls muß man aber bei den Körpern von sehr großer Ausdehnung und namentlich bei der ganzen Erde darauf von vornherein achten. In diesem Falle sind die Geschwindigkeiten in der Nachbarschaft der Stoßstelle ausschließlich von der Gestaltsänderung abhängig. Für eine genauere Behandlung wäre es daher erforderlich, auf die Art der Formänderung an allen Stellen der Erde, namentlich an jenen in der näheren und in der weiteren Stoßstelle, näher einzugehen und die wellenartige Fortpflanzung des Stoßes durch diese Gegenden, die mit der Geschwindigkeit des Schalles erfolgt, ausführlich zu untersuchen. Unter besonderen Annahmen ist diese Aufgabe, freilich unter Aufgebot der schwierigsten mathematischen Hilfsmittel, auch schon gelöst worden; trotz des großen Aufwandes an scharfsinniger Arbeit ist aber damit doch nicht viel gewonnen worden, da die Voraussetzungen, von denen jene Betrachtungen ausgehen, der Wirklichkeit zu wenig entsprechen.

Wenn die feste Wand im Vergleich zu dem auf sie stoßenden Körper nahezu als starr angesehen werden kann, wenn sich also die Formänderung während des Stoßes fast ganz auf den Körper beschränkt, der auf die feste Wand trifft, fallen diese Bedenken aber fort. Ein Gummiball, der gegen eine Steinwand geworfen wird, verhält sich daher in der Tat nahezu so, wie es vorher angegeben war. Er wird zwar auch beim geraden Stoß nicht mit ganz derselben Geschwindigkeit von der festen Wand zurückgeworfen, mit der er auftraf; oft genug genügt es aber, den Unterschied zu vernachlässigen.

Beim schiefen Stoß gegen eine feste Wand findet zunächst ebenfalls ein Gleiten der Oberflächen statt. Wenn die Flächen vollkommen glatt wären, so daß keine gleitende Reibung zwischen ihnen auftreten könnte, würde die Tangentialkomponente der Geschwindigkeit V_1 von Q_1 überhaupt nicht geändert. Die Normalkomponente v_1 würde sich dagegen durch den Stoß in die entgegengesetzte umkehren. Infolge davon würde Q_1 von der festen Wand mit derselben Geschwindigkeit, aber in einer Richtung zurückgeworfen, die mit der Stoßnormalen einen nach der entgegengesetzten Seite zählenden Winkel von gleicher Größe wie vorher bildet. In Abb. 97 ist dies angedeutet; die Zurückwerfung erfolgt so, wie die eines Lichtstrahles an einer spiegelnden Fläche.

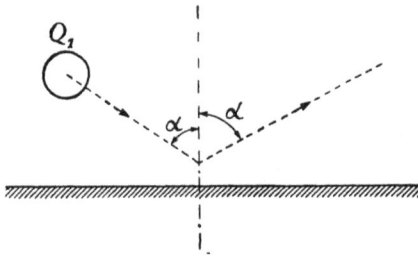

Abb. 97.

Gewöhnlich begnügt man sich mit dieser näherungsweisen Beschreibung des Vorgangs. Daß sie nicht genau sein kann, geht schon aus den Untersuchungen über den schiefen Stoß im vorigen Paragraphen hervor. Wegen der Reibung tritt eine Verzögerung der Tangentialkomponente der Geschwindigkeit von Q_1 ein und zugleich wird Q_1 in Drehung versetzt. Auch hierfür kann man die Formeln des vorigen Paragraphen ohne weiteres benutzen, wenn man darin $Q_2 = \infty$ setzt. So erhält man aus Gl. (130), nachdem man darin zuvor den Wert von u eingesetzt hat,

$$w_1 = \mu \, p_1 \frac{Q_1 v_1}{g \, \Theta_1} \cdot$$

Aus Gl. (131) folgt $w_2 = 0$ und aus den Gleichungen (132)

$$U_1 = V_1 - \mu v_1; \quad U_2 = 0.$$

Die Bedingung für die Gültigkeit dieser Gleichungen, also dafür, daß das Gleiten mindestens bis zum Ende der ersten Stoßperiode andauert, folgt aus Gl. (133) dahin, daß der Stoß so schief sein muß, daß tg α mindestens

$$\text{tg } \alpha = \mu \frac{i_1{}^2 + p_1{}^2}{i_1{}^2}$$

ist. Im anderen Falle kann die sich hierauf beziehende Untersuchung des vorigen Paragraphen ebenfalls sofort benutzt werden.

Die Reibung verzögert die Tangentialkomponente der Geschwindigkeit von Q_1, und dieser Umstand hat zur Folge, daß der Winkel, den die Absprungrichtung mit der Normalen bildet, etwas kleiner wird als der Einfallwinkel. Andererseits ist aber der Stoß auch nicht vollkommen elastisch. Daher wird auch die Normalkomponente der Geschwindigkeit beim Abspringen kleiner als beim Auftreffen. Dieser Umstand bewirkt wieder eine Vergrößerung des Absprungwinkels. Wenn sich beide Geschwindigkeitskomponenten zufällig gerade in demselben Verhältnis vermindern, wird daher der Abspringwinkel immer noch ebenso groß als der Einfllwinkel sein. Jedenfalls hat sich aber die Geschwindigkeit des Abspringens gegenüber der des Auftreffens vermindert. Der damit zusammenhängende Verlust an lebendiger Kraft wird zum Teil durch die lebendige Kraft der Drehung aufgewogen, die Q_1 annimmt. Ein anderer Teil kommt auf die Rechnung der Reibungsarbeit, die beim Gleiten der Oberflächen während des Stoßes geleistet wird, und der Rest ist auf Rechnung der bei dem unvollkommen elastischen Stoß nicht wieder ganz zurückgewonnenen Formänderungsarbeit zu setzen.

Auch für den Fall, daß der Körper Q_1 schon vor dem Auftreffen auf die feste Wand eine Drehbewegung besaß, läßt sich die Untersuchung ähnlich wie früher durchführen.

ACHTER ABSCHNITT

Die Mechanik flüssiger Körper

§ 56. Die Eigenschaften der vollkommenen Flüssigkeit

Flüssig wird ein Körper genannt, der einer reinen Gestaltsänderung, die nicht zugleich mit einer Änderung des Rauminhalts verbunden ist, keinen Widerstand entgegensetzt. Die meisten Anwendungen der Mechanik flüssiger Körper beziehen sich auf das Wasser, und daher rührt auch die Bezeichnung dieses Teiles der Mechanik als Hydrostatik und Hydrodynamik. So wie man aber einen festen Körper zunächst unter dem Bilde eines starren Körpers betrachtet und die Untersuchung der elastischen oder sonst von dem starren Verhalten abweichenden Eigenschaften einer späteren Betrachtung vorbehält, wird auch in der Mechanik der flüssigen Körper nicht das Wasser mit allen physikalischen Eigenschaften, die ihm zukommen, von vornherein der Betrachtung zugrunde gelegt, sondern man schiebt ihm auch hier ein einfacheres Bild unter, das nur die wesentlichsten Eigenschaften des Wassers wiedergibt und die minder wesentlichen übergeht. In vielen Fällen genügt dieses vereinfachte Bild; in anderen kommt man freilich nicht ohne die Beachtung der abweichenden Eigenschaften aus.

Auch das Wasser ist elastisch; es läßt sich in einem widerstandsfähigem Gefäß unter hohem Druck auf ein kleineres Volumen zusammendrücken. Diese Volumenänderung ist aber unter den praktisch erreichbaren Druckkräften so gering, daß man nur selten darauf Rücksicht zu nehmen braucht. Deshalb legen wir der idealen Flüssigkeit, die wir an Stelle des Wassers setzen wollen, die Eigenschaft der Unzusammendrückbarkeit bei. Ebenso sehen wir in der Regel von der Volumenänderung ab, die durch eine Temperaturänderung des Wassers hervorgebracht werden kann. Eine gegebene Menge der idealen unzusammendrückbaren Flüssigkeit soll daher stets den gleichen Raum einnehmen.

Auch die Gase und Dämpfe gehören zu den flüssigen Körpern. Sie sind aber elastisch flüssig in dem Sinne, daß man schon von Anfang an auf den Zusammenhang zwischen dem Druck, unter dem sie stehen, und dem Volumen, das sie einnehmen, Rücksicht nehmen muß. Sie vermögen ihr Volumen beim Nachlassen des Druckes unbegrenzt zu vergrößern. Außerdem ändert sich bei gleichem Druck ihr Volumen sehr stark mit der Temperatur und umgekehrt. Aus diesem Grunde spielen die Wärmeerscheinungen bei der Physik der Gase eine ausschlaggebende Rolle. Das Verhalten der Gase und Dämpfe bildet den Hauptgegenstand der mechanischen Wärmetheorie. Da diese einen eigenen Wissenszweig ausmacht, der sich von der Mechanik losgelöst hat und für sich behandelt wird, kann man die Mechanik der Gase kaum noch zur Mechanik im engeren Sinne rechnen. Viele von den Betrachtungen der Mechanik der unzusammendrückbaren Flüssigkeiten sind indessen auch für die Gase entweder ohne weiteres gültig oder sie können doch mit geringen Änderungen oder auch näherungsweise auf sie übertragen werden. Nur insofern dies zutrifft, wird in diesen Vorlesungen auch auf das Verhalten der Gase Rücksicht genommen; alle Untersuchungen, bei denen

Temperaturänderungen in Betracht kommen, bleiben dagegen der mechanischen Wärmetheorie vorbehalten.

Vorher war gesagt, daß die flüssigen Körper einer Gestaltsänderung ohne Raumänderung keinen Widerstand leisten; wir wollen den Sinn dieser Aussage jetzt noch weiter auseinander setzen. Zu diesem Zweck betrachten wir einen flüssigen Körper, der in Ruhe ist und der eine bestimmte Gestalt hat. Entweder können wir uns diesen Körper von festen Wänden begrenzt denken oder wir können ihn uns auch durch eine geschlossene Fläche aus einer größeren Flüssigkeitsmasse abgegrenzt denken. Im letzten Falle ist die Grenzfläche nur willkürlich gedacht und nicht materiell verwirklicht; sie hat nur den Zweck, jenen Teil der ganzen Masse, auf den wir die besondere Aufmerksamkeit lenken wollen, bestimmt zu bezeichnen. Auf den in dieser Weise abgegrenzten Körper wirken von außen her Kräfte ein; zunächst die Schwerkraft oder auch andere Massenkräfte und dann die von den festen Wänden oder von der außen angrenzenden Flüssigkeit auf die Oberfläche übertragenen Kräfte. Die Kräfte müssen, um Gleichgewicht miteinander zu halten, zunächst den allgemeinen Gleichgewichtsbedingungen für Kräfte am starren Körper genügen. Denn wenn der Flüssigkeitskörper dauernd in Ruhe bleiben soll, ändert er seine Gestalt nicht, und wir können ihn dann vorübergehend auch als starr betrachten. Diese allgemeinen Gleichgewichtsbedingungen sind aber für den flüssigen Körper nur notwendige und nicht auch hinreichende Bedingungen; bei ihnen ist noch keine Rücksicht darauf genommen, daß die Flüssigkeit einer bloßen Gestaltsänderung keinen Widerstand leisten kann. Wir betrachten daher jetzt irgendeine kleine Gestalts- und Lagenänderung des Flüssigkeitskörpers, die nur der Bedingung genügt, daß keine Änderung des Rauminhaltes mit ihr verbunden ist. In Übereinstimmung mit dem früheren Wortgebrauch wollen wir sie als eine virtuelle Bewegung des Flüssigkeitskörpers bezeichnen. Die Bedingung, daß die Flüssigkeit einer Gestaltsänderung keinen Widerstand entgegenzusetzen vermag, läßt sich dann dahin aussprechen, daß die Summe der Arbeitsleistungen aller äußeren Kräfte für jede solche virtuelle Bewegung gleich Null sein muß. Denn wäre sie nicht Null, sondern positiv, so würde diese Bewegung nur durch die Dazwischenkunft der inneren Kräfte gehindert, was gegen den Sinn der Voraussetzung verstößt, und wäre sie negativ, so müßte eine ihr entgegengesetzte virtuelle Bewegung von selbst eintreten.

Durch diese Ausführungen wird zugleich die Anwendung des Prinzips der virtuellen Geschwindigkeiten auf das Gleichgewicht einer Flüssigkeit begründet. Hierbei darf man aber die Sache nicht etwa so ansehen, als wenn die Gültigkeit des Prinzips für flüssige Körper durch diese Betrachtung bewiesen werden sollte. Vielmehr erhält der Begriff des flüssigen Körpers durch diese Auseinandersetzung erst seine nähere Definition und die allgemein und darum unbestimmt gehaltene Aussage, daß der flüssige Körper einer Gestaltsänderung keinen Widerstand entgegensetze, einen greifbaren Inhalt. Daß flüssige Körper in der Natur vorkommen, die dem in dieser Weise näher bezeichneten Bilde entsprechen, kann selbstverständlich durch keinerlei theoretische Betrachtung bewiesen, sondern nur aus der Erfahrung festgestellt werden.

Wir wollen uns ferner den flüssigen Körper durch irgendeinen ebenen Querschnitt in zwei Teile getrennt denken und das Gleichgewicht des einen Teiles betrachten. Eine Gestaltsänderung des ganzen Körpers ohne Änderung des Volumens wäre offenbar in der Art möglich, daß sich der eine Teil längs des gezogenen Querschnittes gegen den anderen verschöbe. Wir wenden für diese virtuelle Bewegung das Prinzip der virtuellen Geschwindigkeiten sowohl auf den ganzen Körper als auf den sich verschiebenden Teil an. In jedem Falle muß die Summe der Arbeiten aller äußeren Kräfte gleich Null sein. An dem sich verschiebenden Teil zählen aber zu den äußeren Kräften auch jene, die vom anderen Teil her im Querschnitt übertragen werden. Da nun die Arbeiten der übrigen äußeren Kräfte, die am ganzen Körper allein als solche vorkommen, wegen dessen Gleichgewicht schon für sich Null ergeben müssen, so folgt, daß auch die Summe der Arbeiten der im Querschnitt übertragenen Kräfte an dem sich verschiebendem Teil gleich Null ist. Hiernach können diese Druckkräfte keine Komponente haben, die in den Querschnitt selbst fiele. Da dies für jede beliebig abgegrenzte Flüssigkeitsmenge und für jeden beliebig durch sie gelegten Querschnitt gilt. erkennen wir, daß die Flüssigkeit durch jedes in ihr ausgewählte Flächenteilchen nur Normalkräfte und keine Schubspannungen übertragen kann.

Dies gilt zunächst für den Gleichgewichtszustand, und für diesen ist der gezogene Schluß in Übereinstimmung mit dem tatsächlichen Verhalten aller Körper, die man als Flüssigkeiten bezeichnet. Bei einer in beliebiger Bewegung befindlichen Wassermasse trifft er aber nicht mehr zu. Hier können in der Tat Schubspannungen, die man aber in diesem Fall als innere Reibungen zu bezeichnen pflegt, auftreten. In vielen Fällen sind jedoch diese inneren Reibungen verhältnismäßig unbedeutend, so daß sie bei einer ersten angenäherten Betrachtung außer acht gelassen werden dürfen. Deshalb schreiben wir der idealen Flüssigkeit, auf die sich unsere Betrachtungen in erster Linie beziehen sollen, die Eigenschaft zu, daß überhaupt keine inneren Reibungen in ihr auftreten können.

Wir können hierfür noch einen anderen Ausdruck wählen. Die inneren Reibungen hängen nämlich, wie die Erfahrung lehrt, von den Geschwindigkeitsunterschieden zwischen benachbarten Teilen der Flüssigkeitsmasse und bei gegebenen Geschwindigkeitsunterschieden ferner noch von der Art der Flüssigkeit ab. Je größer sie sind, desto zäher wird die Flüssigkeit genannt. Die ideale Flüssigkeit hat nach dieser Ausdrucksweise die Zähigkeit Null. Konzentrierte Schwefelsäure ist z. B. viel zäher als Wasser. Solange es sich nur um die Untersuchung von Gleichgewichtszuständen handelt, also im Gebiet der Hydrostatik, macht dies aber keinen Unterschied; die Lehren der Hydrostatik gelten für Schwefelsäure oder für noch zähere Flüssigkeiten ebenso genau, wie für das Wasser. Bei Aufgaben über die Bewegung von Flüssigkeiten spielt dagegen die Zähigkeit eine große Rolle; eine Lösung, die ohne Berücksichtigung der inneren Reibungen gewonnen wurde und die im gegebenen Falle für Wasser vielleicht noch hinlänglich genau richtig ist, kann für Schwefelsäure schon ganz unbrauchbar sein.

In kürzerer Ausdrucksweise lassen sich die vorhergehenden Ausführungen auch in dem Satz zusammenfassen: „Flüssig ist ein Körper, der einer langsamen Gestaltsänderung keinen Widerstand entgegensetzt; vollkommen flüssig wäre aber einer, in dem die inneren Kräfte auch bei einer beliebig schnellen Gestaltsänderung, die sich ohne Änderung des Rauminhaltes vollzöge, keine Arbeit zu leisten vermöchten." Der „vollkommen flüssige" Körper gleicht in dieser Hinsicht dem starren Körper, insofern nämlich, als bei beiden die inneren Kräfte unter keinen Umständen Arbeit leisten können. So wenig es in aller Strenge starre Körper in der Natur gibt, ebensowenig gibt es vollkommen flüssige Körper. Beide Begriffe lassen sich nur mit dem Vorbehalt aufstellen, daß im einzelnen Fall ihrer Anwendung zunächst ermittelt werden muß, ob sich das durch sie gegebene vereinfachte Bild genau genug mit der Wirklichkeit deckt.

Wir kehren jetzt zur Betrachtung des aus der ganzen Flüssigkeitsmasse in beliebiger Weise abgegrenzten Körpers zurück und denken uns mit diesem eine virtuelle

Bewegung vorgenommen. Der Einfachheit wegen wollen wir uns diese nur darin bestehend denken, daß irgendein Flächenteilchen df der Oberfläche an irgendeiner Stelle um dn zurückgedrängt, also einwärts geschoben wird, während an irgendeiner anderen Stelle ein Flächenteilchen df' um dn' nach außen verschoben wird (vgl. Abb. 98). Der Unzusammendrückbarkeit wegen muß das dem Körper hinzugetretene Volumen $df'dn'$ gleich dem ihm verlorenen Volumen $df\,dn$ sein. Wir wissen schon, daß die Druckkräfte überall senkrecht zur Oberfläche stehen müssen. Die auf die Flächeneinheit bezogene Druckkraft an beiden Stellen sei mit p bzw. p' bezeichnet. An df wird die positive Arbeit $p\,df\,dn$ und an df' die negative Arbeit $p'df'dn'$ geleistet. Außerdem leistet auch die an dem Körper wirkende Massenkraft eine Arbeit. Als Massenkraft kommt gewöhnlich nur die Schwere in Betracht, und wir wollen diesen Fall hier voraussetzen. Der in der Richtung der Schwere gemessene Abstand von df und df' sei h. Für die Arbeit der Schwerkraft kommt nur in Betracht, daß sich ein Massenteilchen vom Volumen $df\,dn$ um h nach unten verschoben hat, (oder auch nach oben, wenn h negativ ist). Die Verschiebungen, die sonst noch innerhalb des Flüssigkeitsraumes auftreten, können zur Arbeit der Schwere nichts beitragen, weil sich dabei ebenso viele Massenteilchen nach oben wie nach unten hin verschieben. Das Gewicht der Volumeneinheit der Flüssigkeit sei γ. Dann ist die Arbeitsleistung der Schwerkraft bei der betrachteten Formänderung $\gamma\,df\,dn\cdot h$, und sie ist positiv,

Abb. 98.

wenn h positiv ist. Die Bedingung, daß die Summe der virtuellen Arbeiten gleich Null sein muß, lautet daher

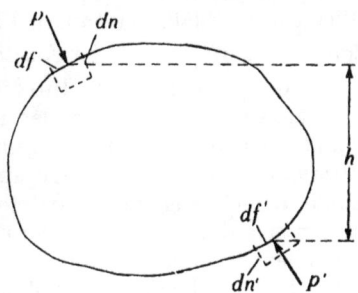

$$p\,df\,dn + \gamma\,df\,dn\,h = p'df'dn',$$

oder, wenn man beachtet, daß $df'dn' = df\,dn$ ist,

$$p' = p + \gamma h. \tag{134}$$

Hierbei ist wohl zu beachten, daß die Richtung der Flächenelemente df und df' bei der Ableitung dieser Formel ganz gleichgültig ist. Wenn $h = 0$ ist, wird $p' = p$, wie auch die Flächenelemente geneigt sein mögen. Daraus folgt zweierlei, erstens nämlich, **daß an derselben Stelle der Flüssigkeit der Druck für alle Schnittrichtungen, die man durch die Flüssigkeitsmasse legen mag, denselben Wert hat, und zweitens, daß der Druck in gleichen Höhen überall gleich groß ist.** Der Spannungszustand in einer vollkommenen Flüssigkeit ist daher von besonders einfacher Art; er wird für jede Stelle durch die Angabe eines einzigen Zahlenwertes vollständig beschrieben.

Dieser Schluß trifft genau zu für alle Flüssigkeiten im Gleichgewichtszustand, auch für Gase. Für zähe Flüssigkeiten, die in beliebiger Bewegung begriffen sind, b eibt er aber nicht mehr streng gültig. Bei ihnen kann der Druck an derselben Stel e für verschiedene Schnittrichtungen merklich verschieden sein, und zwar um so mehr, je zäher die Flüssigkeit ist und je größer die Geschwindigkeitsunterschiede zwischen benachbarten Teilen der Flüssigkeit sind.

Häufig ist das Glied γh in Gleichung (134) gegenüber p innerhalb der ganzen Flüssigkeit nur unbedeutend; die Flüssigkeit kann dann nahezu als gewichtslos betrachtet werden. Dann ist der Druck p oder p' überhaupt an allen Stellen der Flüssigkeit und für alle Schnittrichtungen gleich groß. Dies trifft bei Gasen oder Dämpfen sehr häufig zu. Bei dem Dampfdruck in einem Dampfkessel oder in einem Dampfzylinder braucht man z. B. auf die sehr geringfügigen Druckunterschiede in verschiedenen Höhen keine Rücksicht zu nehmen.

Auch für eine ganz beliebige kleine Gestaltsänderung des Flüssigkeitskörpers läßt sich der Ausdruck für die Arbeit der Druckkräfte p leicht angeben. Versteht man nämlich jetzt unter df irgendein Flächenelement und unter dn die Bewegung, die df nach einwärts erfährt, so gibt das über die ganze Oberfläche erstreckte Integral $\int p\, df\, dn$ die von den Druckkräften geleistete Arbeit an. Dabei ist dn negativ zu rechnen, wenn es, wie vorher dn', nach außen gerichtet ist. Auf die dabei etwa daneben auftretende, parallel zur Fläche df gerichtete Komponente der Verschiebung kommt es nämlich nicht an, weil sie senkrecht zu p steht; ebenso wird bei einer Drehung von df um eine Schwerpunktsachse keine Arbeit von p geleistet.

Wenn p innerhalb der ganzen Flüssigkeitsmasse als konstant betrachtet werden kann, vereinfacht sich der Ausdruck für die geleistete Arbeit zu $p \int df\, dn$. Das hier noch vorkommende Integral stellt die Volumenverminderung der ganzen Flüssigkeitsmasse dar. Bei der unzusammendrückbaren Flüssigkeit ist diese Verminderung und mit ihr die ganze Arbeit gleich Null, was ja auch in Übereinstimmung mit den vorausgegangenen Betrachtungen steht. Man wendet aber diese Berechnung der geleisteten Arbeit auch auf Gase und Dämpfe an, bei denen sich das Volumen ändern kann. Wird das ganze Volumen mit V und die Volumenverminderung mit dV bezeichnet, so ist die von außen zu leistende Arbeit gleich $p\, dV$. Dies gilt zunächst für eine kleine Gestaltsänderung. Bei einer größeren Volumenänderung ändert sich auch der Druck mit V; für die Arbeit A, die hierbei aufzuwenden ist, hat man dann

$$A = \int p\, dV. \tag{135}$$

Dehnt sich das Gas oder der Dampf aus, wie im Zylinder einer Dampfmaschine, so wird A negativ, d. h. es wird dann eine nach Gl. (135) zu berechnende Arbeit nach außen hin abgegeben.

Auch für das Wasser wird von diesen Betrachtungen Gebrauch gemacht, wenn es sich darum handelt, eine Wassermenge aus einem Gefäß, in dem es unter dem Druck p_0 steht, in ein anderes mit dem Druck p überzuführen. Die hierfür aufzuwendende Arbeit ist $A = V(p - p_0)$, wenn unter V wieder des Volumen der Wassermasse verstanden wird.

§ 57. Ausfluß aus Gefäßen

Ein Gefäß, dessen Horizontalschnitt überall groß ist gegen den Querschnitt F der Ausflußöffnung, sei bis zur Höhe h über der Öffnung mit einer unzusammendrückbaren Flüssigkeit, also etwa mit Wasser, gefüllt. Wenn ein Schieber, der die Öffnung vorher verschlossen hatte, weggezogen wird, beginnt das Wasser zuerst mit kleinerer und dann mit allmählich wachsender Geschwindigkeit auszuströmen, bis ein Zustand hergestellt ist, der unverändert fortdauert, wenn man den oberen Wasserspiegel durch einen Zufluß immer in derselben Höhe erhält. Der Endzustand stellt sich übrigens schon in kurzer Zeit ein, und um ihn allein wollen wir uns hier kümmern.

An und für sich könnte die Ausströmungsbewegung freilich auch unregelmäßig erfolgen, wenn etwa das Wasser im Gefäße mit einem Rührer durcheinander gemischt würde oder wenn eine ähnlich wirkende Ursache dabei mitwirkte. Solche

Fälle schließen wir aber aus. Wir nehmen vielmehr einen ungestörten Ausfluß an, derart, daß an der gleichen Stelle des Gefäßes die Geschwindigkeit der Strömung nach Größe und Richtung unverändert die gleiche bleibt.

Die Bahn, die ein einzelnes Wasserteilchen zuerst innerhalb des Gefäßes und dann in dem austretenden Wasserstrahl zurücklegt, wird als eine Stromlinie bezeichnet. Man denke sich eine Anzahl solcher Stromlinien angegeben. Innerhalb des Gefäßes werden sie verhältnismäßig weit auseinander liegen, während sie sich in der Mündung eng zusammendrängen. Legt man durch jeden Punkt einer geschlossenen Kurve, die im Gefäß beliebig, etwa in einer horizontalen Ebene, gewählt wird, eine Stromlinie, so wird dadurch ein Raum abgegrenzt, durch den die innerhalb liegenden Wasserteilchen so fließen, als wenn sie in einer Röhre von dieser Gestalt eingeschlossen wären. Man nennt daher diesen Raum eine Stromröhre oder, wenn der Querschnitt sehr klein ist, einen Stromfaden. Auch der Stromfaden ist oben weiter und verengt sich in der Mündung. Durch jeden Querschnitt des Stromfadens fließt aber dieselbe Wassermenge; je kleiner daher der Querschnitt wird, desto größer muß die Geschwindigkeit werden. Die Geschwindigkeit ist demnach am größten, wo die Stromlinien am engsten zusammenliegen. Dies braucht nicht gerade in der Mündung selbst der Fall zu sein. Wenn die Mündung durch einen Ausschnitt in einer dünnen Wand gebildet wird, drängen sich vielmehr die Stromlinien in ihr von den Seiten her zusammen. Da sich die augenblickliche Bewegungsrichtung nicht plötzlich ändern kann, gilt dies auch noch nach dem Austritt aus dem Gefäß, bis der engste Querschnitt erreicht ist. Diese Erscheinung wird als die Einschnürung oder die Kontraktion des Wasserstrahls bezeichnet. Durch eine Ansatzröhre, die sich nach außen hin selbst allmählich zusammenzieht, kann aber eine weitere Einschnürung nach dem Durchlaufen der Mündung vermieden werden.

Es handelt sich jetzt darum, die größte Geschwindigkeit im eingeschnürten Querschnitt in der Nähe der Mündung zu berechnen; wir bezeichnen sie mit v. Die in einer Sekunde ausfließende Wassermenge sei, in Volumeneinheiten ausgedrückt, mit Q bezeichnet; das Gewicht von Q ist gleich γQ, wenn γ das Gewicht der Volumeneinheit ist. Nach Ablauf einer Sekunde ist der Zustand sonst überall noch derselbe wie vorher; dagegen ist ein Wassergewicht γQ in der Höhe des oberen Wasserspiegels fortgenommen und ebensoviel Wasser ist unten ausgeströmt. Oben hatte das Wasser eine potentielle Energie, während das ausströmende Wasser eine lebendige Kraft besitzt, die jener gleich sein muß, wenn andere Energieumwandlungen daneben nicht vorkommen. Bei einer vollkommenen Flüssigkeit sind solche nicht möglich, wohl aber bei einer zähen Flüssigkeit, in der durch die Überwindung der inneren Reibungen mechanische Energie verbraucht und in Wärme umgesetzt wird. Die potentielle Energie, die einem Höhenunterschied h entspricht, ist gleich $\gamma Q h$, und die lebendige Kraft der gleichen Wassermasse ist bei der Geschwindigkeit v gleich $\gamma Q v^2/2g$. Setzt man beide Werte einander gleich, so erhält man

$$v = \sqrt{2\,g\,h}.$$

Um aber auf die Zähigkeit der Flüssigkeit Rücksicht zu nehmen, durch die v vermindert wird, setzen wir anstatt dessen

$$v = c\sqrt{2\,h\,g}. \tag{136}$$

Der Faktor c heißt der Geschwindigkeitskoeffizient; er muß notwendig ein echter Bruch sein und kann durch Versuche ermittelt werden. Solche Versuche sind für Wasser schon oft angestellt worden und haben ungefähr den Wert

$c = 0,97$ ergeben. Das ist nicht viel weniger als Eins. Beim Ausfluß des Wassers macht sich also die Zähigkeit nicht sehr bemerklich; sondern er erfolgt fast genau so wie bei einer vollkommenen Flüssigkeit. Bei zäheren Flüssigkeiten kann aber c erheblich kleiner werden.

Auch die Ausflußmenge Q ergibt sich leicht aus Gl. (136). Findet bei einer passenden Ansatzröhre unmittelbar nach dem Verlassen der Mündung keine Einschnürung mehr statt, so erhält man Q durch Multiplikation der Mündungsfläche mit v. Man kann sich nämlich die ganze in der Zeiteinheit ausfließende Menge in Gestalt eines Zylinders von der Grundfläche F angeordnet denken, dessen Höhe gleich dem in der Zeiteinheit zurückgelegten Weg v ist. Im allgemeinen, namentlich beim Ausfluß aus dünner Wand, findet aber noch eine Einschnürung statt. An Stelle des Querschnittes F der Mündungsfläche tritt dann der eingeschnürte Querschnitt $c'F$. Der Faktor c' heißt der Kontraktionskoeffizient und wird am besten ebenfalls auf dem Wege des Versuchs ermittelt. Man kann zwar auch auf dem Wege der Rechnung eine Schätzung seiner Größe erlangen, wenn man den Verlauf der Stromlinien näher verfolgt. Diese Rechnung ist aber nicht nur sehr mühsam, sondern sie ist auch nicht so zuverlässig wie ein unmittelbarer Versuch. Im übrigen hängt c' nicht nur von der Gestalt der Ansatzröhre oder der Zuschärfung der Wand an der Austrittsstelle, sondern auch von der Querschnittsform des Strahles ab. In erster Annäherung kann man, namentlich für einen kreisförmigen Strahlquerschnitt, bei dem Ausfluß aus einer dünnen Wand c' etwa gleich 0,64 setzen.

Für Q erhält man hiermit

$$Q = c'\, F v = c\, c'\, F \sqrt{2\,g\,h}. \tag{137}$$

Das Produkt der beiden Erfahrungskoeffizienten c und c' kann auch zu einem einzigen Faktor k zusammengefaßt werden, der der Ausflußkoeffizient genannt wird. Man erhält dann

$$Q = k F \sqrt{2\,g\,h}. \tag{138}$$

Für den Ausfluß eines Wasserstrahls aus dünner Wand wird nach dem vorher Bemerkten k etwa gleich 0,62.

Bisher war vorausgesetzt, daß der Druck, durch den das Wasser zum Ausfließen gebracht wird, durch das Gewicht der Wassersäule von der Höhe h veranlaßt sei. Es kann aber keinen Unterschied machen, wenn das Wasser in Wirklichkeit nicht bis zur Höhe h reicht, sondern wenn der Druck der darüber hinausgehenden Wassersäule in anderer Weise ersetzt wird. Läßt man also z. B. das Wasser aus einem unter Druck stehenden Dampfkessel durch ein unten angebrachtes Rohr ausströmen, so wird die Ausflußgeschwindigkeit nicht nur durch die Höhe des Wasserspiegels im Dampfkessel bedingt, sondern man muß dazu noch eine Wassersäule rechnen, deren Höhe dem Dampfdruck im Kessel entspricht. Dabei ist zu beachten, daß ein Druck vom 1 atm oder von 1 kg/qcm durch eine Wassersäule von 10 m Höhe hervorgerufen wird. Wenn der Dampfüberdruck im Kessel 5 atm beträgt, ist also für h die um 50 m vermehrte Höhe des Wasserspiegels im Dampfkessel über dem Ausflußquerschnitt in die vorigen Formeln einzuführen.

Hierbei ist freilich zu beachten, daß beim Ausströmen des Wassers aus einem Dampfkessel zugleich ein teilweises Verdampfen eintreten kann. Wenn aber zum Teil Dampf anstatt Wasser ausströmt, muß dadurch die ausströmende Menge geändert werden. — Aus Versuchen von Prof. Knoblauch geht indessen hervor, daß hierbei ein Siedeverzug eintritt, so daß man es in der Tat im wesentlichen nur mit ausströmendem Wasser zu tun hat. Man kann daher die vorher abgeleiteten Formeln auch auf diesen Fall mit hinreichender Genauigkeit anwenden.

Für den Ausfluß von Gasen aus einem Gefäß gelten übrigens die vorausgehenden Formeln ebenfalls, solange der Druckunterschied, der den Ausfluß bewirkt, nicht sehr erheblich ist, also etwa bei dem Ausfluß aus einer Leuchtgasleitung oder aus einem Ventilationsschacht o. dgl., wo der Druckunterschied in einigen cm Wassersäule ausgedrückt werden kann. Unter h ist dann in den vorausgehenden Formeln die Höhe einer Gassäule zu verstehen, deren Gewicht bei überall gleicher Dichte hinreicht, um den gegebenen Druck auf die Grundfläche hervorzubringen. So ist z. B. Wasser ungefähr 800 mal schwerer als Zimmerluft. Ein Druckunterschied, der durch eine Wassersäule von 1 cm Höhe gemessen wird, entspricht daher einem Werte h von 8 m für Luft unter den gewöhnlich vorliegenden Verhältnissen, bei Leuchtgas, das leichter ist als Luft, entsprechend mehr.

Bei großen Druckunterschieden, also z. B. solchen von 1 atm, werden die früheren Formeln für Gase unbrauchbar. Dies rührt namentlich davon her, daß das Gas bei so großen Druckunterschieden sein Volumen sehr stark verändert und damit zugleich auch seine Temperatur.

§ 58. Veränderlichkeit des Druckes in einem Stromfaden

Die in § 56 abgeleitete Gl. (134)

$$p' = p + \gamma h$$

gilt nur für den Fall des Gleichgewichts. In einem Stromfaden einer strömenden Flüssigkeit befolgt die Veränderlichkeit des Druckes ein anderes Gesetz, zu dessen Herleitung wir uns durch zwei Querschnitte df und df' einen Wasserkörper aus dem Stromfaden abgegrenzt denken wollen. Wir beobachten die Bewegung dieses Körpers während eines kleinen Zeitteilchens. Währenddessen mögen sich die Wasserteilchen des oberen Querschnitts df (vgl. Abb. 99) um dn in der Richtung der Stromlinien und die von df' um dn' bewegen. Da durch den Mantel des Stromfadens keine Bewegung erfolgt, muß der Raumbeständigkeit wegen $df dn$ gleich $df' dn'$ sein. Die an der Mantelfläche wirkenden Druckkräfte leisten bei dieser Bewegung keine Arbeit, da wir eine vollkommene Flüssigkeit voraussetzen, bei der der Druck stets rechtwinklig zur Grenzfläche, hier also rechtwinklig zur Bewegungsrichtung steht.

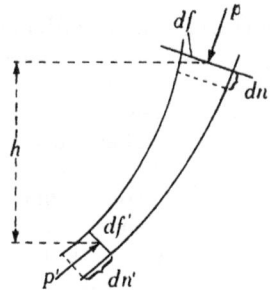

Abb. 99.

Der Druck auf die obere Querschnittsfläche des Wasserkörpers ist gleich $p\, df$ und die von ihm geleistete Arbeit gleich $p\, df\, dn$. Diese ist positiv; ihr steht die negative Arbeitsleistung vom Betrag $p'\, df'\, dn'$ des auf die untere Grenzfläche wirkenden Druckes gegenüber. Die Arbeitsleistung der Schwere ist positiv und gleich $\gamma\, df\, dn \cdot h$, da sich im ganzen eine Wassermenge vom Volumen $df\, dn$ um die Höhe h nach abwärts bewegt hat, während sich sonst an der Verteilung der Flüssigkeit über den Stromfaden nichts änderte.

Bis dahin ist die Betrachtung genau in Übereinstimmung mit der in § 56 angewendeten. Hier kommt aber noch hinzu, daß sich auch die lebendige Kraft geändert hat. Zwischen dem unteren Ende von dn und dem oberen von dn' sind zwar die Geschwindigkeiten der Wasserteilchen, die sich gerade an irgendeiner gegebenen Stelle befinden, noch genau so groß, wie sie an derselben Stelle zu Anfang waren, da wir eine der Zeit nach unveränderliche Strömung voraussetzen. Die einzige Änderung in der lebendigen Kraft des betrachteten Wasserkörpers kommt demnach darauf hinaus, daß oben ein Element vom Volumen $df\,dn$ mit der Geschwindigkeit v wegfällt, während dafür unten ein ebenso großes Volumen mit der Geschwindigkeit v' hinzutritt. Wenn v' größer ist als v, bedeutet dies einen Zuwachs an lebendiger Kraft von der Größe $\gamma\,df\,dn/2\,g\,(v'^2-v^2)$. Dieser Zuwachs wird durch den Überschuß der positiven Arbeiten der äußeren Kräfte über die negativen bewirkt. Wir haben also die Arbeitsgleichung

$$p\,df\,dn - p'\,df\,dn' + \gamma\,df\,dn\,h = \frac{\gamma\,df\,dn}{2\,g}\,(v'^2-v^2)$$

und da $df\,dn = df'\,dn'$ ist, folgt daraus

$$p' + \frac{\gamma\,v'^2}{2\,g} = p + \frac{\gamma\,v^2}{2\,g} + \gamma\,h. \tag{139}$$

Abgesehen von dem Höhenunterschied h, der bei dem bewegten Wasser ebenso wie bei dem ruhenden für sich genommen eine Druckvermehrung in den tiefer liegenden Schichten bewirkt, wird demnach der Druck an einer bestimmten Stelle um so kleiner, je größer dort die Geschwindigkeit ist. Deshalb vermindert sich z. B. der Druck auch schon im Inneren eines Gefäßes, aus dem ein Ausfluß erfolgt, in der Nähe der Mündung, je mehr sich die Stromlinien zusammendrängen und damit die Geschwindigkeit steigt.

Oft ist es bequem, für die Gl. (139) eine etwas geänderte Ausdrucksform zu wählen. Für einen Körper, der aus der Höhe H frei herabfällt, ist nämlich $v^2/2\,g = H$. Man bezeichnet diese Höhe H als die Geschwindigkeitshöhe und kann mit ihrer Benutzung Gl. (139) in der Form

$$p' = p + \gamma\,(h + H - H') \tag{140}$$

anschreiben. Damit nähert sich die Aussage wieder mehr der für den Gleichgewichtszustand gültigen Gleichung (134).

Von den vielfachen Anwendungen, die man von Gl. (139) oder (140) macht, sei hier als Beispiel nur eine hervorgehoben. Es möge sich darum handeln, die Geschwindigkeit zu messen, mit der das Wasser an irgendeiner Stelle durch das Hauptrohr einer Wasserleitung strömt. Um Betriebsstörungen, die gelegentlich durch den in das Rohr eingeschalteten Meßapparat hervorgerufen werden könnten, zu vermeiden, ist es erwünscht, daß dieser keine beweglichen Teile im Rohre selbst besitze. Um diese Aufgabe zu lösen, kann man, wie es bei dem Wassermesser von Venturi geschieht, dem Rohr an der betreffenden Stelle auf eine kurze Strecke einen kleineren Querschnitt geben. Das Wasser ist dann genötigt, diese Strecke mit entsprechend größerer Geschwindigkeit zu durchfließen, und dabei sinkt nach Gl. (139) der Druck. Man braucht jetzt nur den Druckunterschied $p' - p$ zwischen der verengten Stelle und dem weiteren Rohr zu messen, um aus Gl. (139) sofort die Differenz der Geschwindigkeitsquadrate zu erhalten. Diese Messung kann mit Hilfe eines Manometers, dem man eine für diesen Zweck passende Form gibt, leicht ausgeführt werden. Da zugleich das Verhältnis der Geschwindigkeiten v' und v aus der Gleichung $v'F' = vF$, wenn F und F' die Querschnittsflächen bedeuten, bekannt ist, folgen sofort beide Geschwindigkeiten und damit auch die Wassermenge, die zur Zeit der Beobachtung in jeder Sekunde durch die Leitung fließt.

Nach Durchströmen der verengten Stelle verringert sich die Geschwindigkeit wieder, und damit wächst der Druck ungefähr wieder auf denselben Wert wie vor der Einschnürung. Bei einer in regelmäßiger Strömung begriffenen vollkommenen Flüssigkeit, für die (Gl. 139) streng gilt, könnte überhaupt kein Druckverlust durch die Einschaltung der engeren Strecke herbeigeführt werden. Beim Wasser ist dies aber anders; beim Übergang aus dem weiteren Rohr in den engeren Teil und umgekehrt treten größere Geschwindigkeitsunterschiede zwischen benachbarten Stromfäden und mit ihnen innere Reibungen auf, deren Überwindung einen Druckverlust verursacht. Hierzu kommt noch, daß bei der Bewegung des Wassers aus dem engeren Rohrteil in den sich erweiternden, wenn der Übergang nicht sehr allmählich erfolgt, Störungen in der regelmäßigen Strömung eintreten, die zu Wirbelbildungen führen, mit denen ebenfalls ein Druckverlust verbunden ist. Durch sanfte Übergänge aus dem engeren in den weiteren Teil kann dieser Teil des Druckverlustes herabgesetzt werden. Er kann ebenfalls leicht durch manometrische Messungen zwischen dem vor und dem hinter der verengten Stelle liegenden Teil der Rohrleitung gemessen werden. Der Erfahrung nach ist er unter sonst gleichen Umständen dem Quadrat der Geschwindigkeit in der weiteren Leitung proportional zu setzen.

Wenn v' durch starke Verengung des Querschnitts an irgendeiner Stelle sehr groß würde, lieferte Gl. (139) einen negativen Wert von p'. In diesem Falle trennt sich aber das Wasser von der Gefäßwand und es bildet innerhalb des Gefäßes einen freien Strahl. Die Geschwindigkeit wird dann an dieser Stelle nur so groß, als wenn das Wasser ins Freie ausströmte. Mit dieser Erscheinung ist ebenfalls ein Druckverlust verbunden, der durch eine nachfolgende Erweiterung des Querschnitts nicht wieder ausgeglichen werden kann.

Anders als diese Erscheinungen ist die Wirkung der Strahlpumpen zu beurteilen. Bei diesen mundet ein von einer Druckwasserleitung versorgtes Rohr innerhalb eines an beiden Enden offenen Rohres aus, das von unter niederem Druck stehendem Wasser gefüllt ist. Das aus der Druckleitung mit großer Geschwindigkeit ausströmende Wasser reißt das es umgebende Niederdruckwasser durch Reibung mit fort. Dabei vermischen sich beide Wassermassen und sie nehmen eine mittlere Geschwindigkeit an, mit der sie aus dem weiteren Rohr ausströmen. Hierbei kommen die Gesetze des unelastischen Stoßes zur Geltung. Die Bewegungsgroße des vereinigten Wasserstrahles ist ebenso groß wie die Bewegungsgröße, die dem Hochdruckstrahl allein entsprechen würde. Mit der am Ende des Mischraums erlangten Geschwindigkeit stromt hierauf der Strahl in ein drittes Rohr, das sich allmählich erweitert. Hierdurch wird eine Drucksteigerung gemäß Gl. (139) hervorgerufen, die zur Überwindung des entgegenstehenden Gefälles dient. Durch dieses einfache Mittel vermag man eine große Wassermenge mit Hilfe einer kleineren Betriebswassermenge leicht auf eine Höhe von einigen Metern zu heben. Man muß aber beachten, daß dabei ein Arbeitsverlust von derselben Große, wie er früher fur den unelastischen Stoß, also für das Ende der ersten Stoßperiode, berechnet wurde, mit in den Kauf genommen werden muß. Als wirtschaftlich sind daher die Strahlpumpen im allgemeinen nicht zu betrachten; nur wo es auf den Arbeitsverlust nicht wesentlich ankommt, sind sie ihrer Einfachheit wegen, die zugleich Betriebsstörungen fernhalt, am Platze.

Auch auf Gase und Dampfe sind alle diese Betrachtungen im allgemeinen (falls namlich nicht sehr große Druckunterschiede auftreten) anwendbar. Eine besondere Erwähnung verdient noch die Dampfstrahlpumpe oder der Injektor, der zur Zuführung des Speisewassers in einen im Betrieb stehenden Dampfkessel benutzt wird. Ein Dampfstrahl tritt aus dem Kessel mit viel größerer Geschwindigkeit aus als ein Wasserstrahl. Dies rührt davon her, daß derselbe Druck p einer viel größeren Druckhöhe h der Dampfsäule entspricht, als die Höhe der Wassersaule beträgt, die den Druck p herbeifuhrt. Der austretende Dampfstrahl wird nun, indem er sich mit dem ihn umgebenden Speisewasser mischt, ganz oder zum Teil kondensiert. Dabei verliert er freilich den größten Teil seiner Geschwindigkeit, während die Bewegungsgröße des entstehenden Gemisches ebenso so groß bleibt wie zuvor. Aber auch diese verminderte Geschwindigkeit, mit der sich nun das Gemisch in dem Rohr weiterbewegt. ist noch größer als jene, mit der ein Wasserstrahl aus dem Dampfkessel ausströmen würde. Diese Geschwindigkeit kann nun nach Gl. (139) wieder in einen Druck umgewandelt werden, der hinreicht, um das Ventil, das den Zugang zum Kessel verschließt, zu heben. In der Tat wird nämlich in demselben Maße, wie die Kondensation des Dampfes fortschreitet, die Geschwindigkeit in den weiter folgenden Querschnitten des überall gleich weiten Rohres verringert, und damit wächst der Druck.

Eine ausführliche rechnerische Verfolgung des Vorganges kann nur auf Grund der Lehren der mechanischen Wärmetheorie über das Verhalten des Wasserdampfes gegeben werden; hier müssen daher diese Andeutungen über den der eigentlichen Mechanik angehörigen Teil der Theorie des Injektors genügen.

§ 59. Besondere Fälle des Ausflusses aus Gefäßen

Die Untersuchung in § 57 bezog sich nur auf den Ausfluß aus einer gegen die Druckhöhe kleinen Öffnung ins Freie. Wir wollen sie jetzt auf einige andere Fälle übertragen, und zwar zunächst auf den Ausfluß unter Wasser. Zwei Gefäße seien durch eine Wand getrennt, in der sich eine Öffnung befindet. Die Druckhöhe im einen Gefäß, etwa bis zur Mitte der Öffnung gerechnet, sei h, die im anderen h' und es sei $h > h'$. Maßgebend für die Geschwindigkeit v, mit der das Wasser aus dem ersten in das zweite Gefäß überströmt, ist der Druckhöhenunterschied $h - h'$. Man vergleicht diesen Fall mit dem anderen, daß das Wasser unter der Druckhöhe $h - h'$ unmittelbar ins Freie ausfließt, setzt also

$$v = c \sqrt{2 g (h - h')}, \tag{141}$$

woraus man durch Multiplikation mit der Querschnittsfläche des austretenden Strahles auch die Ausflußmenge erhält.

Gestützt wird diese Betrachtung durch die Überlegung, daß die Geschwindigkeit des austretenden Strahles durch die äußeren Bedingungen daran gehindert ist, das Wasser wieder auf eine größere Höhe als h' zu heben. Die Geschwindigkeit v wird daher als verloren für die Erzielung einer größeren Druckhöhe angesehen. Die ihr entsprechende Energie verliert sich in den Wirbeln, die der Ausfluß im Gefolge hat, und wird durch Überwindung der dabei auftretenden inneren Reibungen in Wärme verwandelt. Die hierbei ins Spiel kommende potentielle Energie ist für das Wassergewicht γQ gleich $\gamma Q (h - h')$ und die in Verlust gehende lebendige Kraft gleich $\gamma Q v^2 / 2 g$, woraus durch Gleichsetzung der vorher angegebene Wert von v folgt.

Recht befriedigend ist diese Betrachtung freilich nicht. Es ist von vornherein keineswegs ausgemacht, daß die ganze lebendige Kraft des ausfließenden Strahles vollständig in Wärme verwandelt würde. Es könnte recht wohl der Druck in der Ausflußöffnung unter h' sinken und sich durch teilweise Umwandlung der Geschwindigkeitshöhe H in einiger Entfernung von der Mündung auf den normalen Wert im zweiten Gefäß erhöhen. Dann müßte v größer werden, als vorher angegeben war. Um das tatsächliche Verhalten festzustellen, ist man daher auf die Ergebnisse von Versuchen angewiesen. Soweit diese bisher vorliegen, rechtfertigen sie indessen im allgemeinen den vorher gewählten Ansatz. In Fällen, bei denen ein genauer Wert der Ausflußmenge von Wichtigkeit ist, tut man aber jedenfalls am besten daran, unmittelbare Versuche zur Feststellung des mit der Formel in Verbindung zu bringenden Ausflußkoeffizienten anzustellen.[1])

---

[1]) Mein verstorbener Kollege Camerer hat ebenfalls in seiner Darmstädter Doktor-Arbeit eindringlich darauf hingewiesen, daß die Durchflußgeschwindigkeit v eigentlich gar nicht unmittelbar mit $h - h'$ zusammenhange, sondern daß v so lange steigen müsse, bis der dadurch hervorgerufene Reibungsverlust den durch $h - h'$ bedingten Energieunterschied aufzehrt. Er bemerkt mit Recht, daß in einem sich nach der Mitte hin verengenden Verbindungsrohr zwischen beiden Gefäßen v an der engsten Stelle weit größer werden könne, als es Gl. (141) entsprechen wurde.

Ferner sei jetzt der Fall untersucht, daß die Höhe der Öffnung verhältnismäßig groß ist gegen die Druckhöhe, so daß es nicht mehr zulässig·ist, die Druckhöhe und mit ihr die Ausflußgeschwindigkeit für alle Punkte der Mündungsfläche als gleich groß anzusehen. Für den Ausfluß unter Wasser macht die größere Höhe der Ausflußfläche natürlich keinen Unterschied, da $h - h'$ doch überall denselben Wert hat. Wenn aber der Ausfluß ins Freie erfolgt, sei x die Höhe des Wasserspiegels über einem Flächenteilchen des Ausflußquerschnitts. Dann ist die Geschwindigkeit v an dieser Stelle, wenn von der Multiplikation mit den Koeffizienten zunächst abgesehen wird,

$$v = \sqrt{2\,g\,x}$$

und daher die ganze sekundliche Ausflußmenge

$$Q = \int v\,dF = \sqrt{2\,g} \int \sqrt{x}\,dF.$$

Die Summierung ist über die ganze Fläche des Ausflußquerschnitts zu erstrecken. Um sie wirklich ausführen zu können, muß man die Gestalt dieses Querschnitts kennen. Wir wollen annehmen, daß der Querschnitt ein Rechteck bildet, von dem die untere horizontale Seite um h, die obere um h' unter dem Wasserspiegel liegt, do saß $h - h'$ die Höhe des Rechtecks angibt. Da x der Breite nach konstant ist, kann man für dF sofort $b\,dx$ schreiben und erhält

$$Q = b\sqrt{2\,g} \int_{h'}^{h} \sqrt{x}\,dx = {}^2/_3\,b\sqrt{2\,g}\,(h^{3/2} - h'^{3/2}). \tag{142}$$

Hierzu tritt dann noch als Faktor der Ausflußkoeffizient, der ebenso groß wie früher anzunehmen ist.

Ein besonderer Fall liegt vor, wenn $h' = 0$ ist, wenn sich also die Ausflußfläche bis zum oberen Wasserspiegel erstreckt, wie es z. B. bei den Überfallwehren zutrifft (vgl. Abb. 100). Mit $h' = 0$ und Beifügung des Ausflußkoeffizienten k geht Gl. (142) über in

$$Q = {}^2/_3\,k\,b\sqrt{2\,g\,h^3} = {}^2/_3\,k\,F\sqrt{2\,g\,h}, \tag{143}$$

wobei noch die Rechteckfläche $F = b\,h$ eingeführt ist. Unmittelbar über dem Wehr selbst senkt sich der Wasserspiegel; unter h ist aber die Höhe des Wasserspiegels über der Wehroberkante in einem nicht zu kleinen Abstand vom Wehr zu verstehen. Die Senkung kommt nämlich nicht für die Geschwin-

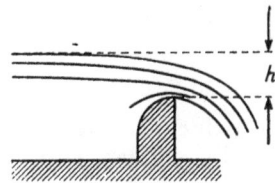

Abb. 100.

digkeit in Betracht, sondern nur für den Durchflußquerschnitt, der wegen dieser Senkung eine Einschnürung erfährt, die in dem Ausflußkoeffizienten k schon berücksichtigt ist.

§ 60. Ausflußzeiten

Bie jetzt war immer angenommen worden, daß der Wasserspiegel in dem Gefäß durch einen Zufluß dauernd in derselben Höhe erhalten werde. Wenn sich der Wasserspiegel infolge des Ausflusses allmählich senkt, gelten die früheren Formeln für v und Q in jedem Augenblick für die gerade bestehende Druckhöhe x, die mit der Zeit veränderlich ist. Um zu berechnen, wie lange es dauert, bis sich die Druckhöhe von ihrem anfänglichen Wert h bis auf h' gesenkt hat, gehe man von den beiden Gleichungen

$$Q = k\,f\sqrt{2\,g\,x} \quad \text{und} \quad Q\,dt = -F\,dx$$

aus, in denen f den Querschnitt der Ausflußöffnung und F den Querschnitt des Gefäßes in der Höhe x bedeuten. Die zweite Gleichung spricht aus, daß der Wasserinhalt des Gefäßes um $F\,dx$ abnimmt, wenn die Menge $Q\,dt$ im Zeitelement dt ausfließt. Die Höhen x sind von der Ausflußöffnung nach oben hin gezählt. Setzt man den Wert von Q aus der ersten in die zweite Gleichung ein und ordnet so, daß auf der einen Seite nur die mit x behafteten Faktoren stehen, so erhält man

$$\frac{k\,f\sqrt{2\,g}}{F}\,d\,t = -\frac{d\,x}{\sqrt{x}}. \tag{144}$$

Die Gleichheit der Differentialausdrücke erfordert, daß sich die zugehörigen Integrale nur um eine konstante Größe unterscheiden können. Durch Integration folgt daher

$$\frac{k\,f\sqrt{2\,g}}{F}\,t = C - 2\sqrt{x}.$$

Zur Bestimmung der Integrationskonstanten C dient die Bedingung, daß zu Anfang des Vorgangs, also zur Zeit $t = 0$, die Wasserhöhe den Wert h hatte. Damit die Gleichung für diesen Augenblick erfüllt sei, muß also $C = 2\sqrt{h}$ gesetzt werden: man erhält daher

$$t = \frac{2\,(\sqrt{h} - \sqrt{x})}{k\,f\sqrt{2\,g}}\,F.$$

oder, wenn die Zeit bis zu dem Augenblick berechnet werden soll, für den $x = h'$ ist,

$$t = \frac{2\,(\sqrt{h} - \sqrt{h'})}{k\,f\sqrt{2\,g}}\,F. \tag{145}$$

Auch die bis zur völligen Entleerung des Gefäßes verfließende Zeit ist hiermit gegeben, wenn man $h' = 0$ setzt.

Bei der Ableitung dieser Formel wurde vorausgesetzt, daß F konstant, das Gefäß also zylindrisch sei. Im anderen Falle ist Gl. (144) in der Form

$$k\,f\sqrt{2\,g} \cdot d\,t = -\frac{F}{\sqrt{x}}\,d\,x$$

anzuschreiben und die Integration erst auszuführen, nachdem F in x ausgedrückt ist. Im übrigen wird aber dadurch an dem Rechnungsgang nichts geändert. Man kann auch die Aufgabe umkehren, nämlich die Veränderlichkeit des Querschnitts F so bestimmen, daß sich der Wasserspiegel nach einem vorgeschriebenen Gesetz senkt. Verlangt man z. B., daß sich der Wasserspiegel in gleichen Zeiten stets um gleich viel senke, so muß, weil jetzt $d\,x$ proportional mit dt ist,

$$\frac{F}{\sqrt{x}} = K \quad \text{oder} \quad F = K\sqrt{x}$$

sein, wenn K ein beliebig zu wählender konstanter Wert ist.

Auch auf den Ausfluß unter Wasser lassen sich diese Betrachtungen ohne jede wesentliche Änderung ausdehnen.

§ 61. Druck eines Wasserstrahls gegen eine feste Wand

Ein Wasserstrahl, der senkrecht auf eine feste Wand trifft, breitet sich nach dem Auftreffen nach allen Seiten hin aus, und das Wasser fließt längs der Wand ab. Die Bewegung erfolgt freilich in Wirklichkeit nicht ganz so regelmäßig, wie sie in diesen Worten geschildert ist; namentlich tritt, wie man aus der Erfahrung weiß, zugleich ein Umherspritzen von Tropfen ein, die sich aus der Wassermasse loslösen und zurückprallen. Dieses Zurückprallen erinnert jeden, der die Erscheinung beobachtet, an die Vorgänge beim elastischen Stoß. In der Tat kommt hierbei die Elastizität des Wassers, also seine Fähigkeit, sich unter Druck etwas zusammenpressen zu lassen und hierbei Formänderungsarbeit aufzuspeichern, mit ins Spiel. Da es sich aber jetzt nur um eine näherungsweise Darstellung des Vorgangs handelt, können wir von diesen minder wesentlichen Begleiterscheinungen absehen.

Der Querschnitt des Strahles vor dem Auftreffen sei gleich F, die Geschwindigkeit gleich v, die in der Zeiteinheit durch den Strahl zugeführte Wassermenge Q daher gleich Fv. Diese Wassermenge Q vom Gewicht γQ hatte vor dem Auftreffen auf die Wand eine rechtwinklig zu dieser gerichtete Bewegungsgröße vom Wert $\gamma (Q/g)\, v$ oder

$$\frac{\gamma F v^2}{g}.$$

Nach dem Auftreffen fließt das Wasser nach allen Seiten hin gleichmäßig ab. Die Bewegungsgröße ist gleich der geometrischen Summe der Bewegungsgrößen der einzelnen Wasserteilchen, also, da diese nach entgegengesetzten Richtungen mit gleichen Geschwindigkeiten abfließen, gleich Null. Nach dem Satz vom Antrieb ist aber das Zeitintegral der von außen übertragenen Kraft gleich dem Unterschied der Bewegungsgrößen vor und nach dem Einwirken dieser Kraft, oder

$$\int \mathfrak{P}\, d t = m\,\mathfrak{v} - m\,\mathfrak{v}_0.$$

Die äußere Kraft $\mathfrak{P}$, die auf die Wassermasse einwirkt, während sie sich aus der ursprünglichen Bewegungsrichtung in jene parallel zur Wand umbiegt, ist die von der Wand aus übertragene. Der Druck des Strahles auf die Wand ist nach dem Gegenwirkungsgesetz ebenso groß und entgegengesetzt gerichtet. Verstehen wir also unter P den Stoßdruck des Strahles, so ist auch

$$\int P\, d t = \frac{\gamma F v^2}{g}.$$

Nun ist P der Zeit nach konstant, und die Zeit der Einwirkung ist gleich der Zeiteinheit. Für $\int P\, dt$ haben wir also hier $P \cdot 1$ oder kurz P zu setzen. Wir erhalten daher

$$P = \frac{\gamma F v^2}{g}, \tag{146}$$

womit die Aufgabe gelöst ist.

Führt man an Stelle der Geschwindigkeit v die Geschwindigkeitshöhe H

$$H = \frac{v^2}{2\,g}$$

ein, so geht Gl. (146) über in

$$P = 2\,\gamma \cdot F \cdot H. \tag{147}$$

Den Strahl können wir uns aus einem Gefäß austretend denken, in dem die Druckhöhe gleich H ist. Denkt man sich ferner die Ausflußöffnung dieses Gefäßes durch einen Mündungsdeckel verschlossen, so ist der hydrostatische Druck auf diesen Deckel gleich dem Gewicht einer Wassersäule vom Querschnitt F und der Höhe H, also gleich $\gamma F H$. Gl. (147) kann demnach dahin ausgesprochen werden, daß der hydrodynamische Druck des Strahles auf die ebene Wand doppelt so groß ist, wie der hydrostatische Druck auf diese Wand wäre, wenn sie so gegen das Gefäß hin verschoben würde, daß sie die Ausflußöffnung vollständig absperrte.

Bei dieser Überlegung ist keine Rücksicht darauf genommen, daß erstens die Geschwindigkeit des austretenden Strahles etwas kleiner ist, als es der Gleichung $H = v^2/2g$ entspricht, und daß zweitens der Strahl im allgemeinen eine Einschnürung erfährt. Der erste Umstand ändert freilich nicht viel, da sich der Geschwindigkeitskoeffizient nur wenig von der Einheit unterscheidet; den anderen kann man sich durch Wahl einer passenden Ansatzröhre vermieden denken. Immerhin ist indessen der Druck des Strahles hiernach etwas kleiner als das Doppelte des Druckes auf den Mündungsdeckel der Ansatzröhre, aus der man sich den Strahl hervorgegangen denken kann. Andererseits ist aber auch keine Rücksicht darauf genommen, daß einzelne Wasserteilchen wegen der Elastizität des Wassers von der Wand zurückprallen und nicht einfach ihr entlang fließen. Die Änderung der Bewegungsgröße wird hierdurch vergrößert und mit ihr auch der Stoßdruck. Da sich schwer übersehen läßt, welcher Umstand den anderen überwiegt, kann man näherungsweise annehmen, daß sich beide ausgleichen, Gl. (147) also ohne weitere Korrektur als ungefähr richtig ansehen.

Wenn die Fläche, gegen die der Strahl stößt, eine Umdrehungsfläche ist, auf die der Strahl in der Richtung der Achse auftrifft, läßt sich P in ganz ähnlicher Weise ableiten. Ist die Fläche gegen den Strahl hin erhaben, so wird P kleiner. Bildet die Richtung, in die das Wasser zuletzt abgelenkt wird, mit der ursprünglichen Bewegungsrichtung den Winkel α, so ist die geometrische Summe der Bewegungsgrößen von Q nach der vollzogenen Ausbreitung und Ablenkung gleich

$$\frac{\gamma F v^2}{g} \cos \alpha.$$

Der Absolutbetrag der Geschwindigkeit kann sich nämlich, wenn von der Reibung des Wassers an der getroffenen Fläche abgesehen wird, durch den überall normal zur Bewegungsrichtung stehenden Wanddruck nicht ändern. Dabei heben sich aber die rechtwinklig zur ursprünglichen Strahlrichtung stehenden Komponenten der Bewegungsgrößen wegen der gleichmäßigen Ausbreitung nach allen Seiten hin gegeneinander auf. Es bleibt also nur die Summe der parallel zur Strahlrichtung noch vorhandenen Komponenten der Bewegungsgrößen übrig und diese nimmt, da $v \cos \alpha$ die Komponente der Geschwindigkeit in dieser Richtung ist, den vorher angegebenen Wert an. Man erhält daher jetzt

$$P = \frac{\gamma F v^2}{g} (1 - \cos \alpha). \tag{148}$$

Für $\alpha = \pi/2$ geht diese Formel wieder in die frühere über.

Aber auch dann, wenn die Fläche dem Strahl ihre Hohlseite zukehrt, bleibt Gl. (148) bestehen. Man muß dann nur beachten, daß α ein stumpfer Winkel und $\cos \alpha$ daher negativ wird. Die Summe der Bewegungsgrößen nach dem Stoß ist dann entgegengesetzt mit der ursprünglichen gerichtet. Die Änderung der Bewegungsgröße und der Stoßdruck werden hierdurch verstärkt. Ist die Fläche z. B. eine Halbkugelschale, die von der Hohlseite her getroffen wird und deren Halbmesser groß genug gegen die Breite des Strahles ist, um diesen ein vollständiges Umlenken in die entgegengesetzte Richtung zu gestatten, so wird $\cos \alpha = -1$ und der Stoßdruck

$$P = 2 \frac{\gamma F v^2}{g},$$

also doppelt so groß als der Stoß gegen eine ebene Wand — oder viermal so groß als der statische Druck auf einen Mündungsdeckel.

Ein Strahl, der eine Kugelfläche von der erhabenen Seite her trifft, folgt der Kugelfläche nicht, sondern biegt sich bald von ihr ab. Es hängt hier von dem Verhältnis zwischen der Strahldicke und dem Kugelhalbmesser ab, unter welchem Winkel α die Wasserteilchen die Kugelfläche verlassen. Wenn der Kugelhalbmesser sehr groß ist gegen die Breite des Strahles, biegt sich das Wasser von vornherein nahezu rechtwinklig um und verläßt die Kugelfläche in dieser Richtung; der Stoßdruck ist dann fast ebenso groß wie der gegen eine ebene Wand.

Selbstverständlich wird auch der Stoßdruck gegen eine ebene Fläche geringer als nach Gl. (146), wenn die Ausdehnung dieser Fläche nicht hinreicht, um ein vollständiges Umbiegen der Bewegungsrichtung um einen rechten Winkel herbeizuführen. Auch in diesem Falle ist die allgemeinere Gl. (148) zur Anwendung zu bringen.

Bis jetzt war immer vorausgesetzt, daß die Fläche, auf die der Strahl trifft, festgehalten sei. Es macht aber offenbar nichts aus, wenn sich auch die Fläche selbst in derselben Richtung wie der Strahl oder in der entgegengesetzten bewegt. In jedem Falle ist dann unter v in den vorausgehenden Formeln die Relativgeschwindigkeit zwischen dem Strahl und der sich bewegenden Fläche zu verstehen. Wenn sich die Fläche mit derselben Geschwindigkeit vorwärts bewegt wie der Strahl, ist die Relativgeschwindigkeit und mit ihr auch der Stoßdruck gleich Null. Bewegt sich die Fläche mit dem Strahl der Geschwindigkeit v' entgegen, so ist die Relativgeschwindigkeit gleich $v + v'$, und der Stoßdruck wird entsprechend erhöht.

Schließlich sei noch der Fall untersucht, daß ein Strahl schief auf eine ebene Wand auftrifft. Der Winkel, den die Strahlrichtung mit der Wand bildet, sei mit α bezeichnet. Die Geschwindigkeit v des Strahles kann dann in zwei Komponenten zerlegt werden, von denen die eine von der Größe $v \sin \alpha$ rechtwinklig zur Wand und die andere von der Größe $v \cos \alpha$ parallel zur Wand gerichtet ist. Auf die letzte kommt es, wenn von Reibungen des Wassers an der Wand abgesehen wird, nicht an. Man kann sich den Vorgang in der Weise vorstellen, daß die Wand selbst eine Bewegung in ihrer eigenen Ebene mit der Geschwindigkeit $v \cos \alpha$ entgegengesetzt der gleich großen Bewegungskomponente des Strahles ausführt, während der Strahl mit der Geschwindigkeit $v \sin \alpha$ rechtwinklig auf sie auftrifft. An der Relativbewegung zwischen der Wand und dem Strahl, auf die es allein ankommt, wird dadurch nichts geändert. Wenn die Wand hinreichend glatt ist, um den Reibungswiderstand vernachlässigen zu können, den sie der Bewegung des Wassers längs ihrer Fläche entgegensetzt, macht die Bewegung, die sie in ihrer eigenen Ebene ausführt, offenbar nichts aus. Der Wasserstrahl breitet sich längs ihr ebenso aus, als wenn sie in Ruhe wäre, und der Druck des Strahles ist rechtwinklig zu ihr gerichtet und so groß, wie es der Geschwindigkeit $v \sin \alpha$ entspricht. Hierbei ist jedoch zu beachten, daß jetzt als Querschnittsfläche des Strahles nicht jene zu verstehen ist, die senkrecht zur tatsächlichen Geschwindigkeit v, sondern jene, die senkrecht zur Bewegungskomponente $v \sin \alpha$ gezogen ist. Bezeichnet man diese mit F' und die erste mit F, so ist $F' = F/\sin \alpha$. Setzt man auch noch $v \sin \alpha = v'$, so wird der Stoßdruck nach Gl. (146)

$$P = \frac{\gamma \, F' \, v'^2}{g},$$

oder, wenn man die Werte von F' und v' einführt,

$$P = \frac{\gamma\,F\,v^2}{g}\,\sin\alpha. \tag{149}$$

Um diese Gleichung in nähere Beziehung mit Gl. (146) zu setzen, bezeichne ich jetzt noch den Stoßdruck, den derselbe Strahl bei senkrechtem Auftreffen auf eine feste Wand ausüben würde, also den nach Gl. (146) berechneten Wert von P mit P'; dann ist nach Gl. (149)

$$P = P'\sin\alpha \tag{150}$$

Der Stoßdruck beim schiefen Auftreffen wird also aus dem bei senkrechtem Auftreffen einfach durch Multiplikation mit dem Sinus des Neigungswinkels gefunden.

Auf die Reibung, die das Wasser beim schiefen Auftreffen tatsächlich an der festen Wand erfährt, ist bei diesen Betrachtungen keine Rücksicht genommen. Ihr Betrag wird wesentlich durch die Rauhigkeit der Wand bedingt und kann auch selbst näherungsweise nicht allgemein angegeben werden. Auch Versuche, die sich zu ihrer Schätzung verwenden ließen, liegen kaum vor. Jedenfalls gibt P in Gl. (149) oder (150) nur die Normalkomponente des tatsächlich auftretenden Stoßdruckes an. Oft wird freilich nur nach dieser gefragt. Man tut aber gut, sich jederzeit daran zu erinnern, daß namentlich bei einer rauhen Wandfläche durch die Reibung auch eine Tangentialkomponente von merklicher Größe übertragen werden kann.·

Beim rechtwinkligen Stoß gegen eine feste Wand spielt übrigens die Reibung, obschon sie auch hier auftritt, niemals eine Rolle. Die Reibung fällt nämlich überall in die Bewegungsrichtung des Wassers längs der Wand, und da sich das Wasser hier nach allen Seiten gleichmäßig ausbreitet, heben sich die Reibungen an verschiedenen Stellen für die ganze Wand gegeneinander auf. Sie bewirken nur, daß die Geschwindigkeit, mit der das Wasser nachher der Wand entlang weiter strömt, kleiner wird als v. Für den Stoßdruck ist dies aber ohne Bedeutung.

§ 62. Die Reaktion des Strahles

Die Ausflußöffnung eines Gefäßes sei zunächst durch einen Mündungsdeckel geschlossen. Dann stehen die Druckkräfte, die von der Gefäßwand auf den Wasserinhalt übertragen werden, im Gleichgewicht mit dem Gewicht dieses Wasserkörpers. Dieses Gleichgewicht wird gestört, wenn der Mündungsdeckel entfernt wird. Zunächst schon deshalb, weil jetzt die Druckkraft auf den Mündungsdeckel wegfällt. Im ersten Augenblick nach der Entfernung des Deckels ist dies der einzige Grund für die Störung des Gleichgewichts. Alle vorher genannten Kräfte werden daher eine Resultierende ergeben, die dem Druck vom Mündungsdeckel auf die Wassermasse gleich groß und ihm entgegengesetzt gerichtet ist. Auch die Resultierende aller Druckkräfte, die umgekehrt von der Flüssigkeit auf das Gefäß übertragen werden, ändert sich nach dem Wechselwirkungsgesetz zunächst um eine Kraft von der gleichen Größe und entgegengesetzter Richtung.

Sobald sich aber der Strahl vollständig ausgebildet hat, also nach Eintreten des stationären Zustandes, ist die Druckverteilung innerhalb des Wasserkörpers und daher auch an den Wänden geändert. Je größer die Geschwindigkeit geworden ist, desto mehr sinkt überall der Druck. Die Resultierende aus den Wandkräften und dem Wassergewicht ist daher nicht mehr dem hydrostatischen Druck auf den Mündungsdeckel gleich und entgegengesetzt gerichtet, sondern sie nimmt einen anderen Wert an, der auf verschiedenen Wegen ermittelt werden kann.

Man denke sich das in Abb. 101 gezeichnete Gefäß nach links hin mit einer
konstanten Geschwindigkeit bewegt, die gleich der Ausflußgeschwindigkeit v ist.
Das austretende Wasser hat dann immer noch die Relativgeschwindigkeit v gegen
das Gefäß; da sich dieses selbst mit der Geschwindigkeit v nach der entgegengesetzten Richtung bewegt, ist aber die absolute
Geschwindigkeit und mit ihr die kinetische Energie
des austretenden Strahles gleich Null. Zugleich
vermindert sich der Energieinhalt des Gefäßes.
Zunächst deshalb, weil in der Zeiteinheit eine
Wassermenge Q vom Gewicht γQ um die Höhe h
herabsinkt, womit eine Verminderung der potentiellen Energie vom Betrag $\gamma Q h$ verbunden ist.
Außerdem aber auch, weil diese Wassermenge,
solange sie sich noch mit dem Gefäß bewegte,
eine lebendige Kraft vom Betrag $(\gamma Q/2g)v^2$ besaß.
Nach dem Austritt aus dem Gefäße hat das Wasser
beide Energiemengen abgegeben. Ein Teil davon

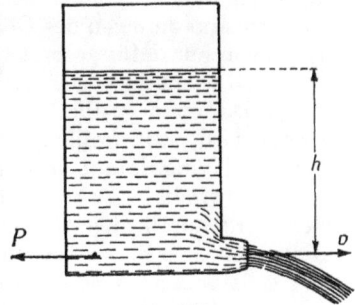

Abb. 101.

wird darauf verwendet, die inneren Reibungen im strömenden Wasser zu überwinden. Dieser Anteil ist aber nur gering, wie schon daraus hervorgeht, daß der
Geschwindigkeitskoeffizient des ausströmenden Wassers nicht viel von der Einheit
verschieden ist. Wir wollen daher zunächst ganz von ihm absehen, die Aufgabe
also so behandeln, als wenn das Wasser eine vollkommene Flüssigkeit wäre.
Dann ist auch $v^2/2g = h$, und die beiden vorher angeführten Energiebestandteile
sind einander gleich; ihre Summe ist daher gleich $\gamma Q v^2/g$.
Diese Energiegröße kann, da Verluste ausgeschlossen wurden, nur noch zur Arbeitsleistung der Reaktionskraft P des Strahles verwendet worden sein. Als Reaktion
des Strahles bezeichnet man nämlich die Resultierende aller auf das Gefäß vom
Wasser übertragenen Druckkräfte nach Abzug des Wassergewichtes. Der Weg,
auf dem die Kraft P in der Zeiteinheit wirkt, ist gleich v. Man hat daher die
Gleichung:

$$P v = \frac{\gamma Q v^2}{g}$$

und hieraus

$$P = \frac{\gamma Q v}{g} = \gamma \frac{F v^2}{g} = 2 \gamma F h. \tag{151}$$

Die Arbeitsleistung von P wird nach außen abgegeben. Wir müssen uns nämlich,
um die gleichförmige Geschwindigkeit v des Gefäßes aufrecht zu halten, einen
Widerstand von der Größe P daran angebracht denken, der während der Bewegung
überwunden wird. Wenn sich das Gefäß reibungsfrei und ohne jeden anderen
Widerstand in horizontaler Richtung bewegen könnte, würde es unter dem Einfluß der Reaktionskraft P eine beschleunigte Bewegung annehmen.
Man erkennt aus Gl. (151), daß die Reaktion des Strahles ebenso groß ist wie
der Druck, den der Strahl auf eine ebene Wand auszuüben vermöchte, oder
doppelt so groß wie der hydrostatische Druck auf den Mündungsdeckel. Hierbei
ist angenommen, daß eine Einschnürung des austretenden Strahles durch Verwendung einer passenden Ansatzröhre vermieden ist, so daß also F sowohl die
Fläche der Mündung als die Querschnittsfläche des austretenden Strahles bezeichnet. Zugleich erkennt man aus den vorausgehenden Erörterungen, daß P
wegen der auf die Überwindung der inneren Reibungen im strömenden Wasser
zu verwendenden Energie in Wirklichkeit ein wenig kleiner als nach Gl. (151)
ausfallen muß.

Ich habe der hier durchgeführten Ableitung von P der Vorzug gegeben, weil sie zugleich deutlich erkennen läßt, daß man bei passender Wahl der Geschwindigkeit des Gefäßes fast den ganzen Energieinhalt, den das Wasser im Gefäß besaß, zur Leistung von Nutzarbeit, nämlich zur Überwindung eines mit dem Gefäß in Verbindung stehenden Widerstandes, verwenden kann. Das ist auch noch bei anderen Anordnungen des Gefäßes und der an ihm angebrachten Öffnungen möglich, wenn nur dafür gesorgt wird, daß das aus dem bewegten Gefäß austretende Wasser die absolute Geschwindigkeit Null hat.

Wenn das unten ausfließende Wasser durch einen Zufluß von oben stets wieder ersetzt wird, muß freilich ein Teil, und zwar die Hälfte der vorher berechneten Arbeitsleistung darauf verwendet werden, um dem neu zugeführten Wasser erst die Geschwindigkeit v des Gefäßes zu verleihen; für die nutzbare Arbeitsleistung steht dann nur die dem Gefälle h entsprechende potentielle Energie zur Verfügung. Diese kann aber bis auf den zur Überwindung der Reibungen erforderlichen Bruchteil vollständig gewonnen werden, wenn die Absolutgeschwindigkeit des austretenden Wassers immer noch gleich Null ist. Auch in diesem Falle wird übrigens unter der Reaktion des Strahles der nach Gl. (151) berechnete Wert P verstanden; es kommt hier nur in Betracht, daß die Hälfte dieser Kraft auf die Beschleunigung des oben ohne merkliche Geschwindigkeit zugeführten Wassers verwendet werden muß, so daß für die Überwindung des Nutzwiderstandes nur die andere Hälfte zu Gebote steht.

Eine andere, gleichfalls sehr einfache Ableitung von Gl. (151) beruht auf dem Satz vom Antrieb und schließt sich eng an die Untersuchung zu Anfang des vorigen Paragraphen an. Man läßt das Gefäß in Ruhe, beachtet, daß die ausströmende Wassermenge Q die Bewegungsgröße $(Q\gamma/g)v$ erlangt, und setzt diese gleich dem Zeitintegral der Kräfte, die auf das Wasser vom Gefäß und durch die Schwere übertragen werden. Die Resultierende aus diesen ist wieder gleich P und das Zeitintegral ist ebenfalls gleich P, da P konstant ist und während der Zeiteinheit einwirkt. Daraus folgt ebenfalls sofort Gl. (151).

Anmerkung. Gewöhnlich fragt man nur nach der Größe der Reaktion P. Da sich aber ein in der Praxis stehender Ingenieur aus einem mir nicht näher bekannten Grund einmal bei mir danach erkundigt hat, in welcher Höhe die Kraft P an dem Gefäß angreife, bemerke ich noch, daß die Richtungslinie von P, wie schon in Abb. 101 gezeichnet, durch die Mitte der Ausflußöffnung gehen muß. — Mit Rücksicht darauf, daß es sich hier nur um eine nebensächliche Bemerkung handelt, kann ich mich zum Beweis auf den erst im vierten Band zu behandelnden Flächensatz stützen. Man denke sich das Gefäß, nachdem eine mit der Reaktion im Gleichgewicht stehende äußere Kraft von der Größe P daran angebracht ist, an einer horizontalen Achse drehbar aufgehängt, derart, daß sich das Gefäß im Gleichgewicht befindet. Die Bewegungsgröße des in der Zeiteinheit austretenden Wassers ist gleich $(\gamma/g)\,Fv \cdot v$ oder gleich $2\gamma Fh$ und das statische Moment dieser Bewegungsgröße für die Aufhangeachse gleich $2\gamma Fhx$, wenn mit x die Höhe der Aufhängeachse über der Mitte der Ausflußöffnung bezeichnet wird. Nach dem Flächensatz muß dieses Moment gleich dem Moment der äußeren Kräfte sein. Bei der gewählten Anordnung kommt nur die Kraft P in Frage, und da $P = 2\gamma Fh$ ist, muß ihr Hebelarm gleich x sein, was zu beweisen war.

§ 63. Der Stoß einer unbegrenzten Flüssigkeit gegen eine ebene Fläche

In § 61 war angenommen worden, daß die feste Wand, auf die das Wasser stößt, eine große Ausdehnung gegenüber der Querschnittsfläche des Strahles besitzen sollte. Hier wird dagegen umgekehrt der Fall betrachtet, daß der Querschnitt des Strahles sehr groß gegenüber der Fläche ist, die sich ihm an irgendeiner Stelle entgegensetzt. Man denke sich etwa eine ebene Platte in einen Fluß getaucht und sie an ihrer Stelle festgehalten. Dabei möge sie von den Querschnittsumgrenzungen des Flußbettes hinreichend weit abstehen und diesen gegenüber klein genug sein, um keinen merklichen Stau zu erzeugen. Dann kommt es auf den Querschnitt des Flußbettes überhaupt nicht mehr an, und man kann ihn sich unbegrenzt groß vorstellen.

Dieser Fall ist, wenn eine genaue Untersuchung verlangt wird, viel schwieriger zu erledigen als der frühere. Sowohl hinter als vor der Platte bildet sich eine Ansammlung wenig oder fast gar nicht bewegten Wassers, ein sogenannter „Stauhügel". Es macht hier übrigens nichts aus, ob die strömende Flüssigkeit Wasser oder Luft ist. Solange wenigstens die Geschwindigkeit der Luft nicht größer ist als etwa bei einem starken Wind, sind keine erheblichen Druck-, Volumen- und Temperaturunterschiede innerhalb der Luftmasse zu erwarten, so daß sie genau genug als eine raumbeständige Flüssigkeit angesehen werden kann. Gerade auch für den Winddruck sind die Betrachtungen, um die es sich hier handelt, von erheblicher praktischer Wichtigkeit, und hier läßt sich auch das Auftreten des „Stauhügels" vor und hinter der Platte am bequemsten beobachten. Man braucht an diesen Stellen nur ein Licht aufzustellen, um sich davon zu überzeugen, daß die Geschwindigkeit dort stark vermindert ist.

Um den Stauhügel biegen sich die Stromlinien nach allen Seiten herum, um sich weiter hinten wieder zu vereinigen. Dabei wirken die vorüberströmenden Flüssigkeitsfäden nicht nur durch ihren Druck, sondern wesentlich auch durch Reibung und durch Vermischung und dadurch hervorgerufene Wirbelbildung auf die angrenzenden wenig bewegten Massen des Stauhügels. Auf diesen Umstand werde ich im vierten Band dieser Vorlesungen noch zurückkommen.

Was eine einfache Untersuchung des ganzen Vorgangs besonders erschwert, ist namentlich der Umstand, daß man über die Änderung der Bewegungsgröße der vorbeiströmenden Flüssigkeit hier von vornherein gar nichts auszusagen vermag. Bei dem Stoß eines Strahles von begrenztem Querschnitt gegen eine unbegrenzte Wand war man in dieser Hinsicht in viel günstigerer Lage.

Um wenigstens zu einer ungefähren Schätzung zu gelangen, die bei der Deutung der Beobachtungsergebnisse, auf die man hier in erster Linie angewiesen ist, zugrunde gelegt werden kann, bleibt in der Tat nichts anderes übrig, als einen Vergleich mit dem früheren Fall zu versuchen. Man bedenke, daß sich auch beim senkrechten Auftreffen eines begrenzten Strahles gegen eine unbegrenzte Wand in der Mitte der getroffenen Stelle ein Stauhügel ausbilden muß, und daß die Verhältnisse für diesen ähnlich liegen wie in dem jetzt zu betrachteten Falle. Es liegt demnach nahe, zu versuchen, ob sich der in § 61 für den Stoßdruck P abgeleitete Wert auch in diesem verwandten Fall bewährt. Dabei werden wir an Stelle des Strahlquerschnittes hier die von der unbegrenzten strömenden Flüssigkeit senkrecht getroffene Fläche F einzuführen, außerdem aber mit einem Koeffizienten K zu multiplizieren haben, dessen Wert aus Versuchen zu bestimmen ist, wodurch wir der Unsicherheit Rechnung tragen, mit der diese ganze Ableitung behaftet ist. Wir setzen also für den senkrechten Stoß auf eine ebene Fläche in Anlehnung an Gl. (146)

$$P = K \cdot \frac{\gamma F v^2}{g}. \qquad (152)$$

Dieser Ansatz stimmt in der Tat mit den Ergebnissen zahlreicher Versuche, die zu seiner Prüfung angestellt wurden, insofern überein, als die Abhängigkeit des Stoßdruckes von der Geschwindigkeit v und auch vom spezifischem Gewicht γ

der strömenden Flüssigkeit richtig darin wiedergegeben ist. Auch der Wert des Koeffizienten K weicht nicht allzusehr von dem Wert Eins ab, den er annehmen müßte, wenn die ganze Ableitung einwandfrei wäre. Die in der Formel enthaltene Annahme, daß es nur auf den Inhalt F der Oberfläche des Körpers ankomme, die der Flüssigkeitsströmung in senkrechter Stellung zugekehrt ist, hat sich dagegen nicht bewährt. Weder die Gestalt dieser Fläche ist gleichgültig, noch viel weniger die Begrenzung des Körpers nach hinten, also auf der dem Flüssigkeitsstrom abgekehrten Seite. Man behält indessen die Formel so bei, wie sie angeschrieben wurde, und sucht den genannten Umständen durch eine passende Wahl des Koeffizienten K auf Grund der darüber vorliegenden Versuchsergebnissen Rechnung zu tragen.

Bei älteren Versuchen über den Wasserdruck auf plattenförmige Körper hatte man Werte von K zwischen 0,93 und 1,5 erhalten. Aus Messungen des Winddruckes schien anfänglich hervorzugehen, daß $K = 1$ gesetzt werden könne. Nach neueren Versuchen hat sich jedoch K niedriger ergeben, etwa zu 0,6. Man vergleiche hierzu den auf den nächsten Seiten nochmals erwähnten Aufsatz von O. Föppl in der Zeitschr. d. Ver. D. Ing. 1912, S. 1930. Immerhin kann man aber sagen, daß sich die Formel (152) im allgemeinen bewährt hat.

Auf wie unsicheren Füßen die Ableitung dieser Formel aber trotzdem steht, ergibt sich daraus, daß eine ihr nachgebildete Herleitung des Wind- oder Wasserdruckes beim schiefen Stoß zu ganz unrichtigen Ergebnissen führt. Nach allen neueren Versuchen kann dies als zweifellos festgestellt angesehen werden.

Man kann hier zunächst so wie früher verfahren, also der ebenen Platte eine Geschwindigkeit senkrecht zur Strömungsrichtung der Flüssigkeit erteilen. Die Relativbewegung zwischen der Platte und der Flüssigkeit entspricht dann einem schiefen Stoß. In § 61, wo die Platte eine große Ausdehnung gegenüber dem Querschnitt des Strahles hatte, konnte bei Vernachlässigung der Reibung zwischen Flüssigkeit und Platte die Bewegung der Platte in ihrer eigenen Ebene keinen Einfluß auf den senkrecht zur Platte gerichteten Stoßdruck ausüben. Hier ist dies aber anders; sobald man der Platte eine Bewegung senkrecht zur Stromrichtung erteilt, werden die Stromlinien der sich um die Platte herumbiegenden Stromfäden fortwährend geändert. Man erkennt daraus, daß auch ganz abgesehen von der Wirkung der Reibungen die Normalkomponente des Stoßdruckes durch die Eigenbewegung der Platte erheblich geändert werden kann.

Trotzdem war es früher allgemein üblich, von dieser Änderung abzusehen und den normal zur Platte gerichteten Stoßdruck ebenso groß anzunehmen, als wenn die Platte keine Eigenbewegung hätte. Bezeichnet also v die ganze Geschwindigkeit des schief zur Platte auftreffenden Flüssigkeitsstromes und α den Winkel, den die Stromrichtung mit der Platte bildet, also $v \sin \alpha$ die Normalkomponente der Geschwindigkeit und $v \cos \alpha$ die Tangentialkomponente, die auf Rechnung einer Eigenbewegung der Platte gesetzt werden kann, so nahm man für den Stoßdruck P' den Wert

$$P' = K \cdot \frac{\gamma F (v \sin \alpha)^2}{g} = P \sin^2 \alpha \qquad (153)$$

an. Hierbei bedeutet wieder P den Stoßdruck, den die Platte erfahren würde, wenn sie senkrecht zur Stromrichtung aufgestellt wäre.

Wie ich schon erwähnte, steht diese früher ganz allgemein und auch jetzt noch zuweilen gebrauchte Formel durchaus nicht in Übereinstimmung mit den Ergeb-

nissen der neueren Versuche über den Winddruck. Dies hat sich schon vor längerer
Zeit aus den Versuchen von Lössl ergeben. Lössl fand, daß sich seine Versuchsergebnisse durch die empirische Formel

$$P' = P \sin \lambda \qquad (154)$$

gut darstellen ließen. Im wesentlichen bestätigt wurden die Versuche Lössls
durch jene von Langley.
Auf Grund einer Untersuchung über die Gestalt der Stromlinien beim schiefen
Stoß einer unbegrenzten Flüssigkeitsmasse gegen eine ebene Fläche hat Rayleigh
die Formel

$$P' = P \frac{(4 + \pi) \sin \lambda}{4 + \pi \sin \lambda} \qquad (155)$$

theoretisch hergeleitet. Sie gibt für den schiefen Stoß noch größere Werte als
die Lösslsche Formel und steht mit den Versuchsergebnissen von Langley noch
besser in Übereinstimmung als diese. Jedenfalls muß es aber als zweifellos nachgewiesen betrachtet werden, daß die alte Formel (153) zu kleine Werte liefert.
Zunächst bezieht sich dieser experimentelle Nachweis auf den Winddruck; es
kann aber kaum bezweifelt werden, daß sich für den Wasserdruck bei genauerer
Untersuchung ähnliche Ergebnisse herausstellen würden.
Aber auch die Formeln (154) und (155) dürfen nur als vorläufige Ergebnisse betrachtet werden. Aus den neueren Versuchen geht nämlich hervor, daß z. B.
der Winddruck auf eine schief gestellte rechteckige Platte ganz verschieden ausfällt, je nachdem die kleinere oder die größere Rechteckseite in die Lage senkrecht zur Windrichtung gebracht wird. Auch die Abhängigkeit des Winddruckes
vom Winkel α fällt ganz anders aus, je nach dem Verhältnis zwischen beiden
Rechteckseiten. Bei gewissen Seitenverhältnissen hat sich sogar der Winddruck
für einen ziemlich kleinen Winkel α noch beträchtlich größer ergeben als für
$\alpha = 90^0$.
Man muß daraus die Lehre ziehen, daß allen früher aufgestellten Formeln für
den schiefen Stoß einer Flüssigkeit gegen eine ebene Platte großes Mißtrauen
entgegenzubringen ist. Der Vergleich mit den Versuchsergebnissen, von denen
namentlich die von der Göttinger Modellversuchsanstalt veröffentlichten hervorzuheben sind, kann allein empfohlen werden.
Ausführliche Berichte über diese Versuche kann man in den älteren Jahrgängen
der Zeitschr. f. Flugtechnik finden. Mein Sohn Otto Föppl, der bei den Versuchen
beteiligt war, hat eine zusammenfassende Darstellung davon in der Abhandlung
„Die Windkräfte an Platten“ usw., in der Zeitschr. d. Ver. D. Ing. 1912, S. 1930
gegeben.
Beim senkrechten Stoß auf eine hohle Fläche ändert sich an P
kaum etwas; der vorher erwähnte Stauhügel bildet sich über der hohlen Fläche
ungefähr ebenso aus, als wenn die Fläche eben wäre. Auf eine gekrümmte Fläche,
die dem Strom ihre erhabene Seite zukehrt, wirkt aber ein kleinerer Druck,
da die Flüssigkeitsmassen besser zur Seite abfließen können. Früher hat man ihn
gewöhnlich näherungsweise dadurch ermittelt, daß man für jedes einzelne Flächenelement die Formel für den schiefen Stoß zur Anwendung brachte und die Resultierende aus den in dieser Weise berechneten Druckkräften ermittelte. Dieses
Verfahren beruht aber auf einer falschen Voraussetzung; der Druck auf das
einzelne Flächenelement ist keineswegs nur von diesem selbst und seiner Stellung
zum Wind abhängig, sondern er wird durch den ganzen Strömungsvorgang um
das Hindernis herum, also zugleich auch durch die ganze übrige Körperoberfläche
mit bedingt.

Die rasche Entwicklung der Flugtechnik kurz vor und während des Weltkrieges hat die Lösung dieser Fragen erheblich gefördert. Einerseits wurden dadurch zahlreiche Versuche veranlaßt, auf deren Ergebnisse man sich stützen konnte, und andererseits wurde auch eine theoretische Behandlung gefunden, die mit den Beobachtungsergebnissen gut übereinstimmt. An dieser Stelle kann darauf um so weniger eingegangen werden, als sich die neugeschaffene Theorie der Tragflügel eines Flugzeuges an die erst im 4. und im 6. Band dieses Werkes zu besprechenden Lehren der Hydrodynamik anschließt.

Bisher war immer von dem Fall die Rede, daß der dem Stoß der Flüssigkeit ausgesetzte Körper festgehalten war. Führt er dagegen selbst irgendeine Bewegung aus, so kommt es auf die Relativbewegung zwischen ihm und der strömenden Flüssigkeit an. Mit dem Einsetzen der Relativgeschwindigkeit in die Formeln für den Stoßdruck an Stelle der bisher betrachteten absoluten Geschwindigkeit der strömenden Flüssigkeit ist der Fall auf den früheren zurückgeführt.

Schließlich möge noch bemerkt werden, daß man bei vielen Aufgaben über den schiefen Stoß nicht nach der Normalkomponente, sondern nach der in der Richtung der Strömung selbst genommenen Komponente des Stoßdruckes fragt. Hierbei tritt eine neue Unsicherheit, namentlich beim Stoß unter sehr schiefem Winkel, dadurch auf, daß man über die durch die Reibung der Flüssigkeit längs der getroffenen Fläche verursachte Tangentialkomponente des Stoßdruckes nichts weiß. Gewöhnlich begnügt man sich damit, diese zu vernachlässigen; man nimmt also an, daß der Stoßdruck nur rechtwinklig zur getroffenen Fläche wirke. Unter dieser Annahme findet man die in die Richtung der Strömung fallende Komponente aus P' selbst durch Multiplikation mit $\sin \alpha$. Bezeichnet man die genannte Komponente mit P'', so hat man nach der alten, aber als falsch erkannten Formel (153) für P' $P'' = P \sin^3 \alpha$, und nach der wenigstens für den Winddruck immerhin in den meisten Fällen besser zutreffenden Lösslschen Formel

$$P'' = P \sin^2 \alpha. \tag{156}$$

Man muß sich übrigens hüten, die Formel (156) für die Komponente P'' mit der alten Formel (153) für den Normaldruck P' zu verwechseln.

§ 64. Bewegung des Wassers in Flüssen und Kanälen

Die Bewegung das Wassers in einem Fluß wird durch das Gefäll unterhalten. Dabei kommt es aber nicht auf das Gefäll des Flußbettes, sondern auf das Gefäll des Wasserspiegels an. Beide können sich freilich auf sehr lange Strecken hin im Durchschnitt nicht viel voneinander unterscheiden.

Durch die stetige Spiegelsenkung längs des Flußlaufes wird die potentielle Energie des von größerer Höhe herabsinkenden Wassers ausgelöst und zur Überwindung der Reibungen am Umfang des Bettquerschnittes und der inneren Reibungen der mit verschiedenen Geschwindigkeiten längs einander hinfließenden Stromfäden verbraucht. Die Erscheinungen sind oft so verwickelt, daß sie jeder genaueren theoretischen Behandlung spotten. So kann bei einem unregelmäßig gestalteten Flußlauf die durchschnittliche Geschwindigkeit in nahe aufeinander folgenden Querschnitten stark wechseln, womit noch die Differenz der lebendigen Kräfte neben dem Gefälle ins Spiel kommt. Außerdem kommt eine sehr verschiedenartige Verteilung der Geschwindigkeiten über den Querschnitt vor, die nicht nur von der Gestalt des Querschnittes, sondern auch von den Krümmungen abhängt, die der Flußlauf im Grundriß ausführt.

Für den Wasserbau ist die Kenntnis der Geschwindigkeitsverteilung über den Querschnitt, namentlich aber der durchschnittlichen Geschwindigkeit für irgendeinen Querschnitt von großer Wichtigkeit. Aus ihr folgt durch Multiplikation mit der Querschnittsfläche die Wassermenge, die der Fluß in der Zeiteinheit nach abwärts führt. Zu deren Ermittlung kann man sich eine möglichst regelmäßig gestaltete Flußstrecke aussuchen. Die Aufgabe wird daher im wesentlichen darauf zurückgeführt, die durchschnittliche Geschwindigkeit v in einem geraden Flußlauf von regelmäßig gestaltetem Querschnitt und bei gleichförmiger Bewegung des Wassers zu ermitteln. Praktisch kann die Aufgabe zunächst dadurch gelöst werden, daß man die Geschwindigkeit an einer großen Zahl verschiedener Punkte des Querschnitts mit Hilfe geeigneter Instrumente unmittelbar mißt und die durchschnittliche Geschwindigkeit daraus berechnet. Solche Messungen werden fortgesetzt an allen wichtigeren Strömen, die in gehöriger Weise überwacht werden, in großer Zahl ausgeführt. Sie lehren im allgemeinen, daß die Geschwindigkeit beim regelmäßig gestalteten Flußlauf am größten in der Mitte zwischen beiden Ufern und etwas unter dem Wasserspiegel ist. Von da aus nimmt sie nach unten und nach den Seiten hin allmählich ab. Denkt man sich im Stromstrich eine Lotrechte gezogen und in jedem Punkt die zugehörige Geschwindigkeit in irgendeinem Maßstab rechtwinklig zu ihr abgetragen, so erhält man eine Kurve, die als eine Parabel mit horizontaler Achse betrachtet werden kann; der Scheitel der Parabel liegt ein wenig unterhalb des Wasserspiegels.

Diese unmittelbare Messung der Geschwindigkeiten liefert die zuverlässigsten Resultate für die Wassermenge, die der Fluß im gegebenen Augenblick führt. Sie ist aber nicht immer anwendbar, namentlich dann nicht, wenn man vorher schon wissen muß, wieviel Wasser ein neu anzulegender Wasserlauf von gegebenem Querschnitt bei gegebenem Gefälle abzuführen vermag. Man ist dann auf die Benutzung einer Formel für die Geschwindigkeit v angewiesen, zu deren Aufstellung jedoch die zahlreichen Messungsergebnisse, über die man verfügt, verwendet werden können.

Zunächst ist hervorzuheben, daß zur Erzielung einer gegebenen durchschnittlichen Geschwindigkeit v ein um so kleineres Gefäll erforderlich ist, je größer bei sonst ähnlicher Gestalt der Querschnitt ist. So erfordert ein kleiner Bach für die gleiche Geschwindigkeit ein größeres Gefäll als ein großer Strom. Aber auch bei gegebenem Flächeninhalt des Querschnittes kommt es noch auf dessen Gestalt an, denn der Widerstand, den das Bett der Wasserbewegung entgegensetzt, wächst mit dem Umfange der benetzten Fläche. Man denke sich den Flächeninhalt des Querschnittes durch den Umfang, mit dem er gegen das Flußbett angrenzt, dividiert; man erhält dann eine Länge r, die als der Profilradius oder auch als die hydraulische Tiefe des Querschnittes bezeichnet wird. Die letzte Bezeichnung rührt davon her, daß r bei einem im Vergleich zur Tiefe sehr breiten Flußlauf nahezu gleich der Tiefe ist. Querschnitte vom gleichen Profilradius r können als gleichwertig angesehen werden; d. h. bei gleichem Gefälle ist die durchschnittliche Geschwindigkeit für beide gleich groß. Dagegen muß, um dieselbe Geschwindigkeit zu erzielen, das Gefäll in demselben Verhältnis größer genommen werden, in dem der Profilradius kleiner ist. Dies steht zunächst in Übereinstimmung mit der Erfahrung; es läßt sich aber auch leicht voraussehen, wenn man bedenkt, daß bei zwei ähnlichen Querschnitten, deren Längen sich wie 1:2 verhalten, die Flächeninhalte das Verhältnis 1:4, die Umfänge dagegen das Verhältnis 1:2 haben. Da die Wassergeschwindigkeit in beiden Fällen die gleiche sein soll, wird in der Nähe des Umfangs beim größeren Querschnitt doppelt soviel Energie zur Überwindung der Reibungen verbraucht als beim kleineren. Zugleich steht aber die vierfache Wassermenge zur Verfügung, und diese braucht daher, um die doppelte Energiemenge zu liefern, nur um die Hälfte der Höhe herabzusinken.

Das Gefäll des Flußlaufes sei mit s bezeichnet; wir denken es uns als Verhältnis der Spiegelsenkung zur zugehörigen Länge der Flußstrecke ausgedrückt. Nach dem, was vorher bemerkt wurde, ist die Geschwindigkeit in erster Linie von dem Produkt rs abhängig, wobei es gleichgültig ist, wie sich dieser Wert auf die beiden Faktoren verteilt. Es fragt sich jetzt, was für eine Funktion v von rs sein wird. Auf Grund allgemein gültiger mechanischer Gesetze läßt sich hierüber kein Aufschluß gewinnnen; man kann höchstens zu einer Vermutung darüber gelangen, deren Berechtigung sich erst durch einen Vergleich mit der Erfahrung herausstellen kann.

Man bedenke, daß bei gegebenem Querschnitt, aber veränderlichem Gefälle das Produkt rs der Arbeit proportional ist, die von der Schwere geleistet und zur Überwindung der inneren Reibungen verbraucht wird. Der dazu erforderliche Arbeitsaufwand hängt aber zugleich von der Geschwindigkeit v ab; die Fragestellung kommt aber darauf hinaus, ob die in Wärme umgewandelte mechanische Energie der ersten oder der zweiten Potenz der Geschwindigkeit proportional ist, oder welches Gesetz etwa sonst zwischen beiden Größen besteht. Manche Erwägungen scheinen für die Proportionalität mit der ersten Potenz der Geschwindigkeit zu sprechen, so namentlich der Umstand, daß in zahlreichen Fällen, für die genauere Erfahrungen vorliegen, die Flüssigkeitsreibung im gleichen Verhältnis mit den Geschwindigkeitsunterschieden zwischen benachbarten Stromfäden anwächst. Andererseits zeigt sich aber, daß die Energieverluste bei Wasserbewegungen meist ungefähr in gleichen Bruchteilen der ursprünglich vorhandenen Energie ausgedrückt werden können, daß sie also dem Quadrat der Geschwindigkeit proportional sind. Es verhält sich damit ähnlich wie mit dem Stoß unelastischer Körper, bei dem ebenfalls der Energieverlust proportional dem Quadrat der Relativgeschwindigkeit ist, mit der beide Körper aufeinander treffen. In der Tat wird daher auch häufig zur Begründung der Arbeitsverluste bei der Wasserbewegung unmittelbar von den Stoßgesetzen Gebrauch gemacht. Damit kann ich mich indessen nicht befreunden; es wird durch ein solches Vorgehen leicht der Anschein erweckt, als wenn es sich hierbei wirklich um eine streng berechtigte Ableitung aus allgemein gültigen Grundgesetzen handelte, während doch die Verhältnisse in beiden Fällen so vollkommen verschieden liegen, daß die ganze Betrachtung nur den Wert eines ungefähren Vergleiches in Anspruch nehmen kann.

Die Erfahrung lehrt indessen, daß die zur Überwindung der Reibungen erforderlichen Arbeitsgrößen unter sonst gleichen Umständen in der Tat wenigstens ungefähr dem Quadrat der Geschwindigkeit proportional gesetzt werden können. Hiernach ist v selbst proportional mit der Quadratwurzel aus rs anzunehmen, also

$$v = k \sqrt{rs} \qquad (157)$$

zu setzen. Der Faktor k hat die Dimension $L^{1/2} T^{-1}$ und kann nur aus Versuchen entnommen werden. Dabei kommt es auch sehr wesentlich auf die Rauhigkeit des Bettes an. Unter gewöhnlichen Umständen wird nach Eytelwein rund $k = 50 \ \mathrm{m^{1/2} sec^{-1}}$ gewählt. Die Genauigkeit, die man bei Annahme dieses Durchschnittswertes mit Gl. (157) erzielt, läßt indessen oft viel zu wünschen übrig. Man hat daher viele empirische Formeln aufgestellt, nach denen der Wert von k

für den einzelnen Fall genauer bestimmt werden soll. Namentlich hat sich bei eingehenderer Untersuchung auch herausgestellt, daß die Proportionalität zwischen den Arbeitsverlusten und dem Quadrat der Geschwindigkeit nur ungenau erfüllt ist und daß Gl. (157) daher den Zusammenhang zwischen v und s nicht richtig wiedergibt. Man behält indessen Gl. (157) gewöhnlich trotzdem bei, setzt aber dabei k nicht mehr als unabhängig von der Geschwindigkeit voraus, sondern wählt für jedes v einen anderen Wert von k. So wird z. B. empfohlen, für die Geschwindigkeiten

$$v = 0,1, \quad 0,5, \quad 1,0, \quad 2,0, \quad 3,0 \, \mathrm{m \cdot s^{-1}};$$
$$k = 36,4, \quad 50,1, \quad 53,2, \quad 54,9, \quad 55,9 \, \mathrm{m^{1/s} \, s^{-1}}$$

zu wählen. Andere empirische Formeln lassen k auch vom Profilradius abhängen und führen Koeffizienten ein, die von der Rauhigkeit des Bettes abhängen. Die ausführlichere Besprechung dieser Geschwindigkeitsformeln wird aber hier, wie in anderen Fällen, am besten der Lehre vom Wasserbau überlassen.

Auf die Bewegung des Wassers in Rohrleitungen, die mit der in Flüssen oder Kanälen eng verwandt ist, komme ich übrigens im vierten Band nochmals zurück. '

§ 65. Die Staukurve

Hier sei nur der folgende, eng umschriebene Fall behandelt. Ein gerader Wasserlauf hat einen rechteckigen Querschnitt, dessen Breite sehr groß gegenuber der Tiefe ist, so daß der Profilradius r gleich der Tiefe gesetzt werden kann. Zunächst ist die Tiefe überall gleich groß und die Neigung der Sohle daher ebenso groß wie die des Wasserspiegels, d. h. gleich s. Dann wird an irgendeiner Stelle ein Wehr eingebaut, wodurch ein Stau erzeugt wird; es handelt sich um die Ermittlung des Staues in beliebigen Abständen oberhalb des Wehres. Die dadurch im Längsprofil des Flußlaufes gegebene Oberflächenform des Wasserspiegels heißt die Staukurve. Angenommen wird ferner, daß es genügt, den Koeffizienten k in Gl. (157) der ganzen Länge der Staukurve nach trotz der vorkommenden Geschwindigkeitsunterschiede als konstant anzusehen.

In Abb. 102 ist ein Langsschnitt angegeben, und zwar sind, wie es in solchen Fallen gewöhnlich geschieht, die horizontalen Entfernungen in viel kleinerem Maßstab aufgetragen als die Höhe. Das in Wirklichkeit nur sehr unmerkliche Gefäll des Flußlaufes erscheint daher in der Abbildung durch eine stark geneigte Linie vertreten. Die Tiefe vor dem Wehreinbau sei mit t, die nachher zur Abszisse x gehörige Tiefe mit y bezeichnet. Der Stau an der Stelle x ist daher $y - t$, und die Ordi-

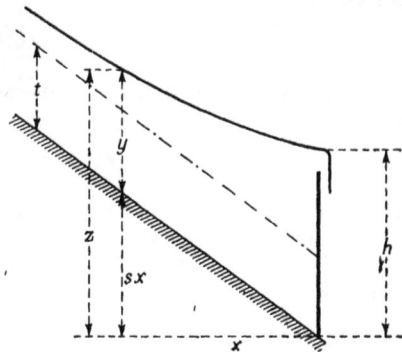

Abb. 102.

nate z der Staukurve ist gleich $y + s x$. Es wird sich also darum handeln, entweder y als Funktion von x oder, was auf dasselbe hinauskommt, x als Funktion von y darzustellen.

Wir denken uns einen Querschnitt bei x und einen zweiten im Abstand $x + dx$ vom Wehr gelegt und untersuchen die Bewegung des Wassers, das vom Querschnitt $x + dx$ zum Querschnitt x hinabfließt. Zunächst ist das Gefäll an dieser Stelle anzugeben. Vor dem Stau senkte sich der Wasserspiegel auf der Strecke dx um $s\,dx$, jetzt aber um $s\,dx + dy$. Das Gefall ist offenbar kleiner geworden, denn das Differential dy, das zu einem positiven dx gehört, ist ohne·Zweifel negativ, da der Stau mit der Entfernung vom Wehr abnimmt. Ich lasse indessen dy mit dem positiven Vorzeichen stehen; die Rechnung selbst muß uns dann zeigen, daß das in dieser Weise eingeführte dy negativ ausfällt.

Das auf die Längeneinheit bezogene Gefäll folgt durch Division mit dx, also zu

$$s + \frac{dy}{dx}.$$

Dieser Wert kann aber nicht ohne weiteres an Stelle von s in Gl. (157) eingeführt werden; man muß vielmehr beachten, daß sich auch die lebendige Kraft des Wassers ändert, während es die Strecke dx durchfließt.

Durch jeden Querschnitt fließt dieselbe Wassermenge Q, und man hat, wenn b die Breite des Querschnittes angibt,

$$Q = v y b,$$

woraus für v folgt

$$v = \frac{Q}{b y}.$$

Die lebendige Kraft, mit der die Wassermasse $\gamma Q/g$ den Querschnitt x durchfließt, ist daher

$$\frac{\gamma Q}{2 g} \cdot \frac{Q^2}{b^2 y^2}.$$

Den Querschnitt $x + dx$ durchfloß dieselbe Masse mit einer etwas größeren Geschwindigkeit. Der zugehörige Unterschied in der ebendigen Kraft wird durch Differentiation des voraus gehenden Ausdruckes nach x erhalten; er ist also gleich

$$-\frac{\gamma Q}{g} \cdot \frac{Q^2}{b^2 y^3} \cdot \frac{dy}{dx} \cdot dx.$$

Da dy an sich negativ ist, stellt dieser Ausdruck in Wirklichkeit einen positiven Wert dar. Dieser Betrag an lebendiger Kraft vereinigt sich mit der durch das Gefäll ausgelösten potentiellen Energie der Schwere, die für dieselbe Wassermasse und dasselbe dx gleich

$$\gamma Q \left(s + \frac{dy}{dx} \right) dx$$

ist. Im ganzen steht daher zur Überwindung der Bewegungswiderstände die Energiegröße

$$\gamma Q \left(s + \frac{dy}{dx} - \frac{Q^2}{g b^2 y^3} \cdot \frac{dy}{dx} \right) dx$$

zur Verfügung. Diese ist ebenso groß, als wenn bei gleichförmiger Wasserbewegung das Gefäll an Stelle von $s + (dy/dx)$ den in der Klammer enthaltenen Wert angenommen hätte. Diesen so ergänzten Wert haben wir nun an Stelle von s in Gl. (157) einzuführen. Schreiben wir diese Gleichung in der Form

$$v^2 = k^2 r s,$$

beachten, daß r hier gleich y gesetzt werden kann, und führen den an die Stelle von s tretenden Wert ein, so erhalten wir

$$v^2 = \frac{Q^2}{b^2 y^2} = k^2 y \left(s + \frac{dy}{dx} - \frac{Q^2}{g b^2 y^3} \cdot \frac{dy}{dx} \right).$$

In dieser Gleichung ist die Wassertiefe y die einzige Unbekannte und sie kann daher aus ihr ermittelt werden, wobei aber, weil von y auch der Differentialquotient vorkommt, zunächst eine Integration vorgenommen werden muß. Nach dy/dx aufgelöst, liefert die Gleichung

$$\frac{dy}{dx} = \frac{Q^2 - k^2 b^2 y^3 s}{k^2 \left(b^2 y^3 - \dfrac{Q^2}{g} \right)}. \tag{158}$$

Um die Integration ausführen zu können, ordnen wir so, daß auf der einen Seite nur Glieder in y, auf der anderen nur dx vorkommt, also

$$\frac{1}{s} \cdot \frac{y^3 - \dfrac{Q^2}{b^2 g}}{y^3 - \dfrac{Q^2}{b^2 k^2 s}}\, dy = -\, dx.$$

Wenn beide Differentialausdrücke einander gleich sein sollen, können sich die zugehörigen Stammgrößen nur um eine Konstante voneinander unterscheiden. Die Integration kann aber nach bekannten Methoden ausgeführt werden. Allgemein ist

$$\int \frac{y^3 - m^3}{y^3 - n^3}\, dy = y + \frac{n^3 - m^3}{3\,n^2}\left\{ \lg (y - n) - {}^1\!/_2 \lg (y^2 + n\,y + n^2) - \sqrt{3} \cdot \operatorname{arctg} \frac{2\,y + n}{n\sqrt{3}} \right\},$$

eine Gleichung, von deren Richtigkeit man sich durch Ausführung der Differentiation des auf der rechten Seite stehenden Ausdrucks leicht überzeugt. Auf die vorausgehende Gleichung läßt sich dieses Resultat sofort übertragen, wenn man zur Abkürzung unter m und n die Werte

$$m = \sqrt[3]{\frac{Q^2}{b^2 g}}, \quad n = \sqrt[3]{\frac{Q^2}{b^2 k^2 s}}$$

versteht. Man hat dann

$$y + \frac{n^3 - m^3}{3\,n^2}\left\{ \lg \frac{y - n}{\sqrt{y^2 + n\,y + n^2}} - \sqrt{3} \cdot \operatorname{arctg} \frac{2\,y + n}{n\sqrt{3}} \right\} = C - s\,x,$$

worin nun C die zunächst unbestimmte Integrationskonstante bezeichnet. Zu ihrer Ermittlung in einem gegebenen Fall dient indessen die Bedingung, daß y für $x = 0$, also der Stau am Wehre selbst, jedenfalls bekannt sein muß, um die Staukurve festzulegen. Bezeichnen wir den Anfangswert von y mit h, so wird

$$C = h + \frac{n^3 - m^3}{3\,n^2}\left\{ \lg \frac{h - n}{\sqrt{h^2 + n\,h + n^2}} - \sqrt{3} \cdot \operatorname{arctg} \frac{2\,h + n}{n\sqrt{3}} \right.$$

und nachdem man diesen Wert in die vorige Gleichung eingeführt hat, erhält man

$$y - h + \frac{n^3 - m^3}{3\,n^2}\left\{ \lg \frac{(y - n)\sqrt{h^2 + n\,h + n^2}}{(h - n)\sqrt{y^2 + n\,y + n^2}} + \sqrt{3}\left(\operatorname{arctg} \frac{2\,h + n}{n\sqrt{3}} \right.\right.$$
$$\left.\left. - \operatorname{arctg} \frac{2\,y + n}{n\sqrt{3}} \right)\right\} = -\,s\,x, \qquad 159)$$

womit die Aufgabe gelöst ist. Es ist nämlich mit Hilfe dieser Gleichung sofort möglich, die Stauweite x zu berechnen, bis zu der sich der Stau in der Höhe y erstreckt.

Von den zur Abkürzung eingeführten Werten m und n hat übrigens n eine sehr einfache Bedeutung. Vor Herstellung des Staues floß nämlich dieselbe Wassermenge Q bei der Wassertiefe t und dem Gefälle s gleichförmig ab. Für die Geschwindigkeit v, mit der diese Bewegung erfolgte, hat man nach Gl. (157)

$$v = k\sqrt{t\,s},$$

woraus sich die Wassermenge Q berechnet zu

$$Q = b\,t\,v = b\,t\,k\sqrt{t\,s}.$$

Löst man diese Gleichung nach t auf, so erhält man

$$t = \sqrt[3]{\frac{Q^2}{b^2 k^2 s}},$$

d. h. die vorher eingeführte Größe n ist nichts anders als die Wassertiefe vor Herstellung des Staues.

16*

Setzt man in Gl. (159) $y = n$ oder $= t$, so wird $x = \infty$, d. h. der Einfluß des Staues verliert sich erst in sehr großer Ferne vollständig. Wenn man die Stauweite nach Gl. (159) berechnen will, muß man daher zuvor eine bestimmte Annahme darüber machen, welchen Stau $y - n$, also welche Erhebung des angestauten Wasserspiegels gegenüber dem ursprünglichen Wasserspiegel vor Herstellung des Staues man als unbeachtlich ansehen will.

Auch die andere Konstante m in den vorausgehenden Formeln läßt sich anstatt in der Wassermenge Q in der ursprünglichen Tiefe t ausdrücken. Man findet dann

$$m = t \sqrt[3]{\frac{k^2 s}{g}} \cdot$$

Mit $k = 50 \text{ m}^{1/2} \sec^{-1}$ wird k^2/g rund gleich 250. Wenn das Gefäll s gerade den Wert $1/250$ hatte, wäre auch $m = t$. Gewöhnlich ist das Gefäll kleiner als die ursprüngliche Wassertiefe, d. h. kleiner als n. Für den besonderen Fall $m = t$ oder $= n$ vereinfacht sich ubrigens Gl. (159) erheblich. Der Faktor vor der Klammer auf der linken Seite wird zu Null, und die Gleichung geht über in

$$y + s x = h.$$

Wie aus Abb. 102 hervorgeht, ist $y + s x$ die Ordinate z der Staukurve, und wir sehen, daß diese Kurve in dem besonderen Falle $s = 1/250$ in eine horizontale Gerade übergeht. Wenn das Gefäll noch größer als ungefähr $1/250$ und hiermit m größer als n oder t wird, treten eigentumliche Unregelmäßigkeiten in der Staukurve, nämlich der zuerst von Bidone beobachtete sogenannte Wassersprung auf. Man erkennt dies am einfachsten aus Gl. (158)

$$\frac{d y}{d x} = \frac{Q^2 - k^2 b^2 y^3 s}{k^2 \left(b^2 y^3 - \dfrac{Q^2}{g} \right)} \cdot$$

Der Wert des Differentialquotienten wird namlich unendlich groß, d. h. die Staukurve hat eine senkrechte Tangente, wenn der Nenner dieses Ausdruckes zu Null wird. Die Bedingung dafür ist

$$b^2 y^3 = \frac{Q^2}{g} \quad \text{oder} \quad y = \sqrt[3]{\frac{Q^2}{b^2 g}} = m.$$

Denn in der Tat stimmt der mit y ermittelte Ausdruck mit jenem uberein, der früher mit m bezeichnet wurde.

Der Wert $y = m$ ist in der Staukurve nur möglich, wenn m größer ist als die ursprüngliche Wassertiefe. Bei den gewöhnlich vorkommenden kleineren Gefällen kann also ein Wassersprung, d. h. ein plötzliches, senkrechtes Ansteigen der Staukurve an keiner Stelle vorkommen. Anders ist es aber bei den starken Gefallen, fur die beim Anstauen ein Wassersprung eintreten muß.

Durch Einführung der Werte m und n, deren physikalische Bedeutung inzwischen erkannt wurde, in Gleichung (158) läßt sich diese ubrigens auf die übersichtlichere Form

$$\frac{d y}{d x} = - s \frac{y^3 - n^3}{y^3 - m^3}$$

bringen. Solange das Gefäll den vorher ermittelten kritischen Wert nicht ubersteigt, solange also m kleiner als n ist, bleibt $d y/d x$ in Übereinstimung mit einer daruber vorher schon gemachten Bemerkung immer negativ und dem Absolutwert nach kleiner als s. Mit Einführung der Ordinate z der Staukurve, also mit

$$z = y + s x,$$

geht die vorige Gleichung über in

$$\frac{d z}{d x} = s \frac{n^3 - m^3}{y^3 - m^3},$$

und dieser Differentialquotient, der das Gefäll der Staukurve an irgendeiner Stelle angibt, bleibt, solange m kleiner als n ist, immer positiv. Er wird um so kleiner, je größer y ist, am kleinsten also in unmittelbarer Nachbarschaft des Wehrs, wo er den Wert

$$\left(\frac{dz}{dx}\right)_0 = s \frac{n^3 - m^3}{h^3 - m^3}$$

annimmt.

Schließlich sei noch ein Fall erörtert, der mit dem vorigen eng verwandt ist, obschon von einem Stau bei ihm nicht die Rede sein kann. Ein Kanal, der im übrigen den früheren Voraussetzungen entspricht, sei auf eine lange Strecke ohne jedes Bodengefäll ausgeführt, so daß s für ihn gleich Null ist. Eine Wasserbewegung kann dann in ihm nur dadurch zustande kommen, daß sich der Spiegel fortwährend senkt, so daß die Wassertiefe nach abwärts immer mehr abnimmt, womit zugleich der konstanten Durchflußmenge wegen die Geschwindigkeit wachsen muß.

Wir können hier zur Ermittlung der Gestalt des Wasserspiegels die vorausgegangenen Entwicklungen im wesentlichen ebenfalls zugrunde legen. Man denke sich nur in Abb. 102 unter h die gegebene Tiefe des Kanals an seinem unteren Ende, wo er in ein großes Wasserbecken ausmünden möge, und setze $s = 0$. Die Betrachtungen, durch die wir zu Gl. (158) geführt wurden, bleiben mit $s = 0$ ohne weitere Änderung auch hier gültig. Daß jetzt dy/dx positiv ausfallen muß, kommt zunächst nicht weiter in Betracht, die Rechnung muß dies vielmehr von selbst lehren. Mit $s = 0$ vereinfacht sich Gl. (158) zu

$$\frac{dy}{dx} = \frac{Q^2}{k^2\left(b^2 y^3 - \dfrac{Q^2}{g}\right)} = \frac{p^3}{y^3 - m^3},$$

wenn zur Abkürzung

$$p = \sqrt[3]{\frac{Q^2}{k^2 b^2}} \quad \text{und} \quad m = \sqrt[3]{\frac{Q^2}{b^2 g}}$$

wie vorher gesetzt wird. Die Benutzung der Hilfsgröße n oder t hat hier natürlich keinen Sinn, da der Kanal ohne Bodengefäll auch bei noch so großer Wassertiefe keine Durchflußmenge Q bei gleichförmiger Bewegung zu liefern vermag. Um die Gleichung zu integrieren, setzen wir zunächst so wie früher

$$dy(y^3 - m^3) = p^3 dx$$

und erhalten daraus durch Integration

$$\frac{y^4}{4} - m^3 y = C + p^3 x.$$

Für $x = 0$ nimmt y den gegebenen Wert h an. Daraus bestimmt sich die Integrationskonstante C, und nach Einsetzen ihres Wertes geht die Gleichung für die Kurve, der der Wasserspiegel folgt, über in

$$\frac{y^4 - h^4}{4} - m^3 (y - h) = p^3 x.$$

Wenn y auch am oberen Ende des Kanals, wo er von einem anderen Wasserbecken aus gespeist werden möge, gegeben ist und wenn die Tiefe des Kanals an dieser Stelle mit H, die Länge des Kanals mit l bezeichnet wird, folgt aus dieser Gleichung

$$\frac{H^4 - h^4}{4} - m^3 (H - h) = p^3 l.$$

Das Verhältnis von m und p kann von vornherein als bekannt angesehen werden. Man hat nämlich

$$\frac{m^3}{p^3} = \frac{Q^2}{b^2 g} : \frac{Q^2}{k^2 b^2} = \frac{k^2}{g},$$

also, wenn $k = 50$ gesetzt wird, ungefähr $m^3 = 250 p^3$. Setzt man dies in die vorige Gleichung ein, so kann sie nach der Unbekannten m^3 oder p^3 aufgelöst werden. Mit Rücksicht auf die Bedeutung von m^3 oder p^3 folgt aber dann auch die Wassermenge Q, die der Kanal unter den gegebenen Umständen abzuführen vermag.

Ähnliche Rechnungen können natürlich auch für die ungleichförmige Bewegung des Wassers durch einen Kanal, für den s nicht gleich Null ist, durchgeführt werden, oder auch für den Fall, daß s negativ, das Bodengefäll des Kanals also dem Gesamtgefälle $H-h$ der Kanalstrecke entgegengesetzt gerichtet ist.

Im großen und ganzen stimmen diese analytischen Folgerungen hinreichend mit der Erfahrung überein, solange die äußeren Umstände von den der Rechnung zugrunde liegenden Voraussetzungen nicht zu weit abweichen. Es sei aber nochmals darauf hingewiesen, daß sie in keinem Fall einen Anspruch auf große Genauigkeit machen können. Wie schon aus den Bemerkungen im vorigen Paragraphen hervorgeht, entspricht namentlich die Annahme, daß der Koeffizient k der Geschwindigkeitsformel als konstant angesehen werden könne, der Wirklichkeit keineswegs vollkommen. Außerdem kam auch bei den vorausgehenden Entwicklungen eine Ungenauigkeit vor, auf die bisher noch nicht hingewiesen wurde . Zur Berechnung der lebendigen Kraft der strömenden Wassermasse wurde nämlich die mittlere Geschwindigkeit v benutzt, die dadurch definiert ist, daß ihr Produkt mit der Querschnittfläche die Durchflußmenge Q liefert. Genau genommen hätte anstatt dessen der quadratische Mittelwert der Geschwindigkeiten der einzelnen Wasserfäden gesetzt werden müssen, der von jenem etwas abweicht. Dieser Umstand macht indessen bei den gewöhnlich vorliegenden Fällen nicht viel aus.

§ 66. Das Gleichgewicht schwimmender Körper

Ein fester Körper schwimme auf dem Wasser, so daß er zum Teil in das Wasser eintaucht, zum Teil über die Oberfläche emporragt. Der Körper und das ihn umgebende Wasser mögen in dieser Lage im Gleichgewicht, also in Ruhe sein. Dann erfährt jedes Element der benetzten Oberfläche des Körpers einen Druck von seiten des Wassers, der rechtwinklig zum Flächenelement gerichtet ist und dessen Größe durch Gl. (134) angegeben wird, die sich hier in der Form

$$p = \gamma h$$

anschreiben läßt. Unter h ist die Tiefe des Flächenelementes unter dem Wasserspiegel zu verstehen, von dem angenommen wird, daß an ihm der Flüssigkeitsdruck gleich Null ist; p ist der auf die Flächeneinheit bezogene Druck, der auf das Flächenelement dF kommende daher gleich $p\,dF$.

Alle diese Druckkräfte müssen mit den übrigen äußeren Kräften, die an dem schwimmenden Körper angreifen, im Gleichgewicht stehen. Gewöhnlich kommt von äußeren Kräften sonst nur das Gewicht des schwimmenden Körpers in Frage. Von diesem Falle soll jetzt auch allein die Rede sein. Der resultierende Wasserdruck wird der Auftrieb genannt, den der schwimmende Körper von seiten des Wassers erfährt. Der Auftrieb muß also, wenn Gleichgewicht bestehen soll, gleich dem Gewicht und senkrecht nach oben gerichtet sein, und zugleich muß seine Richtungslinie mit der lotrechtn Schwerlinie des schwimmenden Körpers zusammenfallen, weil sonst der Auftrieb und das Gewicht ein Kräftepaar bilden würden, das eine Drehung des schwimmenden Körpers hervorbrächte.

Um diese Gleichgewichtsbedingungen weiter zu verwerten, muß man vor allem den Auftrieb, also die Resultierende der an den einzelnen Flächenelementen angreifenden Druckkräfte $p\,dF$ berechnen. Dies könnte auf Grund des für p angegebenen Wertes ohne weiteres geschehen. Einfacher gelangt man aber durch eine andere Überlegung zum Ziel. Man denke sich nämlich den schwimmenden Körper entfernt und den unterhalb des Wasserspiegels liegenden Raum, den er vorher einnahm, mit Wasser ausgefüllt. Dann besteht abermals Gleichgewicht. Die Druckkräfte, die der neu hinzugekommene Wasserkörper von seiten des angrenzenden Wassers erfährt, sind genau so groß wie vorher, und der Auftrieb, den wir berechnen wollten, muß daher gleich dem Gewicht des Wasserkörpers sein, senkrecht nach oben und durch den Schwerpunkt dieses Wasserkörpers gehen. Dadurch ist die Berechnung des Auftriebes in jedem Falle auf die Ermittlung des Volumens und die Aufsuchung des Schwerpunktes des von dem schwimmenden Körper verdrängten Wassers zurückgeführt.

Die Gleichgewichtsbedingungen lassen sich jetzt dahin zusammenfassen, daß der Körper so tief eintauchen muß, daß das Gewicht des von ihm verdrängten Wassers gleich seinem eigenen Gewicht ist und daß ferner die Schwerpunkte des Körpers und des von ihm verdrängten Wassers auf einer Lotlinie liegen müssen.

Diese Betrachtungen sind auch noch anwendbar auf den Fall, daß der Körper nicht an der Oberfläche schwimmt, sondern ganz eingetaucht ist. Ohne weitere äußere Kräfte kann er dann nur im Gleichgewicht sein, wenn er ebensoviel wiegt‚wie eine Wassermenge von dem gleichen Rauminhalt. Ist er schwerer, so kann er durch die Spannung eines Fadens, an dem er aufgehängt ist, im Gleichgewicht gehalten werden. Die Fadenspannung ist dann gleich dem Unterschied zwischen dem Eigengewicht des Körpers und dem Auftrieb. Der Faden muß senkrecht gerichtet sein, und außerdem muß für den Schwerpunkt des Körpers als Momentenpunkt das statische Moment der Fadenspannung gleich und entgegengesetzt gerichtet dem statischen Moment des Auftriebes sein. Jedenfalls müssen also auch der Befestigungspunkt des Fadens, der Schwerpunkt des Körpers und der Schwerpunkt des verdrängten Wassers in einer lotrechten Ebene liegen.

Für Körper größeren Umfanges stimmen alle diese Folgerungen genau mit der Wirklichkeit überein. Dagegen kann z. B. eine Nähnadel bei einiger Vorsicht so auf eine Wasseroberfläche gelegt werden, daß sie darauf schwimmt, während ein größeres Stahlstück untergeht. Ist die Nähnadel aber erst vollständig eingetaucht, so verhält sie sich weiterhin ebenso wie ein größeres Stück. Jene Abweichung von der gewöhnlichen Regel wird durch die Kapillarkräfte hervorgerufen, auf die in der Mechanik der vollkommenen Flüssigkeit keine Rücksicht genommen wird.

Vorher war nur von den Bedingungen die Rede, die jedenfalls erfüllt sein müssen, wenn der schwimmende Körper im Gleichgewicht sein soll. Es fragt sich aber noch, ob das Gleichgewicht auch wirklich aufrecht erhalten werden kann, d. h. ob es stabil, labil, oder indifferent ist. Um diese Frage zu entscheiden, müssen wir so verfahren, wie schon in § 29, d. h. wir müssen uns den Körper ein wenig aus seiner augenblicklichen Lage verschoben denken und nun untersuchen, ob er sich in die frühere Lage von selbst zurückbewegt oder nicht. Dabei genügt es, wenn wir uns den Körper ein wenig nach irgendeiner Seite hin so gedreht denken, daß das von ihm verdrängte Wasservolumen und mit ihm der Auftrieb der Größe nach ungeändert bleiben. Erfährt nämlich der Körper eine Verschiebung ohne Drehung, zunächst in einer horizontalen Richtung, so bewegt er sich zwar nicht in die frühere Lage von selbst zurück und er entfernt sich auch nicht weiter aus ihr, das Gleichgewicht ist also für solche Verschiebungen indifferent; jedenfalls schwimmt er aber im übrigen immer noch gerade so wie vorher. Auf Lagenänderungen dieser Art nimmt man aber, wenn vom stabilen oder labilen Gleichgewicht schwimmender Körper die Rede ist, keine Rücksicht; man will nur wissen, ob der Körper umkippt oder nicht. Daß das Gleichgewicht in bezug auf Verschiebungen in lotrechter Richtung immer stabil ist, solange dabei nicht etwa ein Eintritt des Wassers in vorher über Wasser liegende Öffnungen ermöglicht wird, ist von vornherein klar.

Nach einer kleinen Drehung, die dem schwimmenden Körper ohne Änderung der Größe des Auftriebes erteilt wurde, geht die Richtung des Auftriebes im all-

gemeinen nicht mehr durch den Schwerpunkt des Körpers. Gewicht und Auftrieb
bilden daher jetzt ein Kräftepaar miteinander, das nun seinerseits eine Drehung
des Körpers um dessen Schwerpunkt herbeiführt. Wenn diese Drehung im Sinne
der früher bewirkten vor sich geht, entfernt sich der Körper von selbst immer
weiter von der anfänglichen Gleichgewichtslage und das Gleichgewicht war labil;
im entgegengesetzten Falle ist es stabil. Es handelt sich also darum, ein einfaches
Kennzeichen dafür aufzusuchen, welcher von beiden Fällen vorliegt.

Offenbar hängt dies wesentlich von der Gestalt der benetzten Oberfläche des
schwimmenden Körpers und der sich unmittelbar anschließenden Oberflächenteile,
die bei einer Drehung benetzt werden können, ab. So erkennt man sofort, daß
ein zylindrischer Baumstamm, der auf dem Wasser schwimmt, im indifferenten
Gleichgewicht ist. Denn nach einer kleinen Drehung um die Zylinderachse geht
der Auftrieb immer noch wie vorher durch den in der Mitte liegenden Schwerpunkt, und es tritt daher überhaupt kein Kräftepaar auf, das den Stamm nach
der einen oder anderen Richtung weiter zu drehen versuchte. Anders ist dies,
wenn der Schwerpunkt des Stammes nicht in der Mitte liegt. Dann ist das
Gleichgewicht stabil, wenn der Schwerpunkt seine tiefste Lage einnimmt, und
labil, wenn er am höchsten liegt. Ein Mensch, der sich auf den Baumstamm oben
aufsetzte, ohne mit den Beinen ins Wasser zu tauchen, könnte also nicht dauernd
im Gleichgewicht bleiben; der Stamm würde sich drehen und ihn abwerfen.
Auch ein Schiff, dessen Wand kreisförmig gekrümmt ist, kann nur dann im
stabilen Gleichgewicht sein, wenn der Schwerpunkt des Schiffes samt seiner
Belastung tiefer als der Mittelpunkt des Kreisbogens liegt.

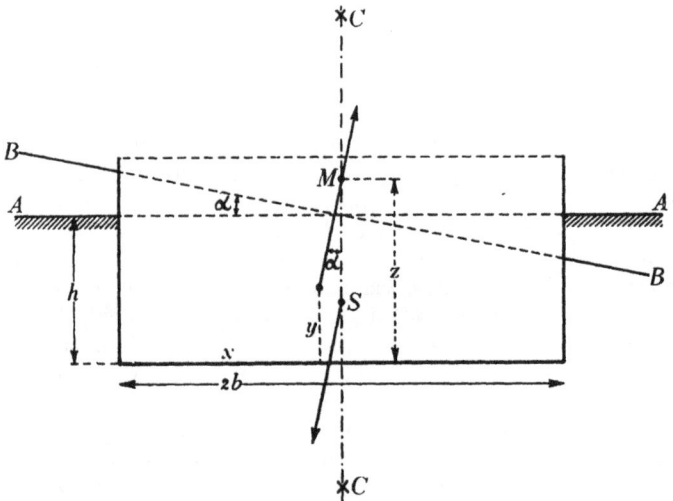

Abb. 103.

Man betrachte jetzt ein Schiff, dessen Querschnitt rechteckig ist, wie in Abb. 103.
Es wäre unbequem, den ganzen Schiffsquerschnitt in der Zeichnung zu drehen,
um eine der Gleichgewichtslage benachbarte Lage anzugeben. Anstatt dessen
kann man sich die Zeichnung ein wenig gedreht denken, so daß nachher die
Linie BB horizontal steht und den Wasserspiegel angibt, an Stelle der Linie AA,
die für die erste Lage gilt. In der durch BB angezeigten Lage des Schiffes hat
das für den Auftrieb maßgebende Volumen des verdrängten Wassers einen trapez-

förmigen Querschnitt, und der Auftrieb selbst geht durch den Schwerpunkt dieses Trapezes und steht senkrecht zu der jetzt horizontal zu denkenden Linie BB. Damit der Auftrieb ebenso groß bleibt wie in der ersten Lage, müssen sich die Linien AA und BB auf der Achse CC des Schiffsquerschnittes schneiden. Der Schnittpunkt der Richtungslinie des Auftriebes in der Lage BB mit der Achse CC heißt das Metazentrum; in der Abbildung ist dieser Punkt mit dem Buchstaben M bezeichnet. Das Gewicht des Schiffes samt Ladung geht durch den Schiffsschwerpunkt S. In der Lage BB ist das Gewicht ebenfalls senkrecht zur Linie BB gerichtet, da diese jetzt mit dem Horizont zusammenfällt. Auftrieb und Gewicht bilden demnach ein Kräftepaar, dessen Hebelarm gleich dem Abstand der Punkte M und S multipliziert mit dem Sinus des Neigungswinkels α ist, um den das Schiff aus der Gleichgewichtslage gedreht wurde.

Wenn das Metazentrum M höher liegt als der Schiffsschwerpunkt S, also so wie in Abb. 103 gezeichnet, sucht das Kräftepaar aus Auftrieb und Gewicht den Schiffskörper im Sinne des Uhrzeigers gegen den Wasserspiegel BB zu drehen. Dabei richtet sich aber das Schiff wieder auf, und das Gleichgewicht ist stabil. Es wird dagegen labil, und ein Kentern tritt ein, sobald das Metazentrum tiefer liegt als der Schiffsschwerpunkt. Es wird also nur darauf ankommen, die Lage des Metazentrums zu ermitteln, um die Schwimmsicherheit eines Schiffes zu beurteilen. Man erkennt auch, daß diese Frage bei jeder Form des Schiffsquerschnittes einfach auf Grund von Schwerpunktsbestimmungen beantwortet werden kann.

Für den Fall des rechteckigen Schiffsquerschnittes soll diese Betrachtung noch etwas weiter durchgeführt und die Höhenlage des Metazentrums durch Rechnung festgestellt werden. Die Koordinaten x und y des Schwerpunktes eines an der Grundlinie $2b$ rechtwinkligen Trapezes, das in Abb. 104 gezeichnet ist, folgen nach dem Momentensatz, also nach dem in § 27 angegebenen Verfahren zu

$$x = 2\,b \cdot \frac{m + 2\,n}{3\,(m + n)}; \quad y = \frac{m^2 + m\,n + n^2}{3\,(m + n)}.$$

In Abb. 103 tritt hier an Stelle von m die Trapezseite $h + b\,\mathrm{tg}\,\alpha$ und an Stelle von n die Seite $h - b\,\mathrm{tg}\,\alpha$. Setzt man diese Werte ein, so erhält man

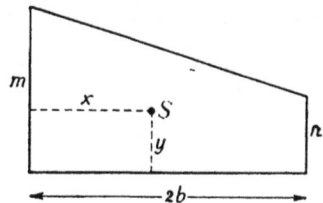

Abb. 104.

$$x = b\,\frac{3\,h - b\,\mathrm{tg}\,\alpha}{3\,h}; \quad y = \frac{3\,h^2 + b^2\,\mathrm{tg}^2\,\alpha}{6\,h}.$$

Aus x und y erhält man aber auch z, wie aus Abb. 103 hervorgeht, mit Hilfe der Beziehung

$$z = y + (b - x)\,\cotg\,\alpha.$$

Nach Einsetzen der vorausgehenden Werte geht dies über in

$$z = \frac{h}{2} + \frac{b^2}{6\,h}\,(2 + \mathrm{tg}^2\,\alpha). \tag{160}$$

Damit ist die Höhenlage des Metazentrums über dem Schiffsboden bekannt. Man erkennt, daß M immer höher rückt, je größer der Neigungswinkel α gewählt wird. Für eine sehr kleine Drehung aus der Gleichgewichtslage nimmt z seinen kleinsten Wert

$$z_0 = \frac{h}{2} + \frac{b^2}{3\,h} \tag{161}$$

an. Um ein Schieflegen des Schiffes zu vermeiden, muß man durch eine geeignete
Gewichtsverteilung dafür sorgen, daß die Höhe des Schiffsschwerpunktes über
dem Schiffsboden kleiner bleibt als z_0. — Von dem Höhenunterschied zwischen
den Punkten M und S hängt auch die Schwingungsdauer der pendelnden Bewegungen des Schiffes der Quere nach ab, die man als das „Schlingern" bezeichnet.
Auf diese Betrachtungen kann aber erst im vierten Band eingegangen werden.

Anmerkung. Denkt man sich das Schiff anstatt um die Längsachse um die zu ihr
senkrecht stehende horizontale Querachse gedreht, so entspricht dieser Drehung ein
zweites Metazentrum, das auf gleiche Art gefunden werden kann. Dieses zweite Metazentrum liegt aber viel höher als das erste, so daß für die Beurteilung der Stabilität
nur das erste in Betracht kommt.

Es mag noch erwähnt werden, daß man bei beliebiger Schiffsform die Höhe von v des
Metazentrums über dem Schwerpunkt der verdrängten Wassermasse für eine kleine
Drehung aus der Gleichgewichtslage aus dem Trägheitsmoment J der Schnittfläche
der Wasserspiegelebene mit dem Schiffsraum (dieses J bezogen auf die Längsachse
der Schnittfläche) allgemein durch die Gleichung

$$v = \frac{J}{V}$$

finden kann, in der V das Volumen der Wasserverdrängung bedeutet. Von einer Wiedergabe des leicht zu führenden Beweises für diese Behauptung sehe ich ab, da eine erschöpfende Behandlung des Gegenstandes an dieser Stelle nicht beabsichtigt ist. Für
den vorher betrachteten Fall eines parallelepipedisch gestalteten Schiffes findet man
nach dieser Formel

$$v = J : V = \frac{l(2b)^3}{12} : 2blh = \frac{b^2}{3h}$$

in Übereinstimmung mit dem Wert $v = z_0 - (h/2)$ nach Gl. (161).

Mit der „metazentrischen Höhe", d. h. mit dem Abstand zwischen dem Schiffsschwerpunkt S und dem Metazentrum M darf jedoch der Abstand v nicht verwechselt werden.

Sehr hübsch lassen sich die Betrachtungen über die Stabilität des Gleichgewichtes
schwimmender Körper von beliebiger Gestalt auch auf energetischem Wege durchführen. Näheres hierfür findet man in einigen Abhandlungen von Prof. G. Schülen
in der Zeitschr. f. math. und naturwissenschftl. Unterricht, Jahrg. 31, 32 und 33, in
denen auch einige lehrreiche Beispiele durchgerechnet sind.

SACHREGISTER

Lebenserinnerungen
Rückblick auf meine Lehr- und Aufstiegsjahre
Von August Föppl
158 Seiten. 1925. Lw. DM 5.40

Vorlesungen über technische Mechanik
Von Prof. Dr. phil. Dr.-Ing. August Föppl

Bd. II. Graphische Statik
11. Aufl. 418 S. 209 Abb. 1944
Neuauflage in Vorbereitung

Bd. III. Festigkeitslehre
14. Aufl. 451 S. 114 Abb. 1944
Neuauflage in Vorbereitung

Bd. IV. Dynamik
10. Aufl. 451 S. 114 Abb. 1944
Neuauflage in Vorbereitung

Bd. V ist ersetzt durch „Drang und Zwang"

Bd. VI. Die wichtigsten Lehren der höheren Dynamik
6. Aufl. 468 S. 33 Abb. 1944. Hlw. DM 11.80

LEIBNIZ VERLAG
BISHER R. OLDENBOURG VERLAG
MÜNCHEN

www.ingramcontent.com/pod-product-compliance
Lightning Source LLC
Chambersburg PA
CBHW030124240326
41458CB00121B/561